www.kuhminsa.com

한발 앞서는 출판사 구민사

KUH
MIN
SA

#604, Mullaebuk-ro 116, Yeongdeungpo-gu
Seoul, Republic of Korea

T. 02 701 7421
F. 02 3273 9642

Email kuhminsa@kuhminsa.co.kr

자격증 시험
접 수 부 터
자 격 증
수 령 까 지

필기원서접수
큐넷 회원 가입 후
(www.q-net.or.kr)
인터넷 접수만 가능
사진 파일, 접수비
(인터넷 결제) 필요
응시자격 요건
반드시 확인할것

필기시험
입실 시간 미준수 시
시험 응시 불가
준비물 : 수험표,
신분증, 필기구 지참

합격여부확인
큐넷 사이트에서 확인
(www.q-net.or.kr)

실기원서접수
큐넷 회원 가입 후
(www.q-net.or.kr)
응시 자격 서류는
**실기시험 접수기간
(4일 내)** 에 제출
해야만 접수 가능

합격

한 발 앞서나가는 출판사
구민사에서 시작하세요!

실기시험

필답형과 작업형으로 분류. 원서 접수 시 선택한 장소와 시간에 맞게 시험을 봅니다.
준비물 : 수험표, 신분증, 필기구 지참!

합격여부확인

큐넷 사이트에서 확인 (www.q-net.or.kr)

자격증신청

방문 or 인터넷 신청 가능. 방문 신청 시 **신분증, 발급 수수료** 지참할 것

자격증수령

방문 or 등기 우편 수령 가능. 등기비용을 추가하면 우편으로 받을 수 있습니다.

◆ PREFACE ◆

　수질환경산업기사 실기 수험서의 구성은 이론편과 최근기출문제편으로 구성되어 있습니다.
　이론편에는 시험에서 출제되는 가장 핵심과목인 수질오염개론, 수질오염방지기술, 상하수도계획을 위주로 실기시험 출제기준에 알맞게 각 과목마다 이론내용을 체계적으로 수립하여 실전문제에 대비할 수 있도록 하였습니다.

　각 과목마다 시험에서 출제되는 핵심내용만을 정리하여 수록하였으며, 이해력을 높이고 실전문제에 대비하기 위해서 중요한 공식과 이론내용에는 출제가 예상되는 계산문제 및 이론문제를 예제문제로 수록하였습니다.

　최근 기출문제편에는 2008년부터 최근까지 검정한 문제를 복원하여 과년도 기출문제를 수록하였습니다. 실전문제를 대비하기 위해 여러 가지 유형의 문제를 파악하고 응용문제와 유사문제를 풀이할 수 있도록 준비가 되어 있어야 하며, 이는 충분한 양의 과년도 기출문제를 공부해야만 합격이 가능하다는 것을 알기에 수험생들이 원하는 충분한 양의 과년도 기출문제를 수록하였습니다.

　최근 기출문제는 각 회차의 문제마다 계산문제와 이론문제로 구성되어 있습니다.
　계산문제는 실전문제에 반드시 기재해야 하는 풀이는 물론이고 문제의 이해와 유사문제 그리고 응용문제가 출제되더라도 충분히 대비할 수 있도록 (Tip)을 수록하여 공식정리는 물론이고 풀이에서 헷갈릴수 있는 단위 및 단위환산과정을 아주 쉽게 이해하고 숙지할 수 있도록 정리하였습니다.
　이론문제는 보다 쉽고 간단하게 핵심 위주로 정답을 기재할 수 있도록 정리하여 수록하였으며, 추가로 보충해야 할 내용이나 문제에서 요구하는 답변에 대한 핵심을 보다 쉽게 파악할 수 있도록 (Tip)으로 정리하였습니다.

수질환경산업기사 실기시험 검정은 필답형으로만 이루어지며, 총 출제되는 문제 수는 18문제 정도이며, 60점 이상 정답이면 합격이 됩니다. 그리고 18문제 중 계산문제는 10문제 정도이며 이론문제는 8문제 정도 출제되므로 계산문제 및 이론문제를 대비하기 위해서는 충분한 합격전략을 세워서 준비하는 것이 중요합니다.

 수질환경산업기사 실기 합격전략은 도서출판 구민사와 수험서 저자가 야심 차게 시작하는 무료 인강과 수험서로 시작하는 것입니다. 구민사와 저자는 무료 인강으로 질 높은 강의를 지속적으로 업로드하여 수험생 여러분들의 합격을 지원해 드리겠습니다.

 이 책의 출판을 위해 적극적으로 도움을 주신 도서출판 구민사 조규백 대표님과 직원 여러분께 깊은 감사를 드립니다.

저자 올림

• CONTENTS •

PART 01 수질오염개론

제1장 수질화학 • 3
1. 수질환경 기초 단위 • 3
2. 농도 • 4
3. 동력 • 6
4. 평형상수(k), 물의 이온곱상수(k_ω), 이온적 (Q), 용해도적(Ksp) • 6
5. pH, pOH • 8
6. 완충방정식 • 9
7. 적정 공식 • 10

제2장 반응식 및 반응조 • 11
1. 반응속도식 • 11
2. 반감기 • 12
3. 반응조의 종류 • 12

제3장 수자원 및 물의 특성 • 16
1. 수자원 • 16
2. SAR(Sodium Adsorption Ratio) : 나트륨 흡착률 • 17

제4장 수질 미생물학 • 18
1. 미생물의 분류 및 특성 • 18
2. 미생물의 종류 • 18
3. 미생물의 성장 단계 • 20
4. 미생물의 성장 동력학 • 21

제5장 수질오염지표 • 22
1. 용존산소 (DO : Dissolved Oxygen) • 22
2. 생물화학적 산소요구량(BOD : Biochemical Oxygen Demand) • 23
3. 화학적산소요구량(COD : Chemical Oxygen Demand) • 27
4. 경도(Hardness) • 29
5. 알칼리도(Alkalinity) • 30
6. 부유물질 (SS : Suspended Solids) • 32

제6장 하천수의 수질관리 • 35
1. 용존산소(DO) • 35
2. 하천의 정화단계 • 37
3. 하천의 모형화 • 39

제7장 호소수의 수질관리 • 41
1. 성층현상 및 전도현상 • 41
2. 호수의 부영양화 • 42

제8장 해수의 수질관리 • 45
1. 해수의 특성 • 45
2. 적조현상의 조건 • 45

PART 02 수질오염방지기술

제1장 물리적 처리 • 49
1. 폐·하수 처리 계통도 • 49
2. 스크린(Screen) • 49
3. 침전지 • 52
4. 부상법 • 56
5. 여과법 • 57

제2장 화학적 처리 • 59
1. 화학적 처리의 특징 • 59
2. 중화 • 59
3. 화학적 응집 • 60
4. Jar Test(응집교반시험) • 63
5. 흡착법 • 64
6. Fenton 산화법 • 67
7. 유해물질 처리법 • 68
8. 살균 • 75

제3장 생물학적 처리 • 80
1. 표준활성슬러지법 • 80
2. 생물막공법 • 87
3. 혐기성 처리 • 94

제4장 고도처리(3차 처리) • 97
1. 3차 처리(고도처리)의 특징 • 97
2. A/O 공법 • 97
3. A_2/O공법 • 98
4. 4단계 Bardenpho공정 • 100
5. 5단계 Bardenpho 공정
   (수정 Bardenpho 공정 또는 M-Bardenpho 공정) • 101
6. 포스트립(Phostrip) 공법 • 102
7. VIP공법
   (Virginia Initative Plant) • 104
8. UCT 공정
   (University of Cape Town) • 104

제5장 슬러지 처리 • 106
1. 슬러지 처리 공정 • 106

◆ CONTENTS ◆

PART 03 상하수도계획

제1장 **상수도 계획** • 111
    1. 급수인구 산정법 • 111
    2. 상수도의 구성 • 113

제2장 **하수도 계획** • 116
    1. 하수의 배제 방식 • 116
    2. 하수관거의 종류 • 117
    3. 우수량 • 118

제3장 **상수도용 양수설비** • 120

PART 04 최근 기출문제

2008년
- 1회 • 127
- 3회 • 133

2009년
- 1회 • 139
- 2회 • 144
- 3회 • 150

2010년
- 1회 • 155
- 2회 • 160
- 3회 • 166

2011년
- 1회 • 171
- 2회 • 177
- 3회 • 182

2012년
- 1회 • 188
- 2회 • 195
- 3회 • 200

2013년
- 1회 • 205
- 2회 • 212
- 3회 • 219

2014년
- 1회 • 225
- 2회 • 229
- 3회 • 235

2015년
- 1회 • 240
- 2회 • 246
- 3회 • 252

2016년
- 1회 • 257
- 3회 • 260

2017년
- 1회 • 265
- 2회 • 270
- 3회 • 275

2018년
- 1회 • 280
- 2회 • 285
- 3회 • 289

2019년
- 1회 • 294
- 2회 • 300
- 3회 • 306

2020년
- 1회 • 311
- 2회 • 318
- 3회 • 324
- 4·5회 • 331

2021년
- 1회 • 337
- 2회 • 345
- 3회 • 352

2022년
- 1회 • 359
- 2회 • 367
- 3회 • 374

2023년
- 1회 • 381
- 2회 • 389
- 3회 • 398

2024년
- 1회 • 408
- 2회 • 417
- 3회 • 425

◆ INSTRUCTION MANUAL ◆

01 핵심 이론 및 예제 문제 수록

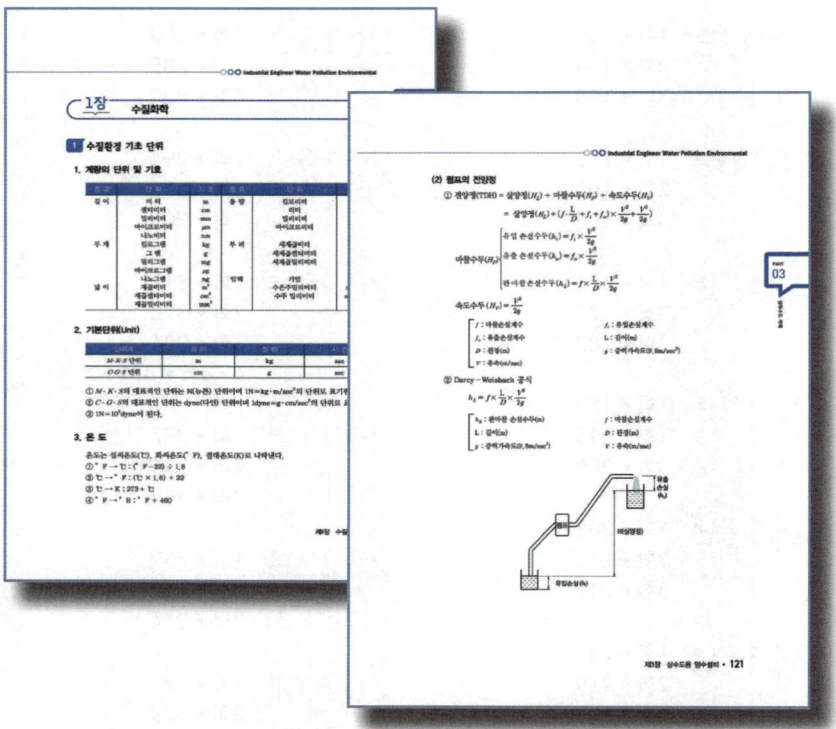

각 과목마다 시험에서 가장 많이 출제되는 핵심내용 중심으로 구성되어 있으며, 실전문제에 충분히 대비할 수 있도록 중요한 공식과 계산문제 및 이론문제를 예상문제로 수록하였습니다.

02 16개년 과년도 기출문제 수록

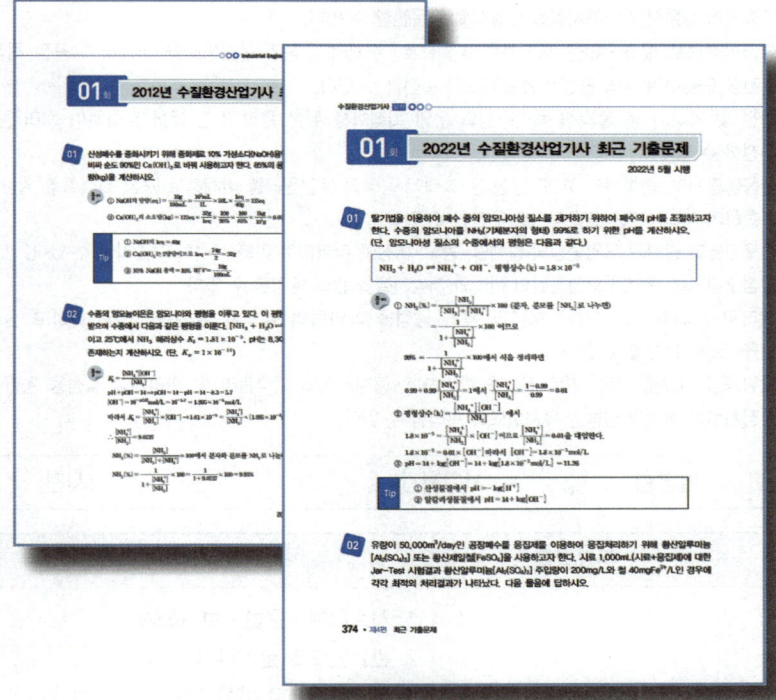

보다 여러 가지 유형의 문제를 파악할 수 있도록 충분한 양의 과년도 기출문제를 수록하여 실전문제에 대비할 수 있도록 하였습니다.

◆ 수질환경산업기사 출제기준 ◆

직무 분야	환경·에너지	중직무 분야	환경	자격 종목	수질환경 산업기사	적용 기간	2025.01.01. ~ 2029.12.31

직무내용 : 수질오염상태를 조사 및 실험·분석하여 수질 오염물질을 제거 또는 감소시키기 위한 오염방지시설을 시공, 운영하는 직무이다.

수행준거 : 1. 1. 수질시료 중 일반 수질오염 항목에 대하여 표준화된 분석방법으로 정량화된 값을 구할 수 있다.
         2. 유기물을 생물학적으로 제거하기 위한 공정의 기술 및 운전방식을 이해하고 공정 최적화를 위한 운전 조건 등을 도출하여 생물학적 처리시설을 효율적으로 운전할 수 있다.
         3. 생물학적으로 질소·인을 제거하는 공법으로, 수처리 공정의 운전방식을 이해하고 공정 최적화를 위한 운전 조건을 도출하여 처리 공정을 효율적으로 운전할 수 있다.
         4. 침전 및 막여과 등 물리적 처리공정의 운영 최적화를 위한 운전 조건 등을 도출하여 처리 공정을 효율적으로 운전할 수 있다.
         5. 약품응집처리, 중화처리, AOP 공정 등 화학적 공정의 운전원리를 이해하고 공정 최적화를 위한 운전조건을 등을 도출하여 처리공정을 효율적으로 운전할 수 있다.
         6. 점오염원과 관련된 오염물질의 발생량, 농도, 특성을 파악하여 이를 처리하고 관리할 수 있다.
         7. 비점오염원과 관련된 오염물질의 관리와 저감시설을 관리 운영할 수 있다.
         8. 슬러지 처리를 위한 기본 개념과 처리 공정을 파악하여 슬러지 발생량을 최소화하고 슬러지 처리시설을 효율적으로 운전할 수 있다.
         9. 단위공정 시설물 구성 현황, 기능을 파악하고, 공정시설의 이력관리 및 관리대장 작성을 통한 유지관리를 통해 공정시설이 최적의 성능을 유지하도록 관리할 수 있다.

실기검정방법	필답형	시험시간	3시간

실기과목명	주요항목	세부항목
수질오염 방지실무	1. 일반 항목 분석	1. 시료채취·운반·보관하기 2. 관능법으로 분석하기 3. 무게차법으로 분석하기 4. 적정법으로 분석하기 5. 전극법으로 분석하기 6. 흡광 광도법으로 분석하기 7. 연속흐름법으로 분석하기
	2. 생물학적 처리공정 운전	1. 생물학적 처리공정 이해하기 2. 활성슬러지공정 운전하기 3. 기타 생물학적 처리공정 운전하기 4. 담체공법 운전하기

실기과목명	주요항목	세부항목
수질오염 방지실무	3. 생물학적 질소·인 제거 고도처리공정 운전	1. 생물학적 질소제거공정 운전하기 2. 생물학적 인 제거공정 운전하기 3. 생물학적 질소·인 제거공정 운전하기
	4. 물리적 처리공정 운전	1. 침사지 운전하기 2. 침전지 운전하기 3. 막분리 공전 운전하기
	5. 화학적 처리공정 운전	1. 중화공정 운전하기 2. 약품응집처리공정 운전하기 3. ACP 처리공정 운전하기
	6. 점오염원 관리	1. 점오염원 관리 현황 파악하기 2. 폐수 관리하기 3. 하수 관리하기 4. 분뇨 관리하기 5. 배출 부하량 관리하기

실기과목명	주요항목	세부항목
수질오염 방지실무	7. 비점오염원 관리	1. 비점오염원 관리 현황 파악하기 2. 비점오염원 특성 조사하기 3. 비점오염원 저감시설 선정하기 4. 비점오염 저감시설 설치·운영 관리하기 5. 비점오염 저감시설 모니터링·평가하기
	8. 슬러지 처리공정 운전	1. 슬러지 공정 운전하기 2. 농축조 및 소화조 운전하기

동영상 강의 수강자를 위한
전쌤의 무료 동영상 카페 이용방법

무료 동영상 바로가기 cafe.naver.com/makels

01
STEP 1.

교재를 구입하셨나요?
전쌤의 무료 동영상 강의로 시작하세요.
열심히 해서 합격해보자구요!

02
STEP 2.

전쌤 강의는 네이버 카페를 통해
공부하실 수 있습니다.
cafe.naver.com/makels

03
STEP 3.

카페에서 도서인증 후
무료 동영상 강의를
마음껏 시청하세요.

04
STEP 4.

공부하다가 궁금한 점이 있거나
알고 넘어가야하는 문제가 있으신가요?
환경에듀와 네이버 카페를 통해
문의해 주세요.

♦ 원소주기율표 ♦

PART 01

수질오염개론

제1장 수질화학

제2장 반응식 및 반응조

제3장 수자원 및 물의 특성

제4장 수질 미생물학

제5장 수질오염지표

제6장 하천수의 수질관리

제7장 호소수의 수질관리

제8장 해수의 수질관리

1장 수질화학

1 수질환경 기초 단위

1. 계량의 단위 및 기호

종류	단위	기호	종류	단위	기호
길이	미터	m	용량	킬로리터	kL
	센티미터	cm		리터	L
	밀리미터	mm		밀리리터	mL
	마이크로미터	μm		마이크로리터	μL
	나노미터	nm			
무게	킬로그램	kg	부피	세제곱미터	m^3
	그램	g		세제곱센티미터	cm^3
	밀리그램	mg		세제곱밀리미터	mm^3
	마이크로그램	μg			
	나노그램	ng	압력	기압	atm
넓이	제곱미터	m^2		수은주밀리미터	mmHg
	제곱센티미터	cm^2		수주 밀리미터	mmH_2O
	제곱밀리미터	mm^2			

2. 기본단위(Unit)

단위계	길이	질량	시간
$M \cdot K \cdot S$ 단위	m	kg	sec
$C \cdot G \cdot S$ 단위	cm	g	sec

① $M \cdot K \cdot S$의 대표적인 단위는 N(뉴튼) 단위이며 $1N = kg \cdot m/sec^2$의 단위로 표기한다
② $C \cdot G \cdot S$의 대표적인 단위는 dyne(다인) 단위이며 $1dyne = g \cdot cm/sec^2$의 단위로 표기한다.
③ $1N = 10^5 dyne$이 된다.

3. 온도

온도는 섭씨온도(℃), 화씨온도(°F), 절대온도(K)로 나타낸다.
① °F → ℃ : (°F − 32) ÷ 1.8
② ℃ → °F : (℃ × 1.8) + 32
③ ℃ → K : 273 + ℃
④ °F → °R : °F + 460

4. 압력(표준압력)

① 1atm = 760mmHg = 10,332mmH$_2$O = 10,332mm 수주 = 10,332mmAq = 10,332 kg/m^2 = 1.0332kg/cm^2 = 1013.2 mbar = 101.35 kPa = 14.7 PSI

② 수은주 비중 = $\dfrac{10{,}332\,mmH_2O}{760\,mmHg}$ = 13.6, $\begin{cases} mmH_2O \div 13.6 \rightarrow mmHg \\ mmHg \times 13.6 \rightarrow mmH_2O \end{cases}$

Question 01 수은주 높이 200mm는 수주로 몇 mm인지 계산하시오.

Solution
200mmHg × 13.6 = 2720mm 수주

---

5. 밀도, 비중, 비중량

① 밀도(Density)는 단위부피당 질량이며 $\dfrac{\text{질량}(g)}{\text{부피}(cm^3)}$ 으로 표시한다.

② 비중(Specipic Weight)는 표준물질의 밀도에 대한 물체의 밀도의 비이며 $\dfrac{\text{물체의 무게}}{4℃\,\text{물의 무게}} = \dfrac{\text{물체의 밀도}}{4℃\,\text{물의 밀도}}$ 로 표시한다.

③ 비중은 단위가 없으므로 무차원수이고 밀도는 $C \cdot G \cdot S$ 단위로 표기하고, 비중량은 $M \cdot K \cdot S$ 단위로 표기한다.

2 농 도

1. 농 도

① 백분율(Parts Per Hundred)은 용액 100mL 중의 성분무게(g), 또는 기체 100mL 중의 성분무게(g)를 표시할 때는 W/V%, 용액 100mL 중의 성분용량(mL), 또는 기체 100mL 중의 성분용량(mL)을 표시할 때는 V/V%, 용액 100g 중 성분용량(mL)을 표시할 때는 V/W%, 용액 100g 중 성분무게(g)를 표시할 때는 W/W%의 기호를 쓴다. 다만, 용액의 농도를 "%"로만 표시할 때는 W/V%를 말한다.

$$wt\,(\%) = \dfrac{\text{용질의 질량}}{\text{용질질량 + 용매질량}} \times 100$$

② 천분율(ppt, parts per thousand)을 표시할 때는 g/L, g/kg의 기호를 쓴다.
③ 백만분율(ppm, parts per million)을 표시할 때는 mg/L 또는 mg/kg의 기호를 쓴다.
④ 십억분율(ppb, parts per billion)을 표시할 때는 μg/L 또는 μg/kg의 기호를 쓴다.
⑤ 기체 중의 농도는 표준상태(0℃, 1기압)로 환산 표시한다.

2. M 농도(몰 농도)

① M 농도 = mol/L로 표시하며 용액 1L중에 녹아있는 용질의 mol수(분자량)를 의미한다.

$$\frac{mol}{L} = \frac{wg}{V(L)} \times \frac{1mol}{분자량(g)}$$

$\left[\begin{array}{l} w : 질량(g) \qquad\qquad V : 부피(L) \end{array}\right.$

② 비중, %농도가 주어진 경우

$$\frac{moL}{L} = \frac{비중(g)}{(mL)} \times \frac{10^3 mL}{1L} \times \frac{1moL}{분자량(g)} \times \frac{\%농도}{100}$$

Question 02

PbSO₄가 25℃ 수용액에서 용해도가 0.05g/L일 때 M 농도를 계산하시오. (단, PbSO₄의 분자량은 303이다.)

Solution

$$\frac{mol}{L} = \frac{wg}{V(L)} \times \frac{1mol}{분자량(g)} = \frac{0.05g}{L} \times \frac{1mol}{303g} = 1.65 \times 10^{-4}\, mol/L$$

3. N 농도(규정농도)

① N 농도 = eq/L로 표시하며 용액 1L중에 녹아있는 용질의 1당량 g을 의미한다.

$$\frac{eq}{L} = \frac{wg}{V(L)} \times \frac{1eq}{1당량g}$$

$\left[\begin{array}{l} w : 질량(g) \qquad\qquad V : 부피(L) \end{array}\right.$

② 비중, %농도가 주어진 경우

$$\frac{eq}{L} = \frac{비중(g)}{(mL)} \times \frac{10^3 mL}{1L} \times \frac{1eq}{1당량g} \times \frac{\%농도}{100}$$

Question 03

KMnO₄(과망간산칼륨) 0.79g을 증류수에 녹여 1L로 하였을 때 규정농도(N농도)를 계산하시오.

Solution

$$N농도(eq/L) = \frac{wg}{V(L)} \times \frac{1eq}{1당량g} = \frac{0.79g}{1L} \times \frac{1eq}{158g/5} = 0.025N$$

Tip

화학식	명칭	분자량	당량	1당량 g
KMnO₄	과망간산칼륨	158g	5 당량	158g/5
K₂Cr₂O₇	다이크롬산칼륨	294g	6 당량	294g/6
NaOH	수산화나트륨	40g	1 당량	40g/1

3 동력

$$kW = \frac{r \times Q \times H}{102 \times \eta} \times \alpha$$

- r : 물의 비중량(1,000kg/m³)
- H : 전양정(m)
- α : 여유율
- Q : 펌프의 토출량(m³/sec)
- η : 효율
- $1kW = 102$ kg·m/sec, $1HP = 76$kg·m/sec, $1PS = 75$kg·m/sec

Question 04

펌프효율 η = 80% 이며 전양정 H = 16m인 조건 하에서 양수율 Q = 12L/sec로서 펌프를 회전시킨다면 모터의 축동력(kW)를 계산하시오. (단, 물의 밀도 = 1,000kg/m³)

Solution

$$kW = \frac{r \times Q \times H}{102 \times \eta} \times \alpha = \frac{1,000 \text{kg/m}^3 \times 12 \times 10^{-3} \text{m}^3/\text{sec} \times 16\text{m}}{102 \times 0.8} = 2.35 \text{Kw}$$

4 평형상수(K), 물의 이온곱상수(K_w), 이온적(Q), 용해도적(Ksp)

1. 평형상수(K)

$$aA + bB \rightleftharpoons cC + dD \quad 평형상수(K) = \frac{[C]^c [D]^d}{[A]^a [B]^b}$$

> **평형상수**
> - 화학반응에서 반응계와 생성계의 양적인 관계를 나타내는 상수
> - 질량 작용의 법칙을 적용
> - 절대온도의 함수
> - 일반적으로 $K_w = 1.0 \times 10^{-14}$(25℃) $\begin{cases} 수온증가 \to K_w \uparrow \\ K_w \, 증가 \to pH \downarrow \end{cases}$

2. 물의 이온적(곱)상수(K_w)

$$H_2O \underset{}{\overset{K_w}{\rightleftharpoons}} H^+ + OH^- \quad K_w = [H^+] \cdot [OH^-] = 1.0 \times 10^{-14} (25℃)$$

$$\therefore [H^+] = \frac{K_w}{[OH^-]}, \quad K_w = [H^+]^2$$

$$\therefore [H^+] = \sqrt{K_w} = \sqrt{1.0 \times 10^{-14}} = 1.0 \times 10^{-7} \text{mol/L}$$

$$\therefore \mathrm{pH} = \log\frac{1}{[\mathrm{H}^+]} = -\log[\mathrm{H}^+] = -\log[1.0 \times 10^{-7}\mathrm{mol/L}] = 7.0$$

$$\therefore K_w = K_a \times K_b$$

$$\left[K_a(\text{산해리상수}) \quad\quad K_b(\text{염기해리상수}) \right.$$

$$\mathrm{CH_3COOH} \underset{}{\overset{K_a}{\rightleftharpoons}} \mathrm{CH_3COO^-} + \mathrm{H^+}$$
$$\text{(약산)} \quad\quad \text{(염기)} \quad \text{(산)}$$

$$\mathrm{CH_3COO^-} \xrightarrow[\mathrm{H_2O(\text{양쪽성 물질})}]{K_b} \mathrm{CH_3COOH} + \mathrm{OH^-}$$
$$\text{(약산)} \quad \text{(염기)}$$

$$\therefore K_a = \frac{[\mathrm{CH_3COO^-}][\mathrm{H^+}]}{[\mathrm{CH_3COOH}]} \Rightarrow [\mathrm{H^+}] = \sqrt{K_a \cdot C}$$

$$\therefore K_b = \frac{[\mathrm{CH_3COOH}][\mathrm{OH^-}]}{[\mathrm{CH_3COO^-}]} \Rightarrow [\mathrm{OH^-}] = \sqrt{K_b \cdot C}$$

$$\therefore K_a \times K_b = \frac{[\mathrm{CH_3COO^-}][\mathrm{H^+}]}{[\mathrm{CH_3COOH}]} \times \frac{[\mathrm{CH_3COOH}][\mathrm{OH^-}]}{[\mathrm{CH_3COO^-}]}$$

$$= [\mathrm{H^+}][\mathrm{OH^-}] = K_w(\text{물의 이온적}) \quad \therefore K_w = K_a \times K_b$$

3. 이온적(곱), 용해도적(곱)

$$A_mB_n \rightleftharpoons mA^+ + nB^-$$

① 이온적 : 현재 이온화된 물질의 농도곱(Q) $Q = [A^+]^m[B^-]^n$
② 용해도적 : 포화상태에서 이온 농도의 곱(Ksp) $\mathrm{Ksp}[A_mB_n] = [A^+]^m[B^-]^n$

4. 용해도곱 = 용해도적(Ksp)

① 포화상태 : Ksp = $[A^+]^m[B^-]^n$
② 과포화상태 : Ksp < $[A^+]^m[B^-]^n$ ⇒ 침전물이 생성된다.
③ 불포화 상태 : Ksp > $[A^+]^m[B^-]^n$ ⇒ 침전물이 생성되지 않는다.

Question 05 AgCl의 용해도가 1.0×10^{-5}mol/L일 때 Ksp를 계산하시오.

Solution

$\mathrm{AgCl} \rightleftharpoons \mathrm{Ag^+} + \mathrm{Cl^-}$
$\mathrm{Ksp} = [\mathrm{Ag^+}][\mathrm{Cl^-}]$ $\therefore \mathrm{Ksp} = [1.0 \times 10^{-5}][1.0 \times 10^{-5}] = 1.0 \times 10^{-10}$

Question 06

$PbSO_4$의 용해도가 0.035g/L이다. Ksp를 계산하시오. ($PbSO_4$: 303)

Solution

$PbSO_4 \rightleftharpoons Pb^{2+} + SO_4^{2-}$ ∴ $Ksp = [Pb^{2+}][SO_4^{2-}]$

$PbSO_4$의 농도(mol/L) $= \dfrac{0.035g}{L} \times \dfrac{1mol}{303g} = 1.16 \times 10^{-4} mol/L$

∴ $Ksp = [1.16 \times 10^{-4}][1.16 \times 10^{-4}] = 1.35 \times 10^{-8}$

5. 이온화 상수(정수) $= \dfrac{생성물\ 몰농도}{잔류물의\ 몰농도}$

$A_m B_n \rightleftharpoons mA^+ + nB^-$

이온화 상수 $= \dfrac{[A^+]^m [B^-]^n}{[A_m B_n - 전리된\ 농도]}$

Question 07

CH_3COOH 0.01M 3% 전리시켰다. 이온화 상수와 pH를 계산하시오.

Solution

$CH_3COOH \xrightarrow{3\%전리} CH_3COO^- + H^+$

전리전   0.01M   0M   0M
전리후 $(0.01 - 0.01 \times 0.03)M$ $(0.01 \times 0.03)M$ $(0.01 \times 0.03)M$

① 이온화 상수 $= \dfrac{(0.01 \times 0.03)(0.01 \times 0.03)}{(0.01 - 0.01 \times 0.03)} = 9.28 \times 10^{-6}$

② $pH = -\log[H^+] = -\log[0.01 \times 0.03 mol/L] = 3.52$

5 pH, pOH

① 산성물질에서 $pH = -\log[H^+]$
   알칼리성 물질에서 $pH = 14 + \log[OH^-]$
② $pH = -\log[H^+] \Rightarrow [H^+] = 10^{-pH} mol/L$
   $pOH = -\log[OH^-] \Rightarrow [OH^-] = 10^{-pOH} mol/L$

Question 08

침전이 생기지 않는 $Mg(OH)_2$ 용액중 $Mg^{2+} = 0.01M$, $Ksp = 1.2 \times 10^{-11}$이다. 이 용액의 pH를 계산하시오.

Solution

$Mg(OH)_2 \rightleftharpoons Mg^{2+} + 2OH^-$
$Ksp = [Mg^{2+}][OH^-]^2$

∴ $1.2 \times 10^{-11} = [0.01M][OH^-]^2$ ∴ $[OH^-] = \sqrt{\dfrac{1.2 \times 10^{-11}}{0.01}} = 3.46 \times 10^{-5} mol/L$

∴ $pH = 14 + \log[OH^-] = 14 + \log[3.46 \times 10^{-5} mol/L] = 9.54$

6 완충방정식

1. 완충방정식

① 약산 + 강염기성 염 $\Rightarrow CH_3COOH + CH_3COOK$
② 약염기 + 강산성 염 　　　(약산)　　(강염기)

$$CH_3COOH \underset{}{\overset{ka}{\rightleftharpoons}} CH_3COO^- + H^+$$
　(약산)　　　　　(공통이온)

$$CH_3COOK \xrightarrow{100\% \text{ 전리}} CH_3COO^- + K^+$$
　(강염기)　　　　　(공통이온)

$$Ka = \frac{[CH_3COO^-][H^+]}{[CH_3COOH]} \quad \therefore [H^+] = \frac{[CH_3COOH]}{[CH_3COO^-]} \times Ka$$

$\begin{cases} \text{공통이온이 있는 강염기로 대체} \\ [CH_3COO^-] \Rightarrow [CH_3COOK] \\ [CH_3COO^-] \ll 1\text{으로 무시 할 수 있다.} \end{cases}$

$$\therefore [H^+] = \frac{[CH_3COOH] \cdot Ka}{[CH_3COOK]} = \frac{[CH_3COOH]}{[CH_3COOK]} \times Ka$$

pH를 구하면

$$pH = \log \frac{1}{[H^+]} = \log \frac{1}{\frac{[CH_3COOH](\text{산})}{[CH_3COOK](\text{염기})} \times Ka} = \log \frac{1}{Ka} + \log \frac{[\text{염기}]}{[\text{산}]}$$

$$\boxed{\therefore pH = PKa + \log \frac{[\text{염기}]}{[\text{산}]}} \Rightarrow \text{완충 방정식}$$

Tip
$pH = pKa + \log \frac{[\text{염기}]}{[\text{산}]} \Rightarrow \log \frac{[\text{염기}]}{[\text{산}]} = pH - pKa$

$\Rightarrow \log \frac{[\text{염기}]}{[\text{산}]} = -\log[H^+] - (-\log Ka) \Rightarrow \boxed{\frac{[\text{염기}]}{[\text{산}]} = \frac{Ka}{[H^+]}}$

Question 09

pH가 4가 되는 CH_3COOH와 CH_3COOK의 완충액을 만들려면 CH_3COOH와 CH_3COOK의 혼합비율을 계산하시오. (단, $Ka = 1.8 \times 10^{-5}$)

Solution

완충방정식: $pH = pKa + \log \frac{[\text{염기}]}{[\text{산}]} \Rightarrow \frac{[\text{염기}]}{[\text{산}]} = \frac{Ka}{[H^+]}$

$\Rightarrow \frac{[CH_3COOK]}{[CH_3COOH]} = \frac{1.8 \times 10^{-5}}{10^{-4}} = 0.18 \rightarrow [CH_3COOH] : [CH_3COOK] = 1 : 0.18$

7 적정 공식

1. 중화적정 공식

$NV = N'V'$

> **Question 10**
> 0.1M H_2SO_4 10mL를 중화시키기 위해 0.1M NaOH 용액 몇 mL가 필요한지 계산하시오.
>
> **Solution**
> $NV = N'V'$ 에서 $(0.1 \times 2)N \times 10\text{mL} = (0.1 \times 1)N \times V'$ ∴ $V' = 20\text{mL}$

> **Tip**
> M농도 → N농도 : M농도 × 가수
> H_2SO_4는 2가 이므로 N농도는 0.1M × 2가 되고
> NaOH는 1가 이므로 N농도는 0.1M × 1이 된다.

2. 산 + 산에서 혼합후의 N농도 $= \dfrac{N_1V_1 + N_2V_2}{V_1 + V_2}$

3. 염기 + 염기에서 혼합후의 N농도 $= \dfrac{N_1V_1 + N_2V_2}{V_1 + V_2}$

4. 산 + 염기에서 혼합후의 N농도 $= \dfrac{N_1V_1 - N_2V_2}{V_1 + V_2}$

2장 반응식 및 반응조

1 반응속도식

$$r = \frac{dC}{dt} = -kC^m$$

k : 반응 속도 상수 m : 반응 차수

• 영향 인자
① 농도 : 비례관계(단, 0차 반응은 농도와 무관)
② 촉매 : 반응속도 증가
③ 온도 : 반응속도 증가(10℃ 증가하면 반응 속도는 2배 증가)
④ 표면적 : 표면적에 비례
⑤ 압력 : 액체에는 영향받지 않는다.(기체에서의 반응은 압력에 비례)

㉠ 0차 반응 : 어느 시간이 지나면 반응이 끝나버리는 반응

$$r = \frac{dC}{dt} = -k[C]^0 \xrightarrow{\text{적분}} C_t - C_o = -k \cdot t$$

㉡ 1차 반응 : 반응속도는 반응물질 농도에 비례한다는 반응

$$r = \frac{dC}{dt} = -k[C]^1 \xrightarrow{\text{적분}} \ln\frac{C_t}{C_o} = -k \cdot t$$

㉢ 2차 반응 : 반응속도가 한가지 반응물의 농도의 제곱에 비례하여 진행하는 반응

$$r = \frac{dC}{dt} = -k[C]^2 \xrightarrow{\text{적분}} \frac{1}{C_o} - \frac{1}{C_t} = -k \cdot t$$

Question 11

어느 1차 반응에서 반응개시의 농도가 220mg/L이고 반응 1시간 후의 농도는 94mg/L이었다면 반응 2시간 후의 반응물질의 농도(mg/L)를 계산하시오.

Solution

1차 반응식 : $\ln\frac{C_t}{C_o} = -k \cdot t$

① $\ln\frac{94\text{mg/L}}{220\text{mg/L}} = -k \times 1\text{hr}$ ∴ k = 0.85/hr

② $\ln\frac{C_t}{220\text{mg/L}} = -0.85/\text{hr} \times 2\text{hr}$ ∴ $C_t = 220\text{mg/L} \times e^{(-0.85/hr \times 2hr)} = 40.19\text{mg/L}$

2 반감기

반감기를 사용하면 $C_t = \frac{1}{2}C_o$ 가 된다.

① 0차 : $C_t - C_O = -k \cdot t \xrightarrow[C_t = 0.5C_o]{반감기} 0.5C_o - C_o = -k \cdot t$

② 1차 : $\ln\frac{C_t}{C_o} = -k \cdot t \xrightarrow[C_t = 0.5C_o]{반감기} \ln\frac{0.5C_o}{C_o} = -k \cdot t \Rightarrow \ln\frac{1}{2} = -k \times t$

③ 2차 : $\frac{1}{C_o} - \frac{1}{C_t} = -k \cdot t \xrightarrow[C_t = 0.5C_o]{반감기} \frac{1}{C_o} - \frac{1}{0.5C_o} = -k \cdot t$

Question 12

반감기가 1일인 방사성 폐수의 농도가 100mg/L라면 감소속도상수(/day)를 계산하시오.
(단, 1차 반응으로 가정한다.)

Solution

$\ln\frac{C_t}{C_o} = -k \times t \xrightarrow[C_t = \frac{1}{2}C_o]{반감기} \ln\frac{1}{2} = -k \times t$

$\therefore \ln\frac{1}{2} = -k \times 1\text{day} \quad \therefore k = 0.693/\text{day}$

3 반응조의 종류

1. 완전혼합흐름상태(CFSTR, CSTR, CMR)

(1) 완전혼합형 활성슬러지법 공정도

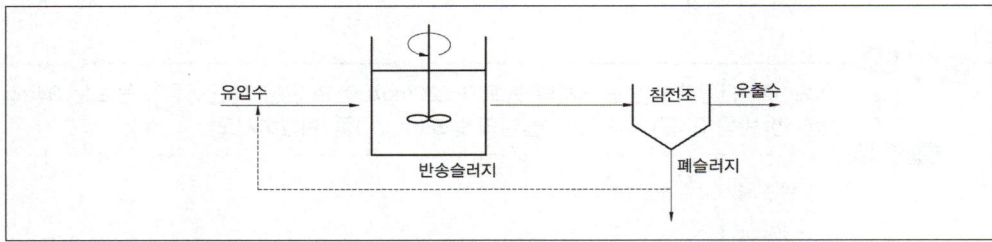

(2) 완전혼합 흐름상태(CFSTR)
① 분산 : 1
② 분산수 : 무한대 (∞)
③ 모릴지수 (Morrill 지수) : 클수록
④ 지체시간 : 0
⑤ 단로흐름으로 dead space를 동반 할 수 있다
⑥ 반응조내에 유체는 즉시 완전히 혼합된다고 가정한다.

(3) 완전혼합형(CFSTR) 반응조에서 1차 반응식

$$Q(C_o - C_t) = k \times V \times C_t$$

- Q : 유량(m^3/hr)
- C_t : t시간 후의 농도(mg/L)
- V : 체적(m^3)
- C_o : 초기농도(mg/L)
- k : 상수(/hr)

> **Tip** k가 없거나 희석만 고려하는 경우에는 다음과 같다.
> $$\ln \frac{C_t}{C_o} = -\left(\frac{Q}{V}\right) \times t$$

2. 이상적인 플러그흐름 반응조(PFR)

(1) 플러그 흐름 활성슬러지법 공정도

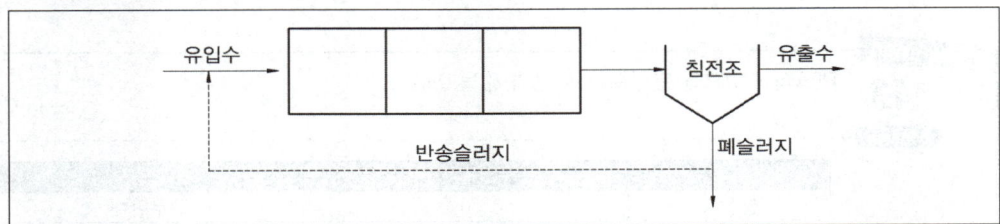

(2) 이상적인 플러그 흐름 상태(PFR)

① 분산 : 0
② 분산수 : 0
③ 모릴지수(Morrill지수) : 1
④ 지체시간 : 이론적 체류시간과 동일 할 때
⑤ 충격부하, 부하변동에 취약하다.
⑥ 탱크가 옆으로 길고 상하는 혼합하나 좌우혼합은 없다.

(3) 플러그반응조(PFR)에서 1차 반응식

$$\ln \frac{C_t}{C_o} = -\left(\frac{Q}{V}\right) \times t$$

- C_o : 초기농도(mg/L)
- k : 상수(/hr)
- Q : 유량(m^3/hr)
- C_t : t시간 후의 농도(mg/L)
- V : 체적(m^3)

3. Morrill Index(모릴지수 : M_o)

$$M_o = \frac{t_{90}}{t_{10}}$$

t_{90} : 90%가 유출 될 때까지의 시간(min) t_{10} : 10%가 유출 될 때까지의 시간(min)

4. CFSTR과 PFR의 비교

	CFSTR	PFR
분산	1	0
분산수	무한대(∞)	0
모릴지수	클수록	1
지체시간	0	이론적 체류시간과 동일 할 때

Question 13
PFR과 CSTR의 분산수와 분산의 값을 쓰시오.

Solution

	PFR	CSTR
분산수	0	무한대
분산	0	1

Question 14
특정의 반응물을 포함한 유체가 CFSTR을 통과할 때 반응물의 농도가 100mg/L에서 10mg/L로 감소하였고, 반응기 내의 반응이 일차반응이며 유체의 유량이 1,000m³/day이라면, 반응기 체적 (m³)을 계산하시오. (단, 반응속도상수는 0.5day⁻¹)

Solution

CFSTR에서 1차 반응식은 $Q\,(C_o - C_t) = k \cdot V \cdot C_t$ 이다.
$1,000\text{m}^3/\text{day} \times (100-10)\text{mg/L} = 0.5/\text{day} \times V \times 10\text{mg/L}$ ∴ $V = 18,000\text{m}^3$

Question 15

용량이 6,000m³인 수조에 400m³/hr의 유량이 유입된다면 수조 내 BOD 200mg/L가 20mg/L로 될 때까지의 소요시간(hr)을 계산하시오. (단, 유입수 내 BOD=0이며, 완전 혼합형(희석 효과만 고려함.))

Solution

$$\ln \frac{C_t}{C_o} = -\left(\frac{Q}{V}\right) \times t$$

- C_o : 초기농도(mg/L) $\qquad C_t$: t시간 후 농도(mg/L)
- Q : 유량(m³/hr), V : 체적(m³) $\qquad t$: 시간(hr)

따라서 $\ln\left(\dfrac{20\text{mg/L}}{200\text{mg/L}}\right) = -\left(\dfrac{400\text{m}^3/\text{hr}}{6000\text{m}^3}\right) \times t$ ∴ $t = 34.54$hr

Tip

완전혼합형 반응조의 1차 반응식은 $Q(C_o - C_t) = k \cdot V \cdot C_t$로 계산되지만 k가 없거나 희석만 고려하는 경우는 $\ln \dfrac{C_t}{C_o} = -\left(\dfrac{Q}{V}\right) \times t$를 이용하여 계산한다.

3장 수자원 및 물의 특성

1 수자원

1. 표면장력

① 표면장력은 단위길이당 작용하는 힘으로 액체표면에서 액체 내부의 당기는 힘에 의해 액체표면에 움츠이는 힘이 생기는 것을 말한다.

② 용액의 무게 = 표면장력$\left(\dfrac{힘}{길이}\right)$ × 접촉면 길이(원주길이) × $\cos\theta$

③ 용액의 무게 = 부피 × 비중량
  ⇒ ②식과 ③식을 등식으로 성립시키면
  표면장력 × 접촉면길이 × $\cos\theta$ = 부피 × 비중량

$T_m(표면장력) \times \pi \times D \times \cos\theta = \dfrac{\pi D^2}{4} \times h(높이) \times rw(물의\ 비중량)$

$$\therefore h = \dfrac{4 \cdot T_m \cdot \cos\theta}{D \cdot rw}$$

Tip
$\begin{cases} T_m(g_f/cm) = dyne/cm \times \dfrac{1g_f}{980 dyne} \\ rw(물의\ 비중) = 1.0 g_f/cm^3 \\ D : 모세관\ 직경(cm) \end{cases}$

Question 16
모세관현상을 이용한 물 순환장치를 설계하고자 한다. 1cm의 물기둥을 세울 수 있는 유리관의 지름(mm)을 계산하시오. (단, 물은 정지하고 있으며, 물의 온도는 15℃, 이때의 표면장력은 73.5dyne/cm, 물과 유리와의 접촉각은 8°이다.)

Solution

$h = \dfrac{4 \times T_m \times \cos\theta}{r \times D}$

$\begin{bmatrix} h : 모세관\ 물기둥\ 높이(cm) & Tm : 표면장력(g_f/cm) \\ D : 모세관\ 내경(cm) & r : 물의\ 비중(1.0g_f/cm^3) \end{bmatrix}$

따라서 $D = \dfrac{4 \times T_m \times \cos\theta}{r \times h} = \dfrac{4 \times (73.5 dyne/cm \times \dfrac{1g_f}{980 dyne}) gf/cm \times \cos 8°}{1 g_f/cm^3 \times 1cm} = 0.297 cm = 2.97 mm$

Tip	$T_m(g_f/cm) = T_m(dyne/cm) \times \dfrac{1g_f}{980 dyne}$
	$T_m(kg_f/m) = T_m(N/m) \times \dfrac{1kg_f}{9.8N}$

2 SAR(Sodium Adsorption Ratio) : 나트륨 흡착률

① $SAR = \dfrac{Na^+}{\sqrt{\dfrac{Mg^{2+} + Ca^{2+}}{2}}}$

② 단위 : meq/L = mN = mg/L ÷ mg당량

$Na^+ = Na^+ mg/L \div 23$

$Ca^{2+} = Ca^{2+} mg/L \div 20$

$Mg^{2+} = Mg^{2+} mg/L \div 12$

③ 판정

SAR 10 이하 : 약간 영향

SAR 10~18 : 중간정도 영향

SAR 18~26 : 큰 영향

SAR 26 이상 : 아주 큰 영향

Question 17

다음 수질을 가진 농업용수의 SAR값을 계산하시오. (단, Na^+ = 1,725mg/L, PO_4^{3-} = 1,500mg/L, Cl^- = 108mg/L, Ca^{2+} = 600mg/L, Mg^{2+} = 240mg/L, NH_3-N = 380mg/L Na 원자량 : 23, P 원자량 : 31, Cl 원자량 : 35.5, Ca 원자량 : 40, Mg 원자량 : 24, N 원자량 : 14)

Solution

SAR(Sodium Adsorption Ratio) : 나트륨 흡착율

① $SAR = \dfrac{Na^+}{\sqrt{\dfrac{Mg^{2+} + Ca^{2+}}{2}}}$

② 단위 : meq/L = mN = mg/L ÷ 1mg당량

Na^+ = 1725mg/L ÷ 23 = 75mN

Ca^{2+} = 600mg/L ÷ 20 = 30mN

Mg^{2+} = 240mg/L ÷ 12 = 20mN

③ $SAR = \dfrac{75}{\sqrt{\dfrac{30+20}{2}}} = 15$

4장 수질 미생물학

1 미생물의 분류 및 특성

1. 에너지원과 탄소원에 의한 미생물의 분류

① 광합성자가(독립) 영양 미생물의 에너지원은 빛이며 탄소원은 CO_2이다.
② 화학합성 자가(독립) 영양 미생물의 에너지원은 무기물의 산화·환원반응이며 탄소원은 CO_2이다.
③ 광합성타가(종속) 영양 미생물의 에너지원은 빛이며 탄소원은 유기탄소이다.
④ 화학합성 타가(종속) 영양 미생물의 에너지원은 유기물의 산화·환원반응이며 탄소원은 유기탄소다.

분류	에너지원	탄소원
광합성 자가(독립) 영양 미생물	빛	CO_2
화학합성 자가(독립) 영양 미생물	무기물의 산화·환원 반응	CO_2
광합성 타가(종속) 영양 미생물	빛	유기탄소
화학합성 타가(종속) 영양 미생물	유기물의 산화·환원 반응	유기탄소

Question 18

다음 ( )안에 들어갈 알맞은 말을 쓰시오.
(1) 에너지원으로 빛을 이용하고 탄소원으로 유기탄소를 이용하는 미생물은 ( )이다.
(2) 에너지원으로 빛을 이용하고 탄소원으로 CO_2를 이용하는 미생물은 ( )이다.
(3) 전자수용체로 질산염과 아질산성 이온을 사용하는 미생물은 ( )이다.

Solution
(1) 광합성 종속(타가)영양 미생물
(2) 광합성 독립(자가)영양 미생물
(3) 탈질화 미생물

2 미생물의 종류

1. 중요한 물질의 경험적인 화학식

① 박테리아 : $C_5H_7O_2N$
② 조류 : $C_5H_8O_2N$

③ 곰팡이(Fungi) : $C_{10}H_{17}O_6N$
④ 원생동물(Protozoa) : $C_7H_{14}O_3N$

2. Fungi(곰팡이)

① 탄소동화작용을 하지 않고 유기물질을 섭취하는 식물로 폐수내의 질소와 용존산소가 부족한 경우에도 잘 성장하며 pH가 낮은 경우에도 잘 자라 산성폐수의 처리에도 이용되는 미생물이다.
② 경험적인 화학식은 $C_{10}H_{17}O_6N$이다.
③ 활성슬러지의 팽화(벌킹)현상을 유발한다.

3. Bacteria(박테리아)

① 가장 간단한 식물로서 용해된 유기물을 섭취하며 생물학적 수처리에서 가장 중요한 미생물이다.
② 경험적 화학식은 $C_5H_7O_2N$이다.
③ 박테리아는 H_2O가 80%, 고형물이 20%로 구성되어 있으며 고형물은 90%가 유기물이고 10%가 무기물이다.
④ 박테리아는 0.8~5μm의 단세포생물이며 이분법(세포분열)에 의해 증식한다.
⑤ 환경인자(pH, 온도)에 대하여 민감하며 열보다 낮은 온도에서 저항성이 높다.
⑥ 성장을 위한 환경적인 조건에 따라 분류할 때 바닷물과 비슷한 염 조건하에서 가장 잘 자라는 박테리아(호염균)가 Halophiles이다.
⑦ 엽록소가 없어 탄소동화작용을 못한다.

> **Tip** 혐기성 박테리아의 경험적 화학식은 $C_5H_9O_3N$이다.

4. 조류(Algae)

① 경험적인 화학식이 $C_5H_8O_2N$으로 수중의 용존산소 균형에 영향을 준다.
② 상수원에서는 색, 맛, 불쾌한 냄새유발, pH저하, 여과지나 스크린 폐쇄 등에 영향을 준다.
③ 엽록소를 가지며 광합성 능력을 가진다.

Question 19

수심이 얕고 조류가 대량 번식하는 지표수와 일반적인 지표수에서 pH, COD, DO를 비교하여 설명하시오.

Solution

① pH : 조류가 대량 번식하는 지표수의 경우 광합성 작용에 의해서 물속의 CO_2를 소비하므로 pH는 증가한다.
② COD : 조류가 대량 번식하는 지표수의 경우 산화제를 이용하여 조류를 분해하므로 COD는 증가한다.
③ DO : 조류가 대량 번식하는 지표수의 경우 광합성 작용에 의해 DO가 발생되므로 DO는 증가한다.

3 미생물의 성장 단계

1. 미생물의 성장과 먹이와의 관계

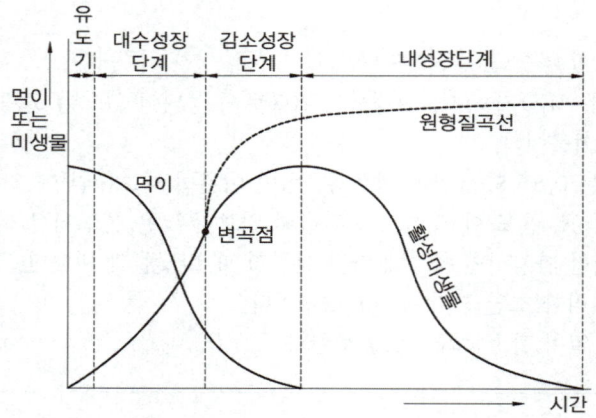

2. 미생물의 성장과 특성

① 순서 : 유도기 → 대수성장단계 → 감소성장단계 → 내성장단계
② 유도기 : 수중에서 미생물과 유기물이 상호작용하는 단계, 각종 효소 단백질을 생합성하는 단계
③ 대수성장단계 : 미생물이 엉키지 않고 자라는 분산성장단계, 먹이가 풍부하고 증식 속도가 가장 큰 단계, 새로운 세포물질이 지배적인 단계, floc이 비대하여 침강성이 낮은 단계
④ 감소성장단계 : 미생물이 엉켜 floc 형성 단계, 원형질이 개체수보다 많아지는 단계, 먹이가 부족하게 되는 단계
⑤ 내성장단계 : 미생물의 증식이 정지되는 단계

Tip	미생물의 증식곡선 단계 순서를 찾는 문제 ① 4단계 : 유도기 – 대수기 – 정지기 – 사멸기 ② 7단계 : 유도기 – 대수증식기 – 감소성장기 – 정지기 – 증가사멸기 – 대수사멸기 – 사멸기

4 미생물의 성장 동력학

1. Monod식에 의한 세포의 비증식 속도 계산식

$$\mu = \mu_{max} \times \frac{S}{Ks + S}$$

- μ : 세포의 비증식 계수(/hr) 　　　　μ_{max} : 세포의 최대 비증식 계수(/hr)
- S : 제한기질의 농도(mg/L)
- Ks : 반포화 농도 (즉, $\mu = \frac{1}{2}\mu_{max}$ 일 때 제한기질의 농도(mg/L))

Question 20 어느 배양기(培養基)의 제한기질농도 (s)가 100mg/L, 세포최대비증식계수 (μ_{max})가 0.23/hr일 때 Monod식에 의한 세포의 비증식계수 (μ)를 계산하시오. (단, 제한기질 반포화농도(Ks)는 30mg/L이다.)

Solution

Monod식에 의한 세포의 비증식 속도 계산식

$$\mu = \mu_{max} \times \frac{S}{Ks + S}$$

$\mu = 0.23/\text{hr} \times \dfrac{100\text{mg/L}}{(30 + 100)\text{mg/L}} = 0.18/\text{hr}$

5장 수질오염지표

1 용존산소(DO : Dissolved Oxygen)

1. 용존산소(DO)의 특징

① 수온이 높을수록 용존산소량은 감소한다.
② 용존염류의 농도가 높을수록 용존산소량은 감소한다.
③ 현존 용존산소 농도가 낮을수록 산소전달율은 높아진다.
④ 같은 수온하에서는 해수보다 담수의 용존산소량이 높다.
⑤ 물속의 용존산소는 수온이 낮고 기압이 높을 때 증가한다.

2. 산소전달속도

$$\frac{dO}{dt} = \alpha \cdot K_{La} \times (\beta \cdot C_s - C)$$

- $\frac{dO}{dt}$: 시간에 따른 용존산소농도 변화 (mg/L·hr)
- K_{La} : 산소전달계수(/hr)
- C_s : 포화산소농도(mg/L)
- C : 물속의 용존산소농도(mg/L)
- α, β : 상수

① 기포가 작을수록 커진다.
② 교반강도가 클수록 크다.
③ 수중의 용존산소농도가 낮을수록 크다.
④ 공기중의 산소분압이 낮아지면 감소한다.

Question 21
20℃의 하천수에 있어서 바람에 의한 DO 공급량이 0.02mgO₂/L·day라고 하고 이 강은 항상 DO 농도가 5mg/L 이상 유지되어야 한다고 한다면 이 강의 산소전달계수 (hr⁻¹)를 계산하시오. (단, α, β는 무시하며 포화 DO는 9.17mg/L이다.)

Solution

$\frac{dO}{dt} = K_{La} \times (C_s - C)$ 에서

$K_{La} = \dfrac{dO/dt}{(C_s - C)} = \dfrac{0.02\text{mg/L·day} \times 1\text{day}/24\text{hr}}{(9.17 - 5)\text{mg/L}} = 2.0 \times 10^{-4}/\text{hr}$

3. 용존산소(DO) 계산식

$$용존산소(\text{mg O/L}) = a \times f \times \frac{V_1}{V_2} \times \frac{1{,}000}{V_1 - R} \times 0.2$$

- a : 적정에 소비된 티오황산나트륨용액(0.025M)의 양(mL)
- f : 티오황산나트륨(0.025M)의 인자(factor)
- V_1 : 전체시료의 양(mL)
- V_2 : 적정에 사용한 시료의 양(mL)
- R : 황산망간용액과 알칼리성 요오드화칼륨 – 아자이드화나트륨용액의 첨가량(mL)

Question 22

어느 폭기조 내의 폐수 DO를 측정하기 위하여 시료 300mL를 취하여 윙클러 아지드법에 의하여 처리하고 203mL를 분취하여 0.025N-Na₂S₂O₃로 적정하니 3mL가 소모되었다. 이 폐수의 DO(mg/L)를 계산하시오. (단, 0.025N-Na₂S₂O₃의 역가는 1.2이고 전체 시료량에 넣은 시약은 4mL이다.)

Solution

$$용존산소(\text{mg O/L}) = a \times f \times \frac{V_1}{V_2} \times \frac{1{,}000}{V_1 - R} \times 0.2$$

- a : 적정에 소비된 티오황산나트륨용액(0.025M)의 양(mL)
- f : 티오황산나트륨(0.025M)의 인자(factor)
- V_1 : 전체시료의 양(mL)
- V_2 : 적정에 사용한 시료의 양(mL)
- R : 황산망간용액과 알칼리성 요오드화칼륨 – 아자이드화나트륨용액의 첨가량(mL)

$$\therefore \text{DO(mg/L)} = 3\text{mL} \times 1.2 \times \frac{300\text{mL}}{203\text{mL}} \times \frac{1{,}000}{(300-4)\text{mL}} \times 0.2 = 3.59\text{mg/L}$$

2 생물화학적 산소요구량(BOD : Biochemical Oxygen Demand)

호기성 미생물이 수중에서 유기물을 분해할 때 소비되는 산소량을 말한다.

1. 특 징

① 호기성 미생물에 의해 유기물이 산화분해 될 때 소비되는 산소량이다
② 유기물이 완전히 분해 또는 안정화되는데 사용된 산소의 양을 최종 BOD라 한다.
③ 최종 BOD 측정은 보통 20일 정도 걸리나 BOD시험은 보통 5일 BOD로 한다.
④ 질소화합물의 산화를 보통 2단계 BOD라 하며 보통 8일부터 질산화가 이루어진다.
⑤ 시료를 20℃에서 5일간 저장하여 두었을 때 시료중의 호기성 미생물의 증식과 호흡작용에 의하여 소비되는 용존산소의 양으로부터 측정한다.

> **Question 23**
> BOD 측정시 희석수를 넣는 이유를 3가지 쓰시오.
>
> **Solution**
> ① 영양물질 공급을 위해
> ② 완충작용을 위해
> ③ 독성물질을 희석 시키기 위해

2. BOD 곡선

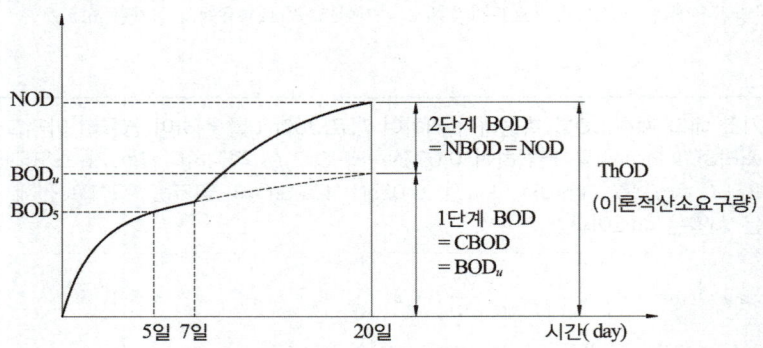

① 1단계 $BOD = BOD_u = BOD_{20} = BOD_5 \times K = BDCOD$

$$K = \frac{BOD_u}{BOD_5} = \frac{100\%}{67\%} = 1.5$$

② 2단계 $BOD = NBOD = NOD$

3. BOD_5 공식

① 소모공식, 밑수 10 (또는 상용대수)

$$BOD_t = BOD_u \times (1 - 10^{-k_1 \times t})$$

② 소모공식, 밑수 e (또는 자연대수)

$$BOD_t = BOD_u \times (1 - e^{-k_1 \times t})$$

③ 잔류공식, 밑수 10 (또는 상용대수)

$$BOD_t = BOD_u \times (10^{-k_1 \times t})$$

④ 잔류공식, 밑수 e (또는 자연대수)

$$BOD_t = BOD_u \times (e^{-k_1 \times t})$$

$\begin{bmatrix} BOD_t : t일\ BOD(mg/L) & BOD_u : 최종\ BOD(mg/L) \\ k_1 : 탈산소계수(/day) & t : 시간(day) \end{bmatrix}$

> **공식해설**
> ① 식을 기본 공식으로 암기한다.
> ② 식은 ①식에서 밑수 $10 \rightarrow e$ 로 바꾼다.
> ③ 식은 잔류공식이므로 ①식에서 $1-$ 를 생략한다.
> ④ 식은 잔류공식, 밑수가 e 이므로 ①식에서 $1-$ 를 생략하고 $10 \rightarrow e$ 로 바꾼다.
> ⑤ BOD_t 에서 t는 t일을 의미하므로 5일 BOD를 구하는 문제에서는 BOD_5 으로 나타내면 된다.

Question 24

도시하수의 최종 BOD가 100mg/L이고, 탈산소계수가 0.1/day(상용대수에 의한 값)라면 BOD_5(mg/L)를 계산하시오.

Solution

$$BOD_5 = BOD_u \times (1 - 10^{-k_1 \times t}) = 100 \text{mg/L} \times (1 - 10^{-0.1/\text{day} \times 5\text{day}}) = 68.38 \text{mg/L}$$

Question 25

BOD_u가 300mg/L일 때 5일후 잔존 BOD를 계산하시오. (단, 1차반응기준, 탈산소계수 K_1(자연대수)는 0.1/day)

Solution

$$BOD_5 = BOD_u \times (e^{-k_1 \times t}) = 300 \text{mg/L} \times (e^{-0.1/\text{day} \times 5\text{day}}) = 181.96 \text{mg/L}$$

4. BOD 계산

- 식종하지 않은 시료의 BOD

$$BOD(\text{mg/L}) = (D_1 - D_2) \times P$$

- 식종희석수를 사용한 시료의 BOD

$$BOD(\text{mg/L}) = [(D_1 - D_2) - (B_1 - B_2) \times f] \times P$$

  D_1 : 희석(조제)한 시료용액(시료)의 15분간 방치한 후의 DO(mg/L)
  D_2 : 5일간 배양한 다음의 희석(조제)한 시료용액(시료)의 DO(mg/L)
  B_1 : 식종액의 BOD를 측정할 때 희석된 식종액의 배양전의 DO(mg/L)

  B_2 : 식종액의 BOD를 측정할 때 희석된 식종액의 배양후의 DO(mg/L)
  f : 시료의 BOD를 측정할 때 희석시료 중의 식종액 함유율(x%)에 대한 식종액의 BOD를 측정할 때 희석한 식종액 중의 식종액 함유율(y%)의 비(x/y)
  p : 희석시료 중 시료의 희석배수(희석시료량/시료량)

> **Question 26**
>
> 300mL BOD병에 6mL의 시료를 넣고 희석수로 채운 후 용존산소가 8.6mg/L이었고 5일 후의 용존산소가 5.4mg/L였다면 시료의 BOD(mg/L)를 계산하시오.
>
> **Solution**
>
> $BOD(mg/L) = (D_1 - D_2) \times P$로 계산한다.
>
> $\begin{bmatrix} D_1 : \text{15분후 DO농도(mg/L)} & D_2 : \text{5일후 DO농도(mg/L)} \end{bmatrix}$
>
> $P(\text{희석배수치}) = \dfrac{\text{희석후 유량}}{\text{희석전 유량}} = \dfrac{\text{희석전 농도}}{\text{희석후 농도}}$
>
> 따라서
>
> $BOD(mg/L) = (8.6 - 5.4)mg/L \times \dfrac{300mL}{6mL} = 160mg/L$

5. 질산화 과정

(1) 질산화과정 반응식

① 단백질 → 아미노산(글리신 ; $C_2H_5O_2N$) →
$NH_3-N \xrightarrow[\text{니트로조모나스}]{\text{1단계}} NO_2-N \xrightarrow[\text{니트로박터}]{\text{2단계}} NO_3-N$

② 질산화 세균에 요구되는 산소량 = 질소 BOD = NOD

$+ \begin{vmatrix} \text{1단계} : NH_3 + \dfrac{3}{2}O_2 \rightarrow NO_2 + H_2O + H^+ \\ \text{2단계} : NO_2 + \dfrac{1}{2}O_2 \rightarrow NO_3 \end{vmatrix}$

$\overline{\qquad NH_3 + 2O_2 \rightarrow NO_3 + H_2O + H^+ \qquad}$

(2) 질산화 세균

1단계 세균 = 아질산균 : 니트로조모나스(Nitrosomonas)
2단계 세균 = 질산균 : 니트로박터(Nitrobacter)

(3) 질산화 – 탈질화 반응

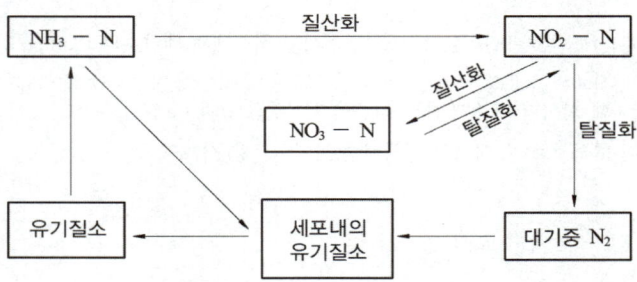

Question 27 질산화가 일어날 때 pH변화와 탈질화가 일어날 때 pH변화를 쓰시오.

Solution
(1) 질산화가 일어날 때 pH변화 : pH가 낮아진다.
(2) 탈질화가 일어날 때 pH변화 : pH가 증가한다.

Question 28 활성슬러지공법에서 질산화 미생물에 영향을 미치는 인자를 2가지 쓰시오.

Solution
① pH   ② 용존산소   ③ 온도   ④ 독성물질

Tip 문제의 요구조건에 알맞게 2가지만 서술하시면 됩니다.

3 화학적산소요구량(COD : Chemical Oxygen Demand)

수중의 오염물질을 화학적 산화제로 산화시킬 때 소비되는 산화제의 양을 산소의 양으로 환산한 것을 말한다.
① COD는 해수, 폐수, 호소수 중 유기물의 척도로 사용한다.
② BOD는 하천수, 하수 중 유기물의 척도로 사용된다.

	산성 과망간산칼륨법 (COD_{Mn})	알칼리성 과망간산칼륨법 (COD_{Mn})	다이크롬산법 (COD_{Cr})
시료 액성	황산산성	알칼리성	황산산성
가열 시간	30분	60분	2시간
적정 용액	0.005M 과망간산칼륨용액	0.025M 티오황산나트륨용액	0.025N 황산제일철암모늄용액
종말점	엷은 홍색	무색	청록색 → 적갈색
농도(mg/L)	$COD=(b-a)\times f \times \dfrac{1000}{V}\times 0.2$	$COD=(b-a)\times f \times \dfrac{1000}{V}\times 0.2$	$COD=(b-a)\times f \times \dfrac{1000}{V}\times 0.2$

Question 29

폐수의 화학적 산소요구량의 측정에 있어서 화학적 산소요구량이 200mg/L라고 추정된다. 이 때 0.05M KMnO₄용액의 소비량은 5.2mL이고 공시험치는 0.2mL이다. 시료량(mL)을 계산하시오. (단, 산성 과망간산칼륨법에 의한 화학적 산소요구량, $f=1$)

Solution

$$COD(mg/L) = \frac{(b-a) \times f \times N\text{농도} \times 8}{V(L)}$$

- a : 공시험 적정에 소비된 0.05M KMnO₄용액양(mL)
- b : 시료의 적정에 소비된 0.05M KMnO₄용액양(mL)
- f : 0.05M KMnO₄용액의 역가
- V : 시료의 양(L)

$\therefore 200mg/L = \dfrac{(5.2-0.2) \times 1.0 \times 0.25 \times 8}{V(L)}$ $\therefore V = 0.05L = 50mL$

Question 30

폐수처리 process에서의 유입수 및 그 유출수의 COD를 측정하기 위해 유입수는 시료 5mL, 유출수는 시료 50mL에 각각 물을 가하여 100mL로서, COD를 측정했을 때 N/40과망간산칼륨 용액의 적정치는 각각 5.2mL와 4.7mL였다. COD 제거율(%)을 계산하시오. (단, N/40 과망간산칼륨 용액의 역가는 1.0000이며 공시험치는 0.2mL이다.)

Solution

$$COD \text{ 제거율}(\%) = \left\{1 - \frac{\text{유출수의 COD}}{\text{유입수의 COD}}\right\} \times 100(\%)$$

COD 공식은 $COD(mg/L) = \dfrac{(b-a) \times f \times N\text{농도} \times 8}{V(L)}$

- b : 적정에 사용한 $\frac{1}{40}N$ 과망간산칼륨의 소비량(mL)
- a : 공시험에 사용한 $\frac{1}{40}N$ 과망간산칼륨의 소비량(mL)
- f : 펙타
- V : 시료량(L)

① 유입수의 $COD(mg/L) = \dfrac{(5.2-0.2)mL \times 1.0 \times \frac{1}{40}N \times 8}{100 \times 10^{-3}L} = 10mg/L$

따라서 유입수 시료 5mL를 물을 가해 100mL로 조제하므로

$\therefore 10mg/L \times \dfrac{100mL}{5mL} = 200mg/L$

② 유출수의 $COD(mg/L) = \dfrac{(4.7-0.2)mL \times 1.0 \times \frac{1}{40}N \times 8}{100 \times 10^{-3}L} = 9mg/L$

따라서 유출수 시료 50mL를 물을 가해 100mL로 조제하므로

$\therefore 9mg/L \times \dfrac{100mL}{50mL} = 18mg/L$

③ COD 제거율(%) $= \left\{1 - \dfrac{\text{유출수의 COD}}{\text{유입수의 COD}}\right\} \times 100(\%) = \left\{1 - \dfrac{18mg/L}{200mg/L}\right\} \times 100 = 91\%$

1. COD와 BOD와의 관계

$$\begin{cases} COD = BDCOD + NBDCOD \quad \therefore NBDCOD = COD - BDCOD \\ \qquad BDCOD = BOD_u = 20일\ BOD = 최종\ BOD = BOD_5 \times K \\ COD = ICOD + SCOD \end{cases}$$

$\therefore COD = BDICOD + BDSCOD + NBDICOD + NBDSCOD$

- I : 비용해성(불용성), S : 용해성
- BD : 생물학적 분해 가능한, NBD : 생물학적 분해 불가능한

> **Question 31**
> $BOD_5 = 300mg/L$이고 $COD = 600mg/L$인 경우의 $NBDCOD(mg/L)$를 계산하시오.
> (단, 탈산소계수 $k_1 = 0.2/day$, 상용대수 기준)
>
> **Solution**
> $COD = BDCOD + NBDCOD \quad \therefore NBDCOD = COD - BDCOD(= BOD_u)$
> ① $BOD_5 = BOD_u \times (1 - 10^{-k_1 \times t})$에서 $300mg/L = BOD_u \times (1 - 10^{-0.2/day \times 5day})$
> $\quad \therefore BOD_u = 333.33mg/L$
> ② $NBDCOD = COD - BDCOD = 600mg/L - 333.33mg/L = 266.67mg/L$

4 경도(Hardness)

경도는 물의 세기 정도를 말하며 2가 양이온 금속성 물질(Ca^{2+}, Mg^{2+}, Mn^{2+}, Fe^{2+}, Sr^{2+})의 량을 탄산칼슘($CaCO_3$)의 농도로 환산한 값($ppm = mg/L$)이다.

1. 경도의 특징

① 경도에는 영구경도인 비탄산경도와 일시경도인 탄산경도가 있다.
② 탄산경도 성분은 물을 끓일 때 제거되므로 일시경도라 한다.
③ 비탄산경도 성분은 물을 끓여도 제거되지 않으므로 영구경도라 한다.
④ 일반적으로 칼슘이온과 마그네슘이온이 경도의 주원인이 된다.
⑤ 총경도 = 탄산경도(일시경도) + 비탄산경도(영구경도)
  $\therefore$ 비탄산경도 = 총경도 - 탄산경도
  ㉠ 총경도 > Alk $\Rightarrow$ Alk = 탄산경도
    $\therefore$ 비탄산경도 = 총경도 - Alk
  ㉡ 총경도 < Alk $\Rightarrow$ 총경도 = 탄산경도
    $\therefore$ 비탄산경도 = 탄산경도 - 탄산경도 = 0
⑥ 농도가 낮은 경우에는 경도를 유발 하지 않으나 농도가 높은 경우에 경도를 유발하는 물질을 가경도(유사경도) 유발물질이라 하며 금속이온 중 Na^+, K^+ 등이 있으며 대표적인 물질은 Na^+(나트륨이온)이다.

⑦ 경도값에 따른 물의 구분
  ㉠ 연수 : 경도 값이 0~75mg/L
  ㉡ 약한경수 : 경도 값이 75~150mg/L
  ㉢ 강한 경수 : 경도 값이 150~300mg/L
  ㉣ 아주강한 경수 : 경도 값이 300mg/L 이상

> **Tip**
> ① 탄산경도(일시경도) = 경도유발물질+알칼리도(AlK)유발물질
>   (Ca^{2+}, Mg^{2+}, Fe^{2+}, Mn^{2+}, Sr^{2+})+OH^-, HCO_3^-, CO_3^{2-}
> ② 비탄산경도(영구경도)=경도유발물질 + 산이온
>   (Ca^{2+}, Mg^{2+}, Fe^{2+}, Mn^{2+}, Sr^{2+})+SO_4^{2-}, Cl^-, NO_3^-

2. 경도 계산식

$$\frac{경도(mg/L)}{50g} = \frac{Ca^{2+}mg/L}{20g} + \frac{Mg^{2+}mg/L}{12g} + \frac{Fe^{2+}mg/L}{28g} + \frac{Mn^{2+}mg/L}{27.5g} + \frac{Sr^{2+}mg/L}{43.8g}$$

Question 32 수질분석 결과 다음과 같다. 이 시료의 총경도(asCaCO₃)의 값(mg/L)을 계산하시오. (단, Ca = 40, Mg = 24, Na = 23, S = 32이다.)

〈수질분석결과〉
- Ca^{2+} = 420mg/L
- Mg^{2+} = 58.4mg/L
- Na^+ = 40.6mg/L
- SO_4^{2+} = 576mg/L

Solution

$$\frac{경도(mg/L)}{50g} = \frac{Ca^{2+}mg/L}{20g} + \frac{Mg^{2+}mg/L}{12g} \Rightarrow \frac{경도(mg/L)}{50g} = \frac{420mg/L}{20g} + \frac{58.4mg/L}{12g}$$

∴ 경도= 1293.33mg/L

5 알칼리도(Alkalinity)

산을 중화할 수 있는 완충능력, 즉 수중에 존재하는 [H^+]을 중화시키기 위하여 반응 할 수 있는 이온의 총량을 말한다.

1. 알칼리도(Alkalinity)의 특징

① P-Alk(P-알칼리도)는 처음 pH에서 pH 8.3까지 소요된 산의 양을 $CaCO_3$로 환산한 양을 말한다.
② P-Alk(P-알칼리도)를 측정할 때 사용하는 지시약은 페놀프탈레인이다.
③ 총알칼리도는 처음 pH에서 pH4.5까지 소요된 산의 양을 $CaCO_3$로 환산한 양을 말한다. (M-알칼리도가 총알칼리도이다.)

④ 총알칼리도를 측정할 때 사용하는 지시약은 메틸 오렌지이다.
⑤ 자연수 중의 알칼리도 원인물질은 HCO_3^-, CO_3^{2-}, OH^- 이다.
⑥ 유발물질 중 자연수의 경우 중탄산염(HCO_3^-)에 의한 알칼리도가 지배적이다.
⑦ 자연수의 알칼리도는 석회암 등의 지질에 의해 변할 수 있다.
⑧ 실용목적에서는 자연수에 있어서 수산화물, 탄산염, 중탄산염 이외, 기타 물질에 기인되는 알칼리도는 중요하지 않다.
⑨ 알칼리도 자료는 부식제어가 관련되는 중요한 변수인 Langelier 포화지수 계산에 이용된다.

> **Tip**
> **랑겔리어 포화지수(LI : Langelier Index)**
> ① 정의 : 물이 pH 6.5~9.5 범위내에서 탄산칼슘($CaCO_3$)을 용해시킬 것인지 아니면 침전시킬 것인지 예측할 수 있는 일종의 지수로서 물의 안정도를 나타내기 위한 수단으로 사용
> ② • LI = 0 : 물의 안정도가 평형상태
> • LI > 0 : LI가 양(+) 값이므로 과포화상태로 $CaCO_3$이 침전되어 퇴적
> • LI < 0 : LI가 음(−)의 값이므로 불포화상태로 부식성을 갖는다.

2. 알칼리도(Alkalinity) 계산식

① 물속에 존재하는 이온의 농도가 주어질 때

$$\frac{Alk(mg/L)}{50g} = \frac{OH^-(mg/L)}{17g} + \frac{CO_3^{2-}(mg/L)}{60g/2} + \frac{HCO_3^-(mg/L)}{61g}$$

Question 33 어느 하수의 수질을 분석한 결과가 다음과 같다면 총알칼리도(mg/L as $CaCO_3$)를 계산하시오.

[pH : 10.0, CO_3^{2-} : 32.0mg/L, HCO_3^- : 56.0mg/L]

Solution
알칼리도(Alk) 계산식

$$\frac{Alk\ mg/L}{50g} = \frac{OH^-\ mg/L}{17g} + \frac{CO_3^{2-}\ mg/L}{60g/2} + \frac{HCO_3^-\ mg/L}{61g}$$

$pH = 10.0 \Rightarrow pOH = 14 - pH = 14 - 10.0 = 4$ ∴ $[OH^-] = 10^{-4}$ mol/L

따라서 $OH^-\ mg/L = \frac{10^{-4}mol}{L} \times \frac{17g}{1mol} \times \frac{10^3 mg}{1g} = 1.7mg/L$

따라서 $\frac{Alk\ mg/L}{50g} = \frac{1.7mg/L}{17g} + \frac{32.0mg/L}{60g/2} + \frac{56.0mg/L}{61g}$ ∴ Alk = 104.23mg/L

② 적정법에 의한 계산공식

$$알칼리도(mg/L\ as\ CaCO_3) = \frac{A \times N \times 50,000}{V} = A \times N \times f \times \frac{1000}{V} \times 50$$

$\begin{bmatrix} A : 주입된\ 산의\ 부피(mL) \\ V : 시료의\ 부피(mL) \end{bmatrix}$ $N : 주입된\ 산의\ N농도$
   $50,000(mg) : CaCO_3\ 당량$

> **Question 34**
> 페놀프탈레인 지시약을 넣은 시료 100mL에 $\frac{1}{20}$ N H_2SO_4로 pH 8.3까지 적정하였더니 4.5mL가 소요되었다. 이 때 P-알칼리도를 계산하시오. (단, 펙터(f)는 1.0이다.
>
> **Solution**
>
> $$\text{P-알칼리도} = \frac{A \times N \times 50,000}{V} = \frac{4.5\text{mL} \times \frac{1}{20}\text{N} \times 50,000}{100\text{mL}} = 112.5\text{mg/L as }CaCO_3$$

3. pH와 알칼리도

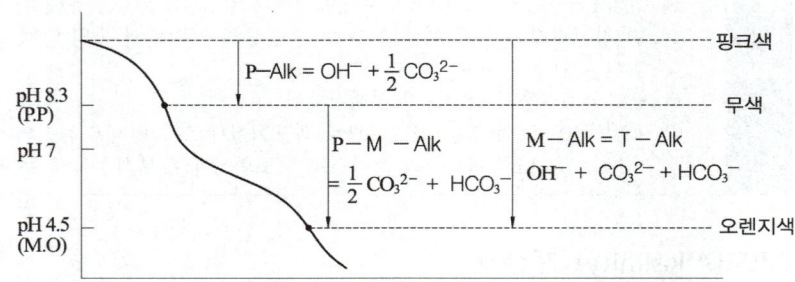

(1) P-Alk

① 페놀프탈레인 종말점까지 측정한 알칼리도이다.
② pH 8.3까지 낮추는데 소모된 산의 양을 이에 대응하는 $CaCO_3$ ppm으로 환산한 값이다.
③ $P-Alk = OH^- + \frac{1}{2}CO_3^{2-}$

(2) 총알칼리도(T-Alk) = M-Alk

① pH 4.5까지 낮추는데 주입된 산의 양을 이에 대응하는 $CaCO_3$ ppm으로 환산한 값
② $T-AlK = M-AlK = OH^- + CO_3^{2-} + HCO_3^-$

(3) 알칼리도 $= \frac{a \times N \times 50,000}{V}$ (mg/L) 또는 $a \times N \times f \times \frac{1000}{V} \times 50$

6 부유물질(SS : Suspended Solids)

1. 구 분

① 부유물질(SS) : 직경이 $0.1\mu m$ 이상의 입자
② 용존물질(DS) : 직경이 $0.001\mu m$ 이하의 입자
③ 콜로이드(Colloid) 물질 : 직경이 $0.001 \sim 0.1\mu m$ 입자

2. 고형물의 상호관계식

$$\begin{array}{ccc} TS= & VS\ + & FS \\ \| & \| & \| \\ TSS= & VSS\ + & FSS \\ + & + & + \\ TDS= & VDS\ + & FDS \end{array}$$

- TS : 총고형물
- FS : 잔류고형물
- VSS : 휘발성부유고형물
- TDS : 총용존고형물
- FDS : 잔류용존고형물
- VS : 휘발성 고형물
- TSS : 총부유고형물
- FSS : 잔류부유고형물
- VDS : 휘발성용존고형물

3. 콜로이드성 물질의 종류

(1) 친수성 콜로이드

① 유탁상태(에멀견)으로 존재한다.
② 염에 민감하지 못하다.
③ 표면장력이 용매보다 약하다.
④ 틴달효과가 약하거나 거의 없다.
⑤ 물과 쉽게 반응한다.
⑥ 재생이 용이하다.
⑦ 반응이 불활발하며 전해질이 많이 요구된다.
⑧ 전해질에 대한 반응은 활발하며 많은 응집제를 필요로 한다.
⑨ 수막 또는 수화수를 형성시킨다.
⑩ 매우 큰 분자 또는 이온상태로 존재한다.
⑪ 점도를 증가시킨다.

(2) 소수성 콜로이드

① 현탁질(Suspensoid) 상태이다.
② 염에 매우 민감하다.
③ 표면장력이 용매와 비슷하다.
④ 틴달효과가 크다.
⑤ 물과 반발하는 성질이 있다.
⑥ 재생이 어렵다.
⑦ pH가 낮으면 양전하 콜로이드가 많아진다.
⑧ 소량의 응집제로 쉽게 응집침전시킨다.
⑨ 점도는 분산매와 비슷하다.

4. 응집의 화학적 반응기작

① 이중층의 압축(double layer compression)
② 체거름(enmeshment)
③ 가교작용(interparticle bridging)
④ 제타전위(콜로이드 전단면에서의 정전기적 전위, 콜로이드 반발력을 나타내는 지표)의 감소

Question 35
콜로이드를 응집하는 기본 메카니즘 4가지를 쓰시오.

Solution
① 이중층의 압축강화   ② 전하의 전기적 중화
③ 침전물에 의한 포착   ④ 입자간의 가교형성

5. 콜로이드의 안정을 도모하기 위하여 입자를 분산상태로 유지하는 힘

① 중력
② 반데르발스힘(Vander waals)
③ 제타포텐셜(Zeta potential)

Question 36
콜로이드 입자는 응집제를 가하면 서로 응집하여 floc이 형성된다. 다음은 응집제를 첨가함으로써 응집이 일어나는 메카니즘에 대한 설명이다. ( ) 안에 알맞은 말을 쓰시오.

(1) 콜로이드 입자는 수중에서 (①), (②), (③)에 의한 3가지 힘에 의해 매우 안정된 상태로 존재한다.
(2) 응집제는 투입과 교반에 의하여 콜로이드 입자들이 응집할 수 있을 만큼 (④)을 감소시킨다.

Solution
(1) ① 중력
    ② 반데르발스힘(Vander Waals)
    ③ 제타포텐셜(Zeta potential)
(2) ④ 반발력

6. 콜로이드의 안정도

① 일반적으로 Zeta 전위의 크기에 따라 결정된다.
② Zeta 전위가 0에 가까워질수록 응결이 쉽게 일어난다.
③ Zeta 전위(δ) = $\dfrac{4\pi LQ}{D}$

$\begin{bmatrix} L : \text{전하량의 차가 유효한 입자를 둘러싼 층의 두께} \\ Q : \text{입자와 용액부 사이의 전하량의 차} \quad D : \text{매질의 유전상수} \end{bmatrix}$

6장 하천수의 수질관리

1 용존산소(DO)

1. 용존산소 곡선(DO sag curve)

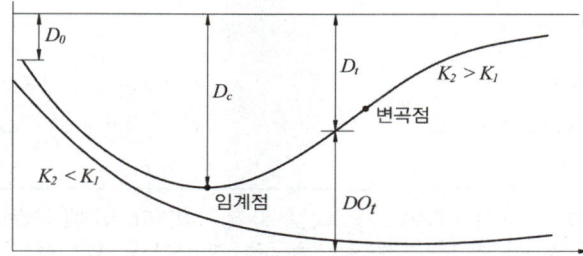

- D_c : 임계점에서 산소부족량(mg/L)
- DO_t : t 시간에서 용존산소농도(mg/L)
- k_2 : 재포기계수(/day)
- D_t : t 시간에서 용존산소 부족량(mg/L)
- D_0 : 초기 산소부족량(mg/L)
- k_1 : 탈산소계수(/day)

2. 산소부족농도

$$D_t(산소부족농도) = \frac{k_1 \times L_o}{k_2 - k_1} \times (10^{-k_1 \times t} - 10^{-k_2 \times t}) + D_o \times (10^{-k_2 \times t})$$

- k_1 : 탈산소계수(/day)
- L_o : 최종 BOD($=BOD_u$)(mg/L)
- $D_o = C_s$(포화DO농도) $- C$(혼합수중DO농도)
- t : 시간(day) $= \dfrac{거리\,(m)}{유속\,(m/day)}$
- k_2 : 재폭기계수(/day)
- D_o : 초기산소부족량 (mg/L)

Question 37

산소의 포화농도가 9mg/L인 하천에서 처음의 DO 농도가 6mg/L라면 물이 3일 유하 한 후의 하류에서의 DO 부족량(mg/L)을 계산하시오. (단, 최종 BOD = 10mg/L이며, k_1 과 k_2 는 각각 0.1/day과 0.2/day, 밑수는 상용대수이다.)

Solution

$$D_t(산소부족농도) = \frac{k_1 \times L_o}{k_2 - k_1} \times (10^{-k_1 \times t} - 10^{-k_2 \times t}) + D_o \times (10^{-k_2 \times t})$$

$$= \frac{0.1/\text{day} \times 10\text{mg/L}}{0.2/\text{day} - 0.1/\text{day}} \times (10^{-0.1/\text{day} \times 3\text{day}} - 10^{-0.2/\text{day} \times 3\text{day}}) + 3\text{mg/L} \times 10^{-0.2/\text{day} \times 3\text{day}} = 3.25\text{mg/L}$$

3. 임계시간(t_c) 및 임계부족량(D_c)

① 임계시간 $t_c = \dfrac{1}{k_2 - k_1}\log\left\{\dfrac{k_2}{k_1}\left(1 - \dfrac{D_o(k_2 - k_1)}{L_o k_1}\right)\right\}$

$t_c = \dfrac{1}{k_1(f-1)}\log\left\{f\left(1 - (f-1)\dfrac{D_o}{L_o}\right)\right\}$

여기서 자정계수(f) $= \dfrac{k_2(\text{재폭기계수})}{k_1(\text{탈산소계수})}$

② 임계부족량 $D_c = \dfrac{L_o}{f}10^{-k_1 \cdot t}$

- f : 자정계수
- L_o : 최종 BOD(mg/L)
- D_o : 최초 산소 부족량(mg/L)
- L_t : t_c 시점에서의 BOD(mg/L)

Question 38

어느 하천의 DO가 8mg/L, BOD_u는 20mg/L이었다. 이 때 용존산소곡선(DO Sag Curve)에서의 임계점에 도달하는 시간(day)을 계산하시오. (단, 온도는 20℃, DO 포화농도는 9.2mg/L, $k_1 = 0.1/\text{day}$, $k_2 = 0.2/\text{day}$이다.)

Solution

$t_c = \dfrac{1}{k_1(f-1)}\log\left\{f\left(1 - (f-1)\dfrac{D_o}{L_o}\right)\right\}$

- t_c : 임계점 도달시간(day)
- k_1 : 탈산소계수(/day)
- k_2 : 재폭기계수(/day)
- f : 자정계수($f = \dfrac{k_2}{k_1} = \dfrac{0.2/\text{day}}{0.1/\text{day}} = 2$)
- $L_o = BOD_u$: 최종 BOD(mg/L)
- D_o : 초기산소부족량(mg/L) → $D_o = C_s - C$

따라서 $t_c = \dfrac{1}{0.1/\text{day} \times (2-1)}\log\left\{2 \times \left(1 - (2-1)\dfrac{(9.2-8)\text{mg/L}}{20\text{mg/L}}\right)\right\} = 2.74\,\text{day}$

Question 39

어떤 도시에서 DO 0mg/L, BOD_u 200mg/L, 유량 1.0m³/sec, 온도 20℃의 하수를 유량 6m³/sec인 하천에 방류하고자 한다. 방류지점에서 몇 km 하류에서 가장 DO 농도가 작아지겠는가? (단, 하천의 온도 20℃, BOD_u 1mg/L, DO 9.2mg/L, 유속 3.6km/hr이며 혼합수의 $k_1 = 0.1/\text{day}$, $k_2 = 0.2/\text{day}$, 20℃에서 산소포화농도는 9.2mg/L이다. 상용대수 기준)

Solution

유하지점(km) = 유속(km/hr) × 임계점도달시간(hr)에서 먼저 임계점도달시간(t_c)를 구한다.

$t_c = \dfrac{1}{k_1(f-1)}\log\left\{f\left(1 - (f-1)\dfrac{D_o}{L_o}\right)\right\}$

① f(자정계수) $= \dfrac{k_2}{k_1} = \dfrac{0.2/\text{day}}{0.1/\text{day}} = 2$

② 혼합지점의 최종 BOD $= L_o$를 구하기 위해
혼합공식을 이용 $C_m = \dfrac{Q_1 C_1 + Q_2 C_2}{Q_1 + Q_2}$ 에서

혼합수의 $BOD_u = \dfrac{1.0\text{m}^3/\text{sec} \times 200\text{mg/L} + 6\text{m}^3/\text{sec} \times 1\text{mg/L}}{1.0\text{m}^3/\text{sec} + 6\text{m}^3/\text{sec}} = 29.43\,\text{mg/L}$

③ D_o(초기산소부족량) $= C_s$(포화DO농도) $- C$(혼합수 DO농도)

혼합수의 DO 농도 $= \dfrac{Q_1 C_1 + Q_2 C_2}{Q_1 + Q_2} = \dfrac{1.0\text{m}^3/\text{sec} \times 0\text{mg/L} + 6\text{m}^3/\text{sec} \times 9.2\text{mg/L}}{1.0\text{m}^3/\text{sec} + 6\text{m}^3/\text{sec}}$
$= 7.886\text{mg/L}$

따라서 $D_o = 9.2\text{mg/L} - 7.886\text{mg/L} = 1.314\text{mg/L}$

④ 임계점 도달시간(t_c) $= \dfrac{1}{0.1/\text{day} \times (2-1)} \log\left\{2\left\{1 - (2-1) \times \dfrac{1.314\text{mg/L}}{29.43\text{mg/L}}\right\}\right\} = 2.812\text{day}$

⑤ 유하지점(km) = 유속(km/hr) × 임계점 도달시간 = 3.6km/hr × 24hr/day × 2.812day
= 242.96km

2 하천의 정화단계

1. 하천의 정화단계 정리

Wipple의 하천정화 단계	초기 분해지대	활발한 분해지대	회복지대	정수지대
정화 단계별 곡선	SS, Fungi	박테리아	원생동물	DO(용존산소), 후생동물, BOD
상태	호기성	혐기성	호기성	호기성
특징	Fungi(곰팡이) 증가 DO 감소 CO_2 증가	Fungi 감소 박테리아 증가 CO_2 증가 H_2S 증가 NH_3-N 증가 PO_4^{3-} 증가	DO 증가 NO_2-N 증가 NO_3-N 증가 Fungi 조금씩 증가, 조류 증가 원생, 윤충 갑각류 번식	착색조류 증가 송어 증가 쏘가리 증가 NO_3-N 증가
Kolkwitz와 Marson의 단계별 색깔	강부수성 수역 (빨간색)	α-중부수성 수역 (노란색)	β-중부수성 수역 (초록색)	빈부수성 수역 (파란색)

2. Whipple의 하천정화단계

(1) (초기)분해지대
① 희석이 잘 되는 큰 하천보다 희석이 덜 되는 작은 하천에서 더 뚜렷이 나타난다.
② 세균의 수가 증가하고 유기물을 많이 함유하는 슬러지의 침전이 많아진다.
③ 오염에 잘 견디는 곰팡이류가 녹색 수중식물이나 고등미생물을 대신해 번식한다.
④ 유기물을 다량 함유하는 슬러지의 침전이 많아지고 용존산소량이 크게 줄어드는 대신에 탄산가스의 양은 증가한다.

(2) 활발한 분해지대
① 수중에 DO가 거의 없어 혐기성 Bacteria가 번식하며 NH_3-N 농도가 증가하는 지대이다.
② 흑색 및 점성질의 슬러지 침전물이 생기고 기체방울이 수면으로 떠오른다.
③ 수중에 CO_2 농도나 NH_3-N 농도가 증가하며 fungi가 사라진다.
④ 호기성세균이 혐기성세균으로 교체된다.

(3) 회복지대
① 혐기성균이 호기성균으로 대체되며 조류가 많이 발생하며 fungi도 조금씩 발생한다.
② 광합성을 하는 조류가 번식하며 원생동물, 윤충, 갑각류가 번식하며 큰 수중식물도 다시 나타난다.
③ 바닥에서는 조개나 벌레의 유충이 번식하며 오염에 견디는 힘이 강한 은빛 담수어 등의 물고기도 서식한다.
④ 용존산소가 포화 될 정도로 증가한다.
⑤ 아질산염이나 질산염의 농도가 증가한다.

Question 40
Whipple의 하천정화지대 중 분해성 유기물을 함유하는 생하수의 유입에 따른 하천 내의 용존산소(DO)의 변화 중 아질산염과 질산염의 농도가 증가하는 지대를 쓰시오.

Solution
회복지대

Tip
Whipple의 하천정화지대
① 분해지대 : 곰팡이류가 주로 나타나며, 용존산소량이 줄어들고 탄산가스 증가
② 활발한 분해지대 : 박테리아가 주로 나타나며, NH_3-N의 농도 증가
③ 회복지대 : 조류가 주로 나타나며, 아질산염이나 질산염의 농도 증가
④ 정수지대 : DO와 BOD가 오염이전으로 회복되고, 질산염이 증가

(4) 정수지대
① DO와 BOD가 오염이전으로 회복된다.
② 호기성 세균이 증가하고 착색조류가 증가, 송어, 쏘가리 증가한다.

3 하천의 모형화

1. 하천의 모형화

(1) 하천 모형화의 일반적인 가정조건

① 오염물질의 농도 분포가 하천의 흐름방향으로 이루어진다.
② 유속으로 인한 오염물질의 이동이 매우 크므로 확산에 의한 영향은 무시한다.
③ 정상상태이다.
④ 오염물질의 특성이 보전성과 비보전성이다.

(2) 동적모델과 정적모델

① 정적모델은 변수가 시간의 변화에 관계없이 항상 일정하다는 모델이다.
② 정적모델은 특정지역의 장기적으로 수질관리 대책을 수립할 때 사용한다.
③ 정적모델은 환경조건 변화에 system이 반응하는 정도를 나타내는데 사용한다.
④ 동적모델은 부영양화의 관리와 예측에 이용된다.
⑤ 동적모델은 하구의 수질모델링에서 매우 중요하다.
⑥ 동적모델은 변수가 시간의 변화에 따라 변하는 모델이다.

> **Question 41**
> 하천에 수질예측 모델은 동적모델과 정적모델로 나타낸다. 동적모델과 정적모델의 차이점에 대하여 기술하시오.
>
> **Solution**
> (1) 동적모델
>   ① 변수가 시간의 변화에 따라 변하는 모델이다.
>   ② 부영양화의 관리와 예측에 이용된다.
> (2) 정적모델
>   ① 변수가 시간의 변화에 관계없이 항상 일정하다는 모델이다.
>   ② 특정지역의 장기적으로 수질관리대책을 수립할 때 사용한다.

2. 하천모델링의 종류

(1) Streeter-Phelps 모델

① 점오염원으로부터 오염부하량 고려
② 하천수질 모델링의 최초
③ 유기물 분해로 인한 용존산소 소비와 대기로부터 수면을 통해 산소가 재공급되는 재폭기 고려

(2) DO SAG-Ⅰ, Ⅱ, Ⅲ 모델

① 1차원 정상상태 모델이다.
② 점오염원 및 비점오염원이 하천의 용존산소에 미치는 영향을 나타낼 수 있다.
③ Streeter-Phelps 식을 기본으로 한다.
④ 저질의 영향과 광합성 작용에 의한 용존산소 반응을 무시한다.

> **Question 42**
> DO sag Ⅲ 모델에서 농도를 계산하는 식에 포함되어야 하는 요소 4가지를 쓰시오.
>
> **Solution**
> ① 클로로필-a
> ② 용존산소(DO)
> ③ BOD
> ④ 질소(암모니아성 질소, 아질산성 질소, 질산성 질소)
> ⑤ 인
> ⑥ 대장균
>
> > **Tip** 문제의 요구조건에 알맞게 4가지만 서술하시면 됩니다.

(3) QUAL-Ⅰ 모델

① 유속, 수심, 조도계수에 의해서 확산계수를 계산한다.
② 하천과 대기사이에서의 열복사를 고려한다.
③ 오염물질의 유입과 용수취수를 고려한다.

(4) QUAL-Ⅱ 모델

① 질소화합물(NH_3-N, NO_2-N, NO_3-N), P(인), 클로로필-a(chl-a)를 고려
② 음해법을 이용해 미분방정식의 해를 구한다.
③ QUAL-Ⅰ 모델보다 계산시간이 짧다.

> **Question 43**
> QUAL-Ⅱ 모델에서 수질인자 대상 13종 중 〈보기〉에 없는 인자를 5가지 쓰시오.
>
> 〈보기〉
> 유기인, 유기질소, 암모니아성 질소(NH_3-N), 아질산성 질소(NO_2-N), 질산성 질소(NO_3-N), 클로로필-a, 보존성물질, 비보존성물질
>
> **Solution**
> ① 용존산소(DO)
> ② 생물화학적산소요구량(BOD)
> ③ 용존성총인
> ④ 온도
> ⑤ 대장균

(5) WQRRS 모델

① 하천 및 호수의 부영양화를 고려한 생태계모델이다.
② 정적 및 동적인 하천의 수질, 수문학적 특성이 광범위하게 고려된다.
③ 호수에는 수심별 1차원 모델이 적용된다.

7장 호소수의 수질관리

1 성층현상 및 전도현상

1. 호소에서 성층현상 및 전도현상
① 겨울에는 호수바닥의 물이 최대 밀도를 나타내게 된다.
② 여름에는 수직운동이 호수 상층에만 국한된다.
③ 수심에 따른 온도변화로 인해 발생되는 물의 밀도차에 의해 일어난다.
④ 봄, 가을에는 저수지의 수직혼합이 활발하여 분명한 열 밀도층의 구별이 없어진다.
⑤ 겨울과 여름에는 수직혼합이 없어 정체현상이 생기며 수심에 따라 온도와 용존산소농도 차이가 크고 겨울보다 여름이 정체가 더 뚜렷이 생긴다.
⑥ 수온에 따라 표수층, 수온약층, 심수층의 성층을 이룬다.
⑦ 하층의 물은 표층으로 잘 순환(turn over)되지 않고 수직운동은 상층에만 국한한다.
⑧ 봄철 기온이 높고 바람이 약할 경우에는 성층이 늦게 이루어진다.
⑨ 봄철 전도현상은 표수층의 수온이 높아지기 시작하고 4℃가 되면 최대의 밀도를 가짐으로써 표수층의 물이 아래로 이동하게 되고 상대적으로 심수층 물이 표수층으로 이동하게 되어 일어난다.
⑩ 가을철 전도현상은 표수층의 수온이 점차 감소되기 시작하고 밀도는 증가하기 시작한다. 표수층의 수온이 심수층의 수온과 비슷해지면 바람에 의해서도 표수층의 물이 아래로 이동하고 심수층의 물이 표수층으로 이동하게 되어 발생한다.

> **Question 44** 봄과 가을에 발생하는 전도현상의 원인을 각각 설명하시오.
>
> **Solution**
> ① 봄 : 표수층의 수온이 높아지기 시작하고 4℃가 되면 최대의 밀도를 가짐으로서 표수층의 물이 아래로 이동하게 되고 상대적으로 심수층 물이 표수층으로 이동하게 되어 발생된다.
> ② 가을 : 표수층의 수온이 점차 감소되기 시작하고 밀도는 증가하기 시작한다. 표수층의 수온이 심수층의 수온과 비슷해지면 약한 바람에 의해서도 표수층의 물이 아래로 이동하고 심수층의 물이 표수층으로 이동하게 되어 발생된다.

⑪ 성층현상 ┌ 강한 성층 : 여름철
　　　　　　 └ 약한 성층 : 겨울철
⑫ 전도현상은 봄과 가을에 발생한다.
⑬ 호소의 성층현상은 기후특성, 호소저수용량에 따른 유입유출량의 크기, 호수의 크기 등 다양한 환경인자에 의해 영향을 받는다.
⑭ 수온약층은 표수층에 비하여 수심에 따른 온도차이가 크다.

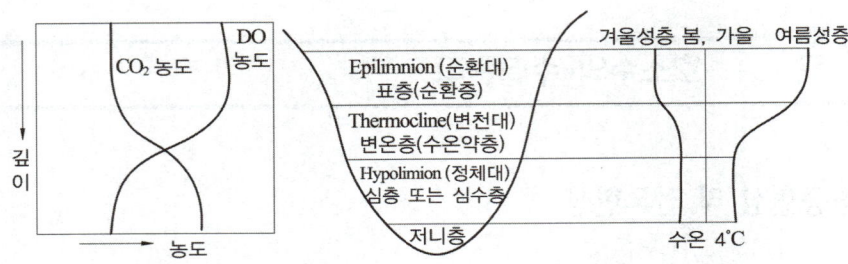

〈호소의 구분 및 성층현상과 CO_2 농도와 DO 농도〉

2 호수의 부영양화

1. 호소수에서 발생되는 부영양화

① 투명도를 기준으로 부영양화의 정도를 지수로 평가하는 대표적인 방법은 칼슨지수이다.
② 부영양화평가모델은 인(P) 부하모델인 Vollenweider모델과 P-엽록소 모델인 사카모토 모델 등이 대표적이다.
③ 특정조류의 이상적 번식으로 불꽃현상이 일어나며 한번 발생하면 수일사이에 급격히 소멸된다.(여기서 불꽃현상은 수화현상이라고도 하며 특정수역에서 조류가 대량 증식하여 물색을 변화시키는 현상을 말한다.)
④ 부영양화가 급속하게 진행되면 호수는 가속적으로 얕아지게 되고 결국 늪지대로 변한뒤 소멸하게 된다.
⑤ Carlson은 투명도와 클로로필-a의 농도, 총인의 농도 중 어느 한 항목만을 측정하여도 각각의 부영양화 지수로 표시할 수 있도록 하였다.
⑥ 부영양화 메카니즘은 COD의 내부생산과 영양염의 재순환이라 할 수 있다.
⑦ 질소, 인 등의 영양물질의 유입에 의하여 발생된다.
⑧ 부영양화에서 주로 문제가 되는 조류는 남조류이다.
⑨ 성층, 전도현상에 의하여 부영양화가 촉진된다.

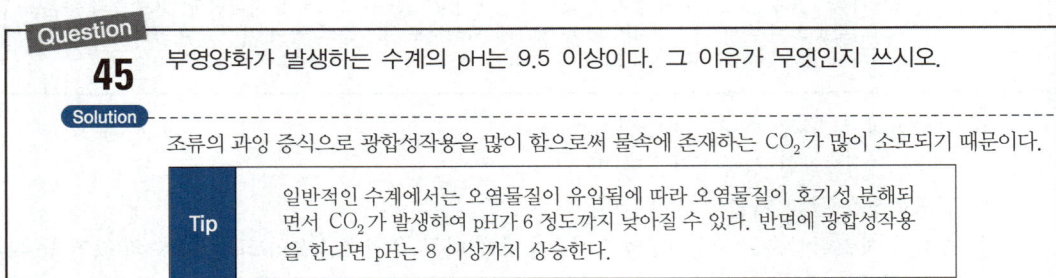

Question 45 부영양화가 발생하는 수계의 pH는 9.5 이상이다. 그 이유가 무엇인지 쓰시오.

Solution
조류의 과잉 증식으로 광합성작용을 많이 함으로써 물속에 존재하는 CO_2가 많이 소모되기 때문이다.

Tip 일반적인 수계에서는 오염물질이 유입됨에 따라 오염물질이 호기성 분해되면서 CO_2가 발생하여 pH가 6 정도까지 낮아질 수 있다. 반면에 광합성작용을 한다면 pH는 8 이상까지 상승한다.

2. 부영양화 현상의 억제 방법

① 비료나 합성세제의 사용을 줄인다.
② 축산폐수의 유입을 막는다.
③ 과잉 번식된 조류는 황산동($CuSO_4$)을 살포하여 제거 또는 억제할 수 있다.
④ 하수처리장에서 질소와 인을 제거하기 위해 고도처리 공정을 도입하여 질소, 인의 호소 유입을 막는다.

Question 46 부영양화를 방지할 수 있는 호수내 물리적 대책을 4가지 쓰시오.

Solution
① 심층의 폭기와 강제순환으로 호수내 성층현상을 방지한다.
② 영양염류를 많이 함유하는 호수의 심층수를 방류한다.
③ 영양염류를 많이 함유하는 저니층의 흙을 준설한다.
④ 차광막을 설치하여 조류증식에 필요한 햇빛을 차단한다.
⑤ 수체로부터의 수초 및 부착조류를 제거한다.

Tip 문제의 요구조건에 알맞게 4가지만 서술하시면 됩니다.

---

3. 칼슨지수

칼슨에 의해 개발되어 칼슨지수라고 하는데 칼슨지수는 경험적으로 만든 연속적인 부영양화 지수이다.

(1) Carlson 지수 산정시 적용되는 Parameter

① 클로로필-a (chl-a)
② T-P (총인)
③ 투명도 (SD)

Question 47 다음은 칼슨지수에 대한 설명이다. 물음에 답하시오.

(1) 칼슨지수에서 TSI가 있는데 TSI의 원인인자를 쓰시오.
(2) TSI 지수가 (크면/작으면) 수질 인자인 (   )가 (커지고/작아지고) 이는 (부영양화/빈영양화)이다.

Solution
(1) 투명도
(2) 크면, 투명도, 작아지고, 부영양화

Tip TSI(Trophic State Index)는 부영양화 지수이다.

(2) 부영양화 단계를 예측하는 모델
① 인(P) 부하모델 : Vollenweider 모델
② 인(P)-엽록소 모델 : Larsen & Mercier모델, Dillan모델, 사카모토 모델

4. Vollenweider(볼렌와이더)가 제안한 영양물질 수지모델(호소의 부영양화 예측 모델)에서 고려 사항
① 방류 유량
② 침전율 계수
③ 호수의 체적

5. Vollenweider model
호수에 부하되는 인산량을 적용하여 대상 호수의 영양상태를 평가, 예측하는 모델중 호수내의 인의 물질수지 관계식을 이용하여 평가하는 방법

8장 해수의 수질관리

1 해수의 특성

1. 해수의 특징

① 해수는 pH 약 8.2 정도로 약알칼리성이며 강전해질로 1리터당 35g의 염분을 함유한다.
② 해수의 밀도는 염분, 수온, 수압의 함수로 수심이 깊을수록 증가한다.
③ 해수내 전체 질소중 약 35% 정도는 암모니아성 질소와 유기질소의 형태이다.
④ 해수의 Mg/Ca 비는 3~4 정도로 담수에 비하여 크다.
⑤ 중요한 화학적 성분 7가지(Holy seven)는
  $Cl^-, Na^+, SO_4^{2-}, Mg^{2+}, Ca^{2+}, K^+, HCO_3^-$ 이다
⑥ 해수의 주요성분 농도비는 항상 일정하다.
⑦ 해수는 HCO_3^- [bicarbonate : 중탄산염]를 포함시킨 상태로 되어 있다. (bicarbonate의 완충용액이다)
⑧ 염분은 통상 천분율로 표시한다.
⑨ 염분농도순서는 중위도 > 적도 > 극지방 순서이다.
⑩ 염분은 적도 해역에서는 높고 남극과 북극 해역에서는 다소 낮다.
⑪ 해수는 염분외에 온도만 측정하면 해수의 비중을 알 수 있다.

2. 해류의 원인

① tidal current(조류) : 태양과 달의 영향으로 발생된다.
② tsunamis(쓰나미) : 지진이나 화산에 의해 발생된다.
③ upwelling(용승류) : 바람과 해양 및 육지의 상호작용으로 형성되는 상승류이다.
④ 심해류 : 해수의 온도와 염분에 의한 밀도차에 의하여 발생된다.

2 적조현상의 조건

① 해류의 정체(물의 이동이 적은 정체수역)
② 염분 농도의 감소
③ 수온의 상승
④ 영양염류의 증가
⑤ 햇빛이 강할 때
⑥ 플랑크톤 농도의 증가

⑦ 하천 유입수의 오염도 증가

Question 48 적조현상이 발생하는 조건 3가지를 쓰시오.

Solution

① 물의 이동이 적은 정체수역
② 염분농도의 감소
③ 수온의 상승
④ 영양염류의 증가
⑤ 햇빛이 강할 때

Tip 문제의 요구조건에 알맞게 3가지만 서술하시면 됩니다.

PART 02
수질오염방지기술

제1장 물리적 처리
제2장 화학적 처리
제3장 생물학적 처리
제4장 고도처리(3차 처리)
제5장 슬러지 처리

1장 물리적 처리

1 폐·하수 처리 계통도

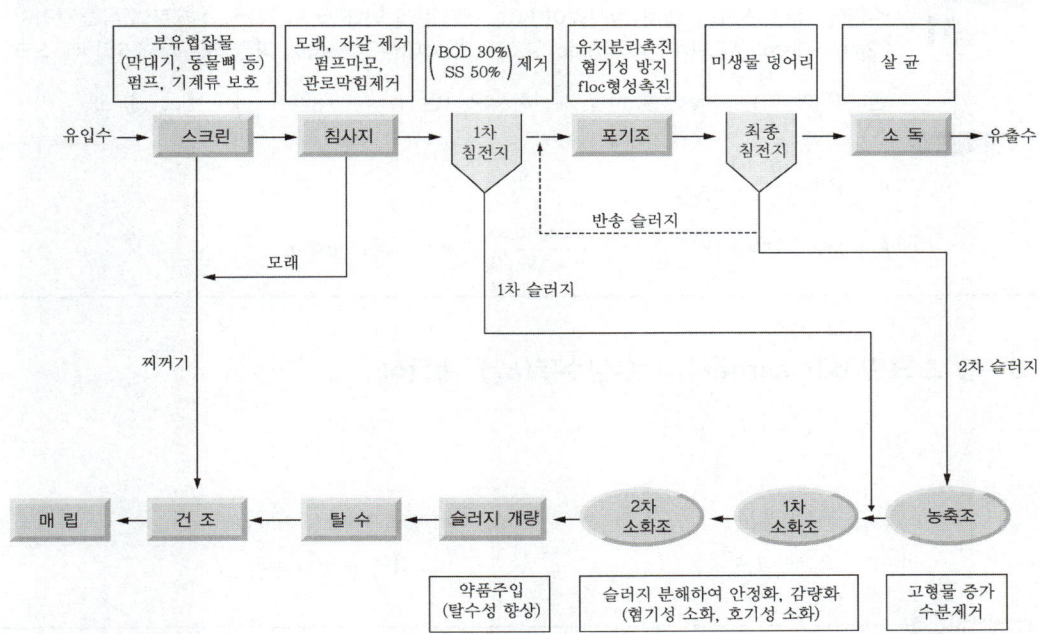

2 스크린(Screen)

1. 설치목적

① 나무, 종이 등의 협잡물 제거
② 관로 막힘 방지, 펌프 보호

2. Kirschmer식에 의한 손실수두(h_L) 계산식

$$h_L = \beta \sin\alpha \left(\frac{t}{b}\right)^{4/3} \times \frac{V^2}{2g}$$

$\begin{bmatrix} h_L : \text{수두손실(m)} & \beta : \text{형상계수} \\ \alpha : \text{경사각} & t : \text{스크린의 막대 굵기(m)} \\ b : \text{스크린의 유효간격(m)} & g : \text{중력가속도(9.8m/sec}^2) \\ V : \text{유속(m/sec)} & \end{bmatrix}$

Question 01

수면에 대한 스크린 설치 경사각이 60°, 스크린의 막대 굵기 2cm, 스크린의 유효간격이 22mm, 폐수의 유속이 0.45m/sec, 스크린의 막대단면 모습에 따른 계수가 3.5일 때 스크린 설치에 따른 수두손실(m)을 계산하시오. (단, $[h_L = \beta \sin\alpha \left(\frac{t}{b}\right)^{4/3} \times \frac{V^2}{2g}]$)

Solution

$h_L = \beta \sin\alpha \left(\frac{t}{b}\right)^{4/3} \times \frac{V^2}{2g}$

$h_L = 3.5 \times \sin 60° \times \left(\frac{20mm}{22mm}\right)^{4/3} \times \frac{(0.45 m/sec)^2}{2 \times 9.8 m/sec^2} = 0.0276m = 0.03m$

3. 봉 스크린(bar screen)의 손실수두(h_L) 계산식

$h_L = \frac{1}{0.7} \times \left(\frac{V_b^2 - V_a^2}{2g}\right)$

$\begin{bmatrix} h_L : \text{손실수두(m)} & g : \text{중력가속도(9.8m/sec}^2) \\ V_b : \text{스크린의 통과유속(m/sec)} & V_a : \text{접근 유속(m/sec)} \end{bmatrix}$

Question 02

기계적으로 청소가 되는 바(bar)스크린의 바두께는 5mm이고 바간의 거리는 30mm이다. 바를 통과하는 유속이 0.9m/sec라고 한다면 스크린을 통과하는 수두손실(m)을 계산하시오. (단, $hL = \frac{1}{0.7} \times \left(\frac{V_b^2 - V_a^2}{2g}\right)$)

Solution

$V_a A_a = V_b A_b \Rightarrow V_a = V_b \times \frac{A_b}{A_a}$

$A_b = W \times H \times \frac{\text{바간격}}{\text{바두께+바간격}} = W \times H \times \frac{30mm}{(5+30)mm} = 0.857 W \times H$

$\therefore V_a = 0.90 m/sec \times \frac{0.857 W \times H}{W \times H} = 0.77 m/sec$

여기서 $h_L = \frac{1}{0.7} \times \frac{(0.9m/sec)^2 - (0.77m/sec)^2}{2 \times 9.8 m/sec^2} = 0.0158m = 0.02m$

Tip

① W : 수로의 폭, H : 수심
② A_a는 수로이므로 바간격과 바두께를 고려하지 않는다.
③ A_b는 통과면적이므로 바간격과 바두께를 고려한다.

4. 침사지 설계 요소

① 유량(Q) = 단면적(A) × 유속(V)
  ㉠ 장방형일 경우 $A = W(폭) \times H(깊이)$
  ㉡ 원형일 경우 $A = \dfrac{\pi \cdot D^2}{4}$

② Q : 유량(m³/day), V : 체적(m³), t : 시간(day)의 상관관계식
  ㉠ $Q(\mathrm{m^3/day}) = \dfrac{체적}{시간} = \dfrac{V(\mathrm{m^3})}{t(\mathrm{day})}$
  ㉡ $V(\mathrm{m^3}) = Q(\mathrm{m^3/day}) \times t(\mathrm{day})$
  ㉢ $t(\mathrm{day}) = \dfrac{V(\mathrm{m^3})}{Q(\mathrm{m^3/day})}$

③ 수면적 부하율(V_o ; m³/m²·day)
$$= \dfrac{Q(\mathrm{m^3/day})}{A(\mathrm{m^2})} = \dfrac{V(\mathrm{m^3})/t(\mathrm{day})}{A(\mathrm{m^2})} = \dfrac{A(\mathrm{m^2}) \times H(\mathrm{m})/t(\mathrm{day})}{A(\mathrm{m^2})} = \dfrac{H(\mathrm{m})}{t(\mathrm{day})}$$

Question 03
유량이 20,000m³/day, 체류시간 3시간인 침전지의 수면적 부하율(m³/m²·day)을 계산하시오. (단, 침전지 깊이는 3m이다.)

Solution
수면적 부하율(V_o : m³/m²·day) $= \dfrac{Q}{A} = \dfrac{H}{t} = \dfrac{3\mathrm{m}}{\left(\dfrac{3}{24}\right)\mathrm{day}} = 24\mathrm{m^3/m^2 \cdot day}$

④ 제거효율(η) $= \dfrac{V_s(침강속도)}{V_o(수면적 부하율)} \times 100(\%)$

⑤ 월류위어 부하율(V_w : m³/m·day) $= \dfrac{Q(월류유량\ ;\ \mathrm{m^3/day})}{L_w(위어\ 길이\ ;\ \mathrm{m})}$
  ㉠ 장방형일 경우 $V_w = \dfrac{Q(\mathrm{m^3/day})}{L(\mathrm{m})}$
  ㉡ 원형일 경우 $V_w = \dfrac{Q(\mathrm{m^3/day})}{\pi \cdot D(\mathrm{m})}$

Question 04
월류판의 반지름이 10m이다. 1일 폐수량이 2,000m³라고 하면 월류부하(m³/m·day)를 계산하시오.

Solution
월류부하 $= \dfrac{월류유량}{월류\ 위어길이} = \dfrac{Q}{\pi \cdot D} = \dfrac{2{,}000\mathrm{m^3/day}}{\pi \times 2 \times 10\mathrm{m}} = 31.83\mathrm{m^3/m \cdot day}$

⑥ 원형 침사지의 체적(V)

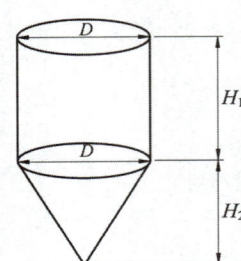

$$V = V_1(\text{원기둥 체적}) + V_2(\text{삼각뿔 체적})$$

$$= \left(\frac{\pi D^2}{4} \times H_1\right) + \left(\frac{\pi D^2}{4} \times H_2 \times \frac{1}{3}\right)$$

Question 05

원형 1차 침전지에서 침전지의 유입 폐수량은 18,000m³/day이며 직경은 40m, 측벽의 유효높이는 3m, 원추형 바닥의 깊이는 1.2m이고 톱니형 위어가 설치되어 있다. 여기에서 침전지의 체적(m³)을 계산하시오.

Solution

$$V(\text{m}^3) = \left(\frac{\pi D^2}{4} \times H_1\right) + \left(\frac{\pi D^2}{4} \times H_2 \times \frac{1}{3}\right)$$

$$= \left\{\left(\frac{\pi \times (40\text{m})^2}{4}\right) \times 3\text{m}\right\} + \left\{\left(\frac{\pi \times (40\text{m})^2}{4} \times 1.2\text{m} \times \frac{1}{3}\right)\right\} = 4272.58\text{m}^3$$

3 침전지

1. 침강이론

(1) Ⅰ형 침전(독립침전)

① 고형물의 농도가 낮은 현탁액 속의 입자가 등가속도 영역에서 중력에 의해 침전하는 것을 말한다.
② 농도가 낮은 부유물, 독립입자의 침강형태, 비중이 큰 무기성입자침전, 입자 상호간 방해가 없다.
③ 침사지나 1차 침전지가 해당되고 stokes법칙이 적용된다.

> **Tip** 장방형 침전지 설계 조건
> ① 슬러지 영역에서는 유체 이동이 전혀 없다.
> ② 슬러지 영역 상부에 사영역이나 단락류가 없다.
> ③ 플러그 흐름이다.
> ④ 유입부의 깊이에 따라 SS 농도는 균일하다.

(2) Ⅱ형 침전(응결침전, 응집침전)

① 비교적 농도가 낮은 현탁액에서 침전 중 입자들끼리 결합하고 응집하는 것을 말한다.
② 입자가 침전하는 동안 입자가 점점 커져서 침전속도가 빨라지는 침전형태이다.
③ 부유물의 농도가 낮다.

④ 약품침전지 또는 2차 침전지가 해당된다.

(3) Ⅲ형 침전(지역침전, 간섭침전, 방해침전)

① 중간정도 농도, 서로 방해를 받으며 집단체로 침전하고 침전지나 농축조가 해당
② 침전하는 입자들이 너무 가까이 있어서 입자간의 힘이 이웃입자의 침전을 방해하게 되고 동일한 속도로 침전하며 활성슬러지공법의 최종침전조 중간 깊이에서 일어나는 침전이다.
   • 특징
   ㉠ 생물학적 처리시설과 함께 사용되는 2차 침전시설 내에서 발생한다.
   ㉡ 입자간의 작용하는 힘에 의해 주변입자들의 침전을 방해하는 중간정도 농도의 부유 액에서의 침전을 말한다.
   ㉢ 입자등은 서로간의 상대적 위치를 변경시키지 않고 입자들은 구조물을 형성하여 한 개의 단위로 침전한다.
   ㉣ 함께 침전하는 입자들은 상부에 고체와 액체의 경계면이 형성된다.

(4) Ⅳ형 침전(압축침전, 압밀침전)

① 입자들은 농도가 너무 커서 입자들끼리 구조물을 형성하여 더 이상의 침전은 압밀에 의해서만 생기는 고농도의 부유액에서 일어나는 침전이다.
② 압밀은 상부의 액체로부터의 침전에 의하여 입자구조물에 연속적으로 가해지는 입자들의 무게 때문에 일어나게 된다.
③ 깊은 2차침전시설과 슬러지농축시설의 바닥에서와 같이 깊은 슬러지층의 하부에서 보통 일어난다.
④ 농축조가 해당된다.

Question 06 폐수속 입자와 물질의 농도에 따라 일어나는 침전과정 4가지를 쓰고, 간단히 설명하시오.

Solution
① Ⅰ형침전(독립침전) : 고형물의 농도가 낮은 현탁액 속의 입자가 등가속도 영역에서 중력에 의해 침전하는 것을 말한다.
② Ⅱ형침전(응결침전, 응집침전) : 비교적 농도가 낮은 현탁액에서 침전 중 입자들끼리 결합하고 응집하는 것을 말한다.
③ Ⅲ형침전(지역침전, 간섭침전, 방해침전) : 침전하는 입자들이 너무 가까이 있어서 입자간의 힘이 이웃입자의 침전을 방해하게 되고 동일한 속도로 침전하며 활성슬러지 공법의 최종침전조 중간 깊이에서 일어나는 침전을 말한다.
④ Ⅳ형침전(압축침전, 압밀침전) : 입자들은 농도가 너무 커서 입자들끼리 구조물을 형성하여 더 이상의 침전은 압밀에 의해서만 생기는 고농도의 부유액에서 일어나는 침전이다.

---

2. 침전효율을 증가시키는 방법

① 체류시간을 증가시킨다.

② 수면적 부하율($\frac{Q}{A}$)을 작게 한다.
③ 침전지 면적을 증가시킨다.
④ 침전지에 경사판을 삽입하여 침전지 분리면적을 증가시킨다.
⑤ 입자의 직경이 클수록 증가 한다.

3. 침전지에서 수면적 = 바닥면적 + 경사판 유효 분리면적

경사판 유효 분리면적 $= n \times a \times \cos\theta$

- n : 경사판 매수
- θ : 경사판 설치각도
- a : 경사판 면적

4. Stokes 침강이론

① 입자의 침강력(Fg)

$$Fg = V \times (\rho_s - \rho_w) \times g$$

- V : 체적
- ρ_w : 물의 비중
- ρ_s : 입자 비중
- g : 중력가속도

② 액체의 반발력(F_D)

$$F_D = \frac{1}{2} \times C_D \times A \times \rho \times V_S^2$$

- C_D : 항력계수 = 저항계수
- ρ : 비중
- A : 투영 면적
- V_s : 침강속도

> **Tip**
> 가정조건
> ① 제거되는 입자는 모두 구형으로 가정
> ② Re < 0.5 성립
> ③ 등속도 운동

$F_g = F_D$

$$V = \frac{\pi d^3}{6},\ A = \frac{\pi d^2}{4},\ C_D = \frac{24}{Re} = \frac{24\mu}{\rho \cdot V_s \cdot d} \left(Re = \frac{d \cdot V_s \cdot \rho}{\mu} = \frac{d\,V}{v} \right)$$

$$\therefore \frac{\pi d^3}{6}(\rho_s - \rho_w)g = \frac{1}{2} \cdot \frac{24\mu}{d \cdot V_s \cdot \rho} \cdot \frac{\pi d^2}{4} \cdot \rho \cdot V_s^2 = 3\pi \cdot \mu \cdot d \cdot V_s$$

$$\therefore V_s\,(\text{침강속도}) = \frac{\frac{\pi d^3}{6}(\rho_s - \rho_w) \cdot g}{3\pi \cdot \mu \cdot d} = \boxed{\frac{d^2(\rho_s - \rho_w)g}{18\mu}}$$

V_s : 침강속도(cm/sec) d : 직경(cm)
ρ_s : 입자의 비중(g/cm³) ρ_w : 물의 비중(1.0g/cm³)
g : 중력가속도(980cm/sec²) μ : 점성도(g/cm·sec)

Question 07

비중 1.7, 직경 0.05mm인 입자가 침전지에서 침강할 때 침강속도가 0.36m/hr이었다면 비중 2.7, 입경 0.06mm인 입자의 침강속도(m/hr)를 계산하시오. (단, 물의 온도, 점성도 등 조건은 같고, Stokes 법칙을 따르며, 물의 비중은 1.0이다.)

Solution

$Vs = \dfrac{d^2(\rho_s - \rho_w)g}{18\mu}$ 따라서 $Vs \propto d^2(\rho_s - \rho_w)$ 이므로

0.36m/hr : $\{(0.05\text{mm})^2 \times (1.7-1.0)\}$ = Vs : $\{(0.06\text{mm})^2 \times (2.7-1.0)\}$

∴ Vs = 1.26m/hr

Question 08

직경이 다른 두 개의 원형입자를 동시에 20℃의 물에 떨어 뜨려 침강실험을 했다. 입자 A의 직경은 2×10^{-2}cm이며 입자 B의 직경은 3×10^{-2}cm라면 입자 A와 입자 B의 침강속도의 비율(V_A/V_B)을 계산하시오. (단, 입자 A와 B의 비중은 같으며, stokes 공식을 적용)

Solution

$Vs = \dfrac{d^2(\rho_s - \rho_w)g}{18\mu}$

침강속도(Vs) = d^2 이므로 $\dfrac{V_A}{V_B} = \dfrac{(2 \times 10^{-2}\text{cm})^2}{(3 \times 10^{-2}\text{cm})^2} = 0.444 = 0.44$

Question 09

표면 부하율이 28.8m³/m²·day인 한 침전지로 유입되는 부유물(SS)의 침전속도 분포가 다음 표와 같다면 이 침전지에서 기대되는 전체 부유물 제거율(%)를 계산하시오.

침전속도(cm/min)	3	2	1	0.5	0.3	0.1
SS제거율(%)	20	20	25	20	10	5

Solution

표면부하율(V_o) ≤ 침전속도(V_s) : 100% 제거
표면부하율(V_o) > 침전속도(V_s) : 일부제거

따라서 총효율(η_T) = 100%제거효율 + $\dfrac{\text{합}(\text{침전속도} \times SS\text{제거율})}{\text{표면부하율}}$

먼저 표면부하율의 단위를 침전속도 단위와 일치시킨다.

V_o(cm/min) = 28.8m³/m²·day (m/day) × 10²cm/m × 1day/24hr × 1hr/60min
= 2cm/min

∴ 총제거율(%) = (20% + 20%) + $\left\{\dfrac{1}{2\text{cm/min}} \times (1\text{cm/min} \times 25\% + 0.5\text{cm/min} \times 20\% + 0.3\text{cm/min} \times 10\% + 0.1\text{cm/min} \times 5\%)\right\}$ = 59.25%

4 부상법

1. 부상분리의 대상물질은 유지류, 미생물 슬러지, 부유고형물 등이다.

2. 적용 공식

① $V_f = \dfrac{d^2(\rho_w - \rho_s)g}{18\mu}$

- V_f : 부상속도(cm/sec)
- ρ_w : 물의 비중(1.0g/cm^3)
- g : 중력가속도(980cm/sec^2)
- d : 직경(cm)
- ρ_s : 입자의 비중(g/cm^3)
- μ : 점성도($\text{g/cm} \cdot \text{sec}$)

Question 10
지름이 균등하게 0.1mm일 때, 비중이 0.4인 기름방울은 비중이 0.9인 기름방울보다 수중에서의 부상속도가 얼마나 더 클 것인지 계산하시오. (단, 물의 비중은 1.0, 기타 조건은 같다고 함)

Solution

$$\dfrac{V_{fA}}{V_{fB}} = \dfrac{(1.0-0.4)}{(1.0-0.9)} = 6\text{배}$$

② $\text{A/S비} = \dfrac{1.3 \times \text{Sa} \times (\text{f} \times \text{P} - 1)}{\text{SS}} \times \text{R}$

- Sa : 공기의 용해도(mL/L)
- SS : 부유고형물 농도(mg/L)
- -1 : 대기압
- P : 절대압력(atm)
- R : 반송비

Tip 문제조건에서 A/S비 단위가 주어지지 않으면 공식에서 1.3을 사용한다.
문제조건에서 A/S비 단위가 주어지면 공식에서 1.3을 사용하지 않는다.

Question 11
부상조의 최적 A/S비는 0.04, 처리할 폐수의 부유물질 농도는 500mg/L, 20℃에서 414kPa로 가압할 때 반송률(%)을 계산하시오. (단, $f=0.8$, $S_a=18.7$mL/L, 순환방식, 1기압 = 101.35kPa)

Solution

절대압력(P) = 대기압 + 게이지압 = $\dfrac{(101.35+414)\text{Kpa}}{101.35\text{kPa/1atm}} = 5.08\text{atm}$

[참고]
표준기압 : $1\text{atm} = 760\text{mmHg} = 10332\text{mmH}_2\text{O} = 101.35\text{kPa}$

$\therefore\ 0.04 = \dfrac{1.3 \times 18.7\text{mL/L} \times (0.8 \times 5.08\text{atm} - 1)}{500\text{mg/L}} \times R \quad \therefore\ R = 0.2685$

따라서 반송률(%) = R × 100 = 0.2685 × 100 = 26.85%

3. 부상방법

① 공기부상법
  ㉠ 단순히 공기를 넣어주는 방식이다.
  ㉡ 용해도가 작다.
  ㉢ 잘 사용하지 않는 방법이다.
② 용존공기부상법
  ㉠ 공기를 용존시킨 후 극대화시켜 공기를 불어 넣어 미세한 기포를 형성시킨다.
  ㉡ 상부로 갈수록 부상이 용이하다.
  ㉢ 효율이 가장 우수하다.
③ 진공부상법
  ㉠ 공기가 터져 장치 주위가 지저분해진다.
  ㉡ 고형물 회수가 낮다.
  ㉢ 잘 사용하지 않는 방법이다.

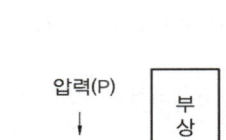

5 여과법

1. 완속여과지의 특징(상수시설 기준)

① 여과지의 여과속도 표준은 4~5m/day이다.
② 여과지의 깊이는 하수집수장치의 높이에 자갈층 두께, 모래층 두께, 모래면 위의 수심과 여유고를 더하여 2.5~3.5m를 표준으로 한다.
③ 모래층 두께는 70~90cm를 표준으로 한다.
④ 여과지의 모래면 위의 수심은 0.9~1.2m(90~120cm)표준으로 한다.
⑤ 여과지의 형상은 직사각형을 표준으로 한다.
⑥ 주위벽 상단은 지반보다 15cm 이상 높여서 여과지 내로 오염수나 토사 등의 유입을 방지하여야 한다.
⑦ 한냉지에서는 여과지 물이 동결할 염려가 있으므로 여과지를 복개한다.
⑧ 여과지는 2지 이상으로 하고 10지마다 1지 비율로 예비지를 둔다.
⑨ 여과사의 유효경은 0.3~0.45mm이며, 균등계수는 2.0 이하이다.

2. 급속여과지의 특징(상수시설 기준)

① 여과면적은 계획정수량을 여과속도로 나누어 계산한다.
② 1지의 여과면적은 150m² 이하로 한다.
③ 여과사의 유효경은 0.45~0.7mm 범위이어야 한다.
④ 여과속도는 120~150m/일을 표준으로 한다.

⑤ 중력식을 표준으로 한다.
⑥ 모래층의 두께는 60~120cm의 범위로 한다.
⑦ 여과모래의 최대경은 2mm 이내이다.
⑧ 여과 모래의 균등계수는 1.7 이하로 한다.
⑨ 신규로 투입하는 여과사의 세척 탁도는 30도 이하여야 한다.

3. 균등계수 : 체하입경 60%와 체하입경 10%의 입경비

$$균등계수(U) = \frac{P_{60\%}}{P_{10\%}}$$

① 균등계수가 1에 가까울수록 입도분포가 양호하다고 간주한다.
② 균등계수가 클수록 공극률이 작아진다.
③ 균등계수가 클수록 여과저항이 증가한다.
④ 균등계수가 클수록 유효경이 점차 증가될 가능성이 높아진다.

4. 완속여과지와 급속여과지 정리

	완속여과지	급속여과지
여과속도	4~5m/day 표준	120~150m/day 표준
모래층 두께	70~90cm	60~120cm
모래 유효경	0.3~0.45mm	0.45~0.7mm
균등계수	2.0 이하	1.7 이하
여과지의 모래면 위의 수심	0.9~1.2 m(90~120cm)	1~1.5m(100~150cm)
건설비	비싸다	싸다
유지관리비	적게 소요된다	많이 소요된다
세균제거	용이하다	용이하지 못하다

Question 12 정수처리 시 급속여과법과 완속여과법의 건설비, 유지관리비, 세균제거에 대해서 쓰시오.

Solution

	급속여과법	완속여과법
건설비	싸다	비싸다
유지관리비	많이 소요	적게 소요
세균제거	용이하지 못하다	용이하다

2장 화학적 처리

1 화학적 처리의 특징

1. 장점

① 처리시간이 빠르다.
② 처리대상이 광범위하다.
③ 폐수의 유량이나 농도 변화에 쉽게 대응할 수 있다.
④ 장소의 제한을 받지 않는다.

2. 단점

① 화학약품을 사용하므로 2차오염이 우려된다.
② 고도의 처리기술이 필요하다.
③ 슬러지 발생이 많다.

2 중 화

1. 산성폐수 중화제

구 분	중화제	특 성
알칼리금속염	가성소다(NaOH) 소다회(Na_2CO_3)	① 높은 용해도를 가지므로 반응이 용이하다. ② 가격이 고가이다. ③ pH의 조정이 정확하다. ④ 반응성이 높다.
알칼리토금속류	소석회($Ca(OH)_2$) 생석회(CaO)	① 낮은 용해도를 가지므로 미분말로 사용한다. ② 가격이 저가이다. ③ 슬러지가 많이 발생한다.
탄산염	석회석($CaCO_3$)	① 가격이 저가이다. ② 반응시간이 오래 걸린다.

2. 알칼리성 폐수의 중화제

중화제	특성
황산(H_2SO_4)	① 부식성이 높다. ② 사용시 주의해야 한다.
염산(HCl)	① 휘발성이 높다. (황산에 비해) ② 부식성이 높다. (황산에 비해)

3. 중화

① $pH = -\log[H^+]$, $pOH = -\log[OH^-]$, $pH + pOH = 14$
② $pH = -\log[H^+] \Rightarrow [H^+] = 10^{-pH}\,mol/L$
   $pOH = -\log[OH^-] \Rightarrow [OH^-] = 10^{-pOH}\,mol/L$
③ $NV = N'V'$ (중화적정 공식)

> **Question 13** pH 3을 pH 7로 만들려고 했을 때 필요한 $[OH^-]$ 농도(mol/L)를 계산하시오.
>
> **Solution**
> 먼저 pH 7은 중화의 상징적인 의미이므로 pH 3을 농도로 고친 다음 그 농도에 대응하는 $[OH^-]$의 농도를 주입하면 된다.
> pH 3 $\Rightarrow [H^+] = 10^{-pH}\,mol/L = 10^{-3}\,mol/L$이므로 pH 7 다시 말해서 중화에 필요한 $[OH^-]$의 농도는 $10^{-3}\,mol/L$가 된다. 따라서 정답은 $[OH^-] = 10^{-3}\,mol/L$이다.

3 화학적 응집

1. 메카니즘 : 콜로이드 + 응집제 + 알칼리도 → 플록형성 + 기타 부산물

① $Al_2(SO_4)_3 \cdot 18H_2O + 3Ca(HCO_3)_2 \rightarrow 3CaSO_4 + 2Al(OH)_3 + 6CO_2 + 18H_2O$
   (액체상태)   (용해상태) (침전물)

② 응집제 투입( ) $\xrightarrow[150rpm(3\sim5분)]{\text{급속교반(혼화목적)}}$ 전기적중화/응결 $\xrightarrow[50rpm(30분)]{\text{완속교반(플록형성)}}$ 거대 floc 형성 → 처리

> **Tip** 응집처리시 영향을 주는 인자들
> ① 수온 ② pH ③ Colloid의 종류와 농도

> **Question 14** 아래의 반응식에서 주어진 (   )안을 알맞게 채우시오.
> (1) 알칼리 첨가 시 : $FeSO_4 \cdot 7H_2O + Ca(HCO_3)_2 \rightarrow$ (①) + (②) + $7H_2O$
> (2) 석회 첨가 시 : (③) + $2Ca(OH)_2 \rightarrow$ (④) + $2CaCO_3 + 2H_2O$
> (3) 수중의 산소와 반응 시 : $4($ ⑤ $) + O_2 + 2H_2O \rightarrow 4($ ⑥ $)$
>
> **Solution**
> ① $Fe(HCO_3)_2$ ② $CaSO_4$ ③ $Fe(HCO_3)_2$ ④ $Fe(OH)_2$ ⑤ $Fe(OH)_2$ ⑥ $Fe(OH)_3$

2. 급속교반조(혼화지)

① 목적 : 응집제와 하수중의 입자를 균일하게 분산시키기 위해
② 급속교반조의 종류로는 프로펠라형과 터어빈형이 있다.
③ 급속교반조의 속도경사(G)는 400~1,500/sec이다.
④ 급속교반조의 체류시간은 0.5~2분 정도이다.
⑤ 정수시설내 급속혼합시설의 급속혼화방식
　㉠ 수류식
　㉡ 기계식
　㉢ 펌프확산에 의한 방법

3. 완속교반조(floc 형성지)

① 목적 : 급속교반에 의해 생성된 미세 floc을 완속교반에 의해 거대한 floc으로 만드는데 있다.(응집된 입자의 floc화를 촉진하기 위해서)
② 완속교반조의 종류로는 터어빈형과 패들형이 있다.
③ 완속교반조의 속도경사(G)는 40~100/sec이다.
④ 완속교반조의 체류시간은 20~30분이다.

Question 15 콜로이드성 물질을 처리하기 위해 화학적 응집을 이용할 때 급속혼합과 완속혼합을 하는 이유에 대해 서술하시오.

Solution
① 급속혼합 : 응집제와 하수중의 입자를 균일하게 분산시키기 위해
② 완속혼합 : 급속혼합에 의해 생성된 미세한 floc을 완속교반에 의해 거대한 floc으로 만들기 위해

4. 교반조에서 사용되는 공식

$$G = \sqrt{\frac{P}{\mu \times V}} \Rightarrow P = G^2 \times \mu \times V$$

G : 속도경사(/sec)　　　　　　　　P : 동력(watt)
μ 점성도(kg/m·sec = N·sec/m²)　　V : 반응조 부피(m³)

Question 16 부피 1000m³인 탱크의 G값을 50/sec로 하고자 할 때 필요한 이론 소요동력 (W)을 계산하시오. (단, 유체점도는 0.001N·s/m²)

Solution
$$G = \sqrt{\frac{P}{\mu \times V}} \Rightarrow P = G^2 \times \mu \times V = (50/sec)^2 \times 0.001 N \cdot s/m^2 \times 1000 m^3 = 2500 \, watt$$

$$P = \frac{C_D \times A \times \rho \times V^3}{2}$$

P : 동력(watt = kg · m²/sec) C_D : 항력계수
A : Paddle의 이론적 면적(m²) ρ : 물의 비중량(1000kg/m³)
V : Paddle의 상대속도(m/sec)

Question 17

부피가 3,000m³인 탱크에서 G값을 50/sec로 유지하기 위해 필요한 이론적 소요동력과 패들 면적(m²)을 계산하시오. (단, 유체 점성 계수 1.139×10⁻³N·S/m², 밀도 1,000kg/m³, 직사각형 패들의 항력계수 1.8, 패들 주변속도 0.6m/sec, 패들상대속도는 주변속도×0.75로 가정하며 패들 면적은 $A = [2P/(C \cdot \rho \cdot V^3)]$식 을 적용한다.)

Solution

① $P = G^2 \times V \times \mu = (50/\text{sec})^2 \times 3{,}000\text{m}^3 \times 1.139 \times 10^{-3}\text{N·S/m}^2$
   $= 8542.5\text{N·m/sec}(= \text{J/sec} = \text{watt} = \text{kg·m}^2/\text{sec}^3)$

② $A = \dfrac{2 \times 8542.5 \text{kg·m}^2/\text{sec}^3}{1.8 \times 1{,}000\text{kg/m}^3 \times (0.6\text{m/sec} \times 0.75)^3} = 104.16\text{m}^2$

5. 응집제의 종류 및 특징

(1) 황산 알루미늄(황산반토, Alum)

① 장점
  ㉠ 철염에 비해 가격이 저렴하다.
  ㉡ 독성이 없다.
  ㉢ 부식성이 없어 취급이 용이하다.
  ㉣ 탁도, 조류, 세균 등의 현탁성 물질, 부유물 제거에 효과적이다.
② 단점
  ㉠ 형성된 플록(floc)이 비교적 가볍다.
  ㉡ 적정 pH 폭이 좁다(pH 5~8).

(2) 철 염

① 장점
  ㉠ 염화제2철은 고체분말로서 6개의 결정수를 가지며 최적 pH 범위는 4~12 정도이다.
  ㉡ 철염의 floc은 무겁고 침강이 빠르며 pH 9 이상에서 망간 제거가 가능하다.
  ㉢ 염화제2철은 형성 플록이 무겁고 침강이 빠르다.
  ㉣ 황산제1철은 pH와 알칼리도가 높은 물에서 주로 사용한다.
  ㉤ 알칼리 영역에서도 floc이 용해되지 않는다.
② 단점
  ㉠ 1철염은 철이온이 잔류하고, 색도를 유발시킨다.
  ㉡ 가격이 비싸다.

ⓒ 부식성이 강하다.
ⓓ 황산제1철은 소석회를 함께 첨가한다.

(3) PAC(폴리염화알루미늄, Poly aluminium chloride)
알루미늄의 축합에 의하여 폴리머를 형성하고 있으므로 그 이름이 붙은 합성고분자 응집제이다.
① 장점
  ㉠ 황산알루미늄에 비하여 처리수의 pH가 적으며 알칼리도 소비량이 적다.
  ㉡ 플록형성속도가 빠르며 저온 열화하지 않는다.
  ㉢ 적정 주입률이 Alum의 4배로 범위가 넓다.
  ㉣ 고탁도나 휴민질성 착색수에 효과적이다.
  ㉤ 적정 주입율의 폭이 매우 넓다.
② 단점
  ㉠ 가격이 고가이다.
  ㉡ Alum보다 부식성이 강하다.
  ㉢ 유지비용이 고가이다.
  ㉣ 손실수두 증가가 크다.

Question 18 Alum을 사용할 때 보다 PAC를 사용할 경우 장점 5가지를 쓰시오.

Solution
① 알칼리도 소비량이 적다.
② 플록의 형성속도가 빠르다.
③ 적정 주입시 pH 범위가 넓다.
④ 저온에서 열화되지 않는다.
⑤ 고탁도나 휴민질성 착색수에 효과적이다.

Tip
① PAC = 폴리염화알루미늄 = 합성고분자 응집제
② Alum = 황산반토 = 황산알루미늄

6. 응집보조제의 종류 및 용도
① 소석회[$Ca(OH)_2$] : pH조절, 응집효과촉진
② 탄산나트륨(Na_2CO_3) : pH조절
③ 규산나트륨($NaSiO_3$) : 응집효과촉진

4 Jar Test(응집교반시험)

1. 목적 : 적당한 응집제 선정과 주입량 결정

2. Jar Test 시점

① 수질 변화시 수시로(홍수시 조류 유입 많을 때)
② 처리과정에서 이상 증후 발생시

> **Question 19**
> 기존의 활성슬러지 공법으로 부유고형물(SS)의 기준치를 준수하여 처리하고 있었으나 기준치가 강화되어 기존의 공법으로는 기준치를 초과하게 되었다. 따라서 추가적인 고도처리공정이 필요하여 처리공법을 검토할 경우 검토대상이 될 수 있는 공법 3가지를 쓰시오.
>
> **Solution**
> ① 여과법
> ② 부상분리법
> ③ 막분리 활성슬러지법(MBR 공법)

3. 측정항목 : pH, 색도, 탁도, floc의 침강성

> **Question 20**
> Jar-Test를 한 결과는 다음과 같다. Alum의 최적 주입율(mg/L)을 계산하시오.
>
> - 결과 : 약제 5%의 Alum
> - 시료 : 500mL
> - 주입량 : 5mL
>
> **Solution**
> Alum 주입량(mg/L) = $5 \times 10^4 \text{mg/L} \times 5 \times 10^{-3} \text{L} \times \dfrac{1}{0.5\text{L}} = 500\text{mg/L}$

5 흡착법

1. 흡착의 특성

① 흡착제 : 활성탄, 실리카겔, 활성백토 등
② 흡착 메카니즘 : 1단계(경막으로 이동) → 2단계(경막내 확산) → 3단계(공극내 확산) → 4단계(흡착)
③ 흡착의 종류

	물리적 흡착	화학적 흡착
흡착열	작다	물리적 흡착에 비해 크다
재생	재생가능(가역적)	재생 불가능(비가역적)
작용힘	반데스바알스힘	흡착제-용질의 화학반응
흡착특성	다분자 흡착	단분자 흡착

④ 등온 흡착모델의 종류 : 프로인들리히(Freundlich), 랭뮤어(Langmuir), BET, 헨리형,

활성탄을 이용한 수처리 : 프로인들리히(Freundlich), 랭뮤어(Langmuir)형
⑤ 랭뮤어(Langmuir)형 등온 흡착 모델
   ㉠ 한정된 표면만이 흡착에 이용됨.
   식 $\dfrac{X}{M} = \dfrac{abC}{1+aC}$
   ㉡ 표면에 흡착된 용질물질은 그 두께가 분자 한 개
   ㉢ 흡착은 가역적이고 평형조건이 이루어졌음
   ㉣ 한정된 표면에만 흡착된다고 가정한다.
⑥ 프로인들리히(Freundlich) 등온 흡착모델
   ㉠ 수처리 중 활성탄 흡착에 가장 많이 사용
   ㉡ 직선의 기울기가 0.5 이내에만 흡착용이
   ㉢ 식 $\dfrac{X}{M} = KC^{\frac{1}{n}}$

$\begin{bmatrix} X : \text{농도차(유입수 농도－유출수 농도)} & M : \text{흡착제 농도} \\ C : \text{유출수 농도} & k,\ n : \text{경험적 상수} \end{bmatrix}$

Question 21

냄새 혹은 생물학적 처리불능(NBD)COD를 제거하기 위하여 흡착제로 활성탄(AC)을 사용하였는데 Freundlich 등온 공식이 잘 적용 되었다. 즉, COD가 56mg/L인 원수에 활성탄 20mg/L을 주입 시켰더니 COD가 16mg/L로 되었고, 52mg/L을 주입시켰더니 COD가 4mg/L로 되었다. COD 6mg/L로 만들기 위해 주입해야 할 활성탄의 양(mg/L)을 계산하시오.

Solution

① $\dfrac{(56-16)\text{mg/L}}{20\text{mg/L}} = K \times (16\text{mg/L})^{\frac{1}{n}}$

② $\dfrac{(56-4)\text{mg/L}}{52\text{mg/L}} = K \times (4\text{mg/L})^{\frac{1}{n}}$

③ $\dfrac{(56-6)\text{mg/L}}{M} = K \times (6\text{mg/L})^{\frac{1}{n}}$

①과 ②식을 정리한 다음 나눈다.

① $2\text{mg/L} = K \times (16\text{mg/L})^{\frac{1}{n}}$ ÷ ② $1\text{mg/L} = K \times (4\text{mg/L})^{\frac{1}{n}}$

$2 = 4^{\frac{1}{n}}$

양변에 ln을 취하면 $\ln 2 = \dfrac{1}{n}\ln 4$

∴ $n = \dfrac{\ln 4}{\ln 2} = 2$ ∴ $2 = K \times 16^{\frac{1}{2}}$ ∴ $k = 0.5$

따라서 $\dfrac{(56-6)\text{mg/L}}{M} = 0.5 \times (6\text{mg/L})^{\frac{1}{2}}$ ∴ $M = 40.82\text{mg/L}$

2. 활성탄의 특성

① 분말 활성탄과 입상활성탄의 흡착력에 차이가 없으나 분말 활성탄의 입경이 작을수록 평형은 입상활성탄보다 더 빨리 도달된다.
② 사용된 활성탄은 화학적 또는 열적으로 재생이 가능하다.
③ 상업용 입상활성탄의 표면적은 600~1,600m^2/g 정도이다.

Question 22

다음은 활성탄의 재생방법이다. 각 방법의 재생원리를 간단히 설명하시오.

(1) 건식 가열법   (2) 약품 재생법
(3) 전기 화학적 재생법   (4) 생물학적 재생법

Solution

(1) 건식 가열법 : 사용한 탄을 가열하여 활성탄 표면에 흡착된 유기물을 태워서 제거하는 방법
(2) 약품 재생법 : 묽은 알칼리용액(NaOH용액)으로 처리한 후 수세하여 묽은 산으로 중화처리하는 방법
(3) 전기 화학적 재생법 : 활성탄 표면에 부착되어 있는 피흡착물질을 물의 전기분해를 통해 발생되는 산소로 제거하는 방법
(4) 생물학적 재생법 : 활성탄 표면에 흡착되어 있는 유기물을 호기성 미생물을 이용하여 분해시켜 제거하는 방법

3. 활성탄의 종류

① 입상 활성탄(GAC ; Granular Activated Carbon)
  ㉠ 분말 활성탄에 비해 흡착속도가 느리다.
  ㉡ 분말 활성탄에 비해 취급이 쉽다.
  ㉢ 재생이 용이하다.
  ㉣ 물과 분리가 용이하다.
② 분말 활성탄(PAC ; Powdered Activated Carbon)
  ㉠ 입상 활성탄에 비해 흡착속도가 빠르다.
  ㉡ 입상 활성탄에 비해 취급이 어렵다.
  ㉢ 분말이라 비산되기 쉽다.

Question 23

흡착공정에서 입상활성탄(GAC)와 분말활성탄(PAC)의 특징을 2가지씩 서술하시오.

Solution

1) 입상활성탄(GAC)의 특징
  ① 분말활성탄에 비해 흡착속도가 느리다.
  ② 재생이 용이하다.
  ③ 분말활성탄에 비해 취급이 쉽다.
(2) 분말활성탄(PAC)의 특징
  ① 입상활성탄에 비해 흡착속도가 빠르다.
  ② 입상활성탄에 비해 취급이 어렵다.
  ③ 분말이라 비산되기 쉽다.

③ 생물활성탄(BAC ; Biological Activated Carbon)
  ㉠ 일반 활성탄에 비해 수명을 4배 이상 연장할 수 있다.
  ㉡ 활성탄이 서로 부착, 응집하여 수두손실이 증가할 수 있다.
  ㉢ 정상상태까지의 기간이 길다.
  ㉣ 활성탄에 병원균이 자랄 때 문제가 될수 있다.
  ㉤ 오염물질에 따라 생물분해, 흡착작용이 상호보완하여 준다.
  ㉥ 미생물성장에 좋지 않은 조건이라도 흡착기능에 의하여 오염물질 제거가 가능하다.
  ㉦ 분해에 적응시간이 필요한 용해성 유기물질의 제거에 효과적이다.
  ㉧ 활성탄 사용시간 연장 및 재생이 가능하다.
  ㉨ 충격부하가 강하다.

6 Fenton 산화법

1. Fenton 산화법의 특징

① 화학적 산화법의 일종이다.
② 펜턴 시약으로부터 발생하는 OH 라디칼을 이용하는 처리법이다.
③ 난분해성 유기물의 산화처리에 이용된다.
④ 최적 반응은 pH 3~4.5(3~5) 정도의 범위이다.
⑤ pH의 조정은 반응조에 과산화수소와 철염을 가한 후 조절하는 것이 효과적이다.
⑥ 과산화수소는 철염이 과량으로 존재할 때 조금씩 단계적으로 첨가하는 것이 효과적이다.
⑦ 폐수의 COD는 감소하지만 BOD는 증가한다.
⑧ 철염을 이용하므로 수산화철의 슬러지가 다량 생성될 수 있다.
⑨ 펜턴 산화반응에서 철은 촉매로 작용한다.
⑩ 펜턴시약을 이용하여 난분해성 유기물을 처리하는 과정은 대체로 산화반응과 함께 pH조절, 중화 및 응집, 침전으로 크게 3단계로 나눌 수 있다.

Question 24 펜톤산화법에서 다음 물음에 답하시오.
(1) H_2O_2 과량 주입시 문제점 2가지를 쓰시오.
(2) 폐수중에 SO_3^{2-}가 존재할 때 COD의 처리효율과 그 이유를 쓰시오.

Solution
(1) H_2O_2 과량 주입시 문제점
  ① 약품비용이 많이 소비된다.
  ② 수산화철의 침전율이 감소한다.
(2) ① 처리효율 : 증가한다.
  ② 이유 : SO_3^{2-}는 H_2O_2에 의해 쉽게 산화되므로 COD는 감소하게 된다.

2. Fenton 산화법 정리

① 펜턴시약 : H_2O_2
② 촉매 : 황산제1철
③ 강산화제 : OH 라디칼
④ pH 3~4.5(5)
⑤ 특징 : COD감소, BOD증가

Question 25

다음은 Fenton 산화법에 대한 설명이다. 물음에 답하시오.
(1) Fenton 산화법에 사용되는 시약을 쓰시오.
(2) Fenton 시약에서 발생되는 강한 산화력을 가진 물질을 쓰시오.

Solution
(1) Fenton 시약 : 과산화수소(H_2O_2), 촉매 : 철염(황산제1철)
(2) OH 라디칼

---

7 유해물질 처리법

1. 물리·화학적 질소제거 공정

막공법, 공기탈기법, 선택적이온교환법, 파과점 염소주입법

① 물리·화학적 질소제거공정 중 이온교환법
  ㉠ 생물학적 처리 유출수 내의 유기물이 수지의 접착을 야기한다.
  ㉡ 재사용 가능한 물질(암모니아 용액)이 생산된다.
  ㉢ 부유물질 축적에 의한 과다한 수두손실을 방지하기 위하여 여과에 의한 전처리가 대개 필요하다.

② 수중의 암모니아성 질소(NH_3-N) 탈기법(Air Stripping)
  ㉠ 원리 : 처리하고자 하는 폐수에 석회 등을 이용하여 pH를 10 이상으로 조절한 후 공기를 불어 넣어 수중에 존재하는 암모니아성 질소를 암모니아가스로 탈기하는 방법이다.
  ㉡ 반응식 : $NH_4^+ + OH^- \rightleftarrows NH_3 + H_2O$
  ㉢ 특징
    ⓐ 암모니아성 질소를 pH 10 이상에서 암모니아 가스로 탈기시킨다.
    ⓑ 기온이 상승할수록 같은 양의 폐수를 처리하는데 필요한 공기의 양은 감소한다.
    ⓒ 동절기에는 제거효율이 현저히 저하되어 적용하기 곤란하다.
    ⓓ 암모니아 유출에 따른 주변에 악취문제가 유발될 수 있다.

③ 암모니아 제거방법 중 파과점 염소처리법
  ㉠ 원리 : 처리하고자 하는 폐수에 염소(Cl_2)를 주입하여 암모늄염을 질소가스(N_2)로 처리

하는 방법이다.
ⓒ 반응식
$2NH_4^+ + 3Cl_2 \rightleftarrows N_2 + 6HCl + 2H^+$
$2NH_3 + 3HOCl \rightleftarrows N_2 + 3HCl + 3H_2O$
ⓒ 특징
ⓐ 용존성 고형물 증가
ⓑ 많은 경비 소비
ⓒ THM 등 건강에 해로운 물질 생성

Question 26
물리·화학적 방법으로 질소화합물을 처리하는 방법 3가지에 대해 서술하시오.

Solution

(1) 이온교환법
  ① 원리 : 처리하고자 하는 폐수 중에 포함되어 있는 NH_4^+ 이온을 선택적으로 치환할 수 있는 천연제올라이트를 충진한 이온교환층을 통과시켜 암모니아를 처리하는 방법이다.
  ② 반응식
    · 이온교환반응 : $RH + NH_4^+ \rightleftarrows RNH_4^+ + H^+$
    · 재생반응 : $RNH_4 + HCl \rightleftarrows RH + NH_4Cl$
(2) 공기탈기법
  ① 원리 : 처리하고자 하는 폐수에 석회 등을 이용하여 pH를 10 이상으로 조절한 후 공기를 불어 넣어 수중에 존재하는 암모니아성 질소를 암모니아가스로 탈기하는 방법이다.
  ② 반응식 : $NH_4^+ + OH^- \rightleftarrows NH_3 + H_2O$
(3) 파괴점 염소주입법
  ① 처리하고자 하는 폐수에 염소(Cl_2)를 주입하여 암모늄염을 질소가스(N_2)로 처리하는 방법이다.
  ② 반응식 : $2NH_4^+ + 3Cl_2 \rightleftarrows N_2 + 6HCl + 2H^+$
    $2NH_3 + 3HOCl \rightleftarrows N_2 + 3HCl + 3H_2O$

Question 27
탈기법을 이용, 폐수 중의 암모니아성 질소를 제거키 위하여 폐수의 pH를 조절하고자 한다. 수중 암모니아를 NH_3(기체분자의 형태) 99%로 하기 위한 pH를 계산하시오.(단, 암모니아성 질소의 수중에서의 평형은 다음과 같다.

$NH_3 + H_2O \rightleftarrows NH_4^+ + OH^-$ 　　　평형상수 $K = 1.8 \times 10^{-5}$

Solution

① $K = \dfrac{[NH_4^+][OH^-]}{[NH_3]} = 1.8 \times 10^{-5}$

② $NH_3(\%) = \dfrac{[NH_3]}{[NH_3]+[NH_4^+]} \times 100 = 99\%$ (분자, 분모를 $[NH_3]$로 나누면)

$= \dfrac{1}{1 + \dfrac{[NH_4^+]}{[NH_3]}} \times 100 = 99\%$ 식을 정리하면

$$0.99 + 0.99 \frac{[NH_4^+]}{[NH_3]} = 1, \ 0.99 \frac{[NH_4^+]}{[NH_3]} = 1 - 0.99$$

$$\therefore \frac{[NH_4^+]}{[NH_3]} = \frac{1-0.99}{0.99} = 0.01$$

① 식을 정리하면

$$1.8 \times 10^{-5} = \frac{[NH_4^+][OH^-]}{[NH_3]} \text{에서}$$

$$1.8 \times 10^{-5} = \frac{[NH_4^+]}{[NH_3]} \times [OH^-] \Longleftarrow \frac{NH_4^+}{NH_3} = 0.01 \text{ 대입}$$

$$\therefore 1.8 \times 10^{-5} = 0.01 \times [OH^-] \quad \therefore [OH^-] = 1.8 \times 10^{-3} \text{ mol/L}$$

③ $pH = 14 + \log[OH^-] = 14 + \log[1.8 \times 10^{-3} \text{mol/L}] = 11.26$

Question 28

수중의 암모늄이온은 암모니아와 평형을 이루고 있다. 이 평형은 pH와 온도에 크게 영향을 받으며 수중에서 다음과 같은 평형을 이룬다. [$NH_3 + H_2O \rightleftarrows NH_4^+ + OH^-$] 수온이 25℃이고 25℃에서 NH_3 해리상수 $K_b = 1.81 \times 10^{-5}$, pH는 8.3이라면 NH_3의 형태로 몇 %가 존재하는지 계산하시오.
(단, $K_w = 1 \times 10^{-14}$, $NH_3(\%) = \{[NH_3] \times 100\}/\{[NH_3] + [NH_4^+]\} = \{100/(1+(K_b \cdot [H^+]/K_w)\}$

Solution

$$K_b = \frac{[NH_4^+][OH^-]}{[NH_3]}$$

$pH + pOH = 14 \Rightarrow pOH = 14 - pH = 14 - 8.3 = 5.7$

$[OH^-] = 10^{-pOH} \text{ mol/L} = 10^{-5.7} = 1.995 \times 10^{-6} \text{ mol/L}$

따라서 $K_b = \frac{[NH_4^+]}{[NH_3]} \times [OH^-] \Rightarrow 1.81 \times 10^{-5} = \frac{[NH_4^+]}{[NH_3]} \times (1.995 \times 10^{-6} \text{mol/L})$

$$\therefore \frac{[NH_4^+]}{[NH_3]} = 9.0727$$

$NH_3(\%) = \frac{[NH_3]}{[NH_3]+[NH_4^+]} \times 100$ 에서 분자와 분모를 NH_3로 나눈다.

$$NH_3(\%) = \frac{1}{1+\frac{[NH_4^+]}{[NH_3]}} \times 100 = \frac{1}{1+9.0727} \times 100 = 9.93\%$$

2. 시안(CN) 화합물 함유 폐수처리방법

전기투석, 충격법, 감청법, 산성탈기법, 알칼리산화법, 오존산화법, 전해산화법
① 알칼리염소법의 특징
  ㉠ CN의 분해를 위해 유지되는 pH 10 이상이다.
  ㉡ 니켈과 철의 시안 착염이 혼입된 경우 분해가 잘 되지 않는다.
  ㉢ 산화제의 투입량이 적을 경우는 시안화합물이 잔류하거나 염화시안이 발생하게 되므로 산화제는 약간 과잉으로 주입한다.
  ㉣ 염소처리시 강알칼리성 상태에서 1단계 염소를 주입하여 시안화합물을 시안산화물로

변환시킨 후 중화하고 2단계 염소를 재주입하여 N_2와 CO_2로 분해시킨다.
  ⑩ 시안 폐수처리에서 가장 일반적인 방법이다.
  ⑪ 산화에 의해 분해되어 비독성의 화합물로 되는 것으로 반응속도가 빠르고 조정하기 도 쉽다.
  ⑫ 공장규모의 대소에 불구하고 시안 폐수의 처리에는 가장 안전하고 확실하다.
② 오존산화법 : 오존은 알칼리성 영역에서 시안화합물을 N_2로 분해시켜 무해화한다.
③ 전해법 : 유가 금속류를 회수할 수 있는 장점이 있다.
④ 충격법 : 시안을 pH 3 이하의 강산성 영역에서 강하게 폭기하여 산화하는 방법이다.
⑤ 감청법 : 알칼리성 영역에서 과잉의 황산제1철 또는 황산제2철염을 가하여 공침시켜 제거하는 방법이다.

3. 시안의 알칼리 염소 또는 NaOCl 처리법

① 1단계 반응 : $CN^- \xrightarrow{Cl_2 \text{ 및 } NaOH} CNCl \xrightarrow{NaOH} CNO^-$

② 1단계 반응의 조건 : pH 10 이상, ORP(산화환원전위) + 300mV 이상

③ 2단계 반응 : $CNO^- \xrightarrow{NaOH, Cl_2, NaOCl} NaCl + N_2 \uparrow$

④ 2단계 반응의 조건 : pH 8, ORP(산화환원전위) + 650mV 이상

• 실전문제 반응식
$NaCN + NaClO \rightarrow NaCNO + NaCl$ ·· ①
$2NaCNO + 3NaClO + H_2O \rightarrow 2CO_2 + N_2 + 2NaOH + 3NaCl$ ················ ②

①식 × 2 + ②식
$2NaCN + 2NaClO \rightarrow 2NaCNO + 2NaCl$ ·· ③
$2NaCNO + 3NaClO + H_2O \rightarrow 2CO_2 + N_2 + 2NaOH + 3NaCl$ ················ ④
∴ ③식과 ④식을 더하면
$2NaCN + 5NaClO + H_2O \rightarrow 2CO_2 + N_2 + 2NaOH + 5NaCl$

> **Question 29** 시안을 함유하는 폐수를 알칼리염소법으로 처리하고자 할 때 다음 물음에 답하시오.
>
> - 1차반응 : $NaCN + NaOCl \rightarrow NaCNO + NaCl$
> - 2차반응 : $2NaCNO + 3NaClO + H_2O \rightarrow 2CO_2 + N_2 + 2NaOH + 3NaCl$
>
> (1) 1차반응과 2차반응 시 적정 pH와 ORP 그리고 반응시간을 쓰시오.
> (2) 쉽게 산화 분해되는 금속착염 2가지를 쓰시오.
> (3) 산화 분해가 어려운 시안착염을 형성하는 금속 2가지를 쓰시오.
>
> **Solution**
> (1) ① (1차반응) 적정 pH : 10 ~ 11, ORP : 300 ~ 350mV, 반응시간 : 5 ~ 15분
>   ② (2차반응) 적정 pH : 8 ~ 8.5, ORP : 600 ~ 650mV, 반응시간 : 30 ~ 40분
> (2) 아연(Zn), 카드뮴(Cd)
> (3) 철(Fe), 니켈(Ni)

4. 도금 폐수중의 CN을 알칼리 조건하에서 산화하는데 사용되는 약제

차아염소산나트륨(NaOCl)

5. CN함유 폐수를 화학적산화에 의해 처리할 경우 단위처리조작

균등조 – 산화반응조(1, 2단계) – 중화조 – 여과조 – 유출수

> **Question 30** 200mg/L의 CN(시안)을 함유한 폐수 50m³을 알칼리 염소법으로 처리하는데 필요한 이론적인 염소량($Cl_2 \cdot kg$)을 계산하시오. (단, 원자량은 Cl : 35.5)
>
> $$2CN^- + 5Cl_2 + 4H_2O \rightarrow 2CO_2 + N_2 + 8HCl + 2Cl^-$$
>
> **Solution**
> $2CN^-$: $5Cl_2$
> $2 \times 26g$: $5 \times 71g$
> $0.2kg/m^3 \times 50m^3$: X   ∴ X = 68.27kg

6. 크롬함유 폐수처리방법

독성이 있는 6가 크롬을 독성이 없는 3가 크롬으로 pH 2~4에서 환원시키고 3가 크롬을 pH 8.0~8.5 범위에서 침전시켜 처리한다.
① Cr^{6+}는 Cr^{3+}로 환원한 후 알칼리를 주입하여 수산화물을 침전시킨다.
② $Cr^{3+} + 3(OH^-) \rightarrow Cr(OH)_3 \downarrow$ (pH 8.0~8.5)

$$\begin{array}{ccc}
\text{황산(pH 2~4)} & \text{NaOH(pH 8.0~8.5)} & \text{응집제 주입} \\
\downarrow & \downarrow & \downarrow \\
Cr^{6+}(\text{황색}) \xrightarrow{\text{환원제 (NaHSO}_3\text{)}} Cr^{3+}(\text{청록색}) & \rightarrow Cr(OH)_3 \rightarrow \text{방류(중성수 용액)} \\
& Cr(OH)_3\text{의 침전물 형성}
\end{array}$$

Question 31

Cr^{6+}의 침전방법과 환원제를 쓰시오.

Solution

(1) 침전방법 : 독성이 있는 6가 크롬을 독성이 없는 3가 크롬으로 pH 2~4에서 환원시키고 3가 크롬을 pH 8.0~8.5 범위에서 침전시켜 처리한다.
(2) 환원제 : SO_2, Na_2SO_3, $FeSO_4$, $NaHSO_3$

Question 32

폐액중의 크롬산을 정량했을 때 6가 크롬으로서 1000mg/L이었다. 이 폐액을 환원침전법으로 처리하는 경우, 이 폐액 $20m^3$을 환원할 때 필요한 아황산나트륨의 이론량(kg)을 계산하시오. (단, 크롬원자량 52, 아황산나트륨의 분자량 126)

$$2H_2CrO_4 + 3Na_2SO_3 + 3H_2SO_4 \rightarrow Cr_2(SO_4)_3 + 3Na_2SO_4 + 5H_2O$$

Solution

$2Cr^{6+}$: $3Na_2SO_3$
$2 \times 52g$: $3 \times 126g$
$1kg/m^3 \times 20m^3$: X
∴ X = 72.69kg

7. 해수의 담수화

(1) 해수의 담수화 방법

① 증발법 : 역삼투나 전기투석과는 달리 에너지요구량이 처리수중의 염의 농도와 비교적 무관하다.
② 역삼투법 : 반투막과 정수압을 이용하여 해수로부터 순수한 물을 분리하는 방법이다.
  ㉠ 생산된 물은 pH나 경도가 낮기 때문에 필요에 따라 적절한 약품을 주입하고 수질을 조정한다.
  ㉡ 막모듈은 플러싱과 약품세척등을 조합하여 세척한다.
  ㉢ 장기간 운전을 중지하는 경우에는 막보전액으로는 중아황산나트륨 등을 사용한다.
  ㉣ 공급수중의 이물질로 고압 펌프와 막모듈이 손상되지 않도록 하기 위하여 고압펌프의 흡입측 공급수 배관계통에 안전 필터를 사용한다.
  ㉤ 고압펌프는 효율과 내식성이 좋은 기종으로 하며 그 형식은 시설규모 등에 따라 선정한다.

③ 전기투석법 : 전위차를 추진력으로 물만을 선택적 통과시키는 원리를 이용하여 분리하는 방법이다.
④ 냉동법 : 해수를 빙점(약 -1.8℃)이하로 냉각시킨 얼음 결정을 세정한 후 녹여 담수를 얻는 방법이다.

Question 33
다음의 각 원리에 대해 서술하시오.
(1) Reverse Osmosis/RO
(2) Electrodialysis

Solution
(1) Reverse Osmosis/RO(역삼투법) : 반투막과 정수압을 이용하여 해수로부터 순수한 물을 분리해 내는 방법이다.
(2) Electrodialysis(전기투석법) : 전위차를 추진력으로 물만을 선택적으로 통과시키는 원리를 이용하여 분리하는 방법이다.

(2) 해수 담수화 방식

① 상변화방식은 증발법과 결정법이 있다.
  ㉠ 증발법 : 다단플래쉬법, 다중효용법, 증기압축법, 투과기화법이 있다.
  ㉡ 결정법 : 냉동법, 가스수화물법이 있다.
② 상불변 방식은 막법과 용매추출법이 있다.
  ㉠ 막법 : 역삼투법, 전기투석법이 있다.
  ㉡ 용매추출법

Question 34
해수를 담수화하는 방법중에서 상변화 방식과 상불변 방식을 각각 3가지씩 서술하시오.

Solution
(1) 상변화 방식
  ① 다단플래쉬법
  ② 다중효용법
  ③ 증기압축법
  ④ 냉동법
  ⑤ 가스수화물법
(2) 상불변 방식
  ① 역삼투법
  ② 전기투석법
  ③ 용매추출법

Tip 문제의 요구조건에 알맞게 3가지씩만 서술하시면 됩니다.

8 살 균

1. 살균의 특징

(1) 살균력의 크기

① $O_3 > Cl_2$
② $HOCl > OCl^- >$ 클로라민(결합 잔류 염소의 대표적 물질)
③ 클로라민 : 살균력은 약하나 소독 후 물에 이취미가 없고 살균작용이 오래 지속된다.
④ $HOCl$이 OCl^-보다 80배 이상 강하다.

> **Question 35**
> 정수장에서 사용하는 염소 살균법에 대한 내용이다. 물음에 답하시오.
> (1) pH와 온도에 따른 소독력(산화력)의 차이를 설명하시오.
> (2) $HOCl$, OCl^-, 클로라민 산화력의 순서를 큰 것부터 작은 순으로 기호로 나타내시오.
>
> **Solution**
> (1) pH가 낮을수록, 온도가 높을수록 소독력은 증가한다.
> (2) $HOCl > OCl^- >$ 클로라민

(2) 클로라민의 생성

① 유리염소(Cl^-)

$$Cl_2 + H_2O \xrightarrow{pH5\sim7} HOCl(유효염소) + H^+ + Cl^-$$

② 모노클로라민(NH_2Cl)

$$HOCl + NH_3 \xrightarrow{pH8.5 \uparrow} H_2O + NH_2Cl$$

③ 디클로라민($NHCl_2$)

$$HOCl + NH_2Cl \xrightarrow{pH4.5\sim8.5} H_2O + NHCl_2$$

④ 트리클로라민(NCl_3)

$$HOCl + NHCl_2 \xrightarrow{pH4.4 \downarrow} H_2O + NCl_3$$

> **Question 36** 상수를 염소로 소독할 때 생성되는 클로라민의 종류 3가지와 생성반응식을 쓰시오.
>
> **Solution**
> (1) 클로라민의 종류
>   ① 모노클로라민 (NH_2Cl)
>   ② 디클로라민 ($NHCl_2$)
>   ③ 트리클로라민 (NCl_3)
> (2) 생성반응식
>   ① $HOCl + NH_3 \xrightarrow{pH 8.5 \text{이상}} NH_2Cl(\text{모노클로라민}) + H_2O$
>   ② $HOCl + NH_2Cl \xrightarrow{pH 4.5 \sim 8.5} NHCl_2(\text{디클로라민}) + H_2O$
>   ③ $HOCl + NHCl_2 \xrightarrow{pH 4.4 \text{이하}} NCl_3(\text{트리클로라민}) + H_2O$

(3) 염소 살균력 증가조건

온도↑, 반응시간↑, 주입농도↑, 낮은 pH

(4) 염소주입량 = 염소 요구량 + 염소 잔류량

2. THM(트리할로메탄)의 특징

① 생성
$$H-\underset{\underset{H}{|}}{\overset{\overset{H}{|}}{C}}-H + Cl^- \rightarrow Cl-\underset{\underset{Cl}{|}}{\overset{\overset{H}{|}}{C}}-Cl$$

　　[Cl^- : 염소소독과정에서 유리된 염소]

② THM 증가조건 : 수온↑, pH↑, 접촉시간↑, 염소주입량↑

③ 대책
　├─ 전구물질 제거 ─┬─ 활성탄흡착(용해성)
　│　　　　　　　　├─ 중간염소처리(용해성)
　│　　　　　　　　└─ 응집침전(현탁성 = 콜로이드형태)
　└─ 소독방법 전환 ─ 클로라민, O_3, ClO_2, UV 등등

④ THM의 75% 이상이 클로로포름(트리클로로메탄)

⑤ THM의 종류
　㉠ $CHClBr_2$
　㉡ $CHBr_3$
　㉢ $CHClI_2$

3. 소독제의 종류

(1) 염소살균(소독)의 특징

① 살균강도는 HOCl이 OCl^- 보다 약 80배 이상 강하다.
② 염소의 살균력은 반응시간이 길며, 주입농도가 높을수록 강하다.
③ 염소의 살균력은 pH가 낮을수록 살균능력이 크다.
④ 염소의 살균력은 온도가 높을수록 살균능력이 크다.
⑤ 바이러스 사멸효과가 나쁜 편이다.
⑥ 처리수의 총용존고형물이 증가한다.
⑦ 하수의 염화물 함유량이 증가한다.
⑧ 암모니아 첨가에 의해 잔류염소가 형성된다.
⑨ ClO_2 소독에 비하여 바이러스 사멸효과가 나쁘다.
⑩ 암모니아가 존재하는 경우 결합잔류 염소로 존재한다.
⑪ 염소 접촉조로부터 휘발성 유기물이 생성된다.
⑫ 처리수의 잔류독성이 탈염소 과정에 의해 제거되어야 한다.
⑬ HOCl은 암모니아와 반응하여 클로라민을 생성한다.
⑭ 유량변동에 대해 적응성이 어렵다.
⑮ 인체에 위해성이 높다.
⑯ 잔류효과가 크다.
⑰ 알칼리도가 낮을수록 살균능력이 크다.

Question 37 염소소독시 고려인자 5가지를 쓰시오.

Solution
① 수온 ② 반응시간 ③ 주입농도 ④ pH ⑤ 경제성

Question 38 염소소독에 비해 오존의 장점을 6가지 쓰시오.

Solution
① 슬러지가 발생하지 않는다.
② 철 및 망간의 제거능력이 크다.
③ 오존은 자체의 높은 산화력으로 염소에 비해 높은 살균력을 가지고 있다.
④ 유기화합물의 생분해성을 높인다.
⑤ 바이러스의 불활성화에 효과가 크다.
⑥ 소독 부산물의 생성을 유발하는 각종 전구물질에 대한 처리효율이 높다.

(2) 클로라민의 특징

① HOCl은 암모니아와 반응하여 클로라민을 생성한다.
② 3종의 클로라민 분포는 pH의 함수이다.
③ 트리클로라민은 불안정하여 N_2로 분해하여 산화력을 상실한다.
④ 차아염소산과 수중의 암모니아나 유기성 질소화합물이 반응하여 클로라민을 형성할 때 pH가 9인 경우 가장 많이 존재하는 것은 모노클로라민이다.
⑤ 클로라민은 수중에 오래 잔류하므로 잔류 보호성을 제공한다.

(3) 오존살균의 특징

① 오존은 저장 할 수 없어 현장에서 생산해야 한다.
② 오존은 산소의 동소체로 HOCl보다 더 강력한 산화제이다.
③ 수용액에서 오존은 매우 불안정하여 20℃ 증류수에서의 반감기는 20~30분 정도이다.
④ 오존은 잔류성이 없다.
⑤ 슬러지가 생기지 않는다.
⑥ 효과에 지속성이 없다.
⑦ 철 및 망간의 제거능력이 크다.
⑧ 병원균에 대하여 살균력이 강하며 탈취, 탈색효과가 크다.
⑨ 유기화합물의 생분해성을 높이며 바이러스의 불활성화 효과가 크다.
⑩ 오존은 자체의 높은 산화력으로 염소에 비하여 높은 살균력을 가지고 있다.
⑪ 소독 부산물의 생성을 유발하는 각종 전구물질에 대한 처리 효율이 높다.

Question 39 오존 소독의 장·단점을 2가지씩 쓰시오.

Solution

(1) 장점
 ① 유기화합물의 생분해성을 높이며, 바이러스의 불활성화 효과가 크다.
 ② 슬러지가 발생하지 않는다.
 ③ 탈취, 탈색효과가 크다.

(2) 단점
 ① 잔류성이 없다.
 ② 가격이 고가이다.
 ③ 오존은 저장할 수가 없어 현장에서 생산해야 한다.

Tip 문제의 요구조건에 알맞게 2가지만 서술하시면 됩니다.

(4) 자외선(UV) 방사의 특징

① 5~400nm 스펙트럼 범위의 단파장에서 발생하는 전자기 방사를 말한다.
② 수중에 잔류 방사량(잔류 살균력이 없음)이 존재하지 않는다.
③ 자외선소독은 화학물질 소비가 없고 해로운 부산물도 생성되지 않는다.
④ 물과 수중의 성분은 자외선의 전달 및 흡수에 영향을 주며 Beer-Lambert 법칙이 적용된다.
⑤ 태양광 중에 파장이 커질수록 살균효과는 감소한다.
⑥ 염소소독에 비해 안정성이 높다.
⑦ 잔류독성이 없다.
⑧ 대부분의 Virus, Spores, Cysts등을 비활성 시키는데 염소보다 효과적이다.
⑨ 접촉시간이 짧다(1~5초).
⑩ pH변화에 관계없이 지속적인 살균이 가능하다.
⑪ 유량과 수질의 변동에 대해 적응력이 강하다.
⑫ 과학적으로 증명된 정밀한 처리시스템이다.
⑬ 물의 탁도가 높으면 소독능력은 저하된다.
⑭ 소독의 성공여부를 즉시 측정할 수 없다.
⑮ 비교적 소독비용이 저렴하다.
⑯ 안정성이 높고 요구되는 공간이 적다.

3장 생물학적 처리

1 표준활성슬러지법

1. 표준활성슬러지법(재래식 활성슬러지법)

① MLSS 1,500~2,500mg/L
② F/M비 0.2~0.4
③ HRT(수리학적 체류시간) 6~8hr
④ SRT(미생물 체류시간) 3~6day
⑤ 반응조 수심 4~6m
⑥ 반응조 형상 : 사각형, 다단 완전혼합형
⑦ 포기방식 : 전면포기식, 선회류식, 미세기포 분사식, 수중 교반식

> **Tip** 표준활성슬러지법 운전조건
> 온도 25~30℃, pH 6~8, DO 2mg/L 이상, BOD : N : P = 100 : 5 : 1

Question 40
표준활성슬러지공법의 정상적인 운전을 유지하기 위한 일반적인 재원을 4가지 쓰시오.

Solution
① F/M비 ② MLSS ③ HRT(수리학적 체류시간) ④ SRT(미생물 체류시간)

> **Tip**
> ① F/M비 : 0.2~0.4/day   ② MLSS : 1,500~2,500mg/L
> ③ HRT : 6~8hr   ④ SRT : 3~6day

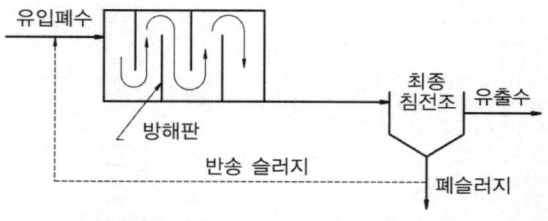

〈표준활성슬러지법(재래식 활성슬러지법)〉

> **Tip** 슬러지를 반송하는 이유는 폭기조내 요구되는 미생물 농도를 유지하기 위해서이다.

2. 활성슬러지 공정 중 최종 침전조에서 슬러지 부상원인

① 탈질소화 현상이 발생할 때
② 침전조의 수면적 부하가 높은 경우
③ SVI가 높고 잉여슬러지의 인출량이 부족할 때

> **Tip** 슬러지부상(Sludge rising)원인은 침전조의 탈질화작용에 의한다.

Question 41
활성슬러지 공정 중 최종침전지에서 슬러지가 부상하는 원인을 3가지 쓰시오.

Solution
① 탈질소화 현상이 발생한 경우
② 침전조의 수면적 부하가 높은 경우
③ 슬러지용적지수(SVI)가 높고 잉여슬러지의 인출량이 부족한 경우

3. 슬러지 팽화(슬러지벌킹) 현상

(1) 원인

① 미생물에 비해서 유기물 먹이가 너무 많을 경우
② 포기조의 용존산소가 부족할 때
③ 유입수에 갑자기 산업폐수가 혼합되어 유입될 경우
④ 영양염류(N, P)가 부족할 때

Question 42
슬러지 벌킹(Sludge Bulking)현상의 정의와 방지대책을 4가지 쓰시오.

Solution
(1) 정의 : 폭기조에서 유기물, 용존산소, pH, 영양염류 등의 불균형으로 사상성 미생물인 곰팡이(fungi)가 과다번식하여 플록의 침전이 잘 되지 않는 상태를 말한다.
(2) 방지대책
 ① 염소를 희석수에 살수한다.
 ② 폭기조의 용존산소가 충분하게 공급한다.
 ③ SVI(슬러지용적지수)를 200 이하로 조절한다.
 ④ 영양물질을 균형있게 조절한다.

(2) 슬러지팽화 발생으로 나타나는 현상

① 활성슬러지가 백색을 띠며 유동상태로 된다.
② 슬러지의 침전 분리성이 악화되고 압밀침전이 곤란해진다.
③ 포기조의 SVI(슬러지용적지수)가 200 이상이 된다.

4. 핀플록(Pin Floc)현상

(1) 원인
① SRT(미생물체류시간)가 너무 길 때
② 세포의 과도한 산화

(2) 방지책
① SRT(미생물체류시간)를 단축시킨다.
② DO를 적정하게 유지한다.
③ 슬러지 인발량을 증가시킨다.

5. 활성슬러지법의 계산식 정리

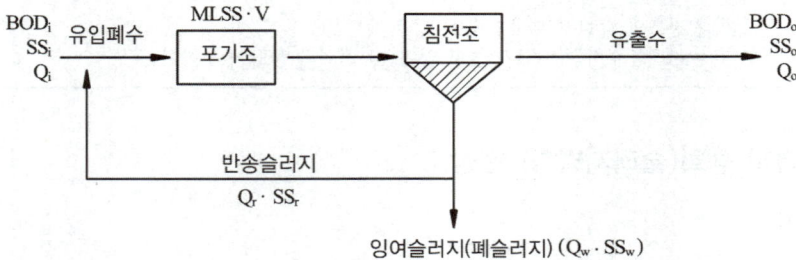

① HRT(수리학적 체류시간) $= \dfrac{V(m^3)}{Q(m^3/day)}$

② SRT = MCRT = θc (미생물 체류시간 = 고형물 체류시간)

$= \dfrac{MLSS \times V}{Q_w SS_w + Q_o SS_o} \xrightarrow{SS_o \text{무시}} \therefore SRT = \dfrac{MLSS \times V}{Q_w \times SS_w} = \dfrac{V}{Q_w} \times \dfrac{X}{Xr}$

③ L_V(BOD 용적부하 : kg/m³·day) $= \dfrac{BOD \times Q}{V}$

④ F/M비(BOD-MLSS부하 : /day) $= \dfrac{BOD \times Q}{MLSS \times V}$

(응용 1) $\dfrac{Q}{V} = \dfrac{1}{t}$ $\therefore$ F/M $= \dfrac{BOD}{MLSS} \times \dfrac{1}{t}$

(응용 2) $\dfrac{BOD \times Q}{V} = Lv$ $\therefore$ F/M비 $= \dfrac{1}{MLSS} \times Lv$

⑤ 슬러지량($Q_w \cdot SS_w$) $= Y \cdot Q \cdot BOD \cdot \eta - kd \cdot V \cdot MLSS$

> **Tip** BOD·η = BOD$_i$ - BOD$_o$

⑥ θ_v (유기물 반응시간) $= \dfrac{S_i - S_o}{\text{반응상수}(k) \times MLVSS \times S_o}$

$$\begin{pmatrix} MLVSS = MLSS의\ 75\% \\ S_i = COD_i - NBDCOD \\ S_o = COD_o - NBDCOD \end{pmatrix}$$

⑦ 슬러지일령($S \cdot A$) : 미생물이 포기조에서 생성된 다음 잉여슬러지로 유출되기까지의 시간

$$S \cdot A = \frac{MLSS \times V}{Q_i \times SS_i}$$

■ 공식응용(1) SRT, Y, Kd주어지고 체적(V)계산?

① $SRT = \dfrac{MLSS \cdot V}{Q_w \cdot SS_w}$

② $Q_w \cdot SS_w = Y \cdot Q \cdot BOD \cdot \eta - Kd \cdot V \cdot MLSS$

②식의 Q_w, SS_w를 ①식의 Q_w, SS_w에 대입

$$SRT = \frac{MLSS \cdot V}{Y \cdot Q \cdot BOD \cdot \eta - kd \cdot V \cdot MLSS}$$

$\Rightarrow \dfrac{1}{SRT} = \dfrac{Y \cdot Q \cdot BOD \cdot \eta - Kd \cdot V \cdot MLSS}{MLSS \cdot V}$

$\Rightarrow \dfrac{1}{SRT} = \dfrac{Y \cdot Q \cdot BOD \cdot \eta}{MLSS \cdot V} - \dfrac{Kd \cdot V \cdot MLSS}{MLSS \cdot V}$

$\Rightarrow \boxed{\dfrac{1}{SRT} = \dfrac{Y \cdot Q \cdot BOD \cdot \eta}{MLSS \cdot V} - Kd}$

$\Rightarrow \dfrac{1}{SRT} + Kd = \dfrac{Y \cdot Q \cdot BOD \cdot \eta}{MLSS \cdot V} \quad \boxed{\therefore V = \dfrac{Y \cdot Q \cdot BOD \cdot \eta}{\left(\dfrac{1}{SRT} + Kd\right) \cdot MLSS}}$

■ 공식응용(2) SRT, Y, Kd 주어지고 폐슬러지량($Q_w \cdot SS_w$) 계산?

① $SRT = \dfrac{MLSS \cdot V}{Q_w \cdot SS_w}$

② $Q_w \cdot SS_w = Y \cdot Q \cdot BOD \cdot \eta - Kd \cdot V \cdot MLSS$

①식의 $MLSS \cdot V = SRT \cdot Q_w \cdot SS_w$를 ②식의 $MLSS \cdot V$에 대입

$Q_w \cdot SS_w = Y \cdot Q \cdot BOD \cdot \eta - Kd \cdot SRT \cdot Q_w \cdot SS_w$

$Q_w \cdot SS_w + Kd \cdot SRT \cdot Q_w \cdot SS_w = Y \cdot Q \cdot BOD \cdot \eta$

$Q_w \cdot SS_w (1 + Kd \cdot SRT) = Y \cdot Q \cdot BOD \cdot \eta$

$\Rightarrow \boxed{\therefore Q_w \cdot SS_w = \dfrac{Y \cdot Q \cdot BOD \cdot \eta}{1 + (Kd \cdot SRT)}}$

> **Tip** $BOD \cdot \eta = BOD_i - BOD_o$

Question 43

폭기조내의 MLSS 3,000mg/L, 폭기조 용적이 500m³인 활성슬러지 처리공법에서 최종 침전지에서 유출하는 SS는 무시할 경우 매일 30m³ 슬러지를 배출시키면 세포 평균체류시간(SRT) (day)을 계산하시오. (단, 배출 슬러지 농도는 1%)

Solution

미생물 체류시간(SRT) $= \dfrac{MLSS \cdot V}{Q_w \cdot SS_w} = \dfrac{3,000\text{mg/L} \times 500\text{m}^3}{30\text{m}^3/\text{day} \times 1 \times 10^4 \text{mg/L}} = 5\text{day}$

> **Tip** 배출 슬러지 농도 $1\% = 1 \times 10^4 \text{ppm} = 1 \times 10^4 \text{mg/L}$

Question 44

활성슬러지 공법의 어느 폭기조의 유효용적이 1,000m³ MLSS 농도는 3000mg/L이고, MLVSS 농도는 MLSS 농도의 75%이다. 유입하수의 유량은 4,000m³/day이고, 합성계수 Y는 0.63mgMLVSS/mg 제거 BOD, 내생분해계수 Kd는 0.05day⁻¹, 1차 침전조 유출수의 BOD는 200mg/L, 폭기조 유출수의 BOD는 20mg/L 때, 슬러지 생성량(kg/day)을 계산하시오.

Solution

슬러지 생성량($Q_w \cdot SS_w$)
$= Y \cdot Q \cdot (\text{BOD}_i - \text{BOD}_o) - Kd \cdot V \cdot MLVSS$
$= 0.63 \times 4,000\text{m}^3/\text{day} \times (0.2 - 0.02)\text{kg/m}^3 - 0.05/\text{day} \times 1,000\text{m}^3 \times 3\text{kg/m}^3 \times 0.75$
$= 341.1 \text{kg/day}$

Question 45

다음과 같은 조건하에서의 활성슬러지조에서 1일 발생하는 잉여슬러지량(kg/day)을 계산하시오. (단, 유입수량 10,500m³/day, 유입수 BOD 200mg/L, 유출수 BOD 20mg/L, $Y = 0.6$, $K_d = 0.05/d$, $\theta_c = 10$일)

Solution

잉여슬러지량($Q_w \cdot SS_w$)
$= \dfrac{Y \cdot Q \cdot (\text{BOD}_i - \text{BOD}_o)}{1 + (Kd \cdot SRT)} = \dfrac{0.6 \times 10,500\text{m}^3/\text{day} \times (0.2 - 0.02)\text{kg/m}^3}{1 + (0.05/\text{day} \times 10\text{day})} = 756\text{kg/day}$

Question 46

유입하수 BOD가 200mg/L이고 포기조내 체류시간이 4시간이며 포기조의 F/M비를 0.3kg BOD/kg MLSS·day로 유지한다고 하면 포기조의 MLSS 농도(mg/L)를 계산하시오.

Solution

$F/M\text{비} = \dfrac{\text{BOD} \times Q}{\text{MLSS} \times V} = \dfrac{\text{BOD}}{\text{MLSS}} \times \dfrac{1}{t}$

$\therefore 0.3/\text{day} = \dfrac{200\text{mg/L}}{\text{MLSS}} \times \dfrac{1}{\left(\dfrac{4\text{hr}}{24}\right)\text{day}}$

$\therefore \text{MLSS} = 4,000\text{mg/L}$

Question 47 다음 조건하에서의 폭기조 용적(m^3)을 계산하시오.

- 유입폐수량 (Q) = $100m^3/hr$
- 유입수 BOD농도 = $200g/m^3$
- MLVSS농도 = $2kg/m^3$
- F/M비 = 0.5kg BOD/kg MLVSS · day

Solution

$$F/M비 = \frac{BOD(kg/m^3) \times Q(m^3/day)}{MLVSS(kg/m^3) \times V(m^3)}에서$$

$$0.5/day = \frac{0.2kg/m^3 \times 100m^3/hr \times 24hr/day}{2kg/m^3 \times V}$$

∴ $V = 480m^3$

Question 48 SS가 거의 없고 COD가 1,500mg/L인 산업폐수를 활성슬러지공법(완전혼합)으로 처리하여 유출수 COD를 180mg/L 이하로 처리하고자 한다. 아래의 주어진 조건을 이용하여 반응시간(hr)을 계산하시오.

- MLSS = 3,000mg/L · SDI = 6,000mg/L
- MLVSS = MLSS × 0.7
- MLVSS를 기준으로 한 반응속도 상수 k = 0.532L/g · hr
- NBDCOD = 155mg/L
- 반송을 고려한 혼합액의 COD = 800mg/L

Solution

$$반응시간(\theta) = \frac{S_i - S_o}{K \times MLVSS \times S_o}$$

$S_i = COD_i - NBDCOD = 800mg/L - 155mg/L = 645mg/L$
$S_o = COD_o - NBDCOD = 180mg/L - 155mg/L = 25mg/L$
k = 0.532L/g · hr
MLVSS = MLSS × 0.7 = 3,000mg/L × 0.7 × 10^{-3}g/mg = 2.1g/L

따라서 반응시간(θ) = $\frac{645mg/L - 25mg/L}{0.532L/g \cdot hr \times 2.1g/L \times 25mg/L}$ = 22.20hr

6. 활성슬러지법의 제어 지표

① SVI (슬러지 용적지수) : 포기조에서 성장한 미생물의 2차 침전지에서의 침강농축성을 나타내는 지표이며 포기조 혼합액 1L를 30분간 침강시킨 후 1g의 MLSS가 슬러지로 형성시 차지하는 부피(mL)

㉠ SVI $\begin{cases} 50 \sim 150 : 침강성 양호(정상상태) \\ 200 \text{ 이상} : 슬러지 팽화 발생 \end{cases}$

㉡ $SVI(mL/g) = \frac{SV(mL/L)}{MLSS(mg/L)} \times 10^3 = \frac{SV(\%)}{MLSS(mg/L)} \times 10^4 = \frac{10^6}{SS_r(mg/L)}$

($SS_r = SS_w$)

② 반송비(R)와 반송률(%)

㉠ $R = \dfrac{MLSS - SS_i}{SS_r - MLSS} \xrightarrow{SS_i 무시} R = \dfrac{MLSS}{SS_r - MLSS}$

> **Tip** $SS_r = SS_w$

㉡ $SVI = \dfrac{10^6}{SS_r} \Rightarrow SS_r = \dfrac{10^6}{SVI}$ 을 ㉠식에 대입 $R = \dfrac{MLSS - SS_i}{10^6/SVI - MLSS}$

㉢ $R = \dfrac{SV(\%)}{100 - SV(\%)}$

㉣ $R = \dfrac{Q_r}{Q_i}$

㉤ 반송률(%) = R(반송비) × 100(%)

③ SDI : 슬러지 밀도지수
 ㉠ SVI(슬러지 용적지수)의 역수이다.
 ㉡ SDI는 2~0.67이 적당하다.
 ㉢ $SDI = \dfrac{1}{SVI} \times 100 \, (\text{g/100mL})$

Question 49

포기조 내 혼합액 1L를 30분간 정치했을 때 슬러지 용량이 300mL이다. 유입수 중의 슬러지와 포기조에서 생성슬러지를 무시한다면 슬러지 반송률(%)을 계산하시오. (단, 1L 메스실린더 기준)

Solution

반송률(%) = $\dfrac{SV(\%)}{100 - SV(\%)} \times 100(\%)$, $SV(\%) = 300\,\text{mL/L} \times 10^{-3}\,\text{L/mL} \times 100 = 30\%$

반송률(%) = $\dfrac{30\%}{100 - 30\%} \times 100 = 42.86\%$

Question 50

활성슬러지 공법을 이용한 폐수처리장에서 반송슬러지 농도가 10,000mg/L이고, 폭기조에 MLSS 농도를 3,000mg/L로 유지시키고자 한다면 슬러지 반송률(%)을 계산하시오.

Solution

① $R(반송비) = \dfrac{MLSS - SS_i}{SS_r - MLSS} \xrightarrow{유입수 SS 무시하면} R = \dfrac{MLSS}{SS_r - MLSS}$

∴ $R = \dfrac{3,000\,\text{mg/L}}{10,000\,\text{mg/L} - 3,000\,\text{mg/L}} = 0.4286$

② 반송률(%) = 반송비(R) × 100 = 0.4286 × 100 = 42.86%

Question 51

MLSS 농도 1,500mg/L의 혼합액을 1,000mL 메스실린더에 취해 30분간 정치했을 때의 침강 슬러지가 차지하는 용적이 110mL였다면 이 슬러지의 SDI를 계산하시오.

Solution

① 슬러지 용적지수(SVI) $= \dfrac{SV(mL/L)}{MLSS(mg/L)} \times 10^3 = \dfrac{110mL/L}{1,500mg/L} \times 10^3 = 73.33$

② 슬러지 밀도지수(SDI) $= \dfrac{1}{SVI} \times 100 = \dfrac{1}{73.33} \times 100 = 1.36$

Question 52

폭기조 내의 혼합액의 SVI가 125이고, MLSS 농도를 2,200mg/L로 유지하려면 적정한 슬러지의 반송률(%)을 계산하시오. (단, 유입수의 SS는 무시한다.)

Solution

① 반송비(R) $= \dfrac{MLSS}{SS_r - MLSS} = \dfrac{MLSS}{(10^6/SVI) - MLSS}$

여기서 $SVI = \dfrac{10^6}{SS_r}$ ∴ $SS_r = \dfrac{10^6}{SVI}$ 따라서 $R = \dfrac{2,200\,mg/L}{\dfrac{10^6}{125} - 2,200\,mg/L} = 0.3793$

② 반송률(%) = R(반송비) × 100 = 37.93 %

2 생물막공법

1. 생물막공법의 특징

(1) 생물막공법의 처리특성

① 수질, 수량 변동이 강하여 저온처리 효율이 좋다.
② 질화세균 및 탈질균이 잘 증식된다.
③ 저농도의 폐수처리가 가능하다.
④ 슬러지 발생량이 적다.
⑤ 슬러지 보유량이 크고 생물상이 다양하다.
⑥ 생물막 각 단계별 우점종이 다르다.
⑦ 유해물질에 대한 내성이 높다.
⑧ 균일폭기가 어렵다.
⑨ 정화에 관여하는 미생물의 다양성이 높다.
⑩ 부산물이 생기지 않는다.
⑪ 질화세균 및 탈질균이 잘 증식된다.
⑫ 정수장 면적을 줄일 수 있다.
⑬ 자동화·무인화가 용이하다.
⑭ 시설의 표준화가 되어있지 않아 부품관리 시공이 어렵다.
⑮ 분해속도가 빠른 기질제어에 비효과적이다. (분해속도가 빠른 기질제어에 효과적인 방법은 활성슬러지법이다.)

(2) 막공법 중 물질분리를 유발하는 추진력

① 전기투석(Electrodialysis) – 전위차
② 투석(Dialysis) – 농도차
③ 역삼투(RO) – 정압차(정수압차)
④ 한외여과(UF) – 정압차(정수압차)
⑤ 나노여과(NF) – 정압차(정수압차)
⑥ 정밀여과(MF) – 정압차(정수압차)

Question 53 다음에 주어진 막공법의 추진력을 서술하시오.

〈보기〉
(1) 투석   (2) 전기투석   (3) 역삼투

Solution
(1) 투석 : 농도차
(2) 전기투석 : 전위차
(3) 역삼투 : 정수압차

Tip 막공법의 추진력
① 한외여과 – 정수압차
② 나노여과 – 정수압차
③ 정밀여과 – 정수압차

(3) 막의 면적(m²)

① $Q_F = k \times (\Delta P - \Delta \pi)$

Q_F : 유출수량(L/m²·day) k : 막의 확산계수(L/m²·day·kPa)
ΔP : 압력차(kPa) $\Delta \pi$: 삼투압차(kPa)

② 25℃의 막의 면적 $(A_{25℃}) = \dfrac{Q(유량)}{Q_F(유출수량)}$

③ 10℃의 막의 면적 $(A_{10℃}) = 1.58 A_{25℃}$

Question 54 역삼투장치로 하루에 400,000L의 3차 처리된 유출수를 탈염시키고자 한다. 25℃에서 물질전달계수 = 0.2068 L/(d·m²)(kPa), 유입수와 유출수 사이의 압력차는 2,400kPa, 유입수와 유출수 사이의 삼투압차는 310 kPa, 최저운전온도는 10℃, $A_{10℃} = 1.58 A_{25℃}$라면 요구되는 막 면적(m²)을 계산하시오.

Solution

① $Q_F = K \times (\Delta P - \Delta \pi) = 0.2068 \text{L/m}^2 \cdot \text{day} \cdot \text{kPa} \times (2400 - 310)\text{kPa}$
   $= 432.212 \text{L/m}^2 \cdot \text{day}$

② 25℃의 막의 면적 $(A_{25℃}) = \dfrac{Q(유량)}{Q_F(유출수량)} = \dfrac{400,000 \text{L/day}}{432.212 \text{L/day} \cdot \text{m}^2} = 925.47 \text{m}^2$

③ 10℃의 막의 면적 $(A_{10℃}) = 1.58 A_{25℃} = 1.58 \times 925.47 \text{m}^2 = 1462.25 \text{m}^2$

2. 살수여상법 : 주요 정화작용은 호기성산화이다.

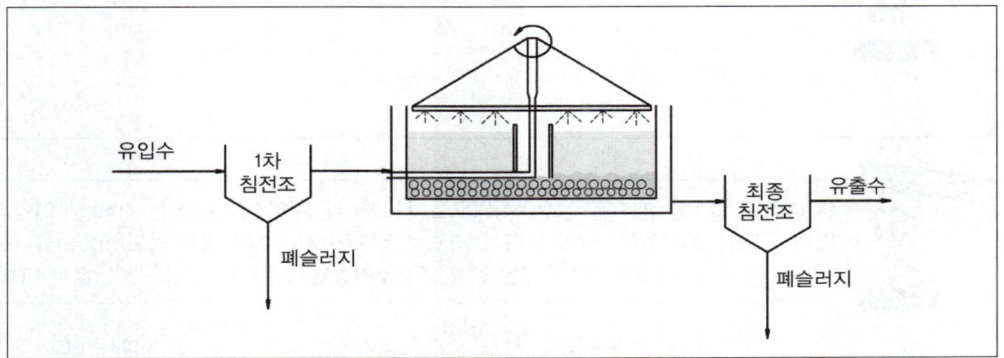

(1) 살수여상법 특징
① 슬러지 일령은 부유성장 시스템보다 높아 100일 이상의 슬러지일령에 쉽게 도달된다.
② 총괄 관측수율은 전형적인 활성슬러지공정의 60~80% 정도이다.
③ 정기적으로 여상에 살충제를 살포하거나 여상을 침수하도록 하여 파리문제를 해결할 수 있다.
④ 슬러지 팽화가 발생되지 않는다.
⑤ 슬러지의 발생량이 적다.
⑥ 생물막의 공기유동저항이 커 산소공급 능력에 한계가 있다.
⑦ 운전이 용이하다.

> **Question 55**
> 살수여상법이 활성슬러지법에 비해서 슬러지가 적게 배출되는 이유를 쓰시오.
>
> **Solution**
> 살수여상법은 부착성장식으로 여재에 미생물을 부착시켜 처리하는 방법이므로 반응조에서 미생물의 체류시간이 아주 길어지며, 대부분 미생물의 상태는 내성장상태이므로 슬러지가 적게 발생한다.

(2) 문제점
① 결빙
② 악취 발생
③ 연못화 현상
④ 파리 번식

Question 56
살수여상법의 단점을 5가지만 서술하시오. (단, 활성슬러지법과 비교해서)

Solution

① 효율이 낮다. ② 동절기에 결빙 ③ 악취발생
④ 연못화 현상 ⑤ 파리번식

Question 57
BOD 250mg/L인 폐수를 살수여상법으로 처리할 때 처리수의 BOD는 40mg/L이었고 이 때의 온도가 20℃였다. 만일 온도가 23℃로 된다면 처리수의 BOD 농도(mg/L)를 계산하시오. (단, 온도 이외의 처리조건은 같고, E: 처리효율, $E_t = E_{20} \times C_i^{T-20}$, $C_i = 1.035$임)

Solution

① 20℃에서 살수여상 효율 $(E) = \left(1 - \dfrac{BOD_o}{BOD_i}\right) \times 100(\%) = \left(1 - \dfrac{40\text{mg/L}}{250\text{mg/L}}\right) \times 100 = 84\%$

② $E(23℃) = E_{20℃} \times 1.035^{T-20} = 84\% \times 1.035^{(23-20)} = 93.13\%$

③ 유출수 BOD 농도를 구한다.

$E_{(23℃)} = \left(1 - \dfrac{BOD_o}{BOD_i}\right) \times 100$

$93.13\% = \left(1 - \dfrac{BOD_o}{250\text{mg/L}}\right) \times 100 \quad \therefore BOD_o = 17.18\text{mg/L}$

Question 58
BOD가 200mg/L이고 유량이 7,570m³/day인 도시하수를 2단계 살수여상으로 처리하고자 한다. 요구되는 최종유출수의 BOD는 25mg/L이다. 반송비(R)가 2일 때 요구되는 1단계 여상의 부피(m³)를 계산하시오. (단, $E_1 = E_2$, E_1: 1단계 살수여상효율, E_2: 2단계 살수여상효율, $F = \dfrac{1+R}{(1+R/10)^2}$, $E_1 = \dfrac{100}{1+0.432\sqrt{\dfrac{W}{VF}}}$)

Solution

① 효율 $(\eta) = \left(1 - \dfrac{BOD_o}{BOD_i}\right) \times 100$ 에서 $1 - \eta = \dfrac{BOD_o}{BOD_i}$ 에서 $1 - \eta = P$

$\therefore P = \dfrac{BOD_o}{BOD_i}$ 1단계와 2단계로 처리하므로 $(E_1 = E_2)$

$P^2 = \dfrac{25\text{mg/L}}{200\text{mg/L}}$, $P(통과율) = \sqrt{\dfrac{25\text{mg/L}}{200\text{mg/L}}} = 0.3536$

$\eta = 1 - P = 1 - 0.3536 = 0.6464$ 따라서 64.64%

② $F = \dfrac{1+R}{\left(1+\dfrac{R}{10}\right)^2} = \dfrac{1+2}{\left(1+\dfrac{2}{10}\right)^2} = 2.0833$

③ $E_1 = \dfrac{100}{1+0.432\sqrt{\dfrac{W}{VF}}}$

E_1: 1단계 살수여상의 효율, W: BOD부하량(kg/day) = BOD농도 × Q
V: 체적(m³), F: 재순환계수

$64.64\% = \dfrac{100}{1+0.432\sqrt{\dfrac{0.2\text{kg/m}^3 \times 7570\text{m}^3/\text{day}}{V \times 2.0833}}} \quad \therefore V = 453.3\text{m}^3$

3. 회전원판법(RBC)

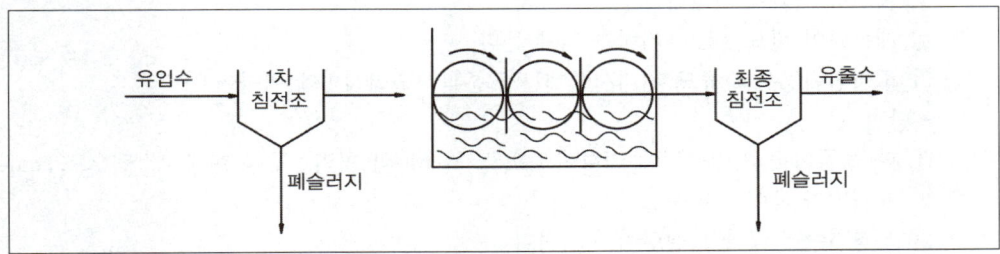

(1) 회전원판생물막 접촉기(RBC)

• 특징
① 미생물에 대한 산소공급 소요전력이 적고 높은 슬러지일령으로 유지된다.
② RBC조 메디아는 전형적으로 40% 정도가 물에 잠기도록 하며 미생물이 여재위에 부착 성장함에 따라 막은 액체내에서 전단력을 증가시킨다.
③ 시스템의 산소전달능력을 초과하지 않을 정도의 유기물 부하율이 유지되도록 RBC조가 설계되어야 한다.
④ 활성슬러지 시스템에서 필요한 에너지의 $\frac{1}{3} \sim \frac{1}{2}$ 의 에너지가 필요하다.
⑤ 유입수는 침전을 거치거나 적어도 회전속도를 증가시켜 전단력을 작게 하는 방법이 사용된다.
⑥ 슬러지 생산은 살수여상 공정에서의 관측수율과 비슷하다.
⑦ 메디아는 전형적으로 40%가 물에 잠긴다.
⑧ 모델링의 복잡성으로 경험적 설계기준이 발전하였다.
⑨ 살수여상과 같이 파리는 발생하지 않으나 하루살이가 발생하는 수가 있다.
⑩ 설비는 경량 재료로 만든 원판으로 구성되며, 1~2rpm의 속도로 회전한다.
⑪ 고정메디아로 높은 미생물 농도 및 슬러지 일령을 유지할 수 있다.
⑫ 원판의 회전으로 인해 부착생물과 회전판사이에 전단력이 생긴다.

• 장점
① 부하충격에 강하고 에너지 소요가 적다.
② 미생물에 대한 산소공급 소요전력이 작다.
③ 충격부하의 조절이 가능하다.
④ 다단계 공정에서 높은 질산화율을 얻을 수 있다.
⑤ 활성슬러지 공법에 비하여 소요동력이 적다.
⑥ 단회로 현상의 제어가 쉽다.
⑦ 슬러지 반송이 불필요하다.
⑧ 운전관리상 조작이 간단하다.
⑨ 부하변동과 유해물질에 대한 내성이 크다.
⑩ 질산화가 가능하다.

⑪ 휴지기간에 대한 대응력이 뛰어나다.
⑫ 폐수량 변화에 강하다.
⑬ 재순환이 필요없고 유지비가 적게 든다.
⑭ 소비전력량은 소규모 처리시설에는 표준활성슬러지법에 비하여 작다.
• 단점
① 타 생물학적 처리공정에 비하여 bench-scale의 처리연구를 현장시스템으로 scale-up 시키기가 용이하지 못한다.
② 운영변수가 많아 모델링이 복잡하다.
③ 공기에 노출되기 때문에 저온시 처리효율이 크게 떨어진다.
④ 활성슬러지법에 비해 이차침전지에서 미세한 SS가 유출되기 쉽고 처리수의 투명도가 나쁘다.

Question 59

회전원판법의 장점 4가지를 쓰시오. (활성슬러지법과 비교하여)

Solution
① 슬러지반송이 필요없다.
② 소요동력이 적게 소요된다.
③ 부하변동에 강하다.
④ 단회로 현상의 제어가 쉽다.

4. 생물막법 중 접촉산화법

① 분해속도가 낮은 기질제거에 효과적이다.
② 부하, 수량변동에 대하여 완충능력이 있다.
③ 슬러지 반송이 필요없고 슬러지 발생량이 적다.
④ 슬러지 보유량이 크며 생물상이 다양하다.
⑤ 반송슬러지가 필요하지 않아 운전관리가 용이하다.
⑥ 슬러지 자산화가 기대되어 잉여슬러지량이 감소한다.
⑦ 비표면적이 큰 접촉제를 사용하여 부착생물량을 다량으로 보유할 수 있기 때문에 유입 기질 변동에 유연히 대응할 수 있다.
⑧ 매체에 생성되는 생물량은 부하조건에 의하여 결정된다.
⑨ 슬러지 반송은 필요 없으며 수온의 변동에 강하다.
⑩ 생물상이 다양하여 처리효과가 안정적이다.
⑪ 난분해성 물질 및 유해물질에 대한 내성이 크다.
⑫ 슬러지 반송이 필요없고 슬러지 발생량이 적으나 초기 건설비가 높다.
⑬ 접촉재가 조내에 있기 때문에 부착생물량의 확인이 용이하지 못한다.
⑭ 고부하시 매체의 공극으로 인하여 폐쇄위험이 크다.
⑮ 미생물량과 영향인자를 정상상태로 유지하기 위한 조작이 용이하지 못한다.

⑯ 반응조내에 매체를 균일하게 포기 교반하는 조건 설정이 어렵다.

Question 60 접촉산화법의 단점 4가지를 쓰시오.

Solution
① 미생물량과 영향인자를 정상상태로 유지하기 위한 조작이 용이하지 못하다.
② 반응조내 매체를 균일하게 포기 교반하는 조건 설정이 어렵다.
③ 고부하시 매체의 공극으로 인하여 폐쇄위험성이 크다.
④ 접촉재가 조내에 있기 때문에 부착생물량의 확인이 용이하지 못하다.
⑤ 초기 건설비가 높다.

Tip 문제의 요구조건에 알맞게 4가지만 서술하시면 됩니다.

5. 산화지법

(1) 자연적 (생물학적) 정화능력을 이용하여 하·폐수 처리 → 연못

⇒ 산화지 = 안정지 = 라군(Lagoon)

(2) 메카니즘 : 박테리아와 조류의 공생 관계 이용

⇒ 수심1m 이하, 호기성 산화지(혐기성, 포기성 산화지는 안됨)

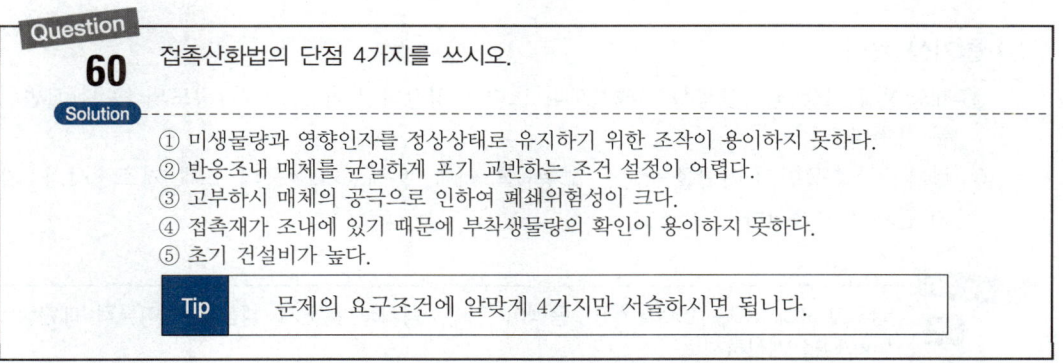

Question 61 아래 그림은 산화지에서 박테리아와 조류의 공생관계를 나타낸 것이다. (1)과 (2)에 들어갈 알맞은 말을 쓰시오.

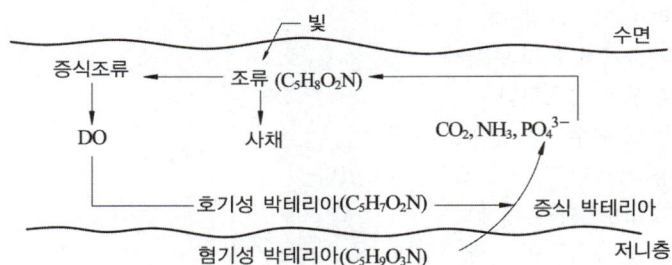

Solution
(1) 동화작용 (2) 광합성작용

3 혐기성 처리

(1) 혐기성 처리
① 메탄형성 미생물은 산형성 미생물보다 느리게 성장하고 약 6.7~7.4정도의 좁은 pH범위를 가진다.
② 혐기성 소화동안의 미생물 작용은 고형물의 액화, 용해성 고형물의 소화, 가스생성의 3가지 단계로 구성된다.

Question 62 글루코스($C_6H_{12}O_6$) 100mg/L인 용액이 있다. 혐기성 분해시 생산되는 이론적 메탄량(mg/L)을 계산하시오.

Solution

$C_6H_{12}O_6 \rightarrow 3CO_2 + 3CH_4$
180g : 3 × 16g
100mg/L : X
∴ X = 26.67mg/L

(2) 혐기성소화
① 장점(호기성소화에 비해)
  ㉠ 처리후 슬러지 생성량이 적다.
  ㉡ 동력비가 적게 든다.
  ㉢ 유지관리비가 적게 든다.
  ㉣ 탈수성이 양호하다.
  ㉤ 고농도 폐수처리에 양호하다.
  ㉥ 이용 가능한 가스를 생산할 수 있다.
② 단점(호기성소화에 비해)
  ㉠ 초기 순응시간이 오래 걸린다.
  ㉡ 소화 체류시간이 길다.
  ㉢ 상징액에 질소와 인의 함량이 높다.
  ㉣ 미생물 성장속도가 느리다.
  ㉤ 유출수의 수질이 불량하다.
  ㉥ 처리과정중 악취가 발생한다.
  ㉦ 소화속도가 느리다.

Question 63

호기성소화에 비해 혐기성소화의 장점과 단점을 각각 3가지씩 쓰시오.

Solution

(1) 장점
① 처리 후 슬러지 생성량이 적다.
② 동력비가 적게 소요된다.
③ 유지관리비가 적게 든다.
④ 탈수성이 양호하다.
⑤ 이용 가능한 가스를 생산할 수 있다.

(2) 단점
① 소화속도가 느리다.
② 처리과정에서 악취가 발생한다.
③ 유출수의 수질이 불량하다.
④ 상징액에 질소와 인의 함량이 높다.
⑤ 초기 순응시간이 오래 걸린다.

(3) 혐기성 소화조 운전시 이상발포(액주모양의 이상발로)
  ① 원인
    ㉠ 유기물의 과부하
    ㉡ 과다배출로 조내 슬러지 부족
    ㉢ 스컴 및 토사의 퇴적
  ② 대책
    ㉠ 슬러지의 유입을 줄이고 배출을 일시중지한다.
    ㉡ 소화온도를 높인다.
    ㉢ 토사의 퇴적은 준설한다.

(4) 혐기성 소화시 소화가스 발생량 저하원인
  ① 저농도 슬러지 유입
  ② 소화슬러지 과잉 배출
  ③ 조내 온도 저하
  ④ 소화가스 누출될 때
  ⑤ 과다한 산이 생성되었을 때
  ⑥ 소화조내의 PH 상승(8.5 이상)

Question 64

혐기성 소화조 소화가스 발생량의 저하원인과 방지대책을 4가지 쓰시오.

Solution

(1) 소화가스 발생량의 저하원인
① 저농도 슬러지 유입
② 소화슬러지 과잉배출
③ 조내 온도 저하
④ 소화가스 누출될 때
⑤ 과다한 산이 생성 되었을 때
⑥ 소화조내 pH의 상승(pH 8.5 이상)

(2) 방지대책
① 저농도 슬러지 유입의 방지책은 유입 슬러지의 농도를 높인다.
② 소화슬러지 과잉배출의 방지책은 배출량을 조절한다.
③ 조내 온도 저하의 방지책은 조내 온도를 적정온도로 높인다.
④ 소화가스 누출될 때의 방지책은 소화가스 누출의 원인을 파악하여 점검하고 수리한다.
⑤ 과다한 산이 생성 되었을 때의 방지책은 과부하가 원인이므로 부하량을 조절한다.
⑥ 소화조내 pH의 상승의 방지책은 pH를 8.5 이하로 조절한다.

Tip 문제의 요구조건에 알맞게 4가지만 서술하시면 됩니다.

4장 고도처리(3차 처리)

1 3차 처리(고도처리)의 특징

1. 하수의 고도처리 도입이유

① 방류수역의 수질환경기준의 달성
② 방류수역의 이용도 향상
③ 처리수의 재이용

2. 생물학적 인, 질소제거 공정

① Anaerobic(혐기성조)
  ㉠ 혐기 또는 절대혐기상태
  ㉡ 분자상 산소 + 결합형 산소도 없는 상태
  ㉢ 역할 : 인(P)의 방출
② Anoxic(무산소조)
  ㉠ 결합산소(NO_2, NO_3 등) 이용
  ㉡ 역할 : 탈질작용(질소제거)
③ Aerobic(호기성조 또는 포기조)
  ㉠ 분자상 산소를 포기시켜 사용
  ㉡ 역할 : 인(P)의 과잉흡수

2 A/O 공법

1. A/O 공법의 공정도

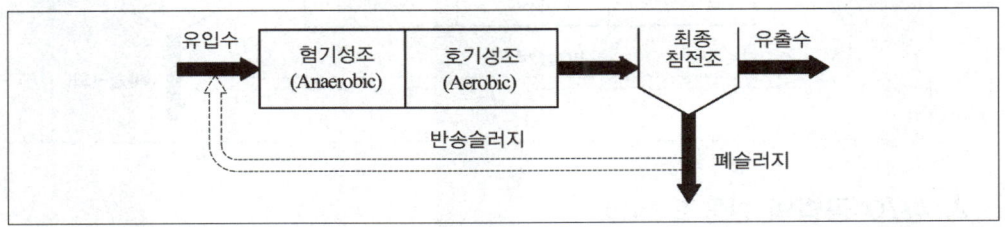

2. A/O공법의 반응조 역할

① 혐기성조(Anaerobic) : 인(P)의 방출, 유기물 제거
② 호기성조(Aerobic) : 인(P)의 과잉흡수

3. A/O공법의 특징

① 인을 주로 처리하기 위한 공법이다.
② 폐슬러지내의 인의 함량은 비교적 높아 비료 가치가 있다.
③ 기온이 낮을 때 운전성능이 불확실하다.
④ 비교적 수리학적 체류시간이 짧다.
⑤ 높은 BOD/P비가 요구된다.
⑥ 공정의 운전 유연성이 제한적이다.
⑦ 혐기성조-호기성조로 이루어져 있다.
⑧ 인제거율은 시스템내의 SRT가 중요한 변수가 된다.
⑨ 인 제거 성능으로는 우천시에 저하되는 경향이 있다.
⑩ 표준활성슬러지법의 반응조 전반 20~40% 정도를 혐기성 반응조로 하는 것이 표준이다.
⑪ 혐기성 반응조의 운전지표로 산화·환원 전위를 사용할 수 있다.
⑫ 인 제거 기능 외에 사상성 미생물에 의한 벌킹억제 효과가 있다.
⑬ 처리수의 BOD 및 SS 농도를 표준활성슬러지법과 동등하게 처리할 수 있다.

3 A$_2$/O공법

1. A$_2$/O공법의 공정도

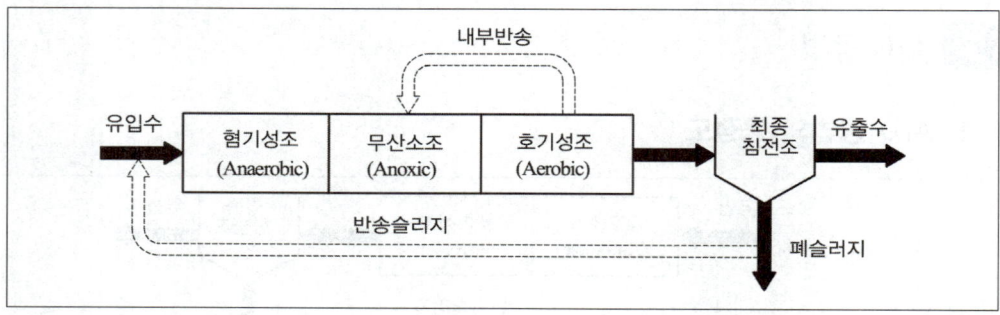

2. A$_2$/O 공법의 반응조 역할

① 혐기성조 : 인의 방출, 유기물 제거
② 무산소조 : 탈질작용(질소제거)

③ 호기성조(포기조 또는 폭기조) : 인의 과잉흡수 및 질산화
④ 내부반송 : 호기성조(폭기조)에서 질산화를 통하여 생성된 질산성 질소를 무산소조로 보내 질소를 제거한다.

Question 65

다음표는 A_2/O 공법에 의한 각 반응조별 상등수의 분석 결과이다. 다음 물음에 답하시오.

분석항목	공정명				
	유입수	①	②	③	처리수
PO_4-P(mg/L)	5	15	8	1	1

(1) ①번 반응조 이름, PO_4-P 농도가 높아지는 이유를 서술하시오.
(2) ③번 반응조 이름, PO_4-P 농도가 매우 낮아지는 이유를 서술하시오.

Solution

(1) 반응조 이름 : 혐기성조
    이유 : PO_4-P의 농도가 높아지는 이유는 미생물에 의한 인의 방출이 있기 때문이다.
(2) 반응조 이름 : 호기성조
    이유 : PO_4-P의 농도가 매우 낮아지는 이유는 미생물에 의한 인(P)의 과잉섭취가 일어나기 때문이다.

3. A_2/O 공법의 특징

① 인과 질소를 동시에 처리할 수 있다.
② 인농도가 높아진 잉여슬러지를 인발함으로써 제거한다.
③ A/O공법에 비하여 탈질성능이 우수하다.
④ 폭기조의 주된 역할은 질산화와 인의 과잉섭취이며 유입유량의 2배 정도 비율로 다시 무산소조로 반송시킨다.
⑤ 폐슬러지내의 인 함유량은 일반슬러지에 비해 3~5% 높아 비료로서의 가치가 높다.
⑥ 폭기조에서 질산화를 통하여 생성된 질산성 질소를 무산소조로 내부반송하여 질소를 제거한다.
⑦ 무산소조에는 질산염과 아질산염 형태의 화학적으로 결합된 산소가 호기성조로부터 질산화된 MLSS로 내부반송되어 유입된다.
⑧ 내부 반송률은 유입유량 기준으로 100~300% 정도이다.

Question 66

생물학적 원리를 이용하여 질소, 인을 제거하는 공정인 A_2/O 공법에 대해 다음 물음에 답하시오.

(1) A_2/O 공법의 계통도를 도식하시오.
(2) A_2/O 공법에서 반응조의 역할을 쓰시오. (단, 침전조 제외)

Solution

(1) A_2/O 공법의 공정도

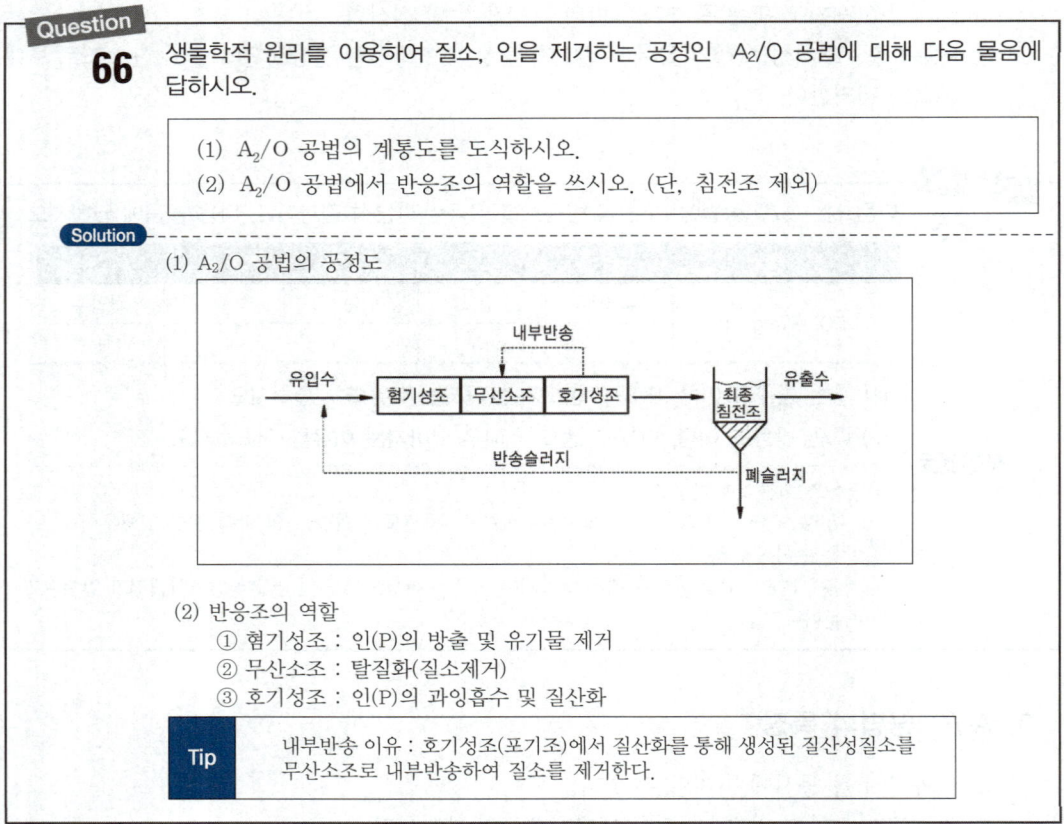

(2) 반응조의 역할
　① 혐기성조 : 인(P)의 방출 및 유기물 제거
　② 무산소조 : 탈질화(질소제거)
　③ 호기성조 : 인(P)의 과잉흡수 및 질산화

Tip 내부반송 이유 : 호기성조(포기조)에서 질산화를 통해 생성된 질산성질소를 무산소조로 내부반송하여 질소를 제거한다.

4 4단계 Bardenpho공정

1. 4단계 Bardenpho 공정

생물학적 인 및 질소제거 공정 중 질소제거를 주목적으로 개발한 공정이다.

2. 4단계 Bardenpho의 공정도

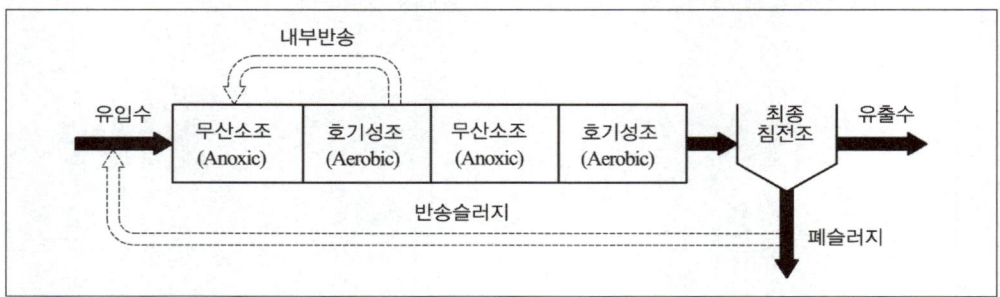

5 5단계 Bardenpho 공정
(수정 Bardenpho 공정 또는 M-Bardenpho 공정)

1. 5단계 Bardenpho 공정의 공정도

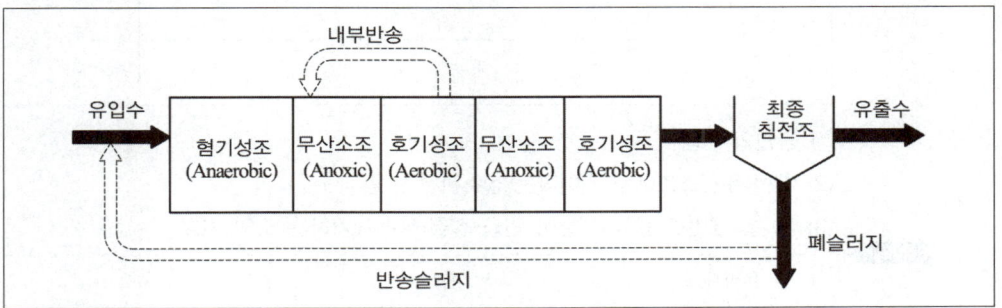

2. 5단계 Bardenpho 공법의 반응조 역할

① 혐기성조 : 미생물에 의한 인의 방출 및 유기물 제거
② 1단계 무산소조 : 탈질화현상으로 질소제거
③ 1단계 호기성조(포기조 또는 폭기조) : 미생물에 의한 인의 과잉 흡수 및 질산화
④ 2단계 무산소조 : 잔류 질산성 질소 제거
⑤ 2단계 호기성조(포기조 또는 폭기조) : 종침에서 탈질에 의한 Rising 현상 및 인의 재방출 방지
⑥ 내부반송 : 1단계 호기성조에서 1단계 무산소조로 이루어지며 1단계 호기성조에서 질산화를 통하여 생성된 질산성 질소를 1단계 무산소조로 보내 질소를 제거한다.

3. 5단계 Bardenpho 공법의 특징

① 질소와 인을 동시에 처리할 수 있다.
② 내부반송률이 높고 비교적 큰 규모의 반응조 사용이 가능하다.
③ 폐슬러지내의 인의 함량이 높아 비료가치가 있다.
④ 2단계 호기성조(재폭기조)의 역할은 종침에서 탈질에 의한 Rising 현상 및 인의 재방출을 방지하는데 있다.(2단계 호기성조는 최종침전지에서의 혐기성상태를 방지하기 위해 재포기를 실시한다.)
⑤ 슬러지의 생산량은 적으나 비교적 큰 규모의 반응조가 요구된다.
⑥ 효과적인 인제거를 위해서는 혐기조에서 질산성질소가 유입되지 않아야 한다.
⑦ 인제거는 과잉의 인을 섭취한 슬러지를 폐기함으로써 이루어진다.

Question 67

다음 공정도를 보고 물음에 답하시오.

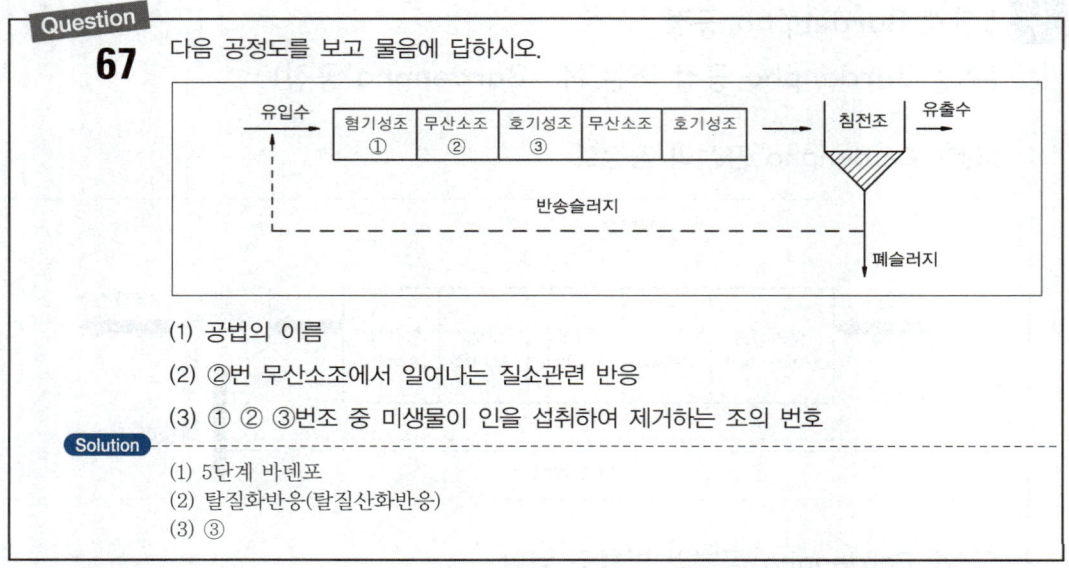

(1) 공법의 이름
(2) ②번 무산소조에서 일어나는 질소관련 반응
(3) ① ② ③번조 중 미생물이 인을 섭취하여 제거하는 조의 번호

Solution

(1) 5단계 바덴포
(2) 탈질화반응(탈질산화반응)
(3) ③

6 포스트립(Phostrip) 공법

1. 포스트립 공법의 공정도

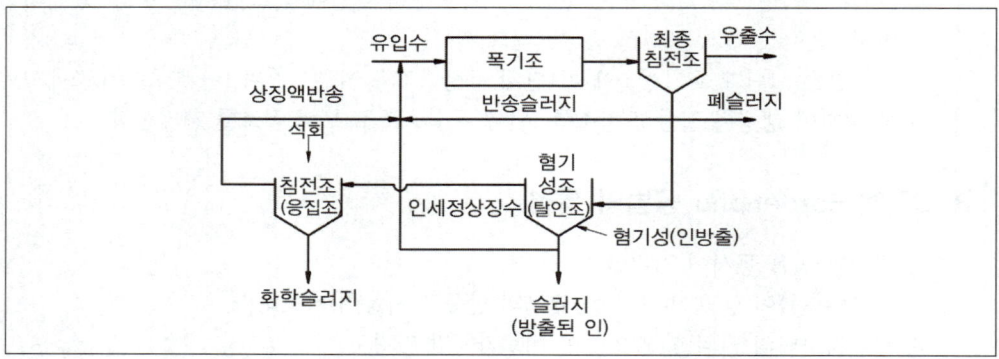

2. 포스트립(Phostrip) 공법의 반응조 역할

① 포기조 : 인의 과잉 흡수
② 탈인조(혐기성조) : 인의 방출
③ 응집조 : 상징수에 많이 포함되어 있는 인을 석회(Lime)를 이용해 화학침전시켜 제거

3. 포스트립(Phostrip) 공법의 특징

Phostrip 프로세스는 폐수중 인 성분을 생물학적, 화학적 원리와 함께 이용하여 제거하는 방법이다.

① 인 침전을 위하여 석회주입이 필요함.
② 최종침전지에서 인 용출 방지를 위하여 MLSS내 DO를 높게 유지하여야 한다.
③ 기존 활성슬러지 처리장에 쉽게 적용 가능하다.
④ Stripping(액체속에 용해되어 있는 기체를 분리, 제거하는 조작)을 위한 별도의 반응조가 필요하다.
⑤ Main Stream 화학침전에 비하여 약품사용량이 적다.
⑥ 반송슬러지의 일부를 혐기성 상태의 조로 유입시켜 인을 방출시킨다.
⑦ 인 제거시 BOD/P에 의하여 조절되지 않는다.
⑧ 유입수의 BOD 부하에 따라 인 방출이 큰 영향을 받지 않는다.

> **Tip**
> Main Stream(주류) : 유기물 제거 공정
> Side Stream(측류) : 인 제거 공정

Question 68 포스트립(Phostrip) 공정과 4단계 바덴포 공정의 처리물질과 처리원리를 서술하시오.

Solution

(1) 처리물질
  ① 포스트립 공정 : 인(P)
  ② 4단계 바덴포 공정 : 질소(N)
(2) 처리원리
  ① 포스트립 공정 : 활성슬러지공법으로 침전된 슬러지를 혐기성조(탈인조)로 보내 인을 방출시켜 상징수를 응집조(침전조)로 보낸다. 이 응집조(침전조)에서는 석회(Lime)를 주입하여 화학적으로 인을 침전제거한다.
  ② 4단계 바덴포 공정 : 1단계 무산소조에서 탈질작용, 1단계 호기성조에서 질산화 반응, 내부반송을 통해 질산화된 잔류질소 제거, 2단계 무산소조에서 잔류질소 제거가 이루어진다. 따라서 생물학적 방법으로 질소처리가 주목적인 공법이다.

7 VIP공법(Virginia Initative Plant)

1. VIP공정(Virginia Initative Plant)

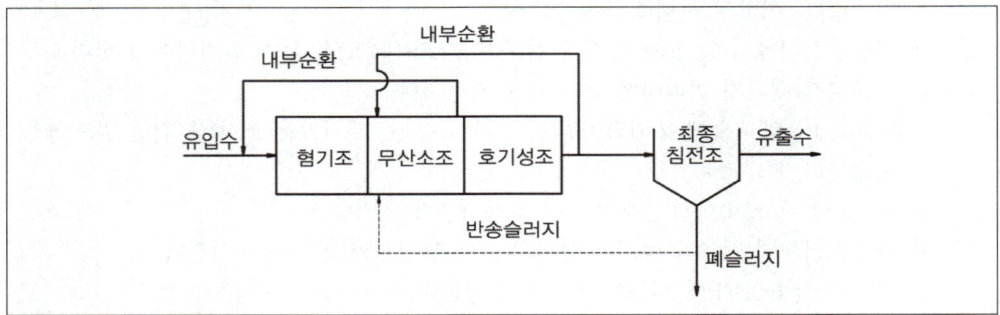

2. VIP공법의 특징

① 슬러지의 침전성이 우수하다.
② UCT 공법에 비해 더 낮은 BOD/P 비가 요구된다.
③ 혐기성조의 질산성 질소 부하가 감소하는데 이는 인 제거 능력을 증가시킨다.
④ 운전이 복잡하며 반송시스템을 필요로 한다.
⑤ 단계적 운전을 위해 많은 장치가 요구된다.

8 UCT 공정(University of Cape Town)

1. UCT 공정

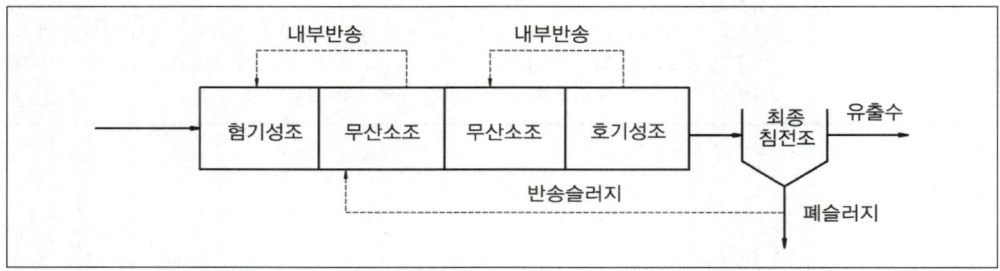

2. UCT 공법의 특징

① 저농도 하수에서 인 제거가 용이하다.
② 슬러지 침전성이 우수하다.
③ 질소 제거율이 높다.

④ 운전이 복잡하며 반송시스템을 필요로 한다.
⑤ 혐기성조의 질산성 질소 부하가 감소하는데 이는 인 제거 능력을 증가시킨다.

Question 69 다음은 생물학적방법으로 질소, 인을 동시 제거하는 공정이다. 물음에 답하시오.

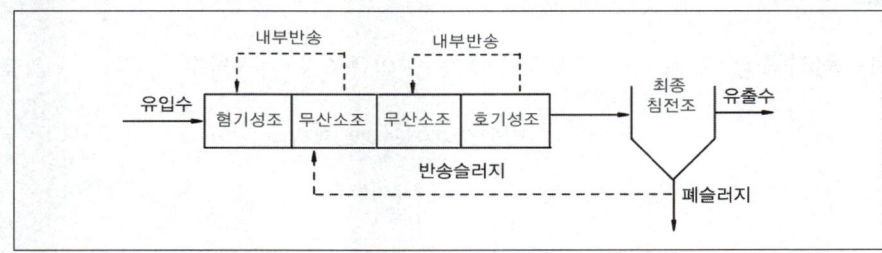

(1) 본 공법은 반송슬러지를 혐기조로 보내지 않고 무산소조로 슬러지를 반송하는 것이 특징이다. 이는 무엇을 위한 것인가?
(2) 위 그림의 공정명은 무엇인가?

Solution
(1) 혐기성조에 질산염의 부하를 감소시킴으로써 인의 방출을 증대시키기 위해서
(2) UCT 공법

5장 슬러지 처리

1 슬러지 처리 공정

1. 처리공정: 농축 → 유기물의 안정화 → 약품조정조 → 탈수 → 건조 → 최종처분

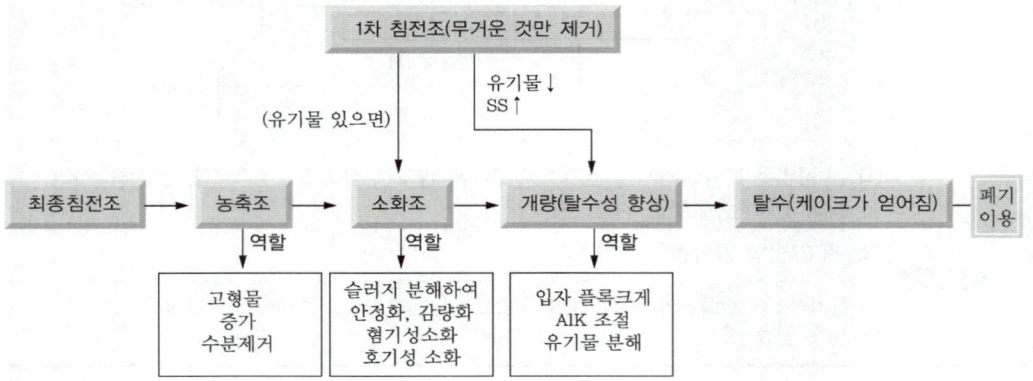

2. 공식정리

① $V_1 \times (100 - P_1) = V_2 \times (100 - P_2)$ 또는 $V_1 \times Ts_1 = V_2 \times Ts_2$

　　V : 슬러지량(m^3)　P : 함수율(%)　Ts : 고형물 함량(%) ⇒ $Ts(\%) = 100 - P(\%)$

Question 70　수분함량이 80%인 슬러지 100m^3을 25m^3으로 농축하였다면 함수율(%)을 계산하시오. (단, 슬러지의 비중은 항상 1이다.)

Solution

$V_1 \times (100 - P_1) = V_2 \times (100 - P_2)$

$100m^3 \times (100 - 80) = 25m^3 \times (100 - P_2)$　　∴ $P_2 = 20\%$

---

② 슬러지량(m^3/day) = $\dfrac{SS농도(kg/m^3) \times Q(m^3/day) \times \eta(제거율)}{비중량(kg/m^3)} \times \dfrac{100}{100 - P\%}$

■ 공식설명

　㉠ 슬러지의 비중이 주어지면 비중(g/cm^3) $\times 10^3$ = 비중량(kg/m^3)으로 전환한다.

　㉡ $100 - P$(함수율) = Ts(고형율)이므로 $\dfrac{100}{100 - P(\%)} = \dfrac{100}{Ts(\%)}$

　　따라서 수분의 함량(P)이 주어지면 $\dfrac{100}{100 - P(\%)}$ 를 사용하고

고형물 함량(Ts)이 주어지면 $\dfrac{100}{Ts(\%)}$를 사용한다.

ⓒ 건조 슬러지량(kg/day) = $SS(kg/m^3) \times Q(m^3/day) \times \eta$(제거효율)

ⓓ 건조 슬러지량(m^3/day) = $\dfrac{SS(kg/m^3) \times Q(m^3/day) \times \eta}{비중량(kg/m^3)}$

ⓔ 습 슬러지량(kg/day) = $SS(kg/m^3) \times Q(m^3/day) \times \eta \times \dfrac{100}{100-P(\%)}$

ⓕ 습 슬러지량(m^3/day) = $\dfrac{SS(kg/m^3) \times Q(m^3/day) \times \eta}{비중량(kg/m^3)} \times \dfrac{100}{100-P(\%)}$

Question 71

1차 침전지의 유입유량은 1000m^3/day이고 SS농도는 220mg/L이다. 1차 침전지에서 SS 제거효율이 60% 일 때 하루에 발생되는 1차 슬러지 부피(m^3/day)를 계산하시오. (단, 슬러지 비중은 1.03, 함수율은 94%)

Solution

슬러지량(m^3/day) = $\dfrac{SS농도(kg/m^3) \times Q(m^3/day) \times \eta(제거율)}{비중량(kg/m^3)} \times \dfrac{100}{100-P}$

$= \dfrac{1000m^3/day \times 0.22kg/m^3 \times 0.6}{1030 kg/m^3} \times \dfrac{100}{100-94} = 2.14 m^3/day$

③ 슬러지 비중 구하는 문제

$$\dfrac{100}{\rho_{SL}} = \dfrac{W_{TS}}{\rho_{TS}} + \dfrac{W_P}{\rho_P}$$

ρ_{SL} : 슬러지 비중 ρ_{TS} : 고형물 비중 ρ_P : 수분의 비중
W_{TS} : 고형물 함량(%) W_P : 수분의 함량(%)

Question 72

함수율이 90%인 슬러지 겉보기 비중이 1.02이었다. 이 슬러지를 탈수하여 함수율이 50%인 슬러지를 얻었다면 탈수된 슬러지가 갖는 비중을 계산하시오. (단, 물의 비중은 1.0으로 한다.)

Solution

$\dfrac{1}{\rho_{SL}} = \dfrac{W_{TS}}{\rho_{TS}} + \dfrac{W_P}{\rho_P}$

① $\dfrac{1}{1.02} = \dfrac{0.1}{\rho_{TS}} + \dfrac{0.9}{1.0}$ $\therefore \rho_{TS} = 1.244$

② $\dfrac{1}{\rho_{SL}} = \dfrac{0.5}{1.244} + \dfrac{0.5}{1.0}$ $\therefore \rho_{SL} = 1.11$

④ 슬러지 비중 구하는 문제

$$\dfrac{100}{\rho_{SL}} = \dfrac{W_{VS}}{\rho_{VS}} + \dfrac{W_{FS}}{\rho_{FS}} + \dfrac{W_P}{\rho_P}$$

ρ_{SL} : 슬러지 비중
ρ_{VS} : 휘발성 고형물(유기물)비중
ρ_P : 수분의 비중(1.0)
ρ_{FS} : 잔류성 고형물(무기물)비중
W_{VS} : 휘발성고형물(유기물)함량(%)
W_{FS} : 잔류성고형물(무기물)함량(%)
W_P : 수분의 함량(%)

Question 73

1차 처리결과 생성되는 슬러지를 분석한 결과 함수율이 90%, 고형물 중 무기성 고형물질이 30%, 유기성 고형물질이 70%, 유기성 고형물질의 비중 1.1, 무기성 고형물질의 비중이 2.2로 판정되었다. 이 때 슬러지의 비중을 계산하시오.

Solution

$$\frac{1}{\rho_{SL}} = \frac{0.1 \times 0.7}{1.1} + \frac{0.1 \times 0.3}{2.2} + \frac{0.9}{1.0} \quad \therefore \rho_{SL} = 1.02326$$

⑤ 소화율(η) 계산식

$$\eta = \left\{1 - \frac{VSS_2/FSS_2}{VSS_1/FSS_1}\right\} \times 100(\%)$$

VSS_1 : 생슬러지의 휘발성 고형물 VSS_2 : 소화슬러지의 휘발성 고형물
FSS_1 : 생슬러지의 잔류성 고형물 FSS_2 : 소화슬러지의 잔류성 고형물

Question 74

도시하수처리장의 농축조를 거친 혼합슬러지를 고속 혐기성 소화법에 의하여 처리하고자 한다. 다음 조건을 이용한 소화조 소화율(%)을 계산하시오.

<조건>
- 발생 슬러지량 : Q = 200m³/day
- 생슬러지 기질농도 : S_o = 42kg BODu/m³
- 체류기간 : 10day
- 생슬러지 고형물 성분 : $FSS_1 = 30\%$, $VSS_1 = 70\%$
- 소화슬러지 고형물 성분 : $FSS_2 = 50\%$, $VSS_2 = 50\%$

Solution

$$소화율(\%) = \left\{1 - \frac{소화후(VSS_2/FSS_2)}{소화전(VSS_1/FSS_1)}\right\} \times 100(\%)$$
$$= \left\{1 - \frac{50\%/50\%}{70\%/30\%}\right\} \times 100(\%) = 57.14\%$$

PART 03

상하수도 계획

제1장 상수도 계획
제2장 하수도 계획
제3장 상수도용 양수설비

1장 상수도 계획

1 급수인구 산정법

1. 등차 급수 방법 : 발전이 끝난 도시에 적용

$P_n = P_o + N \times a$

- P_n : 현재부터 n년 후 추정되는 인구
- P_o : 현재 인구
- N : 설계기간(년)
- a : 연간 증가되는 평균 인구 → $a = \dfrac{(P_o - P_t)}{t}$
- P_t : 현재부터 t년 전의 인구
- t : 경과시간(년)

Question 01

어느 도시의 상·하수도 계획을 수립하기 위해 인구를 추정하고자 한다. 1998년부터 2001년 사이의 인구 통계 자료를 이용하여 2011년의 인구를 등차급수법에 의해 추정한 인구수를 계산하시오.

연 도	1998	1999	2000	2001
인구(명)	120,000	127,000	131,000	141,000

Solution

등차급수법은 $P_n = P_o + N \times a$, $a = \dfrac{(P_o - P_t)}{t}$ 로 나타낸다.

① $a = \dfrac{(P_o - P_t)}{t} = \dfrac{141,000 - 120,000}{3년} = 7000$명/년

② $P_n = P_o + N \times a = 141,000$명 $+ 10$년 $\times 7000$명/년 $= 211,000$명

2. 등비급수법 : 발전이 계속되는 도시

$P_n = P_o \times (1+r)^n$

- P_n : 현재부터 n년 후 추정되는 인구
- P_o : 현재 인구
- r : 연간 인구 증가율 → $r = \left(\dfrac{P_o}{P_t}\right)^{1/t} - 1$
- P_t : 현재부터 t년 전의 인구
- n : 설계기간(년)

> **Question 02**
> 어느 도시의 장래하수량 추정을 위해 인구증가 현황을 조사한 결과 매년 증가율이 5%로 나타났다. 이 도시의 20년 후의 추정 인구를 계산하시오. (단, 현재의 인구는 73,000이다.)
>
> **Solution**
> $P_n = P_o \times (1+r)^n$
> $P_n = 73000\text{명} \times (1+0.05)^{20} = 193,690 \text{명}$

3. 양수량 계산식

$$Q = 2\pi k b \frac{H-h_o}{2.3\log_{10}\left(\dfrac{R}{r_o}\right)}$$

- Q : 양수량(m³/sec)
- b : 피압 대수층 두께(m)
- R : 피압수 우물에서 반경(m)
- k : 투수계수
- $H-h_o$: 양수정에서 수위강하(m)
- r_o : 우물반경(m)
- $2.3\log_{10} = \ln$

> **Question 03**
> 천정호(자유수면 우물)의 경우 양수량 $Q = \dfrac{\pi k (H^2 - h^2)}{2.3\log_{10}(R/r)}$ 로 표시된다. 반경 0.5m의 천정호 시험정에서 $H=6$m, $h=4$m, $R=50$m의 경우에 $Q=10$L/sec의 양수량을 얻었다. 이 조건에서 투수계수 k (m/min)를 계산하시오.
>
> **Solution**
> 양수량 $(Q) = \dfrac{\pi k (H^2 - h^2)}{2.3\log_{10}(R/r)}$
>
> 먼저 Q를 계산하면 $Q(\text{m}^3/\text{min}) = 10\text{L/sec} \times 10^{-3}\text{m}^3/\text{L} \times 60\text{sec/min} = 0.6\text{m}^3/\text{min}$
>
> 따라서 $0.6\text{m}^3/\text{min} = \dfrac{\pi \times k \times (6^2 - 4^2)}{2.3 \times \log_{10}(50\text{m}/0.5\text{m})}$
>
> ∴ $k = 0.0439\text{m/min} = 0.044\text{m/min}$

Question 04

피압수 우물에서 영향원 직경 1km, 우물직경 1m, 피압대수층의 두께 20m, 투수계수는 20m/day로 추정되었다면, 양수정에서의 수위 강하를 5m로 유지키 위한 양수량(m^3/hr)을 계산하시오. (단, $Q = 2\pi kb \dfrac{H-h_o}{2.3\log_{10}\left(\dfrac{R}{r_o}\right)}$)

Solution

$$Q = 2\pi kb \dfrac{H-h_o}{2.3\log_{10}\left(\dfrac{R}{r_o}\right)}$$

- k(투수계수) = 20m/day × 1day/24hr = 0.833m/hr
- b(피압대수층 두께) = 20m
- $H - h_o$(양수정에서의 수위강하) = 5m
- R(피압수 우물에서 반경) = 500m
- r_o(우물반경) = 0.5m
- $2.3\log_{10} = \ln$

따라서 $Q = \dfrac{2 \times \pi \times 0.833\text{m/hr} \times 20\text{m} \times 5\text{m}}{\ln\left(\dfrac{500\text{m}}{0.5\text{m}}\right)} = 75.77\,\text{m}^3/\text{hr}$

2 상수도의 구성

취수 → 도수 → 정수 → 송수 → 배수 → 급수

Question 05

아래의 보기를 보고 상수도 계통을 순서대로 번호를 쓰시오.

〈 보기 〉 ① 급수 ② 수원 ③ 송수 ④ 도수 ⑤ 배수 ⑥ 취수 ⑦ 정수

Solution

② → ⑥ → ④ → ⑦ → ③ → ⑤ → ①

Tip
암기법 : 상치도 청송에 배급한다.
상 : 상수도, 치 : 취수, 도 : 도수, 청 : 정수, 송 : 송수, 배 : 배수, 급 : 급수

1. 상수도관의 부식

① 자연부식
  ㉠ Macro cell 부식 : 콘크리트, 토양, 이종금속, 산소농담(통기차)
  ㉡ Micro cell 부식 : 산성토양, 박테리아, 일반토양, 대기중 부식
② 전기식(전식) 부식 : 간섭

2. 유량 계산식

① 원형에서 유량계산

$Q = A \times V$

- Q : 유량(m^3/sec)
- A : 면적(m^2) → $A = \dfrac{\pi D^2}{4}(m^2)$
- V : 유속(m/sec) → Manning식에 의한 유속 $(V) = \dfrac{1}{n} \times R^{2/3} \times I^{1/2}$
- n : 조도계수
- R : 경심(m) → $R = \dfrac{A(면적)}{S(윤변의\ 길이)} = \dfrac{\dfrac{\pi D^2}{4}}{\pi \cdot D} = \dfrac{D}{4}(m)$
- I : 기울기 → 1%일 때 $I = \dfrac{1}{100}$, 1‰ 일 때 $I = \dfrac{1}{1000}$
- $\therefore Q(m^3/sec) = \dfrac{\pi D^2}{4}(m^2) \times \dfrac{1}{n} \times \left(\dfrac{D}{4}\right)^{2/3} \times I^{1/2}(m/sec)$

② 장방형에서 유량 계산

$Q = A \times V$

- Q : 유량(m^3/sec)
- A : 면적(m^2) → $A = b \times h$ (b : 폭(m)
- h : 평균수위(m))
- V : 유속(m/sec) → $Manning$식에 의한 유속 $(V) = \dfrac{1}{n} \times R^{2/3} \times I^{1/2}$
- n : 조도계수
- R : 경심(m) → $A = \dfrac{A(면적)}{S(윤변의\ 길이)} = \dfrac{b \times h}{b + 2h}$
- I : 기울기 → 1%일 때 $I = \dfrac{1}{100}$, 1‰ 일 때 $I = \dfrac{1}{1000}$
- $\therefore Q(m^3/sec) = b \times h(m^2) \times \dfrac{1}{n} \times \left(\dfrac{b \times h}{b + 2h}\right)^{2/3} \times I^{1/2}(m/sec)$

Question 06

폭 4m, 높이 3m인 개수로의 수심이 2m이고 동수경사가 10‰ 일 경우 물의 유속(m/sec)을 계산하시오. (단, Manning 공식 적용, 조도계수 : 0.014)

Solution

Manning식 $V = \dfrac{1}{n} \times R^{2/3} \times I^{1/2}(m/sec)$

- n : 조도 계수(0.014)
- R : 경심 → $R = \dfrac{A(단면적)}{S(윤변길이)} = \dfrac{b \times h}{b + 2h} = \dfrac{4m \times 2m}{4m + 2 \times 2m} = 1m$
- I : 기울기(동수경사) → $I = 10‰ = \dfrac{10}{1000}$
- $\therefore V = \dfrac{1}{0.014} \times (1m)^{2/3} \times \left(\dfrac{10}{1000}\right)^{1/2} = 7.14 m/sec$

Question 07 상수도관에서 조도계수 0.014, 동수경사 $\frac{1}{100}$ 이고, 관경이 400mm일 때 이 관로의 유량(m^3/sec)을 계산하시오. (단, 만관 기준, Manning 공식에 의함)

Solution

$Q = A \times V$

① A : 단면적(m^2) → $A = \frac{\pi D^2}{4} = \frac{\pi}{4} \times (0.4m)^2 = 0.12566 m^2$

② V : 유속(m/sec) ⇒ $V = \frac{1}{n} \times R^{2/3} \times I^{1/2}$

R(경심) = $\frac{단면적(A)}{윤변길이(S)} = \frac{\frac{\pi D^2}{4}}{\pi D} = \frac{D}{4} = \frac{0.4m}{4} = 0.1m$, I(기울기 = 동수경사) = $\frac{1}{100}$

∴ $V = \frac{1}{0.014} \times (0.1m)^{2/3} \times (\frac{1}{100})^{1/2} = 1.539 m/sec$

따라서 $Q = A \times V = 0.12566 m^2 \times 1.539 m/sec = 0.19 m^3/sec$

2장 하수도 계획

1 하수의 배제 방식

1. 하수의 배제 방식 중 합류식

① 관거내의 보수 : 폐쇄의 염려가 없으며, 검사 및 수리가 비교적 용이하다.
② 토지이용 : 기존의 측구를 폐지할 경우는 도로폭을 유용하게 이용 할 수 있다.
③ 관거오접 : 철저한 감시가 필요없다.
④ 시공 : 대구경 관거가 되면 좁은 도로에서의 매설에 어려움이 있다.
⑤ 중계펌프장이나 처리장내 펌프장의 계획하수량은 강우시 계획오수량 기준
⑥ 수질보전면(강우초기의 노면 세정수) : 시설의 일부를 개선 또는 개량하면 강우초기의 오염된 우수를 수용해서 처리할 수 있다.
⑦ 우천시 오수의 월류가 있다.

2. 하수의 배제 방식 중 분류식

① 관거오접 : 철저한 감시가 필요하다.
② 시공 : 소구경 관거를 매설하므로 시공이 용이하지만 관거의 경사가 급하면 매설길이가 크게 된다.
③ 관거내 퇴적 : 토사의 유입은 있으나 수세효과는 기대할 수 없다.
④ 처리장으로 토사유입 : 토사의 유입은 있으나 합류식 정도는 아니다.
⑤ 관거내의 보수 : 폐쇄의 염려가 있다.
⑥ 우천시 월류 : 우천시 오수의 월류가 없다.
⑦ 건설비 : 오수관거와 우수관거의 그 계통을 건설하는 경우는 비싸지만 오수관거만을 건설하는 경우는 가장 저렴하다.

Question 08 하수의 배제 방식인 분류식과 합류식에서 아래의 조건을 이용하여 비교하시오. (조건 : 건설비용, 관거오접, 토사유입, 우천시 월류, 관거내 보수)

Solution

	분류식	합류식
건설비용	우수와 오수관거 2계통건설시 비싸다.	우수와 오수관거 2계통건설시보다 싸다.
관거오접	철저한 감시가 필요하다.	철저한 감시가 필요없다.
토사유입	토사유입이 적다.	토사유입이 많다.
우천시 월류	우천시 월류 없다.	우천시 월류 있다.
관거내 보수	폐쇄의 염려가 있다.	폐쇄의 염려가 없으며, 검사 및 수리가 비교적 용이하다.
슬러지내 중금속함량	적다.	많다.

2 하수관거의 종류

1. 하수관의 관정부식

① 원인 : 유기물이 혐기성 상태에서 분해되어 H_2S 가 발생되며 이는 공기중에서 호기성 박테리아에 의해 SO_2 나 SO_3 로 변화되고 다시 수분과 반응하여 H_2SO_4 이 생성되어 콘크리트를 부식시킨다.

② 방지책
  ㉠ 하수의 유속을 빠르게 한다.
  ㉡ 하수관의 피복 및 도장
  ㉢ 하수내의 염소주입
  ㉣ 환기

Question 09 관정부식의 방지법을 5가지를 쓰시오.

Solution
① 하수의 유속을 빠르게
② 하수관의 피복 및 도장
③ 하수내의 염소주입
④ 내식성이 큰 콘크리트재료 사용
⑤ 환기

Tip
관정부식
유기물이 혐기성 상태에서 분해되어 H_2S가 발생되며 이는 공기 중에서 호기성 박테리아에 의해 SO_2 나 SO_3로 변화되고 다시 수분과 반응하여 H_2SO_4 이 생성되어 콘크리트를 부식시킨다.

2. 교차연결(Cross connection)

① 정의 : 음용수용 급수시설에 음용수로 사용될 수 없는 물이 직접 또는 간접적으로 유입될 수 있도록 되어 있는 물리적인 연결
② 원인
  ㉠ 상수관이 하수관거와 함께 매설될 때
  ㉡ 소화전이 하수관거로 배출될 때
  ㉢ 오염원의 유출구가 상수의 유입구보다 상부에 위치할 때

Question 10

교차연결(Cross Connection)의 (1) 정의를 서술하고, (2) 방지대책을 각각 3가지씩 서술하시오.

Solution

(1) 정의 : 음용수용 급수시설에 음용수로 사용될 수 없는 물이 직접 또는 간접적으로 유입될 수 있도록 되어 있는 물리적인 연결이다.
(2) 방지대책
  ① 상수관과 하수관거를 함께 매설하지 않는다.
  ② 연결관에 수압차 발생을 방지한다.
  ③ 오염원의 유출수가 상수의 유입구보다 낮게 한다.

Tip

교차연결의 발생원인
① 상수관이 하수관거와 함께 매설될 때
② 소화전이 하수관거로 배출될 때
③ 오염원의 유출수가 상수의 유입구보다 상부에 위치할 때

3 우수량

1. 계획 우수량 산정

① 확률년수는 원칙적으로 10~30년으로 한다.
② 유달시간은 유입시간과 유하시간을 합한 것이다.
③ 유출계수는 토지 이용도별 기초유출계수로부터 총괄유출계수를 구하는 것을 원칙으로 한다.
④ 최대 계획 우수 유출량의 산정은 합리식에 의한 것으로 한다.
⑤ 유하시간은 최상류관거의 끝으로부터 하류관거의 어떤 지점까지의 거리를 계획유량에 대응한 유속으로 나누어 구한다.
⑥ 우수배제계획에서 계획우수량 산정시 고려사항은 유출계수, 배수면적, 확률년수이다.
⑦ 유입시간은 최소단위배수구의 지표면 특성을 고려하여 구한다.

2. 우수량 계산

① 합리식에 의한 우수량 : $Q = \dfrac{1}{360} CIA$

$$\begin{bmatrix} Q : 우수량(m^3/sec) & C : 유출계수 \\ I : 강우강도(mm/hr) & t(유달시간) = 유입시간(min) + 유하시간(min) \\ 유하시간 = \dfrac{L(길이)(m)}{V(유속)(m/min)} & A : 면적(ha) \\ 1km^2 = 100ha & \end{bmatrix}$$

② $Q = CIA$

$$\begin{bmatrix} Q : 우수량(m^3/sec) & C : 유출계수 \\ I : 강우강도(m/sec) & A : 면적(m^2) \end{bmatrix}$$

Question 11

유역면적이 1.5km²인 지역에서 우수 유출량을 산정하기 위하여 합리식을 사용하였다. 다음과 같은 조건일 때 관거길이 1,000m인 하수관의 우수유출량(m³/sec)을 계산하시오.
(단, 강우강도, $I(mm/hr) = \dfrac{3,600}{t+30}$, 유입시간은 6분, 유출계수는 0.7, 관내의 평균유속은 1.5m/sec이다.)

Solution

$Q = \dfrac{1}{360} CIA$

$$\begin{bmatrix} C : 유출계수 = 0.7 & I : 강우강도(mm/hr) \rightarrow I = \dfrac{3,600}{t+30} \\ t : 유달시간(min) \rightarrow t = 유입시간 + 유하시간 \left(\dfrac{거리}{유속}\right) \end{bmatrix}$$

$t = 6\min + \dfrac{1,000m}{1.5m/sec \times 60sec/min} = 17.11\min$

$I(mm/hr) = \dfrac{3,600}{17.11\min + 30} = 76.42mm/hr$

$\begin{bmatrix} A : 면적(ha) \rightarrow A = 1.5km^2 \times 100ha/1km^2 = 150ha \end{bmatrix}$

따라서 $Q = \dfrac{1}{360} CIA = \dfrac{1}{360} \times 0.7 \times 76.42mm/hr \times 150ha = 22.29m^3/sec$

3장 상수도용 양수설비

1. 비교회전도(Ns) 공식

$$Ns = N \times \frac{Q^{1/2}}{H^{3/4}}$$

- Ns : 비교회전도(rpm = 회/min)
- Q : 펌프의 토출량(m^3/min)
- N : 규정회전수(rpm)
- H : 총양정(m)

Question 12

1분당 300m^3의 물을 150m 양정(전양정)할 때 최고 효율점에 달하는 펌프가 있다. 이 때의 회전수가 1,000rpm이라면 이 펌프의 비속도(비교회전도)(rpm)를 계산하시오.

Solution

$$Ns = N \times \frac{Q^{1/2}}{H^{3/4}} \rightarrow Ns = 1000\text{rpm} \times \frac{(300\text{m}^3/\text{min})^{1/2}}{(150\text{m})^{3/4}} = 404.10\,\text{rpm}$$

2. 펌프의 용량

(1) 펌프의 구경

① $D = 146 \times \sqrt{\dfrac{Q}{V}}$

- D : 펌프의 흡입구경(mm)
- V : 유속(m/sec)
- Q : 펌프의 토출량(m^3/min)

② $Q = A \times V = \dfrac{\pi D^2}{4} \times V \quad \therefore D = \sqrt{\dfrac{4Q}{\pi V}}$

- Q : 유량(m^3/sec)
- V : 유속(m/sec)
- A : 단면적(m^2)
- D : 직경(m)

Question 13

펌프흡입구의 유속이 4m/sec이고 펌프의 토출량은 840m^3/hr일 때, 하수 이송에 사용되는 이 펌프의 흡입 구경(mm)을 계산하시오.

Solution

$$D = 146 \times \sqrt{\frac{Q}{V}} \quad \therefore D = 146 \times \sqrt{\frac{840\text{m}^3/\text{hr} \times 1\text{hr}/60\text{min}}{4\text{m}/\text{sec}}} = 273.14\,\text{mm}$$

[다른 풀이]

$$Q = A \times V = \frac{\pi D^2}{4} \times V \quad \therefore 840\text{m}^3/\text{hr} \times 1\text{hr}/3600\text{sec} = \frac{\pi \cdot D^2}{4} \times 4\text{m}/\text{sec}$$

$$\therefore D = \sqrt{\frac{4 \times 840\text{m}^3/\text{hr} \times 1\text{hr}/3600\text{sec}}{\pi \times 4\text{m}/\text{sec}}} = 0.27253\,\text{m} = 272.53\,\text{mm}$$

(2) 펌프의 전양정

① 전양정(TDH) = 실양정(H_L) + 마찰수두(H_F) + 속도수두(H_V)

$$= 실양정(H_L) + (f \cdot \frac{L}{D} + f_i + f_o) \times \frac{V^2}{2g} + \frac{V^2}{2g})$$

마찰수두(H_F) $\begin{cases} 유입\ 손실수두(h_i) = f_i \times \dfrac{V^2}{2g} \\ 유출\ 손실수두(h_o) = f_o \times \dfrac{V^2}{2g} \\ 관\ 마찰\ 손실수두(h_L) = f \times \dfrac{L}{D} \times \dfrac{V^2}{2g} \end{cases}$

속도수두(H_V) = $\dfrac{V^2}{2g}$

$\begin{bmatrix} f : 마찰손실계수 & f_i : 유입손실계수 \\ f_o : 유출손실계수 & L : 길이(m) \\ D : 관경(m) & g : 중력가속도(9.8m/sec^2) \\ V : 유속(m/sec) \end{bmatrix}$

② Darcy—Weisbach 공식

$$h_L = f \times \frac{L}{D} \times \frac{V^2}{2g}$$

$\begin{bmatrix} h_L : 관마찰\ 손실수두(m) & f : 마찰손실계수 \\ L : 길이(m) & D : 관경(m) \\ g : 중력가속도(9.8m/sec^2) & V : 유속(m/sec) \end{bmatrix}$

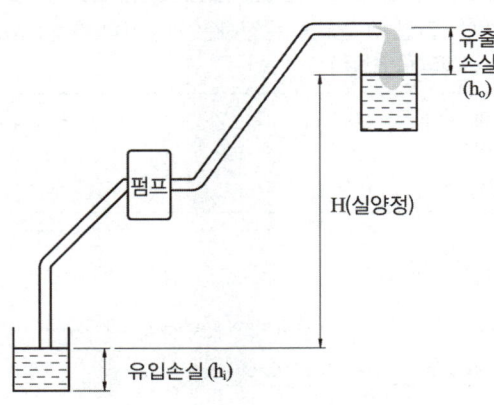

Question 14

상수관로의 길이 800m, 내경 200mm에서 유속 2m/sec로 흐를 때 관마찰 손실수두(m)을 계산하시오. (단, Darcy-Weisbach 공식을 이용하며 마찰손실계수는 0.02임.)

Solution

$$h_L = f \times \frac{L}{D} \times \frac{V^2}{2g}$$

- h_L : 관마찰손실수두(m)
- D : 내경(m)
- g : 중력가속도(9.8m/sec^2)
- f : 마찰계수
- L : 관의 길이(m)
- V : 유속(m/sec)

$$\therefore h_L = 0.02 \times \frac{800m}{0.2m} \times \frac{(2m/sec)^2}{2 \times 9.8m/sec^2} = 16.33m$$

③ 펌프의 축동력

㉠ $K_w = \dfrac{r \times Q \times H}{102 \times \eta} \times \alpha$, $Ps = \dfrac{r \times Q \times H}{75 \times \eta} \times \alpha$

- Kw : 동력
- Q : 토출량(m^3/sec)
- η : 펌프의 효율
- $1Kw$: 102kg·m/sec
- r : 비중량(1000kg/m^3)
- H : 전양정(m)
- α : 여유율
- $1Ps$: 75 kg·m/sec

㉡ $Ps = \dfrac{0.222 \times r \times Q \times H}{\eta}$

- r : 물의 비중(1.0g/cm^3)
- H : 전양정(m)
- Q : 토출량(m^3/min)
- η : 효율

Question 15

아래와 같은 조건일 때 펌프를 운전하는 원동기의 출력(Kw)을 계산하시오. (단, 하수기준, 전달효율은 1.0으로 한다.)

- Pump의 흡입구경 : 60mm
- Pump의 전양정 : 5m
- 원동기의 여유율 : 15%
- 흡입구의 유속 : 2m/sec
- Pump의 효율 : 80%

Solution

$$K_W = \frac{r \times Q \times H}{102 \times \eta} \times \alpha$$

① $Q(m^3/sec) = A \times V = \dfrac{\pi}{4} \times (0.06m)^2 \times 2m/sec = 0.005655 m^3/sec$

② $K_W = \dfrac{1000kg/m^3 \times 0.005655m^3/sec \times 5m}{102 \times 0.8} \times 1.15 = 0.40 K_W$

3. 공동 현상(空洞 現狀); cavitation)

(1) 정의

물이 관 속을 유동하고 있을 때 유동하는 물 속의 어느 부분의 정압이 그 때의 증기압보다 낮아지면 부분적으로 기화(증발)하여 관내부에 증기부, 즉 공동이 발생되는데 이와 같은 현상을 공동 현상이라 한다.

(2) 펌프의 캐비테이션(공동현상)방지책

① 펌프의 설치 위치를 가능한 한 낮추어 가용유효흡입 수두를 크게 한다.
② 흡입관의 손실을 가능한 한 작게 하여 가용유효 흡입수두를 크게 한다.
③ 펌프의 회전속도를 낮게 선정하여 필요유효흡입 수두를 작게 한다.
④ 흡입측 밸브를 완전히 개방하고 펌프를 운전한다.

Question 16 펌프 공동현상(Cavitation)의 정의와 방지법을 쓰시오.

Solution
(1) 정의 : 물이 관속을 유동하고 있을 때 유동하는 물속의 어느 부분의 정압이 그때의 증기압보다 낮아지면 부분적으로 기화하여 관내부에 증기부, 즉 공동이 발생되는데 이와 같은 현상을 공동 현상이라 한다.
(2) 방지법
 ① 펌프의 설치위치를 가능한 낮추어 가용유효흡입 수두를 크게 한다.
 ② 펌프의 회전속도를 낮게 선정하여 필요유효흡입 수두를 작게 한다.
 ③ 흡입관의 손실을 가능한 한 작게하여 가용유효흡입 수두를 크게 한다.
 ④ 흡입측 밸브를 완전히 개방하고 펌프를 운전한다.

---

4. 서어징 현상

펌프 운전시 비정상 현상으로 토출량과 토출압이 주기적으로 변동하는 상태를 일으키며 펌프 특성 곡선이 산고형에서 발생하는 큰 진동이 발생되는 현상이다.

5. 수격작용(Water Hammer)

(1) 정의

관속을 충만하게 흐르고 있는 액체의 속도를 급격히 변화시키면 액체에 큰 압력 변화가 발생하여 관내에 있는 액체에 물리적 변화가 일어남으로서 충격압을 형성시킴과 동시에 이로 인한 유체가 관벽을 치는 현상을 수격 작용(Water Hammer)이라 한다.

(2) 펌프의 수격작용 방지법

① 펌프에 fly wheel(플라이휠)을 붙인다.
② 토출측 관로에 에어챔버를 설치한다.

③ 토출관측에 한방향수조(one-way tank)를 설치한다.
④ 펌프 토출측에 급폐체크밸브를 설치한다.
⑤ 토출관측 관로에 압력 릴리프밸브(Pressure relief Valve)를 설치한다.
⑥ 토출관쪽에 조압수조(Surge tank)를 설치한다.
⑦ 정전시에는 무제한으로 역류시킨다.(동결의 위험이 있는 곳에 유효하다)
⑧ 펌프토출구 부근에 공기탱크를 두거나 부압 발생지점에 흡기밸브를 설치하여 압력강하시 공기를 넣어 준다.
⑨ 관내 유속을 낮추거나 관거 상황을 변경한다.

Question 17 펌프운전시 발생할 수 있는 비정상 현상인 수격작용(Water hammer)의 원인과 방지대책을 각각 2가지씩 쓰시오.

Solution
(1) 원인
① 관내의 액체 속도를 급격히 변화시키면 액체에 큰 압력변화로 인해서 발생
② 펌프를 급정지 시킬 때 발생
(2) 방지대책
① 펌프에 플라이휠(fly wheel)을 붙인다.
② 토출관쪽에 조압수조(surge tank)를 설치한다.

PART 04

최근 기출문제

02회 2008년 수질환경산업기사 최근 기출문제

2008년 7월 시행

01 인구 50만의 신도시가 건설되어 인구 1명당 하루에 BOD 250mg/L, 200L씩의 물을 하천으로 배출된다. 하수 유입전 하천수의 유량이 100,000m³/day이고 BOD가 2.0mg/L이었다면 하수 유입후의 하천의 BOD 농도(mg/L)를 계산하시오.

풀이 혼합공식을 이용하여 풀이한다.

$$C_m = \frac{Q_1 C_1 + Q_2 C_2}{Q_1 + Q_2} = \frac{100,000 \text{m}^3/\text{day} \times 2.0\text{mg/L} + 0.2\text{m}^3/\text{day} \cdot \text{인} \times 500,000\text{인} \times 250\text{mg/L}}{100,000\text{m}^3/\text{day} + 0.2\text{m}^3/\text{day} \cdot \text{인} \times 500,000\text{인}} = 126\text{mg/L}$$

02 어느 하수의 수질을 분석한 결과 다음과 같다면 총알칼리도(mg/L as CaCO₃)를 계산하시오.

<조건>
- pH : 10.0
- CO_3^{2-} : 32.0mg/L
- HCO_3^- : 56.0mg/L

풀이

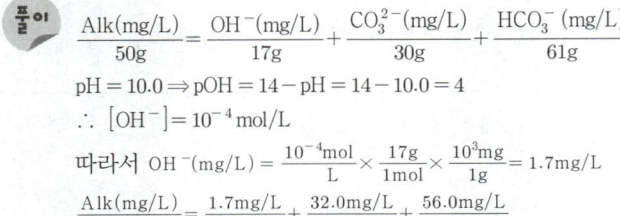

$\dfrac{\text{Alk(mg/L)}}{50\text{g}} = \dfrac{OH^-(\text{mg/L})}{17\text{g}} + \dfrac{CO_3^{2-}(\text{mg/L})}{30\text{g}} + \dfrac{HCO_3^-(\text{mg/L})}{61\text{g}}$

pH = 10.0 ⇒ pOH = 14 − pH = 14 − 10.0 = 4

∴ $[OH^-] = 10^{-4}$ mol/L

따라서 $OH^-(\text{mg/L}) = \dfrac{10^{-4}\text{mol}}{L} \times \dfrac{17\text{g}}{1\text{mol}} \times \dfrac{10^3\text{mg}}{1\text{g}} = 1.7\text{mg/L}$

$\dfrac{\text{Alk(mg/L)}}{50\text{g}} = \dfrac{1.7\text{mg/L}}{17\text{g}} + \dfrac{32.0\text{mg/L}}{30\text{g}} + \dfrac{56.0\text{mg/L}}{61\text{g}}$

∴ Alk = 104.23 mg/L

Tip
① pH + pOH = 14 ⇒ pOH = 14 − pH
② pOH = −log[OH^-] ⇒ [OH^-] = 10^{-pOH} mol/L
③ $CaCO_3$는 2당량이므로 1당량 = $\dfrac{100\text{g}}{2}$ = 50g

Ca^{2+}의 농도가 80mg/L, Mg^{2+}의 농도가 73mg/L이고 나트륨 흡착률(SAR)이 2.23일 때 나트륨(Na^+)의 농도(mg/L)를 계산하시오.

풀이

① SAR(나트륨 흡착률) $= \dfrac{Na^+}{\sqrt{\dfrac{Ca^{2+}+Mg^{2+}}{2}}}$

단위 : meq/L = me/L = mN = mg/L ÷ 1당량 mg

Ca^{2+}(mN) = 80mg/L ÷ 20 = 4mN

Mg^{2+}(mN) = 73mg/L ÷ 12 = 6.08mN

따라서 $2.23 = \dfrac{Na^+}{\sqrt{\dfrac{(4+6.08)mN}{2}}}$ ∴ Na^+ = 5.006mN

② Na^+(mg/L) = mN × 1당량mg = 5.006mN × 23 = 115.14mg/L

 어느 1차 반응에서 반응개시의 농도가 220mg/L이고 반응 1시간 후의 농도는 94mg/L이었다면 반응 4시간 후의 반응 물질의 농도(mg/L)를 계산하시오.

풀이

1차 반응식 $\ln\dfrac{C_t}{C_o} = -k \times t$ 로 계산한다.

$\begin{cases} C_o : \text{초기농도(mg/L)} & C_t : \text{t시간 후의 농도(mg/L)} \\ k : \text{상수(/hr)} & t : \text{시간(hr)} \end{cases}$

① $\ln\dfrac{94mg/L}{220mg/L} = -k \times 1hr$ ∴ k = 0.8503/hr

② $\ln\dfrac{C_t}{220mg/L} = -0.8503/hr \times 4hr$ ∴ $C_t = 220mg/L \times e^{(-0.8503/hr \times 4hr)}$ = 7.33mg/L

Tip

① ln을 제거하기 위해서는 맞은편에 e^x를 취하고 log를 제거하기 위해서는 맞은편에 10^x를 취한다.

② $\ln\dfrac{C_t}{C_o} = -k \times t$ 에서 $C_t = C_o \times e^{-k \times t}$

05 질산화반응식은 다음과 같다.

$$NH_4^+ + \dfrac{3}{2}O_2 \rightarrow NO_2^- + H_2O + 2H^+$$

$$NO_2^- + \dfrac{1}{2}O_2 \rightarrow NO_3^-$$

(1) $NH_3 - N$(암모니아성 질소)의 농도가 15mg이 질산화될 때 필요한 이론적인 산소요구량(mgO_2/mgN)을 계산하시오.

(2) 위의 반응식에서 Nitrobacter에 의해서 소비되는 이론적인 산소요구량(mgO_2/mgN)을 계산하시오.

풀이
(1) $NH_4^+ + 2O_2 \rightarrow NO_3^- + H_2O + 2H^+$
14g : 2×32g
15mg : X(ThOD)
∴ $X(ThOD) = \dfrac{2 \times 32g \times 15mg}{14g} = 68.57 \, (mgO_2/mgN)$

(2) $NO_2^- + \dfrac{1}{2}O_2 \rightarrow NO_3^-$
14g : $\dfrac{1}{2}\times 32g$
1mg : X(ThOD)
∴ $X(ThOD) = \dfrac{1mg \times \dfrac{1}{2} \times 32g}{14g} = 1.14 \, (mgO_2/mgN)$

Tip
① 질산화 과정
$NH_3-N \xrightarrow[\text{아질산균}]{1단계} NO_2-N \xrightarrow[\text{질산균}]{2단계} NO_3-N$
② 1단계 세균 = 아질산균 = Nitrosomonas(니트로조모나스)
③ 2단계 세균 = 질산균 = Nitrobacter(니트로박터)

06 용액의 pH가 6이다. 이 용액보다 수소이온의 농도가 2배가 되는 용액의 pH를 계산하시오.

풀이
$pH = -\log[H^+] \Rightarrow [H^+] = 10^{-pH} \, mol/L$
$pH = 6 \Rightarrow [H^+] = 10^{-6} \, mol/L$
따라서 $pH = -\log[H^+] = -\log[2 \times 10^{-6} \, mol/L] = 5.70$

Tip
① $pH = -\log[H^+] \Rightarrow [H^+] = 10^{-pH} \, mol/L$
② $pOH = -\log[OH^-] \Rightarrow [OH^-] = 10^{-pOH} \, mol/L$
③ 산성물질에서 $pH = -\log[H^+]$
④ 알칼리성물질에서 $pH = 14 + \log[OH^-]$

07 산소포화농도가 9mg/L인 하천에서 t = 0일 때 용존산소 농도가 7mg/L라면 3일간 흐른 후 하천 하류지점에서의 용존산소 농도(mg/L)를 계산하시오. (단, BOD_u : 10mg/L, 탈산소계수 (K_1) : 0.1day^{-1}, 재폭기계수(K_2) : 0.2day^{-1}, 상용대수 기준)

풀이
$D_t = \dfrac{K_1 \times L_o}{K_2 - K_1} \times (10^{-K_1 \times t} - 10^{-K_2 \times t}) + D_o \times (10^{-K_2 \times t})$

$$\begin{bmatrix} D_t : t \text{ 시간 후 DO 부족농도(mg/L)} & K_1 : \text{탈산소계수(/day)} \\ K_2 : \text{재포기계수(/day)} & L_o : \text{최종BOD}(=\text{BOD}_u) \\ D_o : \text{초기산소부족량(mg/L)} & \\ D_o = C_s(\text{포화 DO농도}) - C(\text{혼합수 중 DO농도}) & \end{bmatrix}$$

따라서

$$D_t = \frac{0.1/\text{day} \times 10\text{mg/L}}{0.2/\text{day} - 0.1/\text{day}} \times (10^{-0.1/\text{day} \times 3\text{day}} - 10^{-0.2/\text{day} \times 3\text{day}}) + (9-7)\text{mg/L} \times (10^{-0.2/\text{day} \times 3\text{day}})$$

$$= 3.0 \text{mg/L}$$

∴ 용존산소농도 $C_s - D_t = 9\text{mg/L} - 3.0\text{mg/L} = 6.0\text{mg/L}$

Tip	문제조건에서 36시간후의 DO 농도 계산이 나오면 $t(\text{day}) = (\frac{36\text{hr}}{24})\text{day} = 1.5\text{day}$ 를 사용

  상수를 염소로 소독할 때 생성되는 클로라민의 종류 3가지를 쓰고 생성반응식을 서술하시오.

풀이 1. 클로라민의 종류
   ① 모노클로라민(NH_2Cl)
   ② 디클로라민($NHCl_2$)
   ③ 트리클로라민(NCl_3)

2. 생성반응식
   ① $HOCl + NH_3 \xrightarrow{pH\,8.5\,\text{이상}} NH_2Cl(\text{모노클로라민}) + H_2O$
   ② $HOCl + NH_2Cl \xrightarrow{pH\,4.5\sim8.5} NHCl_2(\text{디클로라민}) + H_2O$
   ③ $HOCl + NHCl_2 \xrightarrow{pH\,4.4\,\text{이하}} NCl_3(\text{트리클로라민}) + H_2O$

  호기성조(포기조)에서 질산화가 일어나면 종말침전지에서 슬러지가 부상한다. 슬러지가 부상하는 원인 3가지를 서술하시오.

풀이 ① 호기성조(포기조)에서의 과도한 산화
② 탈질소화 현상이 발생할 때
③ SVI가 높고 잉여슬러지의 인출량이 부족할 때

10 고도처리공법 중 A/O공법과 A_2/O 공법의 계통도를 도식하고 주처리 물질을 서술하시오. (단, 유기물 제거 제외)

(1) A/O 공법
  ① A/O 공법의 계통도

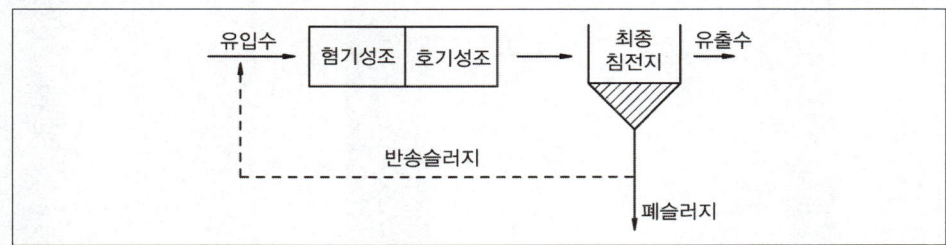

  ② 주처리 물질 : 인
(2) A_2/O 공법
  ① A_2/O 공법의 계통도

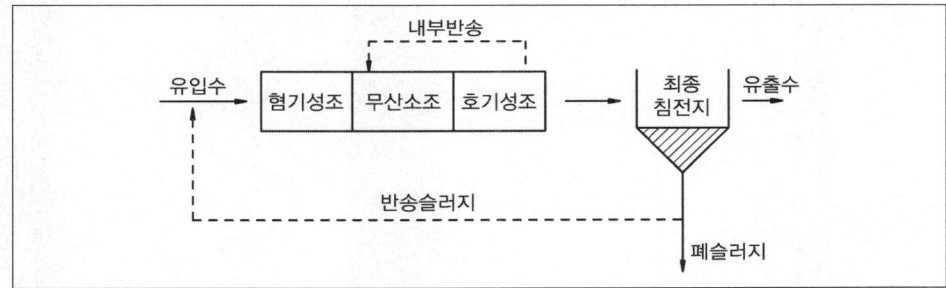

  ② 주처리 물질 : 인과 질소

11 물리·화학적 방법으로 질소화합물을 처리하는 방법 3가지에 대해 서술하시오.

(1) 이온교환법
  ① 원리 : 처리하고자 하는 폐수중에 포함되어 있는 NH_4^+ 이온을 선택적으로 치환할 수 있는 천연제올라이트를 충진한 이온교환층을 통과시켜 암모니아를 처리하는 방법이다.
  ② 반응식
   • 이온교환반응 : $RH + NH_4^+ \rightleftarrows RNH_4^+ + H^+$
   • 재생반응 : $RNH_4 + HCl \rightleftarrows RH + NH_4Cl$
(2) 공기탈기법
  ① 원리 : 처리하고자 하는 폐수에 석회 등을 이용하여 pH를 10 이상으로 조절한 후 공기를 불어 넣어 수중에 존재하는 암모니아성 질소를 암모니아가스로 탈기하는 방법이다.
  ② 반응식 : $NH_4^+ + OH^- \rightleftarrows NH_3 + H_2O$
(3) 파과점 염소주입법
  ① 원리 : 처리하고자 하는 폐수에 염소(Cl_2)를 주입하여 암모늄염을 질소가스(N_2)로 처리하는 방법이다.

② 반응식 : $2NH_4^+ + 3Cl_2 \rightleftarrows N_2 + 6HCl + 2H^+$
$2NH_3 + 3HOCl \rightleftarrows N_2 + 3HCl + 3H_2O$

03회 2008년 수질환경산업기사 최근 기출문제

2008년 9월 시행

01 어느 폐수처리시설에서 비중이 2.0, 침강속도가 0.6234cm/sec인 입자를 중력침강시키고자 한다. 수온 4℃에서 물의 비중은 1.0, 점성계수는 1.31×10^{-2} g/cm·sec일 때 입자의 직경(cm)을 계산하시오. (단, 입자의 침강속도는 Stokes식에 따른다.)

풀이

$$Vs = \frac{d^2(\rho_s - \rho_w)g}{18\mu}$$

- Vs : 침강속도(cm/sec)
- ρ_s : 입자의 비중(g/cm³)
- ρ_w : 물의 비중(g/cm³)
- g : 중력가속도(980cm/sec²)
- μ : 점성계수(g/cm·sec)

따라서 $0.6234 \text{cm/sec} = \dfrac{d^2 \times (2.0 - 1.0)\text{g/cm}^3 \times 980\text{cm/sec}^2}{18 \times 1.31 \times 10^{-2}\text{g/cm·sec}}$ ∴ $d = 0.01\text{cm}$

Tip 점성계수 단위
① Cp(센티포이즈) = 10^{-2} poise
② poise = g/cm·sec

02 포도당($C_6H_{12}O_6$) 300mg/L를 호기성 분해시켰을 때 요구되는 질소와 인의 농도(mg/L)를 각각 계산하시오. (BOD_5 : N : P = 100 : 5 : 1이며 탈산소계수(K_1) = 0.1/day이고 상용대수 기준)

풀이

① BOD_u 계산

$C_6H_{12}O_6 + 6O_2 \rightarrow 6CO_2 + 6H_2O$
  180g   : 6 × 32g
  300mg/L : $X(BOD_u)$

∴ $X(BOD_u) = \dfrac{6 \times 32\text{g} \times 300\text{mg/L}}{180\text{g}} = 320\text{mg/L}$

② BOD_5 계산

$BOD_5 = BOD_u \times (1 - 10^{-k_1 \times t}) = 320\text{mg/L} \times (1 - 10^{-0.1/\text{day} \times 5\text{day}}) = 218.81\text{mg/L}$

③ 질소(N)농도 계산

BOD_5 : N
100   : 5
218.81mg/L : $X(N)$ ∴ $X(N) = \dfrac{5 \times 218.81\text{mg/L}}{100} = 10.94\text{mg/L}$

④ 인(P)의 농도
BOD$_5$: P
100 : 1
218.81mg/L : X(P)

∴ $X(P) = \dfrac{1 \times 218.81\text{mg/L}}{100} = 2.19\text{mg/L}$

> **Tip**
> ① 포도당 = Glucose = $C_6H_{12}O_6$
> ② $C_6H_{12}O_6$ 의 분자량 = $(6 \times 12) + (12 \times 1) + (6 \times 16) = 180g$

03 수중의 암모늄이온은 암모니아와 평형을 이루고 있다. 이 평형은 pH와 온도에 크게 영향을 받으며 수중에서 다음과 같은 평형을 이룬다. [$NH_3 + H_2O \rightleftharpoons NH_4^+ + OH^-$] 수온이 25℃이고 25℃에서 NH_3 해리상수 $K_b = 1.81 \times 10^{-5}$, pH는 8.3이라면 NH_3의 형태로 몇 %가 존재하는지 계산하시오. (단, $K_w = 1 \times 10^{-14}$)

[풀이]

$K_b = \dfrac{[NH_4^+][OH^-]}{[NH_3]}$

$pH + pOH = 14 \Rightarrow pOH = 14 - pH = 14 - 8.3 = 5.7$

$[OH^-] = 10^{-pOH} \text{mol/L} = 10^{-5.7} = 1.995 \times 10^{-6} \text{mol/L}$

따라서 $K_b = \dfrac{[NH_4^+]}{[NH_3]} \times [OH^-] \Rightarrow 1.81 \times 10^{-5} = \dfrac{[NH_4^+]}{[NH_3]} \times (1.995 \times 10^{-6} \text{mol/L})$

∴ $\dfrac{[NH_4^+]}{[NH_3]} = 9.0727$

$NH_3(\%) = \dfrac{[NH_3]}{[NH_3] + [NH_4^+]} \times 100$ 에서 분자와 분모를 NH_3로 나눈다.

$NH_3(\%) = \dfrac{1}{1 + \dfrac{[NH_4^+]}{[NH_3]}} \times 100 = \dfrac{1}{1 + 9.0727} \times 100 = 9.93\%$

04 20℃의 산성용매중에 포함되어 있는 카드뮴(Cd^{2+}) 0.004ppm을 응결하기 위한 pH를 계산하시오. (단, 용해도적(Ksp) = 3.4×10^{-15}, Cd^{2+} : 112.4)

[풀이]

$Cd(OH)_2 \rightarrow Cd^{2+} + 2OH^-$

용해도적(Ksp) = $[Cd^{2+}][OH^-]^2$

① Cd^{2+}의 mol/L = $\dfrac{0.004\text{mg}}{L} \times \dfrac{1g}{10^3\text{mg}} \times \dfrac{1\text{mol}}{112.4g} = 3.56 \times 10^{-8} \text{mol/L}$

② $K_{sp} = [Cd^{2+}][OH^-]^2$ 이용해 $[OH^-]$의 mol/L 계산

$3.4 \times 10^{-15} = [3.56 \times 10^{-8} \text{mol/L}][OH^-]^2$

$$[OH^-] = \sqrt{\frac{3.4 \times 10^{-15}}{3.56 \times 10^{-8} \text{mol/L}}} = 3.09 \times 10^{-4} \text{mol/L}$$

따라서 pH $= 14 + \log[OH^-] = 14 + \log[3.09 \times 10^{-4} \text{mol/L}] = 10.49$

∴ 응결을 위한 pH는 10.49 이상이다.

> **Tip**
> ① ppm = mg/L이므로 0.004ppm = 0.004mg/L
> ② 산성물질에서 pH $= -\log[H^+]$
> ③ 알칼리성 물질에서 pH $= 14 + \log[OH^-]$

05 20kg의 글루코스($C_6H_{12}O_6$)을 포함하는 폐수를 혐기성처리를 할 경우 발생되는 메탄(CH_4)가스을 포집하고자 시설을 설계할 경우, 이 시설의 부피(m^3)를 계산하시오. (단, 시설의 여유고는 15%이며, 표준상태기준)

풀이 $C_6H_{12}O_6 \rightarrow 3CO_2 + 3CH_4$

180kg : $3 \times 22.4 m^3$
20kg : $X(CH_4)$

∴ $X = \dfrac{20kg \times 3 \times 22.4 m^3}{180kg} = 7.47 m^3$

따라서 시설의 부피(m^3) $= 7.47 m^3 \times 1.15 = 8.59 m^3$

> **Tip**
> ① 여유고가 주어지면 반드시 보정해야 함
> ② 여유고가 15%면 전체가 115%이므로 1.15가 된다.

06 μ(세포비증가율)가 μ_{max}(세포최대증가율)의 60%일 때 기질농도(S_{60})와 μ_{max}의 20%일 때의 기질농도(S_{20})와의 비(S_{60}/S_{20})는? (단, Michaelis–Menten 공식을 이용)

풀이 $\mu = \mu_{max} \times \dfrac{S}{Ks + S}$

$\begin{bmatrix} \mu : \text{세포의 비증식계수}(/hr) & \mu_{max} : \text{세포의 최대비증식계수}(/hr) \\ S : \text{제한기질의 농도(mg/L)} \\ Ks : \text{반포화농도(mg/L)} \mid \text{즉, } \mu = \dfrac{1}{2}\mu_{max} \text{일 때 제한기질의 농도(mg/L)} \end{bmatrix}$

① $\mu = \mu_{max} \times \dfrac{S}{Ks+S} \begin{cases} \mu_{max} = 100\% \\ \mu = \mu_{max} \text{의 } 60\% \end{cases}$

$0.6 = 1 \times \dfrac{S_{60}}{Ks + S_{60}} \Rightarrow 0.6(Ks + S_{60}) = S_{60} \Rightarrow (1-0.6)S_{60} = 0.6Ks \Rightarrow S_{60} = 1.5Ks$

② $\mu = \mu_{max} \times \dfrac{S}{Ks+S} \begin{cases} \mu_{max} = 100\% \\ \mu = \mu_{max} \text{의 } 20\% \end{cases}$

$0.2 = 1 \times \dfrac{S_{20}}{Ks + S_{20}} \Rightarrow 0.2(Ks + S_{20}) = S_{20} \Rightarrow (1-0.2)S_{20} = 0.2Ks \Rightarrow S_{20} = 0.25Ks$

③ $\dfrac{S_{60}}{S_{20}} = \dfrac{1.5 Ks}{0.25 Ks} = 6$

07 Glycine(CH_2NH_2COOH)의 1단계 및 2단계 반응식을 쓰고 ThOD(g/g)를 계산하시오. (단, 1단계는 NH_3로 반응, 2단계는 NO_2^-에서 NO_3^-로 반응함)

풀이 (1) 반응식
① 1단계 반응 : $CH_2NH_2COOH + 1.5O_2 \rightarrow 2CO_2 + H_2O + NH_3$
② 2단계 반응 : $NH_3 + 1.5O_2 \rightarrow HNO_2 + H_2O$
　　　　　　　$HNO_2 + 0.5O_2 \rightarrow HNO_3$

(2) ThOD(이론적 산소요구량)
$CH_2NH_2COOH + 3.5O_2 \rightarrow 2CO_2 + 2H_2O + HNO_3$
　　　75g　　　　:　3.5×32g
∴ ThOD $= \dfrac{3.5 \times 32g}{75g} = 1.49$ g/g

08 공장에서 배출되는 폐수의 BOD_5가 300mg/L, 최종 BOD가 450mg/L, 온도는 20℃, 상용대수 기준에서 다음 물음에 답하시오.
(1) 1단계 최종 BOD의 50%에 해당하는 시간(day)을 계산하시오.
(2) 18℃에서 탈산소계수(/day)를 계산하시오.(단, 보정계수(θ) = 1.047)

풀이 (1) ① $BOD_5 = BOD_u \times (1 - 10^{-k_1 \times t})$
　　　　　$300\text{mg/L} = 450\text{mg/L} \times (1 - 10^{-k_1 \times 5\text{day}})$
　　　　　∴ $k_1 = 0.095$/day
② $50\% = 100\% \times (1 - 10^{-0.095/\text{day} \times t})$
　　∴ $t = 3.17$day
(2) $K_1(18℃) = K_1(20℃) \times 1.047^{(T-20)} = 0.095/\text{day} \times 1.047^{(18-20)} = 0.09$/day

09 유입 하수량이 10,000m³/day, 유입 BOD가 200mg/L, 폭기조 용량 1,000m³, 폭기조내 MLSS가 1,750mg/L, BOD 세포합성율이 0.55, 슬러지 자기산화율이 0.08/day, 잉여슬러지 발생량이 850kg/day일 때 BOD 제거율(%)을 계산하시오.

풀이 잉여슬러지량($(Q_w \cdot SS_w) = Y \cdot Q \cdot BOD \cdot \eta - Kd \cdot V \cdot MLSS$
$850\text{kg/day} = 0.55 \times 10,000\text{m}^3/\text{day} \times 0.2\text{kg/m}^3 \times \eta - 0.08/\text{day} \times 1,000\text{m}^3 \times 1.75\text{kg/m}^3$
∴ $\eta = 0.9$ 따라서 90%

> **Tip**
> ① ppm = mg/L = g/m³ 이므로 mg/L×10⁻³ → kg/m³
> ② 유입BOD 200mg/L = 0.2kg/m³
> ③ MLSS 1,750mg/L = 1.75kg/m³

10 아래의 조건을 이용해 발생되는 슬러지량(m³/day)을 계산하시오.

- 반응식 : $Al_2(SO_4)_3 \cdot 14H_2O + 3Ca(OH)_2 \rightarrow 2Al(OH)_3 + 3CaSO_4 + 14H_2O$
- 황산알루미늄(Alum)의 주입량 : 250mg/L
- 수산화알루미늄($Al(OH)_3$) : 100% 침전
- 폐수량 : 2,500m³/day
- 슬러지의 함수율 : 97%
- 슬러지의 비중 : 1.03
- Al의 원자량은 27, S의 원자량은 32, Ca의 원자량은 40
- $Al_2(SO_4)_3 \cdot 14H_2O$ 분자량 : 603

풀이 ① $Al(OH)_3$의 침전량을 계산한다.
$Al_2(SO_4)_3 \cdot 14H_2O$: $2Al(OH)_3$
603g : 2×78g
2,500m³/day × 0.25kg/m³ : X
∴ X = 161.69 kg/day

② 슬러지량(m³/day) = $\dfrac{\text{제거된 슬러지량(kg/day)}}{\text{비중량(kg/m}^3\text{)}} \times \dfrac{100}{100-\text{함수율(\%)}}$

= $\dfrac{161.69\text{kg/day}}{1,030\text{kg/m}^3} \times \dfrac{100}{100-97} = 5.23$ m³/day

> **Tip**
> ① 액체 황산알루미늄 : $Al_2(SO_4)_3 \cdot 18H_2O$
>   고체 황산알루미늄 : $Al_2(SO_4)_3 \cdot 14H_2O$
> ② 비중 1.03은 비중량이 1,030kg/m³이다.
> ③ $\dfrac{100}{100-P(\text{함수율})} = \dfrac{100}{TS(\text{고형물})}$

11 이온교환수지를 이용하여 폐수속에 포함되어 있는 유해 음이온과 양이온제거를 하려고 한다. 이온교환수지의 장점 4가지를 서술하시오.

풀이 ① 사용한 이온교환수지를 재생하여 다시 이용할 수 있다.
② 제거율이 높다.
③ 이온교환수지 소요량이 적다.
④ 유용성 물질 재사용 가능하다.

생물학적 원리를 이용하여 질소, 인을 제거하는 공정인 A_2/O 공법에 대해 다음 물음에 답하시오.

(1) A_2/O 공법의 계통도를 도식하시오.

(2) A_2/O 공법에서 반응조의 역할을 쓰시오. (단, 침전조 제외)

 (1) A_2/O 공법의 계통도

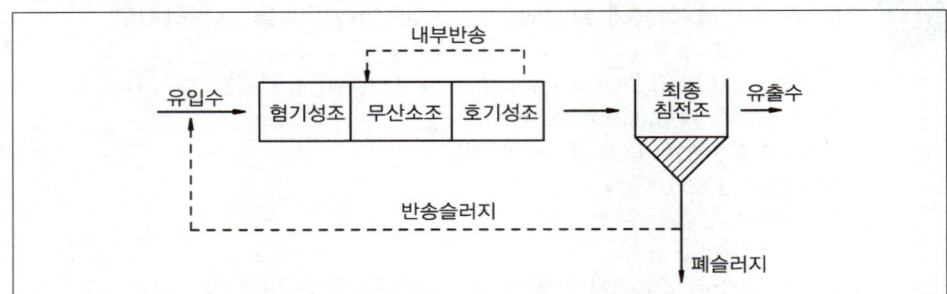

(2) 반응조의 역할
- 혐기성조 : 인(P)의 방출 및 유기물 제거
- 무산소조 : 탈질화(질소제거)
- 호기성조 : 인(P)의 과잉흡수 및 질산화

> **Tip** 내부반송 이유 : 호기성조(포기조)에서 질산화를 통해 생성된 질산성질소를 무산소조로 내부반송하여 질소를 제거한다.

01회 2009년 수질환경산업기사 최근 기출문제

2009년 4월 시행

01 활성슬러지 처리시설의 유출수에 대장균이 10^7마리/100mL가 있다고 할 때 이를 200마리/100mL 이하로 낮추기 위해 필요한 염소잔류량(mg/L)을 계산하시오. (단, 접촉시간은 10분으로 규정한다.)

$$\frac{N_t}{N_o} = (1+0.23 C_t \cdot t)^{-3}$$

풀이 문제에서 주어진 공식을 이용해 풀이한다.

$\frac{N_t}{N_o} = (1+0.23 C_t \cdot t)^{-3}$

- N_o : 초기 대장균수
- N_t : t 시간 후 대장균수
- C_t : 염소잔류량(mg/L)
- t : 접촉시간(min)

따라서 $\frac{200}{10^7} = (1+0.23 C_t \times 10\text{min})^{-3}$

$\left(\frac{200}{10^7}\right)^{-\frac{1}{3}} = (1+0.23 C_t \times 10)$ ∴ $C_t = 15.58$ mg/L

02 유기물을 혐기성으로 처리할 때 메탄(CH_4)의 최대수율은 제거되는 COD 1kg당 CH_4 0.35m³이다. 유량이 685m³/day, COD의 농도가 2500mg/L인 폐수의 COD 제거효율이 85%일 때 메탄(CH_4)의 발생량(m³/day)을 계산하시오.

풀이 CH_4 발생량(m³/day) $= \frac{685\text{m}^3}{\text{day}} \times \frac{2.5\text{kg}}{\text{m}^3} \times \frac{0.35\text{m}^3}{\text{kg}} \times 0.85 = 509.47\text{m}^3/\text{day}$

03 Cd^{2+}가 함유된 폐수의 pH가 2이다. 이 폐수에 가성소다(NaOH)를 첨가하여 수산화카드뮴으로 침전시키고자 한다. Cd^{2+}를 배출허용기준에 적합하도록 처리하기 위해서 pH를 얼마로 유지하면 되는가? (단, Cd^{2+}의 배출허용기준치는 0.01mg/L, $Cd(OH)_2$의 용해도적(Ksp)는 3.0×10^{-15}, Cd의 원자량은 112.4)

풀이 $Cd(OH)_2 \rightarrow Cd^{2+} + 2OH^-$
용해도적(Ksp) $= [Cd^{2+}][OH^-]^2$

$$Cd^{2+} 의\ mol/L = \frac{0.01mg}{L} \times \frac{1g}{10^3 mg} \times \frac{1mol}{112.4g} = 8.90 \times 10^{-8} mol/L$$

$$[OH^-]^2 = \frac{Ksp}{[Cd^{2+}]}$$

$$\therefore [OH^-] = \sqrt{\frac{Ksp}{[Cd^{2+}]}} = \sqrt{\frac{3.0 \times 10^{-15}}{8.90 \times 10^{-8} mol/L}} = 1.836 \times 10^{-4} mol/L$$

따라서 pH = $14 + \log[OH^-] = 14 + \log[1.836 \times 10^{-4} mol/L] = 10.26$
따라서 pH를 10.26 이상으로 유지해야 함.

Tip
① 산성물질에서 pH = $-\log[H^+]$
② 알칼리성 물질에서 pH = $14 + \log[OH^-]$

04 지름 1,000mm의 원심력 철근 콘크리트관이 매설되어 있다. 만관으로 흐를 때 유량(m^3/sec)을 계산하시오. (단, 조도계수(n) = 0.015, 동수구배 = 0.001, Manning 공식 이용)

풀이 유량(Q) = 단면적(A) × 유속(v)

① $A = \frac{\pi D^2}{4} = \frac{\pi}{4} \times (1m)^2 = 0.7854 m^2$

② $v = \frac{1}{n} \times R^{\frac{2}{3}} \times I^{\frac{1}{2}}$ (m/sec)

$\begin{bmatrix} n : 조도계수 & R : 경심 \\ I : 기울기(동수구배) \end{bmatrix}$

$\therefore v = \frac{1}{0.015} \times \left(\frac{1m}{4}\right)^{\frac{2}{3}} \times (0.001)^{\frac{1}{2}} = 0.8366 m/sec$

따라서 $Q = A \times v = 0.7854 m^2 \times 0.8366 m/sec = 0.66 m^3/sec$

Tip
① R(경심) = $\frac{단면적(A)}{윤변의\ 길이(S)} = \frac{\frac{\pi D^2}{4}}{\pi \cdot D} = \frac{D}{4}$ (m)
② 지름 1,000mm = $1,000 \times 10^{-3} m = 1m$

05 유량이 1.2m^3/sec, BOD_5가 2.0mg/L, DO가 9.2mg/L인 하천에 유량이 0.6m^3/sec, BOD_5가 30mg/L, DO가 3.0mg/L인 하수가 유입되고 있다. 하천의 평균 단면적은 8.1m^2이면 하류 48Km 지점의 용존산소량(mg/L)을 계산하시오. (단, 수온은 20℃, 포화 DO농도는 9.2mg/L, 혼합수의 $k_1 = 0.1/day$, $k_2 = 0.2/day$, 상용대수 기준)

 용존산소부족량(Dt) = $\frac{k_1 \times L_o}{k_2 - k_1} \times (10^{-k_1 t} - 10^{-k_2 t}) + Do \times 10^{-k_2 t}$

① 혼합수 중 BOD_5를 구하면

$$BOD_5 = \frac{Q_1C_1 + Q_2C_2}{Q_1 + Q_2} = \frac{1.2m^3/sec \times 2.0mg/L + 0.6m^3/sec \times 30mg/L}{1.2m^3/sec + 0.6m^3/sec} = 11.33mg/L$$

따라서 $BOD_5 = BOD_u \times (1 - 10^{-k_1 t})$ 에서 $11.33mg/L = BOD_u \times (1 - 10^{-0.1/day \times 5day})$

∴ $BOD_u = (L_o) = 16.57 mg/L$

② 혼합수 중 DO를 구하면

$$DO = \frac{Q_1C_1 + Q_2C_2}{Q_1 + Q_2} = \frac{1.2m^3/sec \times 9.2mg/L + 0.6m^3/sec \times 3.0mg/L}{1.2m^3/sec + 0.6m^3/sec} = 7.13mg/L$$

따라서 DO = Cs(포화 DO농도) − C(혼합수 중 DO농도)
= 9.2mg/L − 7.13mg/L = 2.07mg/L

③ 시간$(t) = \frac{거리(L)}{유속(v)}$ 에서 유속$(v) = \frac{유량(Q)}{단면적(A)}$

따라서 시간$(t) = \frac{48km \times 10^3 m/km}{\frac{(1.2 + 0.6)m^3/sec}{8.1m^2}} = 216,000sec = 60hr = 2.5day$

④ 용존산소부족량(Dt)
$= \frac{0.1/day \times 16.57mg/L}{0.2/day - 0.1/day} \times (10^{-0.1/day \times 2.5day} - 10^{-0.2/day \times 2.5day})$
$+ 2.07mg/L \times (10^{-0.2/day \times 2.5day})$
$= 4.73mg/L$

따라서 현재농도(C) = Cs − Dt = 9.2mg/L − 4.73mg/L = 4.47mg/L

06 우유를 생산하는 공장에서 하루 2,000개의 우유팩을 생산하고 있다. 하루 폐수량은 10Cm³이며 폐수의 BOD는 2,000mg/L이다. BOD 기준으로 한 공장의 인구 당량수를 계산하시오. (단, 1일 1인 BOD 오탁 부하량은 50g/인·day이다.)

풀이 인구당량수 = $\frac{BOD배출량(g/day)}{1인 1일 BOD 오탁 부하량(g/인·day)} = \frac{2,000g/m^3 \times 100m^3/day}{50g/인 \cdot day} = 4,000인$

Tip ① ppm = mg/L = g/m³ 이므로 mg/L × 10^{-3} → kg/m³
② BOD 2,000 mg/L = 2,000g/m³

07 글루코스($C_6H_{12}O_6$)를 기질로 하여 BOD 1kg이 혐기성 분해시 발생하는 CH_4량(L)을 계산하시오.

풀이 ① $C_6H_{12}O_6 + 6O_2 \rightarrow 6CO_2 + 6H_2O$
180kg : 6 × 32kg
X : 1kg
∴ X = 0.9375kg

② $C_6H_{12}O_6 \rightarrow 3CH_4 + 3CO_2$
180g : 3 × 22.4 L
0.9375kg × 10^3g/kg : X
∴ X = 350L

08 다음의 조건을 사용하여 여과지의 길이(L)와 폭(W)을 계산하시오. (단, 길이(L)과 폭(W)는 1 : 2)

<조건>
- 유량 : 60,000m³/day
- 여과지 : 4지
- 여과속도 : 150m/day

① 여과지의 면적(A) $= \dfrac{Q}{v} = \dfrac{60,000\text{m}^3/\text{day}}{150\text{m}/\text{day}} = 400\text{m}^2$

② 1지당 여과지 면적 $= \dfrac{400\text{m}^2}{4} = 100\text{m}^2$

③ $L : W = 1 : 2$ 이므로 $W = 2L$
A(면적) $= W \times L = 2L \times L = 2L^2 = 100\text{m}^2$
$L = \sqrt{\dfrac{100\text{m}^2}{2}} = 7.07\text{m}$ ∴ $W = 2 \times L = 2 \times 7.07\text{m} = 14.14\text{m}$
따라서 $L = 7.07\text{m}$, $W = 14.14\text{m}$

09 오존(O_3)소독의 장, 단점을 3가지씩 서술하시오.

(1) 장점
① 유기화합물의 생분해성을 높이며, 바이러스의 불활성화 효과가 크다.
② 슬러지가 생기지 않는다.
③ 탈취, 탈색효과가 크다.

(2) 단점
① 잔류성이 없다.
② 가격이 고가이다.
③ 오존은 저장 할 수가 없어 현장에서 생산해야 한다.

10 A_2/O 공법에서 호기성조 슬러지내 인의 함량이 일반 활성슬러지법의 슬러지내 인의 함량보다 많이 존재하는 이유를 서술하시오.

혐기성조에서 인이 방출되고 호기성조에서는 혐기성조에서 방출된 인을 과잉섭취하고, 인을 과잉 섭취한 미생물을 침전지에서 침전제거하므로 인의 함량이 높다.

11 하수관에서 발생되는 관정부식의 원인과 방지대책 5가지를 서술하시오.

(1) 원인 : 유기물이 혐기성상태에서 분해되어 H_2S가 발생되며 이는 공기중에서 호기성박테리아에 의해 SO_2나 SO_3로 변화되고 다시 수분과 반응하여 H_2SO_4이 생성되어 콘크리트를 부식시킨다.

(2) 방지대책
① 하수의 유속을 빠르게 한다.
② 하수관의 피복 및 도장
③ 하수내 염소주입
④ 환기
⑤ 관내 퇴적물을 제거한다.

 다음 보기에 주어진 급수계통을 순서대로 나열하시오.

<보기>
- 배수시설
- 정수시설
- 송수시설
- 취수 및 집수시설
- 급수시설
- 도수시설

 취수 및 집수시설 → 도수시설 → 정수시설 → 송수시설 → 배수시설 → 급수시설

02회 2009년 수질환경산업기사 최근 기출문제

2009년 7월 시행

01 산성 100℃에서 과망간산칼륨에 의한 화학적산소요구량(COD_{Mn})을 실험하고 있다. 다음 물음에 답하시오.

(1) 액성을 산성으로 만들기 위해 사용하는 시약을 서술하시오.
(2) 시료의 양은 30분간 가열반응 후 0.025N 과망간산칼륨액이 처음 첨가한 양의 얼마가 남도록 채취하는지 서술하시오.
(3) 온도를 60~70℃로 유지해주는 이유를 서술하시오.
(4) 최종 종말점의 색을 서술하시오.
(5) 둥근바닥플라스크를 사용하는 이유를 서술하시오.

(1) 황산(1 + 2)
(2) 50~70%
(3) 반응을 촉진시켜 정확한 종말점을 찾기 위하여
(4) 엷은 홍색
(5) 물중탕에서 가열하기 위하여

02 다음 공정을 보고 물음에 답하시오.
(1) 공법의 이름을 쓰시오.
(2) 호기성조에서 무산소조로 반송을 하는 이유를 서술하시오.

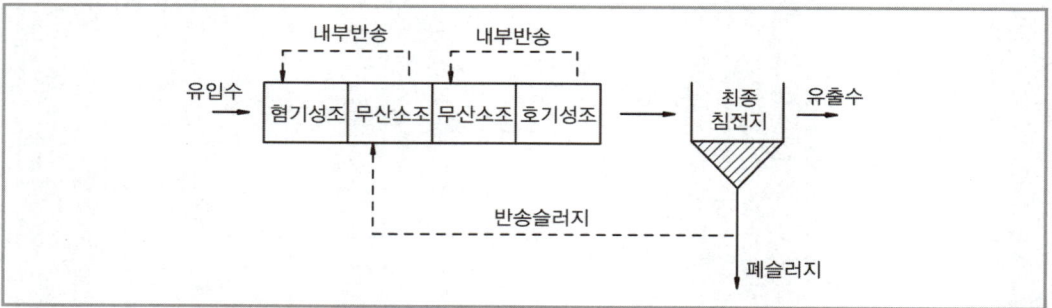

(1) UCT 공법
(2) 호기성조(포기조)에서 질산화된 질산염을 무산소조로 반송시켜 질소를 제거하기 위해서

| Tip | 1단계 무산소조의 역할은 반송슬러지속의 질산성질소 농도를 낮추는 역할을 한다. |

03 다음 공정을 보고 물음에 답하시오.

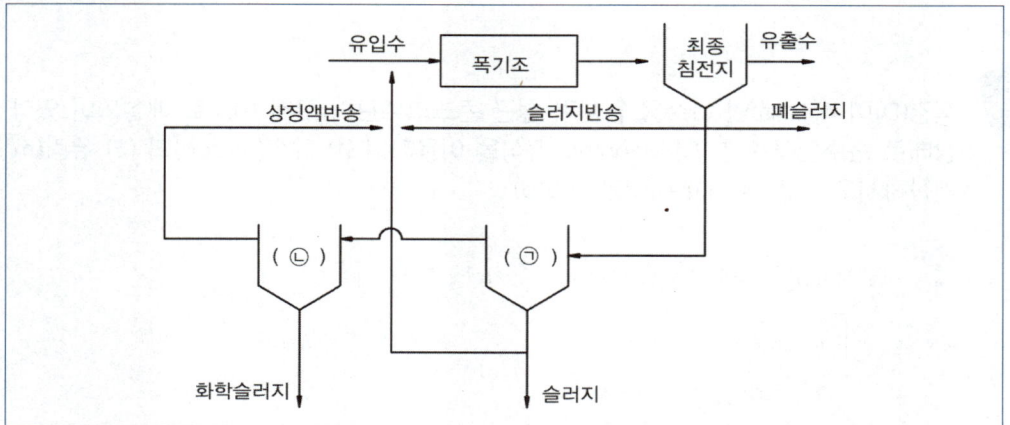

(1) 위 공정명을 서술하시오.
(2) ㉠조의 명칭과 역할을 서술하시오.
(3) ㉡조의 명칭과 역할을 서술하시오.

(1) 포스트립(phostrip)공법
(2) 명칭 : 혐기성조(탈인조)
   역할 : P(인)의 방출
(3) 명칭 : 침전조(응집조)
   역할 : P(인)을 석회를 사용하여 응집침전

04 18mg/L의 NH_4^+ 이온을 함유하는 폐수 4,000m³을 이온교환수지로 처리하고자 한다. 이온교환 용량이 100,000g $CaCO_3$/m³인 양이온교환수지를 사용한다면 이론상 요구되는 수지의 양 (m³)을 계산하시오. (단, Ca : 40, O : 16)

① $2NH_4^+ + CaCO_3 \rightarrow (NH_4)_2CO_3 + Ca^{2+}$
   $2 \times 18g$: $100g$
   $18g/m^3 \times 4,000m^3$: X
   $\therefore X = \dfrac{100g \times 18g/m^3 \times 4,000m^3}{2 \times 18g} = 200,000g$

② 이론상 요구되는 수지의 양(m^3) = $\dfrac{200,000g}{100,000g/m^3}$ = $2m^3$

Tip
① ppm = mg/L = g/m^3
② NH_4^+의 농도 18mg/L = $18g/m^3$

05 직경(D)이 450mm인 하수용 원심력 철근 콘크리트관이 구배 10‰로 매설되어 있다. 만수된 상태로 송수된다고 할 때 Manning 공식을 이용하여 (1) 유속(m/sec)과 (2) 유량(m^3/sec)을 계산하시오. (단, 조도계수(n)은 0.015)

(1) Manning 공식에 의한 유속(v) = $\dfrac{1}{n} \times R^{\frac{2}{3}} \times I^{\frac{1}{2}}$ (m/sec)

$\begin{bmatrix} n : 조도계수 & R : 경심(R = \dfrac{D}{4}) \\ I : 구배(기울기) \end{bmatrix}$

따라서 $v = \dfrac{1}{0.015} \times \left(\dfrac{0.45m}{4}\right)^{\frac{2}{3}} \times \left(\dfrac{10}{1,000}\right)^{\frac{1}{2}} = 1.55m/sec$

Tip
① 직경(D) = 450mm = 450×10^{-3}m = 0.45m
② 기울기(I) 10‰ = $\dfrac{10}{1,000}$
③ 경심(R) = $\dfrac{면적(A)}{윤변의 길이(S)} = \dfrac{\dfrac{\pi D^2}{4}}{\pi \cdot D} = \dfrac{D}{4}$ (m)

(2) 유량(Q) = 면적(A) × 유속(v) = $\dfrac{\pi}{4} \times (0.45m)^2 \times 1.55m/sec = 0.25m^3/sec$

Tip
① 면적(A) = $\dfrac{\pi D^2}{4}$ (m^2)
② (1)에서 구한 유속(v)을 (2)에 사용한다.

06 CFSTR에서 물질을 분해하여 효율 95%로 처리하고자 한다. 이 물질은 0.5차 반응으로 분해되며, 속도상수는 $0.05(mg/L)^{\frac{1}{2}}/hr$이다. 유량은 600L/hr이고 유입농도는 150mg/L로서 일정하다면 CFSTR의 필요부피(m^3)를 계산하시오. (단, 정상상태로 가정한다.)

$Q \times (C_o - C_t) = K \times V \times C_t^{0.5}$

풀이)
$$600\text{L/hr} \times (150-7.5)\text{mg/L} = 0.05/\text{hr} \times V \times (7.5\text{mg/L})^{0.5}$$
$$\therefore V = \frac{600\text{L/hr} \times (150-7.5)\text{mg/L}}{0.05/\text{hr} \times (7.5\text{mg/L})^{0.5}} = 624{,}403.72\text{L} = 624.40\text{m}^3$$
여기서 $C_o = 150\text{mg/L}$
$C_t = C_o \times (1-\eta) = 150\text{mg/L} \times (1-0.95) = 150\text{mg/L} \times 0.05 = 7.5\text{mg/L}$

07 분뇨정화조의 희석배율은 통상유입 Cl^- 농도와 방류수의 희석된 Cl^- 농도로써 산출될 수 있다. 정화조로 유입된 생분뇨의 BOD가 21,500ppm, 염소이온농도가 5,500ppm, 방류수의 염소이온농도가 200ppm이라면, 방류수의 BOD농도가 30ppm일 때 정화조의 BOD 제거율(%)을 계산하시오.

풀이)
제거효율$(\eta) = \left\{1 - \frac{BOD_o \times P}{BOD_i}\right\} \times 100$

희석배수치$(P) = \frac{\text{유입수 } Cl^-}{\text{유출수 } Cl^-} = \frac{5{,}500\text{ppm}}{200\text{ppm}} = 27.5$

따라서 제거효율$(\eta) = \left\{1 - \frac{BOD_o \times P}{BOD_i}\right\} \times 100 = \left\{1 - \frac{30\text{ppm} \times 27.5}{21{,}500\text{ppm}}\right\} \times 100 = 96.16\%$

08 초기의 DO농도가 9mg/L이고 5일 배양 후 DO의 농도가 5mg/L이었다. 식종이 없을 때 BOD 농도(mg/L)를 계산하시오. (단, 희석배수치는 80배이다.)

풀이) $BOD = (DO_1 - DO_2) \times P = (9-5)\text{mg/L} \times 80 = 320\text{mg/L}$

09 어느 하수의 수질을 분석한 결과 다음과 같다면 총알칼리도(mg/L as $CaCO_3$)를 계산하시오.

<조건>
- pH : 10.0
- CO_3^{2-} : 32.0mg/L
- HCO_3^- : 56.0mg/L

풀이)
$$\frac{\text{Alk}(\text{mg/L})}{50\text{g}} = \frac{OH^-(\text{mg/L})}{17\text{g}} + \frac{CO_3^{2-}(\text{mg/L})}{30\text{g}} + \frac{HCO_3^-(\text{mg/L})}{61\text{g}}$$
$pH = 10.0 \Rightarrow pOH = 14 - pH = 14 - 10.0 = 4$
$\therefore [OH^-] = 10^{-4}\text{mol/L}$

따라서 $OH^-(\text{mg/L}) = \frac{10^{-4}\text{mol}}{L} \times \frac{17\text{g}}{1\text{mol}} \times \frac{10^3\text{mg}}{1\text{g}} = 1.7\text{mg/L}$

$\frac{\text{Alk}(\text{mg/L})}{50\text{g}} = \frac{1.7\text{mg/L}}{17\text{g}} + \frac{32.0\text{mg/L}}{30\text{g}} + \frac{56.0\text{mg/L}}{61\text{g}}$

$\therefore \text{Alk} = 104.23\text{mg/L}$

Tip	① $pH+pOH=14 \Rightarrow pOH=14-pH$ ② $pOH=-\log[OH^-] \Rightarrow [OH^-]=10^{-pOH}\,mol/L$ ③ $CaCO_3$는 2당량이므로 1당량 $=\dfrac{100g}{2}=50g$

10 5일 BOD가 300mg/L이고 탈산소계수(상용대수 기준)가 0.2/day일 때 다음 물음에 답하시오.

(1) 최종BOD(BOD_u)를 계산하시오.(mg/L)

(2) 2일 BOD를 계산하시오.(mg/L)

(3) BOD는 호기성미생물의 어떤 작용에 의하여 소비되는 용존산소의 양으로부터 측정하는지 서술하시오.

 풀이

(1) $BOD_5 = BOD_u \times (1-10^{-k_1 \times t})$

$300mg/L = BOD_u \times (1-10^{-0.2/day \times 5day})$

$\therefore BOD_u = \dfrac{300mg/L}{1-10^{-0.2/day \times 5day}} = 333.33mg/L$

(2) $BOD_2 = BOD_u \times (1-10^{-k_1 \times t}) = 333.33mg/L \times (1-10^{-0.2/day \times 2day}) = 200.63mg/L$

(3) 증식과 호흡작용

11 박테리아($C_5H_7O_2N$)를 호기성 분해할 때 다음 물음에 답하시오. (단, 탈산소계수(k_1)=0.1/day, 상용대수기준, BOD_u=COD, $C_5H_7O_2N$은 CO_2, H_2O, NH_3로 분해됨.)

(1) $\dfrac{BOD_5}{COD}$

(2) $\dfrac{BOD_5}{TOC}$

(3) $\dfrac{TOC}{COD}$

 풀이

① BOD_5 계산

$C_5H_7O_2N + 5O_2 \rightarrow 5CO_2 + 2H_2O + NH_3$

$BOD_5 = BOD_u \times (1-10^{-k_1 \times t}) = BOD_u \times (1-10^{-0.1/day \times 5day}) = 0.6838\,BOD_u$

② TOC 계산

$C_5H_7O_2N : 5O_2$

$5 \times 12g : 5 \times 32g$

$TOC : BOD_u$

$\therefore TOC = \dfrac{5 \times 12g \times BOD_u}{5 \times 32g} = 0.375\,BOD_u$

(1) $\dfrac{BOD_5}{COD} = \dfrac{0.6838\,BOD_u}{BOD_u} = 0.68$

(2) $\dfrac{BOD_5}{TOC} = \dfrac{0.6838\,BOD_u}{0.375\,BOD_u} = 1.82$

(3) $\dfrac{TOC}{COD} = \dfrac{0.375\,BOD_u}{BOD_u} = 0.38$

12 폐수 2,000m³/day에서 생성되는 1차슬러지 부피량(m³/day)을 계산하시오. (단, 1차 침전지 현탁고형물 제거효율 60%, 폐수 중 현탁고형물 함유량 660mg/L, 비중 1.0기준, 슬러지 함수율 94%, 제거된 현탁고형물은 전량이 슬러지화 된다고 가정한다.)

 1차슬러지 부피량$(m^3/day) = \dfrac{SS(kg/m^3) \times Q(m^3/day) \times \eta}{비중량(kg/m^3)} \times \dfrac{100}{100 - P(\%)}$

$= \dfrac{0.66kg/m^3 \times 2,000m^3/day \times 0.6}{1,000kg/m^3} \times \dfrac{100}{100 - 94} = 13.2\,m^3/day$

Tip
① $ppm = mg/L = g/m^3$ 이므로 $mg/L \times 10^{-3} \to kg/m^3$
② $SS\ 660mg/L = (660mg/L \times 10^{-3})kg/m^3 = 0.66kg/m^3$

03회 2009년 수질환경산업기사 최근 기출문제

2009년 9월 시행

01 직경(D) 450mm 상하수용 원심력 철근 콘크리트관이 1‰의 구배로 매설되어있다. 만관시의 유량 Q(m³/sec)를 계산하시오. (단, Manning공식을 이용하고 조도계수 n = 0.01이다.)

 유량(Q) = 단면적(A) × 유속(v)

① $A = \dfrac{\pi D^2}{4} = \dfrac{\pi \times (0.45\text{m})^2}{4} = 0.159\text{m}^2$

② $v = \dfrac{1}{n} \times R^{\frac{2}{3}} \times I^{\frac{1}{2}} = \dfrac{1}{0.01} \times \left(\dfrac{0.45\text{m}}{4}\right)^{\frac{2}{3}} \times \left(\dfrac{1}{1,000}\right)^{\frac{1}{2}} = 0.7368\text{m/sec}$

따라서 $Q(\text{m}^3/\text{sec}) = A \times v = 0.159\text{m}^2 \times 0.7368\text{m/sec} = 0.12\text{m}^3/\text{sec}$

02 폐슬러지 처리시 혐기성 소화조에서 가스 발생량이 현저히 감소하는 이유 3가지를 서술하시오.

① 소화슬러지의 과다한 배출
② 소화조 온도가 낮아질 때
③ 소화가스가 누출될 때
④ 농도가 낮은 슬러지가 유입될 때
⑤ 과다한 산이 생성되었을 때

> **Tip** 문제의 요구조건에 알맞게 3가지만 서술하시면 됩니다.

03 하수 관거중 콘크리트관이나 철관의 경우 하수관을 부식시켜 수명을 단축시키는 현상을 관정부식이라 한다. 관정부식의 원인물질과 방지대책 5가지를 서술하시오.

① 원인물질 : H_2S(황화수소)
② 방지대책
 • 하수의 유속 빠르게
 • 하수관의 피복 및 도장
 • 하수내 염소주입
 • 내식성이 큰 콘크리트재료 사용
 • 환기

04 BOD 40kg/m³인 혼합 생슬러지가 1일 250m³ 발생하며 이것을 중온 혐기성소화법에 의하여 처리하고자 한다. 소화율(%)을 계산하시오. (단, 생슬러지의 고형물 중 $FS_1 = 0.35$, $VS_1 = 0.65$, 소화된 슬러지의 고형물 중 $FS_2 = 0.5$, $VS_2 = 0.5$이다)

소화율(%) = $\left\{1 - \dfrac{Vs_2/Fs_2}{Vs_1/Fs_1}\right\} \times 100 = \left\{1 - \dfrac{0.5/0.5}{0.65/0.35}\right\} \times 100 = 46\%$

Tip 소화율(%) = $\left\{1 - \dfrac{\text{소 화 후 } (V_s/F_s)}{\text{소 화 전 } (V_s/F_s)}\right\} \times 100 (\%)$

05 하수고도 처리를 위한 질산화 공정 형태는 단일단계 질산화 (부유성장, 부착성장)와 분리단계질산화(부유성장, 부착성장) 공정으로 나눌 수 있다. 그 중 단일단계(부유성장식)의 장점과 단점을 기타 질산화 공정과 비교하여 2가지씩 서술하시오.

① 장점
  • BOD와 암모니아성질소($NH_3 - N$) 동시제거 가능
  • BOD/TKN비가 높아 안정적인 MLSS 운영이 쉽다.
② 단점
  • 온도가 낮은 경우에는 반응조 용적이 크게 소요
  • 독성물질에 대한 질산화저해 방지 불가능

06 콜로이드 입자는 응집제를 가하면 서로 응집하여 floc이 형성된다. 다음은 응집제를 첨가함으로써 응집이 일어나는 메카니즘에 대한 설명이다. ( )안에 알맞은 말을 쓰시오.

㉮ 콜로이드 입자는 수중에서 (1:) (2:)(3:)에 의한 3가지 힘에 의해 매우 안정된 상태로 존재한다.
㉯ 응집제는 투입과 교반에 의하여 콜로이드 입자들이 응집할 수 있을 만큼(4:)을 감소시킨다.

1. 중력
2. 반데르발스힘(Vander Waals)
3. 제타포텐셜(Zeta potental)
4. 반발력

Tip 제타포텐셜 = 제타전위 = 반발력

07 다음표는 A₂/O 공법에 의한 각 반응조별 상등수의 분석 결과이다. 다음 물음에 답하시오.

분석항목	공정명				
PO_4-P(mg/l)	유입수	①	②	③	처리수
	5	15	8	1	1

(가) ①번 반응조 이름, PO_4-P 농도가 높아지는 이유를 서술하시오.

(나) ③번 반응조 이름, PO_4-P 농도가 매우 낮아지는 이유를 서술하시오.

(가) ① 반응조 이름 : 혐기성조
② 이유 : PO_4-P의 농도가 높아지는 이유는 인(P)의 방출이 있기 때문이다.
(나) ① 반응조 이름 : 호기성조
② 이유 : PO_4-P의 농도가 매우 낮아지는 이유는 미생물에 의한 인(P)의 과잉섭취가 일어나기 때문이다.

08 하수처리장주변 하천의 유량(Q)는 100,000ton/day, BOD 농도는 1.5mg/L, 유입하수처리장 방류수 유량은 10,000ton/day이다. 이 하천의 BOD 농도를 3mg/L 이하로 유지하기 위한 제거효율(%)을 계산하시오. (단, 하수처리장 유입BOD 농도는 200mg/L, 하천수와 처리수의 비중은 각각 1.00으로 가정한다)

① $C_m = \dfrac{Q_1C_1 + Q_2C_2}{Q_1 + Q_2}$ 에서

$3mg/L = \dfrac{100,000m^3/day \times 1.5mg/L + 10,000m^3/day \times C_2}{100,000m^3/day + 10,000m^3/day}$

∴ $C_2 = 18mg/L$ ⇒ 처리장 유출수의 BOD농도이다.

② 처리효율(η) = $\left(1 - \dfrac{처리장 유출수 BOD}{처리장 유입수 BOD}\right) \times 100 = \left(1 - \dfrac{18mg/L}{200mg/L}\right) \times 100 = 91.0\%$

Tip 비중이 1.0일 때 100,000ton/day = 100,000m³/day

09 pH 1인 황산폐액 100m³/day를 NaOH로 중화하려면 필요한 NaOH량(kg/day)을 계산하시오. (단, NaOH의 순도는 70%이다.)

① $pH = -\log[H^+] \Rightarrow [H^+] = 10^{-pH}$ mol/L에서
$pH = 1 \Rightarrow [H^+] = 10^{-1}$ mol/L이므로 중화에 필요한 $[OH^-] = 10^{-1}$ mol/L가 된다.

② $NaOH(kg/day) = \dfrac{10^{-1}eq}{L} \times \dfrac{40g}{1eq} \times \dfrac{10^3L}{1m^3} \times \dfrac{1kg}{10^3g} \times \dfrac{100m^3}{day} \times \dfrac{100}{70\%} = 571.43 kg/day$

10 낙농공장에서 우유 생산량이 100,000kg/day이고, 폐수량 250m³/day, 폐수의 BOD 농도는 1,200mg/L, 우유의 비중은 1.0이다

(가) 이 낙농공장에서 우유 1,000kg/day 생산시 배출되는 폐수량(m³/day)을 계산하시오.
(나) 우유 1,000kg/day 생산시 BOD 배출량(kg/day)을 계산하시오.
(다) 1일 1인 오탁 부하량 48g BOD/인·일이다. 이 공장의 BOD인구 당량수(인)를 계산하시오.
(라) 인구 50,000명인 도시에 이 낙농공장이 있다고 할 때 하수처리장의 계획인구수를 계산하시오. (단, 낙농공장의 폐수는 하수처리장으로 유입)

가. $100,000\text{kg/day} : 250\text{m}^3/\text{day} = 1,000\text{kg/day} : X$
∴ $X = 2.5\text{m}^3/\text{day}$

나. BOD배출량(kg/day) = BOD농도(kg/m³) × 폐수량(m³/day) = $1.2\text{kg/m}^3 \times 2.5\text{m}^3/\text{day} = 3\text{kg/day}$
여기서 BOD농도 1,200mg/L = 1,200g/m³ = 1.2kg/m³

다. 인 = $\dfrac{250\text{m}^3/\text{day} \times 1,200\text{g/m}^3}{48\text{g/인} \cdot \text{day}} = 6,250$인

라. 계획인구수 = 도시 거주인구수 + 공장의BOD 인구당량수(인) = 50,000명 + 6,250 = 56,250명

11 CSTR에서 물질을 분해하는데 효율을 95%로 처리하고자 한다. 이 물질이 2차 반응으로 분해되며 속도상수는 0.05/hr이다. 유량이 400L/hr이며, 유입농도는 150mg/L로 일정하다. 이때 필요한 CSTR의 부피(m³)를 계산하시오.

풀이 CSTR(완전혼합형 반응조)에서 반응식은 $Q(C_o - C_t) = k \cdot V \cdot C_t^2$
$400\text{L/hr} \times (150 - 150 \times 0.05)\text{mg/L} = 0.05/\text{hr} \times V \times (150 \times 0.05\text{mg/L})^2$
∴ $V = 20266.67\text{L} = 20.27\text{m}^3$

Tip $C_o = C_i \times (1 - \eta) = 150\text{mg/L} \times (1 - 0.95) = 150\text{mg/L} \times 0.05$

12 다음 반응과 같이 호기성에서 폐수의 암모니아를 질산염으로 산화시키려고 한다. 폐수속의 암모니아성질소의 농도가 25mg/L, 폐수량이 2,000m³/day일 때 반응식을 보고 물음에 답하시오.

$0.13\text{NH}_4^+ + 0.225\text{O}_2 + 0.25\text{CO}_2 + 0.005\text{HCO}_3^-$
$\rightarrow 0.005\text{C}_5\text{H}_7\text{O}_2\text{N} + 0.125\text{NO}_3^- + 0.25\text{H}^+ + 0.12\text{H}_2\text{O}$

(1) 완전산화시 필요한 산소요구량(kg/day)을 계산하시오.
(2) 생성된 세포의 건조질량(kg/day)을 계산하시오.

(3) 유출수에 있는 질산성질소의 농도(mg/L)를 계산하시오.

 (1) $0.13NH_4^+ : 0.225O_2$
  $0.13 \times 14g : 0.225 \times 32g$
  $25 \times 10^{-3} kg/m^3 \times 2,000 m^3/day : X_1$
  $\therefore X_1 = 197.80 \, kg/day$

(2) $0.13NH_4^+ : 0.005C_5H_7O_2N$
  $0.13 \times 14g : 0.005 \times 113g$
  $25 \times 10^{-3} kg/m^3 \times 2,000 m^3/day : X_2$
  $\therefore X_2 = 15.52 \, kg/day$

(3) $0.13NH_4^+ : 0.125NO_3^-$
  $0.13 \times 14g : 0.125 \times 14g$
  $25 mg/L : X_3$
  $\therefore X_3 = 24.04 \, mg/L$

01회 2010년 수질환경산업기사 최근 기출문제

2010년 4월 시행

01 A/O 공법과 A₂/O 공법의 공정도를 서술하시오. (단, 내부반송과 반송슬러지 포함)

풀이 ① A/O 공법의 공정도

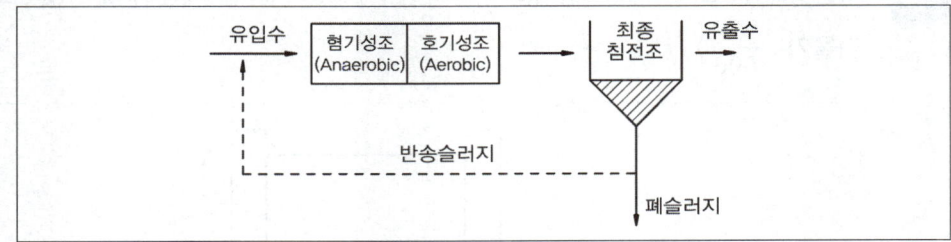

② A₂/O 공법의 공정도

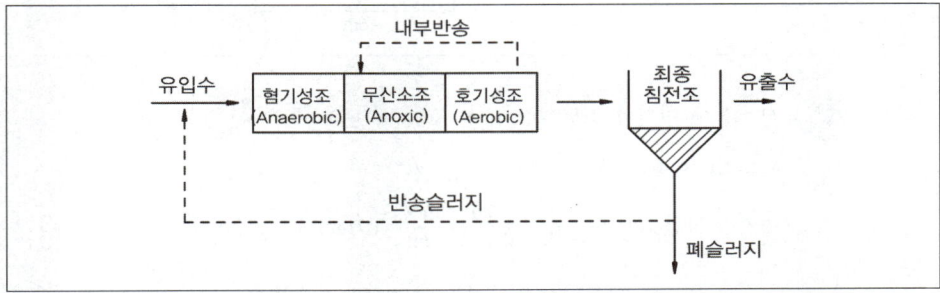

02 막공법에서 물질분리를 유발하는 추진력으로 정수압차를 이용하는 3가지를 서술하시오.

풀이
① 역삼투
② 한외여과
③ 나노여과
④ 정밀여과

Tip	문제의 요구조건에 알맞게 3가지만 서술하시면 됩니다. 그 외에는 전기투석 : 전위차, 투석 : 농도차가 있다.

03 용량 1000L인 물의 용존산소농도가 9.2mg/L인 경우, Na_2SO_3로 물속의 용존산소를 완전히 제거하려고 한다. 필요한 Na_2SO_3의 양(g)을 계산하시오. (단, Na 원자량은 23)

풀이
$Na_2SO_3 + 0.5O_2 \rightarrow Na_2SO_4$
126g : $0.5 \times 32g$
X : $9.2mg/L \times 1000L \times 10^{-3}g/mg$
∴ $X = 72.45g$

04 다음 그림을 보고 Manning식을 이용하여 유량(m^3/sec)을 계산하시오. (단, 조도계수 : 0.015, 기울기 : $\frac{1}{500}$)

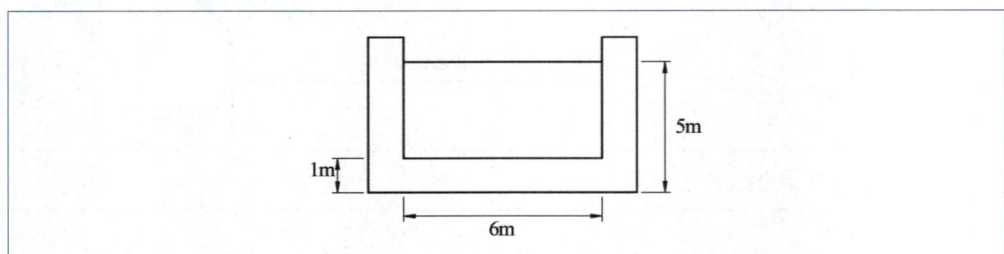

풀이 $Q = A \times v$ 여기서 A(면적) $= b \times h = 6m \times 4m = 24m^2$
Manning식을 이용한 유속(v) $= \frac{1}{n} \times R^{\frac{2}{3}} \times I^{\frac{1}{2}}$
여기서 경심(R) $= \frac{b \times h}{b + 2h} = \frac{6m \times 4m}{6m + 2 \times 4m} = 1.714m$
∴ $v = \frac{1}{0.015} \times (1.714m)^{\frac{2}{3}} \times \left(\frac{1}{500}\right)^{\frac{1}{2}} = 4.27m/sec$
따라서 $Q = A \times v = 24m^2 \times 4.27m/sec = 102.48m^3/sec$

Tip h = 5m − 1m = 4m임을 숙지하셔야 합니다.

05 Michaelis−Meten식에서 반응속도(r)가 μ_{max}의 80% 일 때의 기질농도와 반응속도(r)가 μ_{max}의 30%일 때의 기질농도와의 비 $[S]_{80}/[S]_{30}$를 계산하시오.

$$r = \frac{\mu_{max} \times S}{K_s + S}$$

① 반응속도(r)가 μ_{max}의 80%일 때의 기질농도
$$80 = \frac{100 \times [S]_{80}}{Ks + [S]_{80}} \Rightarrow 80Ks + 80[S]_{80} = 100[S]_{80} \Rightarrow 20[S]_{80} = 80Ks \Rightarrow [S]_{80} = 4Ks$$

② 반응속도(r)가 μ_{max}의 30%일 때의 기질농도
$$30 = \frac{100 \times [S]_{30}}{Ks + [S]_{30}} \Rightarrow 30Ks + 30[S]_{30} = 100[S]_{30} \Rightarrow 70[S]_{30} = 30Ks \Rightarrow [S]_{30} = \frac{3}{7}Ks$$

③ $\dfrac{[S]_{80}}{[S]_{30}} = \dfrac{4Ks}{\frac{3}{7}Ks} = 9.33$

Tip
① 반응속도(r)가 μ_{max}의 80%일 때의 기질농도일 경우 $r = 80\%$, $\mu_{max} = 100\%$
② 반응속도(r)가 μ_{max}의 30%일 때의 기질농도일 경우 $r = 30\%$, $\mu_{max} = 100\%$

06 수산화나트륨 10g을 증류수에 넣어 500mL를 제조할 때 규정농도(N)와 용액의 pH를 계산하시오.

① $N(eq/L) = \dfrac{10g}{0.5L} \times \dfrac{1eq}{40g} = 0.5N$

② $NaOH \rightarrow Na^+ + OH^-$
   0.5mol/L   0.5mol/L   0.5mol/L
   ∴ $pH = 14 + \log[OH^-] = 14 + \log[0.5mol/L] = 13.70$

Tip
① N농도 = 규정농도 = eq/L
② N농도 = $\dfrac{질량(g)}{체적(L)} \times \dfrac{1eq}{1당량g}$
③ NaOH는 1가 물질이므로 N농도=M농도이므로 0.5N = 0.5M = 0.5mol/L
④ 산성물질의 $pH = -\log[H^+]$, 알칼리성 물질의 $pH = 14 + \log[OH^-]$

07 500~600℃로 가열한 다음 황산카드뮴($CdSO_4$)을 가지고 카드뮴(Cd^{2+})을 원자흡수분광광도법으로 분석하기 위해 2,000ppm 표준용액 100mL를 제조하고자 할 때 $CdSO_4$의 소비량(mg)을 계산하시오. (단, $CdSO_4$의 순도는 95%, $CdSO_4$의 분자량은 208.5, Cd의 원자량은 112.4)

$CdSO_4$의 소비량(mg) = 농도(mgCd/mL) × 제조량(mL) × $\dfrac{CdSO_4}{Cd}$ × $\dfrac{100}{순도(\%)}$

$= 2,000mg/L \times 100mL \times 10^{-3}L/mL \times \dfrac{208.5g}{112.4g} \times \dfrac{100}{95\%} = 390.52mg$

Tip 2,000ppm = 2,000mg/L

아래의 조건에서 탈질반응조(Anoxic basin)의 체류시간(hr)을 계산하시오.

- 반응조로의 유입수 질산염농도(S_i) = 25mg/L
- 반응조로의 유출수 질산염농도(S_o) = 5mg/L
- MLVSS = 2,000mg/L
- 20℃에서의 탈질율(R_{DN}) = 0.2/day

 무산소조의 체류시간 $= \dfrac{S_i - S_o}{R_{DN} \times \text{MLVSS}} = \dfrac{25\text{mg/L} - 5\text{mg/L}}{0.2/\text{day} \times 2{,}000\text{mg/L}} = 0.05\text{day}$

따라서 $0.05\text{day} \times \dfrac{24\text{hr}}{1\text{day}} = 1.2\text{hr}$

Tip
① 탈질반응조 = 무산소조
② 정답에서 요구하는 체류시간의 단위로 보정하는 것에 주의할 것
③ 온도 10℃, DO = 0.1mg/L, 보정계수(K) = 1.09가 주어지면 공식에 대입할 R_{DN}
$R_{DN(T℃)} = R_{DN(20℃)} \times K^{(T-20)} \times (1-\text{DO})$
$R_{DN(10℃)} = 0.2/\text{day} \times 1.09^{(10-20)} \times (1 - 0.1\text{mg/L}) = 0.076/\text{day}$

 BOD가 10,000mg/L이고 염소이온농도가 1,000mg/L인 분뇨를 희석하여 활성슬러지법으로 처리한 결과 방류수의 BOD는 40mg/L, 염소이온의 농도는 25mg/L로 나타났다. BOD의 제거효율(%)을 계산하시오. (단, 염소는 생물학적 처리에서 제거되지 않음)

 $\eta = \left\{ 1 - \dfrac{\text{BOD}_o \times \text{P}}{\text{BOD}_i} \right\} \times 100(\%)$

$\begin{bmatrix} \eta : \text{제거효율}(\%) & \text{BOD}_i : \text{유입수의 BOD농도(mg/L)} \\ \text{BOD}_o : \text{유출수의 BOD농도(mg/L)} \end{bmatrix}$

$\text{P(희석배수치)} = \dfrac{\text{유입수의 Cl}^- \text{농도}}{\text{유출수의 Cl}^- \text{농도}} = \dfrac{1{,}000\text{mg/L}}{25\text{mg/L}} = 40$

따라서 $\eta = \left\{ 1 - \dfrac{40\text{mg/L} \times 40}{10{,}000\text{mg/L}} \right\} \times 100 = 84\%$

 유량이 100m³/hr로 유입되고 4시간 처리했을 때 유기물이 97% 처리될 때 반응조 용량(m³)을 계산하시오. (단, PFR(플러그흐름 반응조) 1차 반응식을 이용하시오.)

 PFR의 1차 반응식 $\ln \dfrac{C_t}{C_o} = -\left(\dfrac{Q}{V} \right) \times t$ 을 이용한다.

$$\begin{bmatrix} C_o : \text{초기농도}(100\%) \\ Q : \text{유량}(m^3/hr) \\ t : \text{시간}(hr) \end{bmatrix} \quad C_t : t \text{ 시간 후의 농도}(100\% - 97\% = 3\%) \\ V : \text{용량}(m^3)$$

$$\ln\left(\frac{3}{100}\right) = -\left(\frac{100 m^3/hr}{V}\right) \times 4hr$$

$$\therefore V = \frac{-100 m^3/hr \times 4hr}{\ln\left(\frac{3}{100}\right)} = 114.07 m^3$$

02회 2010년 수질환경산업기사 최근 기출문제

2010년 7월 시행

01 다음 그림을 보고 Manning식을 이용하여 유량(m^3/sec)을 계산하시오. (단, 조도계수(n) : 0.012, 기울기(구배) : $\frac{1}{100}$, 소수점 둘째자리에서 반올림하시오.)

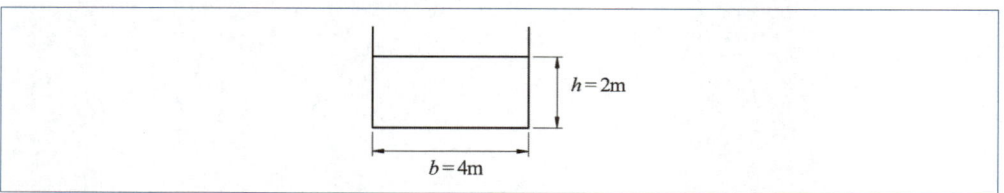

풀이
$Q = A \times v$
여기서 A(면적) $= b \times h = 4m \times 2m = 8m^2$
Manning식을 이용한 v(유속) $= \frac{1}{n} \times R^{\frac{2}{3}} \times I^{\frac{1}{2}}$
  $\bigl[n :$ 조도계수
R(경심) $= \frac{b \times h}{b + 2h} = \frac{4m \times 2m}{4m + 2 \times 2m} = 1m$
$v = \frac{1}{0.012} \times (1m)^{\frac{2}{3}} \times \left(\frac{1}{100}\right)^{\frac{1}{2}} = 8.333 \, m/sec$
따라서 $Q = 8m^2 \times 8.333 \, m/sec = 66.7 \, m^3/sec$

Tip
① 유량(Q)를 계산시 소수점 둘째자리에서 반올림 주의
② 원형에서 경심(R) $= \frac{단면적(A)}{윤변길이(S)} = \frac{\frac{\pi D^2}{4}}{\pi D} = \frac{D}{4}$ (m)
③ 장방형에서 경심(R) $= \frac{단면적(A)}{윤변길이(S)} = \frac{b \times h}{b + 2h}$ (m)

02 콜로이드성 물질을 처리하기 위해 화학적 응집을 이용할 때 급속혼합과 완속혼합을 하는 이유에 대해 서술하시오.

풀이
① 급속혼합 : 응집제와 하수중의 입자를 균일하게 분산시키기 위해
② 완속혼합 : 급속혼합에 의해 생성된 미세한 floc을 완속교반에 의해 거대한 floc으로 만들기 위해

건조슬러지의 비중이 1.3, 건조 이전 고형물의 함량은 30%, 건조슬러지량이 250kg일 때 슬러지 Cake의 부피(m^3)를 계산하시오. (단, 물의 비중은 1.0)

 ① 슬러지 Cake의 비중

$$\frac{100}{슬러지\ Cake\ 비중} = \frac{건조슬러지\ 함량(\%)}{건조슬러지\ 비중} + \frac{물의\ 함량(\%)}{물의\ 비중} = \frac{30\%}{1.3} + \frac{70\%}{1.0}$$

∴ 슬러지 Cake 비중 = 1.074

② 슬러지 Cake 부피(m^3) = $\dfrac{건조슬러지량(kg)}{슬러지\ Cake\ 비중량(kg/m^3)} \times \dfrac{100}{Ts(\%)}$

$= \dfrac{250kg}{1,074kg/m^3} \times \dfrac{100}{30\%} = 0.78m^3$

Tip
① 고형물(%) + 수분(%) = 100%
② 수분(%) = 100 − 고형물(%) = 100 − 30 = 70%
③ 비중(g/cm^3)×10^3 → 비중량(kg/m^3)이므로 비중 1.074는 비중량 $1,074kg/m^3$이다.

 Glycine(CH_2NH_2COOH)의 1단계 및 2단계 반응식을 쓰고 ThOD(g O_2/mole Glycine)를 계산하시오. (단, 1단계는 NH_3로 반응, 2단계는 NO_2^-에서 NO_3^-로 반응함.)

 (1) 반응식
① 1단계 반응 : $CH_2NH_2COOH + 1.5O_2 \rightarrow 2CO_2 + H_2O + NH_3$
② 2단계 반응 : $NH_3 + 1.5O_2 \rightarrow HNO_2 + H_2O$
$HNO_2 + 0.5O_2 \rightarrow HNO_3$

(2) ThOD(gO_2/mole Glycine)
$CH_2NH_2COOH + 3.5O_2 \rightarrow 2CO_2 + 2H_2O + HNO_3$
1mole : 3.5 × 32g

∴ ThOD = $\dfrac{3.5 \times 32g}{1mole}$ = 112(gO_2/mole Glycine)

 BOD 300mg/L, 유량 2,000m^3/day의 폐수를 활성슬러지법으로 처리할 때 BOD 슬러지부하 1.0kg BOD/kg MLSS·day, MLSS 2,000mg/L로 하기 위한 포기조의 용적(m^3)을 계산하시오.

 F/M비 = $\dfrac{BOD \times Q}{MLSS \times V}$

$1.0/day = \dfrac{300mg/L \times 2,000m^3/day}{2,000mg/L \times V}$

∴ $V = \dfrac{300mg/L \times 2,000m^3/day}{2,000mg/L \times 1.0/day} = 300m^3$

Tip BOD 슬러지부하 (kg BOD/kg MLSS·day) = F/M비(kg BOD/kg MLSS·day)

07 탈기법을 이용, 폐수 중의 암모니아성 질소를 제거하기 위하여 폐수의 pH를 조절하고자 한다. 수중 암모니아를 NH_3(기체분자의 형태) 99%로 하기 위한 pH를 계산하시오. (단, 암모니아성질소의 수중에서의 평형은 다음과 같다.

$$NH_3 + H_2O \rightleftarrows NH_4^+ + OH^-, \text{ 평형상수 } K = 1.8 \times 10^{-5}$$

[풀이]

① $K = \dfrac{[NH_4^+][OH^-]}{[NH_3]} = 1.8 \times 10^{-5}$

② $NH_3(\%) = \dfrac{[NH_3]}{[NH_3]+[NH_4^+]} \times 100 = 99\%$

(분자, 분모를 $[NH_3]$로 나누면)

$= \dfrac{1}{1+\dfrac{[NH_4^+]}{[NH_3]}} \times 100 = 99\%$ 식을 정리하면

$0.99 + 0.99 \dfrac{[NH_4^+]}{[NH_3]} = 1$

$0.99 \dfrac{[NH_4^+]}{[NH_3]} = 1 - 0.99$

$\therefore \dfrac{[NH_4^+]}{[NH_3]} = \dfrac{1-0.99}{0.99} = 0.01$

①식을 정리하면

$1.8 \times 10^{-5} = \dfrac{[NH_4^+][OH^-]}{[NH_3]}$ 에서

$1.8 \times 10^{-5} = \dfrac{[NH_4^+]}{[NH_3]} \times [OH^-] \Leftarrow \dfrac{[NH_4^+]}{[NH_3]} = 0.01$ 대입

$\therefore 1.8 \times 10^{-5} = 0.01 \times [OH^-] \quad \therefore [OH^-] = 1.8 \times 10^{-3} \text{mol/L}$

③ $pH = 14 + \log[OH^-] = 14 + \log[1.8 \times 10^{-3} \text{mol/L}] = 11.26$

Tip
① 산성물질에서 $pH = -\log[H^+]$
② 알칼리성물질에서 $pH = 14 + \log[OH^-]$

08 어느 1차 반응에서 반응개시의 농도가 220mg/L이고 반응 1시간 후의 농도는 94mg/L이었다면 반응 4시간 후의 반응 물질의 농도(mg/L)를 계산하시오.

[풀이]

1차 반응식 $\ln \dfrac{C_t}{C_o} = -k \times t$ 로 계산한다.

$\begin{bmatrix} C_o : \text{초기농도(mg/L)} & C_t : t \text{ 시간 후의 농도(mg/L)} \\ k : \text{상수(/hr)} & t : \text{시간(hr)} \end{bmatrix}$

① $\ln\dfrac{94\text{mg/L}}{220\text{mg/L}} = -k \times 1\text{hr}$ $\therefore k = 0.8503/\text{hr}$

② $\ln\dfrac{C_t}{220\text{mg/L}} = -0.8503/\text{hr} \times 4\text{hr}$ $\therefore C_t = 220\text{mg/L} \times e^{(-0.8503/\text{hr} \times 4\text{hr})} = 7.33\text{mg/L}$

> **Tip**
> ln을 제거하기 위해서는 맞은변에 e^x를 취하고,
> log를 제거하기 위해서는 맞은변에 10^x를 취한다.

09 유량이 1.2m³/sec, BOD_5가 2.0mg/L, DO가 9.2mg/L인 하천에 유량이 0.6m³/sec, BOD_5가 30mg/L, DO가 3.0mg/L인 하수가 유입되고 있다. 하천의 평균 단면적은 8.1m²이면 하류 48Km지점의 용존산소량(mg/L)을 계산하시오. (단, 수온은 20℃, 포화 DO농도는 9.2mg/L, 혼합수의 $k_1 = 0.1/\text{day}$, $k_2 = 0.2/\text{day}$ 상용대수 기준)

풀이 용존산소부족량(Dt) = $\dfrac{k_1 \times L_o}{k_2 - k_1} \times (10^{-k_1 t} - 10^{-k_2 t}) + D_o \times 10^{-k_2 t}$

① 혼합수 중 BOD_5를 구하면

$BOD_5 = \dfrac{Q_1 C_1 + Q_2 C_2}{Q_1 + Q_2} = \dfrac{1.2\text{m}^3/\text{sec} \times 2.0\text{mg/L} + 0.6\text{m}^3/\text{sec} \times 30\text{mg/L}}{1.2\text{m}^3/\text{sec} + 0.6\text{m}^3/\text{sec}} = 11.33\text{mg/L}$

따라서 $BOD_5 = BOD_u \times (1 - 10^{-k_1 t})$에서 $11.33\text{mg/L} = BOD_u \times (1 - 10^{-0.1/\text{day} \times 5\text{day}})$

$\therefore BOD_u = (L_o) = 16.57\text{mg/L}$

② 혼합수 중 DO를 구하면

$DO = \dfrac{Q_1 C_1 + Q_2 C_2}{Q_1 + Q_2} = \dfrac{1.2\text{m}^3/\text{sec} \times 9.2\text{mg/L} + 0.6\text{m}^3/\text{sec} \times 3.0\text{mg/L}}{1.2\text{m}^3/\text{sec} + 0.6\text{m}^3/\text{sec}} = 7.13\text{mg/L}$

따라서 D_O = Cs(포화 DO농도) − C(혼합수 중 DO농도)
    = 9.2mg/L − 7.13mg/L = 2.07mg/L

③ 시간(t) = $\dfrac{거리(L)}{유속(v)}$ 이므로 유속(v) = $\dfrac{유량(Q)}{단면적(A)}$

따라서 시간(t) = $\dfrac{48\text{km} \times 10^3\text{m/km}}{\dfrac{(1.2 + 0.6)\text{m}^3/\text{sec}}{8.1\text{m}^2}}$ = 216,000sec = 60hr = 2.5day

④ 용존산소부족량(Dt)
= $\dfrac{0.1/\text{day} \times 16.57\text{mg/L}}{0.2/\text{day} - 0.1/\text{day}} \times (10^{-0.1/\text{day} \times 2.5\text{day}} - 10^{-0.2/\text{day} \times 2.5\text{day}})$
+ $2.07\text{mg/L} \times (10^{-0.2/\text{day} \times 2.5\text{day}})$
= 4.73mg/L

따라서 현재농도(C) = Cs − Dt = 9.2mg/L − 4.73mg/L = 4.47mg/L

비중 2.6, 직경 0.015mm의 입자가 수중에서 자연침강할 때의 속도가 0.56m/hr였다. 입자의 침전속도가 Stokes법칙에 따른다면 동일조건에서 비중 1.2, 직경 0.03mm인 입자의 침전속도(m/hr)를 계산하시오.

풀이

$$Vs = \frac{d^2(\rho_s - \rho_w)g}{18\mu}$$

- Vs : 침강속도(cm/sec)
- ρ_s : 입자의 비중(g/cm³)
- g : 중력가속도(980cm/sec²)
- d : 입자의 직경(cm)
- ρ_w : 물의 비중(g/cm³)
- μ : 점성도(g/cm·sec)

따라서 $Vs \propto \{d^2(\rho_s - \rho_w)\}$ 이므로

$0.56\text{m/hr} : \{(0.015\text{mm})^2 \times (2.6-1)\} = Vs : \{(0.03\text{mm})^2 \times (1.2-1)\}$

$\therefore Vs = \dfrac{0.56\text{m/hr} \times \{(0.03\text{mm})^2 \times (1.2-1)\}}{\{(0.015\text{mm})^2 \times (2.6-1)\}} = 0.28\text{m/hr}$

 완전혼합반응조에서 시간(t)을 구하는 물질수지식을 완성하시오.

풀이

$Q \cdot C_o - Q \cdot C_t - (K \cdot V \cdot C_t) = 0$

$Q \cdot C_o - Q \cdot C_t = K \cdot V \cdot C_t$

$Q(C_o - C_t) = K \cdot V \cdot C_t$

$t = \dfrac{V}{Q}$ 이므로

$(C_o - C_t) = K \cdot C_t \cdot \dfrac{V}{Q}$

$\dfrac{V}{Q} = \dfrac{(C_o - C_t)}{K \cdot C_t}$

$\therefore t = \dfrac{(C_o - C_t)}{K \cdot C_t}$

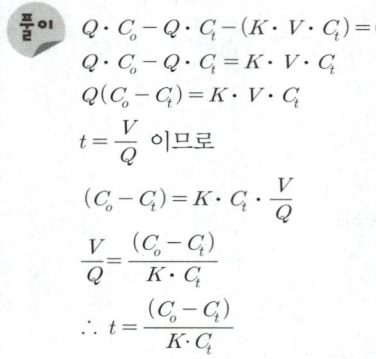

Tip		
	Q : 유량(m³/day)	V : 체적(m³)
	C_o : 초기농도(mg/L)	C_t : t시간 후의 농도(mg/L)
	K : 상수(/day)	t : 시간(day)

12 아래의 조건을 이용해 발생되는 슬러지량(m³/day)을 계산하시오.

- 반응식 $Al_2(SO_4)_3 \cdot 14H_2O + 3Ca(OH)_2 \rightarrow 2Al(OH)_3 + 3CaSO_4 + 14H_2O$
- 황산알루미늄(Alum)의 주입량 : 250mg/L
- 수산화알루미늄($Al(OH)_3$) : 100% 침전
- 폐수량 : 2500m³/day
- 슬러지의 함수율 : 97%
- 슬러지의 비중 : 1.03
- Al의 원자량은 27, S의 원자량은 32, Ca의 원자량은 40
- $Al_2(SO_4)_3 \cdot 14H_2O$ 분자량 : 603g

풀이 ① $Al(OH)_3$의 침전량을 계산한다.

$Al_2(SO_4)_3 \cdot 14H_2O$: $2Al(OH)_3$
　　603g　　　: 2×78g
2500m³/day × 0.25kg/m³ : X

∴ X = 161.69 kg/day

② 슬러지량(m³/day) = $\dfrac{\text{제거된 슬러지량(kg/day)}}{\text{비중량(kg/m}^3\text{)}} \times \dfrac{100}{100 - \text{함수율(\%)}}$

　　　　　= $\dfrac{161.69 \text{kg/day}}{1,030 \text{kg/m}^3} \times \dfrac{100}{100 - 97}$ = 5.23 m³/day

Tip
① 액체 황산알루미늄 : $Al_2(SO_4)_3 \cdot 18H_2O$
　고체 황산알루미늄 : $Al_2(SO_4)_3 \cdot 14H_2O$
② 비중 1.03은 비중량이 1,030kg/m³이다.
③ $\dfrac{100}{100 - P(\text{함수율})} = \dfrac{100}{TS(\text{고형물})}$

03회 2010년 수질환경산업기사 최근 기출문제

2010년 9월 시행

01 CFSTR에서 물질을 분해하여 효율 95%로 처리하고자 한다. 이 물질은 0.5차 반응으로 분해되며, 속도상수는 $0.05(mg/L)^{\frac{1}{2}}/hr$이다. 유량은 600L/hr이고 유입농도는 150mg/L로서 일정하다면 CFSTR의 필요부피(m³)를 계산하시오. (단, 정상상태로 가정한다.)

풀이
$Q \times (C_o - C_t) = K \times V \times C_t^{0.5}$
$600L/hr \times (150 - 7.5)mg/L = 0.05/hr \times V \times (7.5mg/L)^{0.5}$
$\therefore V = \dfrac{600L/hr \times (150 - 7.5)mg/L}{0.05/hr \times (7.5mg/L)^{0.5}} = 624,403.72L = 624.40m^3$

여기서 $C_o = 150mg/L$
$C_t = C_o \times (1 - \eta) = 150mg/L \times (1 - 0.95) = 150mg/L \times 0.05 = 7.5mg/L$

02 박테리아($C_5H_7O_2N$) 5kg을 완전산화시키는데 필요한 이론적인 산소요구량(kg)을 계산하시오. (단, 생성물질은 CO_2, H_2O, NH_3이다.)

풀이
$C_5H_7O_2N + 5O_2 \rightarrow 5CO_2 + 2H_2O + NH_3$
113g : 5 × 32g
5kg : X(ThOD)
$\therefore X(ThOD) = \dfrac{5 \times 32g \times 5kg}{113g} = 7.08kg$

Tip
① $C_5H_7O_2N$의 분자량 = $(5 \times 12) + (7 \times 1) + (2 \times 16) + 14 = 113g$
② 이론적인 산소요구량 = ThOD

03 도금공장에서 발생하는 CN계 폐수 300m³/day를 NaOCl을 사용하여 처리하고자 한다. 폐수내 CN^- 농도가 150mg/L일 때 공장의 폐수를 처리하는데 필요한 20% NaOCl의 양(kg/day)을 계산하시오. (단, 반응식 : $2NaCN + 5NaOCl + H_2O \rightarrow N_2 + 2CO_2 + 2NaOH + 5NaCl$을 이용하고 Na : 23, Cl : 35.5)

풀이
2CN : 5NaClO
2 × 26g : 5 × 74.5g
300m³/day × 0.15kg/m³ : 0.2 × X

$$\therefore X = \frac{5 \times 74.5\text{g} \times 300\text{m}^3/\text{day} \times 0.15\text{kg/m}^3}{2 \times 26\text{g} \times 0.2} = 1611.78\text{kg/day}$$

Tip
① ppm = mg/L = g/m³ 이므로 mg/L×10⁻³ → kg/m³
② CN⁻ 150mg/L = 0.15kg/m³
③ NaClO의 분자량 = 23 + 35.5 + 16 = 74.5g

04 글루코스($C_6H_{12}O_6$)를 기질로 하여 BOD 1kg이 혐기성 분해시 발생하는 CH_4량(L)을 계산하시오.

풀이
① $C_6H_{12}O_6 + 6O_2 \rightarrow 6CO_2 + 6H_2O$
   180kg : 6 × 32kg
   X : 1kg
   ∴ X = 0.9375kg
② $C_6H_{12}O_6 \rightarrow 3CH_4 + 3CO_2$
   180g : 3 × 22.4L
   0.9375kg × 10³g/kg : X
   ∴ X = 350L

05 흡광광도법(자외선 가시선 분광법)에서 (1) 가시부 (2) 근적외부 (3) 자외부의 광원의 종류를 서술하시오.

풀이
(1) 가시부 : 텅스텐램프
(2) 근적외부 : 텅스텐램프
(3) 자외부 : 중수소방전관

Tip
흡수셀 재질의 파장범위
① 유리제 : 가시 및 근적외부 파장범위
② 석영제 : 자외부 파장범위
③ 플라스틱제 : 근적외부 파장범위

06 다음은 급속사여과지(병렬기준)에 대한 조건이다. 물음에 답하시오.

• 처리수량 : 85,000m³/day
• 여과지 갯수 : 8지
• 표면세척 시간 : 4min
• 역세척 시간 : 6min
• 여과속도 : 150m/day
• 표면세척 속도 : 40cm/min
• 역세척 속도 : 60cm/min

(1) 1지당 여과면적(m²)을 계산하시오.

(2) 1지당 총 세척수량(m^3)을 계산하시오.

 (1) 여과면적(m^2) = $\dfrac{\text{처리수량}(m^3/day)}{\text{여과속도}(m/day)}$ = $\dfrac{85,000\,m^3/day}{150\,m/day} \times \dfrac{1}{8\text{지}}$ = $70.83\,m^2$

(2) ① 표면세척량(m^3) = $40 \times 10^{-2}\,m/min \times 4\,min \times 70.83\,m^2$ = $113.33\,m^3$
② 역세척량(m^3) = $60 \times 10^{-2}\,m/min \times 6\,min \times 70.83\,m^2$ = $254.99\,m^3$
∴ 총 세척수량(m^3) = 표면세척량 + 역세척량 = $113.33\,m^3 + 254.99\,m^3$ = $368.32\,m^3$

07 다음에 주어진 조건을 이용해 활성슬러지법에서 최고의 효율을 구하고자 한다. F/M비(kg BOD/kg MLVSS·day)를 계산하시오.

<조건>
- 미생물 체류시간(SRT) : 10day
- 합성계수(Y) : 0.63mg MLVSS/mg 제거 BOD
- 내생분해계수(kd) : 0.05/day

 $\dfrac{1}{SRT} = \dfrac{Y \cdot Q \cdot BOD \cdot \eta}{MLVSS \cdot V} - kd$

여기서 F/M비 = $\dfrac{BOD \cdot Q}{MLVSS \cdot V}$

따라서 $\dfrac{1}{SRT} = Y \cdot \text{F/M비} \cdot \eta - kd$

$\dfrac{1}{10day} = 0.63 \times \text{F/M비} \times 1 - 0.05/day$

F/M비 = $\dfrac{\dfrac{1}{10day} + 0.05/day}{0.63}$ = $0.24\,kg\,BOD/kg\,MLVSS \cdot day$

Tip η(효율)은 최고의 효율이란 단서에서 보면 100%를 의미하므로 $\eta = 100\% = 1$을 대입한다.

08 다음 그림을 보고 Manning식을 이용하여 유량(m^3/sec)을 계산하시오. (단, 조도계수(n) : 0.012, 기울기(구배) : $\dfrac{1}{100}$, 소수점 둘째자리에서 반올림하시오)

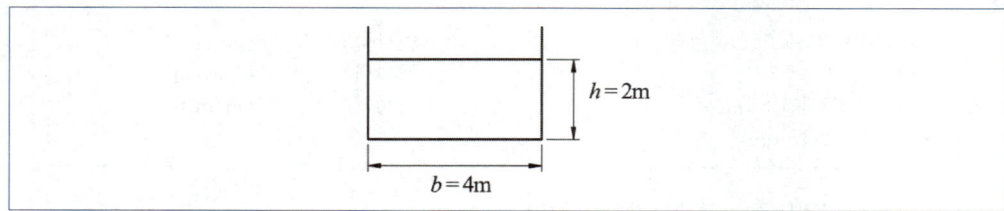

$Q = A \times v$

여기서 A(면적) $= b \times h = 4\text{m} \times 2\text{m} = 8\text{m}^2$

Manning식을 이용한 v(유속) $= \dfrac{1}{n} \times R^{\frac{2}{3}} \times I^{\frac{1}{2}}$

$\left[\; n : \text{조도계수} \right.$

R(경심) $= \dfrac{b \times h}{b + 2h} = \dfrac{4\text{m} \times 2\text{m}}{4\text{m} + 2 \times 2\text{m}} = 1\text{m}$

$v = \dfrac{1}{0.012} \times (1\text{m})^{\frac{2}{3}} \times \left(\dfrac{1}{100}\right)^{\frac{1}{2}} = 8.333\,\text{m/sec}$

따라서 $Q = 8\text{m}^2 \times 8.333\,\text{m/sec} = 66.7\,\text{m}^3/\text{sec}$

Tip
① 유량(Q)를 계산시 소수점 둘째자리에서 반올림 주의

② 원형에서 경심(R) $= \dfrac{\text{단면적}(A)}{\text{윤변길이}(S)} = \dfrac{\frac{\pi D^2}{4}}{\pi D} = \dfrac{D}{4}\,(\text{m})$

③ 장방형에서 경심(R) $= \dfrac{\text{단면적}(A)}{\text{윤변길이}(S)} = \dfrac{b \times h}{b + 2h}\,(\text{m})$

09 다음과 같은 조건하에서 활성슬러지조에서 미생물체류시간(day)을 계산하시오.

- 유입수량 : $10,500\text{m}^3/\text{day}$
- 유출수 BOD : 20mg/L
- kd : 0.05/day
- 유입수 BOD : 200mg/L
- Y : 0.6
- $Q_w \cdot SS_w$: 756kg/day

 $Q_w \cdot SS_w = \dfrac{Y \cdot Q \cdot (\text{BOD}_i - \text{BOD}_o)}{1 + (\text{Kd} \cdot \text{SRT})}$

$756\text{kg/day} = \dfrac{0.6 \times 10,500\text{m}^3/\text{day} \times (0.2 - 0.02)\text{kg/m}^3}{1 + (0.05/\text{day} \times \text{SRT})}$ $\therefore \text{SRT} = 10\,\text{day}$

Tip
ppm = mg/L = g/m³ 이므로 mg/L × 10^{-3} → kg/m³

다음은 Phostrip공법의 공정도이다. 다음에 주어진 내용의 역할을 각각 서술하시오.

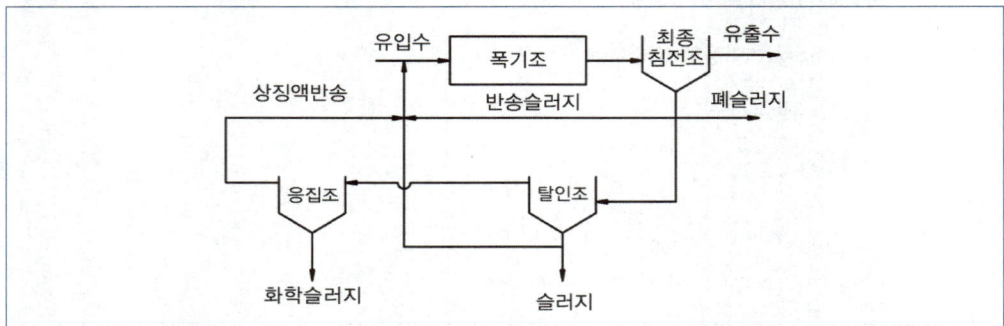

(1) 포기조
(2) 탈인조
(3) 화학처리
(4) 탈인조 슬러지

 (1) 포기조 : 인의 과잉 흡수
(2) 탈인조 : 혐기성조라고도 하며 역할은 인의 방출
(3) 화학처리 : 상징수에 포함되어 있는 인을 석회(Lime)를 이용해 화학침전시켜 제거
(4) 탈인조 슬러지 : 인이 함유되어 있는 슬러지를 포기조로 반송해서 인을 과잉흡수 시킴.

01회 2011년 수질환경산업기사 최근 기출문제

2011년 5월 시행

01 고도처리공법 중 Phostrip 공법에서 인의 제거원리를 서술하시오.

풀이 활성슬러지공법으로 침전된 슬러지를 탈인조로 보내 인을 방출시켜 상징수를 응집조로 보낸다. 이 응집조에서는 석회(Lime)를 주입하여 화학적으로 인을 침전 제거한다. 그리고 Phostrip 공법은 인 성분을 생물학적, 화학적 원리를 이용하여 제거하는 방법이다.

02 어느 폐수의 잔류 COD를 흡착법으로 제거하기 위하여 활성탄(A · C)을 사용하였다. 폐수의 유량은 100m³/day이며 50mg/L의 잔류 COD를 함유하고 있다. 이 폐수의 잔류 COD를 30mg/L로 줄이고자 할 때 하루에 주입하여야 하는 활성탄(A · C)의 양(g/day)을 계산하시오. (단, Freundlich 공식 이용하고 k = 0.5, n = 2이다.)

풀이 ① $\dfrac{X}{M} = K \times C^{\frac{1}{n}}$

$\begin{bmatrix} X : \text{농도차[유입수 농도}(C_i) - \text{유출수 농도}(C_o)](mg/L) \\ M : \text{활성탄의 주입 농도}(mg/L) \\ C : \text{유출수 농도}(C_o)(mg/L) \\ k,\ n : \text{상수} \end{bmatrix}$

따라서 $\dfrac{(50-30)mg/L}{M} = 0.5 \times (30mg/L)^{\frac{1}{2}}$

∴ $M = \dfrac{(50-30)mg/L}{0.5 \times (30mg/L)^{\frac{1}{2}}} = 7.303\,mg/L$

② 활성탄의 주입량(g/day) = 활성탄의 주입농도(g/m³) × 폐수의 유량(m³/day)
= $7.303g/m^3 \times 100m^3/day = 730.3g/day$

Tip
① ppm = mg/L = g/m³
② 활성탄의 주입 농도 7.303mg/L = 7.303g/m³

03 $C_5H_8O_2N$이 호기성조건하에서 1단계 반응에서 탄소(C)는 CO_2, 질소(N)는 아질산염으로 되고, 2단계 반응에서 아질산염은 질산염으로 된다. 50mg/L의 $C_5H_8O_2N$이 호기성조건하에서 분해될 때 요구되는 이론산소량(mg/L)을 계산하시오.

① 1단계 반응 : $C_5H_8O_2N + 7O_2 \rightarrow 5CO_2 + 4H_2O + NO_2^-$

② 2단계 반응 : $NO_2^- + \frac{1}{2}O_2 \rightarrow NO_3^-$

총괄반응식은 ① + ②이다.
$C_5H_8O_2N + 7.5O_2 \rightarrow 5CO_2 + 4H_2O + NO_3^-$
114g :   7.5 × 32g
50mg/L : X(ThOD)

∴ $X(ThOD) = \dfrac{7.5 \times 32g \times 50mg/L}{114g} = 105.26 mg/L$

04 아래의 계통도는 질소와 인을 처리하는 고도처리법이다. 다음 물음에 답하시오.

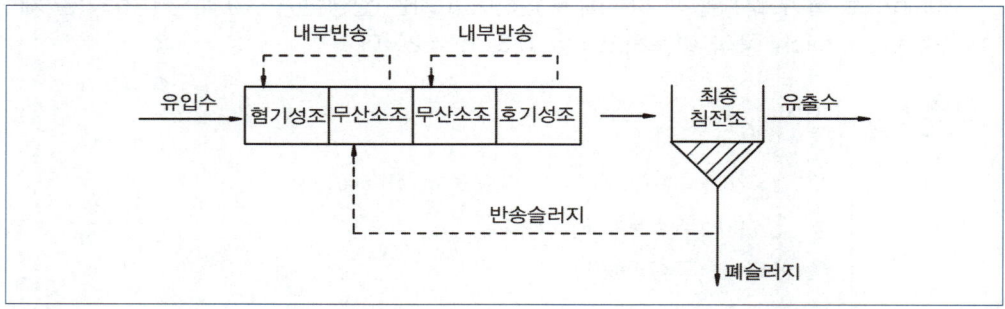

(1) 그림의 공법은 반송슬러지를 혐기성조로 반송하지 않고 무산소조(anoxic)로 슬러지를 반송하는 것이 특징이다. 이는 무엇을 위한 것인가?
(2) 위 그림의 공정 명칭은 무엇인가?

(1) 혐기성조에 질산염의 부하를 감소시킴으로써 인의 방출을 증대시키기 위해서
(2) UCT 공법

05 염산(HCl) 145mg을 물에 용해시켜 1L로 하였다. 이 염산(HCl)용액에 1N의 NaOH(수산화나트륨) 용액을 3mL를 주입하였을 때 다음 물음에 답하시오.
(1) NaOH(수산화나트륨)을 주입하기전의 pH를 계산하시오.
(2) NaOH(수산화나트륨)을 주입후의 pH를 계산하시오.

(1) NaOH 주입전의 pH계산

① HCl의 $\dfrac{mol}{L} = \dfrac{0.145g}{1L} \times \dfrac{1mol}{36.5g} = 3.97 \times 10^{-3} mol/L$

② $pH = -\log[H^+] = -\log[3.97 \times 10^{-3} mol/L] = 2.40$

> **Tip**
> ① HCl의 145mg = 0.145g
> ② HCl 1mol = 분자량(g) = 36.5g
> ③ 산성물질에서 $pH = -\log[H^+]$
> ④ 알칼리성물질에서 $pH = 14 + \log[OH^-]$

(2) NaOH 주입후의 pH 계산

혼합농도의 N농도 $= \dfrac{NV - N'V'}{V + V'} = \dfrac{(3.97 \times 10^{-3} N \times 1{,}000mL) - (1N \times 3mL)}{1{,}000mL + 3mL} = 9.67 \times 10^{-4} N$

따라서 $pH = -\log[H^+] = -\log[9.67 \times 10^{-4} mol/L] = 3.02$

> **Tip**
> ① 1가 물질은 M농도 = N농도
> ② HCl(염산)은 1가 물질
> ③ NaOH(가성소다)는 1가 물질

06 Glucose($C_6H_{12}O_6$)로 COD 1,000ppm인 표준용액을 1L 만들고자 할 때, 표준용액 1L에 포함된 Glucose의 양(g)을 계산하시오.

　$C_6H_{12}O_6 + 6O_2 \rightarrow 6CO_2 + 6H_2O$
　　180g　　：　$6 \times 32g$
　　X　　　：　$1{,}000mg/L \times 1L$
　　$\therefore X = \dfrac{180g \times 1{,}000mg/L \times 1L}{6 \times 32g} = 937.5mg = 0.94g$

07 BOD 40kg/m³인 혼합 생슬러지가 1일 250m³ 발생하며 이것을 중온 혐기성소화법에 의하여 처리하고자 한다. 소화율(%)를 계산하시오. (단, 생슬러지의 고형물중 FS_1=0.35, VS_1=0.65, 소화된 슬러지의 고형물중 FS_2= 0.5, VS_2= 0.5이다)

　소화율(%) $= \left\{1 - \dfrac{VS_2/FS_2}{VS_1/FS_1}\right\} \times 100 = \left\{1 - \dfrac{0.5/0.5}{0.65/0.35}\right\} \times 100 = 46.15\%$

08 유량 100,000m³/day의 하천에 인구 20만의 도시로부터 5,000m³/day의 유량으로 하수가 유입되고 있다. 유입되기 전 하천의 BOD는 1.2mg/L이고, 유입후 하천의 BOD를 3mg/L 이하로 유지하기 위해 하수처리장을 건설하려고 한다. 이 처리장의 BOD 제거효율(%)을 계산하시오. (단, 인구 1인당 BOD 배출량은 50g/day이다.)

풀이

① 혼합공식을 이용해 하수처리장의 BOD 유출농도를 계산한다.

$$C_m = \frac{Q_1 C_1 + Q_2 C_2}{Q_1 + Q_2}$$

$$3\text{mg/L} = \frac{100,000\text{m}^3/\text{day} \times 1.2\text{mg/L} + 5,000\text{m}^3/\text{day} \times C_2}{(100,000 + 5,000)\text{m}^3/\text{day}}$$

∴ $C_2 = 39$mg/L(하수처리장의 유출수 BOD)

② BOD 제거효율(%) = $\left\{ 1 - \dfrac{유출수\ BOD}{유입수\ BOD} \right\} \times 100$

$= \left\{ 1 - \dfrac{39\text{g/m}^3 \times 5,000\text{m}^3/\text{day}}{50\text{g/day} \cdot 인 \times 200,000인} \right\} \times 100 = 98.05\%$

Tip ppm = mg/L = g/m³

09 NaOH 0.418g을 물에 녹여 500mL 용액을 만들었다. 물음에 답하시오.
(1) 몇 mg/L인가?
(2) 몇 N인가?
(3) pH는 얼마인가?
(4) 위의 용액 100mL를 중화하는데 0.2M H₂SO₄ 몇 mL가 소요되는가?

(1) mg/L = $\dfrac{0.418\text{g}}{500\text{mL}} \times \dfrac{10^3\text{mL}}{1\text{L}} \times \dfrac{10^3\text{mg}}{1\text{g}} = 836\,\text{mg/L}$

(2) N농도(eq/L) = $\dfrac{0.418\text{g}}{500\text{mL}} \times \dfrac{10^3\text{mL}}{1\text{L}} \times \dfrac{1\text{eq}}{40\text{g}} = 0.02\text{N}$

(3) NaOH는 1가 물질이므로 M농도와 N농도가 같으므로 0.02N은 0.02M이 된다.
따라서 pH = 14 + log[OH⁻]
= 14 + log[0.02M] = 12.30

(4) 중화적정공식 : $NV = N'V'$
0.02N × 100mL = (0.2 × 2)N × V'
∴ $V' = \dfrac{0.02\text{N} \times 100\text{mL}}{(0.2 \times 2)\text{N}} = 5.0\,\text{mL}$

| Tip | ① $1eq = \dfrac{분자량(g)}{가수}$ 이므로 NaOH의 $1eq = \dfrac{40g}{1} = 40g$
② M농도의 단위는 mol/L, N농도의 단위는 eq/L
③ 산성물질에서 $pH = -\log[H^+]$
④ 알칼리성 물질에서 $pH = 14 + \log[OH^-]$
⑤ M농도 → N농도 ; M농도 × 가수 = N 농도
⑥ H_2SO_4는 2가 물질이므로 $0.2M \times 2 = 0.4N$ |

10 유량이 50,000m³/day인 공장폐수를 응집제를 이용하여 응집처리하기 위해 황산알루미늄 $[Al_2(SO_4)_3]$ 또는 황산제일철$[FeSO_4]$을 사용하고자 한다. 시료 1,000mL(시료 + 응집제)에 대한 Jar-Test시험결과 황산알루미늄$[Al_2(SO_4)_3]$주입량이 200mg/L와 철 40mg Fe^{2+}/L인 경우에 각각 최적의 처리결과가 나타났다. 다음 물음에 답하시오.

- 100% 순도의 황산알루미늄$[Al_2(SO_4)_3]$의 가격은 150원/Kg
- 100% 순도의 황산제일철$[FeSO_4]$의 가격은 120원/Kg
- Fe의 원자량은 56
- S의 원자량은 32

(1) 최적의 수질을 얻기 위해 필요한 황산알루미늄$[Al_2(SO_4)_3]$의 소요되는 비용(원/day)을 계산하시오.

(2) 최적의 수질을 얻기 위해 필요한 황산제일철$[FeSO_4]$의 소요되는 비용(원/day)을 계산하시오.

풀이 (1) 황산알루미늄$[Al_2(SO_4)_3]$의 소요되는 비용(원/day)

$= \dfrac{0.2Kg}{m^3} \times \dfrac{50,000m^3}{day} \times \dfrac{150원}{Kg}$

$= 1,500,000$원/day

(2) 황산제일철$[FeSO_4]$의 소요되는 비용(원/day)

① 주입된 철이온을 황산제일철$[FeSO_4]$로 환산한다.

$FeSO_4$: Fe^{2+}
152g : 56g
X : 40 mg/L

∴ X = 108.57 mg/L

② 황산제일철$[FeSO_4]$의 소요되는 비용(원/day)

$= \dfrac{0.10857Kg}{m^3} \times \dfrac{50,000m^3}{day} \times \dfrac{120원}{Kg}$

$= 651,420$원/day

| Tip | ① $ppm = mg/L = g/m^3$
② $mg/L \times 10^{-3} \rightarrow Kg/m^3$ |

어느 폐수처리시설에서 직경 0.02mm, 비중이 2.5인 입자를 중력침강시켜 제거하고자 한다. 수온 4℃에서 물의 비중은 1.0, 점성계수가 0.01g/cm·sec일 때 입자의 침강속도(cm/sec)를 계산하시오. (단, 입자의 침강속도는 Stokes식에 따른다.)

 $Vs = \dfrac{d^2(\rho_s - \rho_w)g}{18\mu}$

$\begin{bmatrix} Vs : \text{침강속도(cm/sec)} & d : \text{직경(cm)} \\ \rho_s : \text{입자의 비중(g/cm}^3\text{)} & \rho_w : \text{물의 비중(g/cm}^3\text{)} \\ g : \text{중력가속도(980cm/sec}^2\text{)} & \mu : \text{점성계수(g/cm·sec)} \end{bmatrix}$

따라서 $Vs = \dfrac{(0.02 \times 10^{-1}\text{cm})^2 \times (2.5-1.0)\text{g/cm}^3 \times 980\text{cm/sec}^2}{18 \times 0.01\text{g/cm·sec}} = 0.03\text{cm/sec}$

Tip 점성계수 단위 : Poise = g/cm·sec

  직경 100mm관에 0.1m/sec의 유속으로 유체가 흐르고 있다. 관의 직경을 80mm로 바꾸었을 때의 유속(m/sec)을 계산하시오.

$Q = A \times v = \dfrac{\pi D^2}{4} \times v$

$\begin{bmatrix} Q : \text{유량(m}^3\text{/sec)} & A : \text{면적(m}^2\text{)} \\ v : \text{유속(m/sec)} & D : \text{직경(m)} \end{bmatrix}$

따라서 $\dfrac{\pi \times (0.1\text{m})^2}{4} \times 0.1\text{m/sec} = \dfrac{\pi \times (0.08\text{m})^2}{4} \times v$

∴ $v = \dfrac{\dfrac{\pi \times (0.1\text{m})^2}{4} \times 0.1\text{m/sec}}{\dfrac{\pi \times (0.08\text{m})^2}{4}} = 0.16 m/\text{sec}$

Tip 직경(D) 100mm = 0.1m
직경(D) 80mm = 0.08m

02회 2011년 수질환경산업기사 최근 기출문제

2011년 7월 시행

01 Ca^{2+}의 농도가 80mg/L, Mg^{2+}의 농도가 73mg/L이고 나트륨 흡착률(SAR)이 2.23일 때 나트륨(Na^+)의 농도(mg/L)를 계산하시오.

풀이 ① SAR(나트륨 흡착률) $= \dfrac{Na^+}{\sqrt{\dfrac{Ca^{2+} + Mg^{2+}}{2}}}$

단위 : meq/L = me/L = mN = mg/L ÷ 1당량mg
Ca^{2+}(mN) = 80mg/L ÷ 20 = 4mN
Mg^{2+}(mN) = 73mg/L ÷ 12 = 6.08mN

따라서 $2.23 = \dfrac{Na^+}{\sqrt{\dfrac{(4+6.08)mN}{2}}}$

∴ Na^+ = 5.006mN

② Na^+(mg/L) = mN × 1당량mg = 5.006mN × 23 = 115.15mg/L

02 다음은 Fenton 산화법에 대한 설명이다. 물음에 답하시오.
(1) Fenton 산화법에 사용되는 시약을 서술하시오.
(2) Fenton 시약에서 발생되는 강한 산화력을 가진 물질을 서술하시오.

풀이 (1) Fenton 시약 : H_2O_2, 촉매 : 황산제1철
(2) OH 라디칼

03 0.1mg/L의 염소로 소독을 하여 박테리아의 80%가 2분 만에 제거되었다. 1차 반응일 때 90%의 박테리아를 제거하는데 소요되는 시간(min)을 계산하시오.

풀이 ① $\ln\dfrac{N_t}{N_o} = -k \times t$

$\ln\dfrac{20}{100} = -k \times 2\text{min}$

∴ $k = \dfrac{\ln\dfrac{20}{100}}{-2\text{min}} = 0.8047/\text{min}$

② $\ln\dfrac{10}{100} = -0.8047/\min \times t$

$\therefore t = \dfrac{\ln\dfrac{10}{100}}{-0.8047/\min} = 2.86\min$

04 다음표는 A_2/O 공법에 의한 각 반응조별 상등수의 분석 결과이다. 다음 물음에 답하시오.

분석항목	공정명				
$PO_4-P(mg/L)$	유입수	①	②	③	처리수
	5	15	8	1	1

(1) ①번 반응조 이름, PO_4-P 농도가 높아지는 이유를 서술하시오.
(2) ③번 반응조 이름, PO_4-P 농도가 매우 낮아지는 이유를 서술하시오.

(1) 반응조 이름 : 혐기성조
PO_4-P의 농도가 높아지는 이유는 인(P)의 방출이 있으므로
(2) 반응조 이름 : 호기성조
PO_4-P의 농도가 매우 낮아지는 이유는 미생물에 의한 인(P)의 과잉섭취가 일어나기 때문이다.

05 지름 1,000mm의 원심력 철근 콘크리트관이 매설되어 있다. 만관으로 흐를 때 유량(m³/sec)을 계산하시오. (단, 조도계수(n) = 0.015, 동수구배 = 0.001, Manning 공식 이용)

유량(Q) = 단면적(A) × 유속(v)

① $A = \dfrac{\pi D^2}{4} = \dfrac{\pi}{4} \times (1m)^2 = 0.7854m^2$

② $v = \dfrac{1}{n} \times R^{\frac{2}{3}} \times I^{\frac{1}{2}} (m/sec)$

$\begin{bmatrix} n : 조도계수 & R : 경심 \\ I : 기울기(동수구배) & \end{bmatrix}$

$\therefore v = \dfrac{1}{0.015} \times \left(\dfrac{1m}{4}\right)^{\frac{2}{3}} \times (0.001)^{\frac{1}{2}} = 0.8366 m/sec$

따라서 $Q = A \times v = 0.7854m^2 \times 0.8366m/sec = 0.66m^3/sec$

Tip
① $R(경심) = \dfrac{단면적(A)}{윤변의 길이(S)} = \dfrac{\dfrac{\pi D^2}{4}}{\pi \cdot D} = \dfrac{D}{4}(m)$
② 지름 $1,000mm = 1000 \times 10^{-3}m = 1m$

06 글루코스($C_6H_{12}O_6$)를 기질로 하여 BOD 1kg이 혐기성 분해 시 발생하는 CH_4량(L)을 계산하시오.

풀이
① $C_6H_{12}O_6 + 6O_2 \rightarrow 6CO_2 + 6H_2O$
   180kg : 6×32kg
   X : 1kg
   ∴ X = 0.9375kg
② $C_6H_{12}O_6 \rightarrow 3CH_4 + 3CO_2$
   180g : 3×22.4 L
   0.9375kg × 10^3g/kg : Y
   ∴ Y = 350L

07 Cd^{2+}가 함유된 산성 수용액에 pH를 증가하면 카드뮴이 침전물로 형성되어 제거된다. pH가 11인 경우 수용액중의 Cd^{2+}의 농도(mg/L)를 계산하시오. (단, $Cd(OH)_2$의 용해도적(Ksp)는 3.0×10^{-15}, Cd의 원자량은 112이다.)

풀이
pH가 11이면 pOH = 14 − pH = 14−11 = 3이므로 $[OH^-]=10^{-3}$mol/L 이다.
$Cd(OH)_2 \rightarrow Cd^{2+} + 2OH^-$ 에서
용해도적(Ksp)= $[Cd^{2+}][OH^-]^2$
$[Cd^{2+}] = \dfrac{Ksp}{[OH^-]^2} = \dfrac{3.0 \times 10^{-15}}{(10^{-3}\text{mol/L})^2} = 3.0 \times 10^{-9}$ mol/L

따라서 Cd^{2+}(mg/L)= $\dfrac{3.0 \times 10^{-9}\text{mol}}{L} \times \dfrac{112g}{1mol} \times \dfrac{10^3 mg}{1g} = 3.36 \times 10^{-4}$ mg/L

08 NH_4^+-N 40mg/L가 포함된 폐수를 공기탈기법으로 처리하고자 한다. 유출수 NH_4^+-N 4mg/L 이하로 제거하기 위해 pH를 얼마 이상으로 유지해야 하는가? (단, K_b = 1.8×10^{-5}이다)

풀이
① 암모늄이온의 제거율=$(1- \dfrac{4mg/L}{40mg/L}) \times 100 = 90\%$
② 공기 탈기법 : $NH_3 + H_2O \rightleftharpoons NH_4^+ + OH^-$
③ $K_b = \dfrac{[NH_4^+][OH^-]}{[NH_3]} = 1.8 \times 10^{-5}$
④ $NH_3(\%) = \dfrac{[NH_3]}{[NH_3]+[NH_4^+]} \times 100 = 90\%$

(분자, 분모를 $[NH_3]$로 나누면)

$= \dfrac{1}{1 + \dfrac{[NH_4^+]}{[NH_3]}} \times 100 = 90\%$식을 정리하면

$$0.90 + 0.90 \frac{[NH_4^+]}{[NH_3]} = 1$$

$$0.90 \frac{[NH_4^+]}{[NH_3]} = 1 - 0.90$$

$$\therefore \frac{[NH_4^+]}{[NH_3]} = \frac{1-0.90}{0.90} = 0.1111$$

③식을 정리하면

$$1.8 \times 10^{-5} = \frac{[NH_4^+][OH^-]}{[NH_3]} \text{에서}$$

$$1.8 \times 10^{-5} = \frac{[NH_4^+]}{[NH_3]} \times [OH^-] \Leftarrow \frac{[NH_4^+]}{[NH_3]} = 0.1111 \text{ 대입}$$

$$\therefore 1.8 \times 10^{-5} = 0.1111 \times [OH^-]$$

$$\therefore [OH^-] = 1.62 \times 10^{-4} \text{ mol/L}$$

⑤ $pH = 14 + \log[OH^-]$
   $= 14 + \log[1.62 \times 10^{-4} \text{mol/L}] = 10.21$

Tip
① 산성 물질에서 $pH = -\log[H^+]$
② 알칼리성 물질에서 $pH = 14 + \log[OH^-]$

09 페놀(C_6H_5OH) 150mg/L의 이론적인 산소요구량(mg/L)을 계산하시오.

풀이
$C_6H_5OH + 7O_2 \rightarrow 6CO_2 + 3H_2O$
94g : $7 \times 32g$
150mg/L : X(ThOD)

$$\therefore X(ThOD) = \frac{150\text{mg/L} \times 7 \times 32g}{94g} = 357.45\text{mg/L}$$

10 H 강의 유량이 2.8m³/sec이고 BOD 농도가 4.0mg/L이고, J 하천과 C 하천이 만나서 혼합된 후의 유량이 560m³/sec이고 BOD 농도가 50mg/L인 혼합하천이 다시 H강과 합류하여 흘러간다. H강과 합류된 지점의 BOD 농도(mg/L)를 계산하시오.

풀이 혼합공식 $C_m = \frac{Q_1C_1 + Q_2C_2}{Q_1 + Q_2}$ 를 이용한다.

$$C_m = \frac{2.8\text{m}^3/\text{sec} \times 4.0\text{mg/L} + 560\text{m}^3/\text{sec} \times 50\text{mg/L}}{2.8\text{m}^3/\text{sec} + 560\text{m}^3/\text{sec}}$$
$= 49.77\text{mg/L}$

포기조 내 혼합액 1L를 30분간 정치했을 때 슬러지용량이 300mL이다. 유입수중의 슬러지와 포기조에서 생성슬러지를 무시한다면 슬러지의 반송유량(m^3/day)을 계산하시오. (단, 유입유량은 40,000m^3/day이다.)

① $SV(\%) = (300\text{mL/L} \times 10^{-3}\text{L/mL}) \times 100 = 30\%$
② 반송비 $= \dfrac{SV(\%)}{100 - SV(\%)}$
$= \dfrac{30\%}{100 - 30\%}$
$= 0.4286$
③ 반송유량(m^3/day) $=$ 유입유량 $\times$ 반송비
$= 40,000 m^3/\text{day} \times 0.4286$
$= 17,144 m^3/\text{day}$

03회 2011년 수질환경산업기사 최근 기출문제

2011년 10월 시행

01 BOD농도가 1.2mg/L, 유량이 400,000m³/day인 하천에 인구가 20만명인 도시로부터 하수가 50,000m³/day 유입된다. 유입 후 하천의 BOD농도를 3.0mg/L 이하로 유지하기위해 하수처리장을 건설하려고 할 때 하수처리장의 BOD 제거효율(%)을 얼마 이상으로 유지해야 하는지 계산하시오. (단, 1인당 BOD 배출 원단위는 50g/day이다.)

풀이

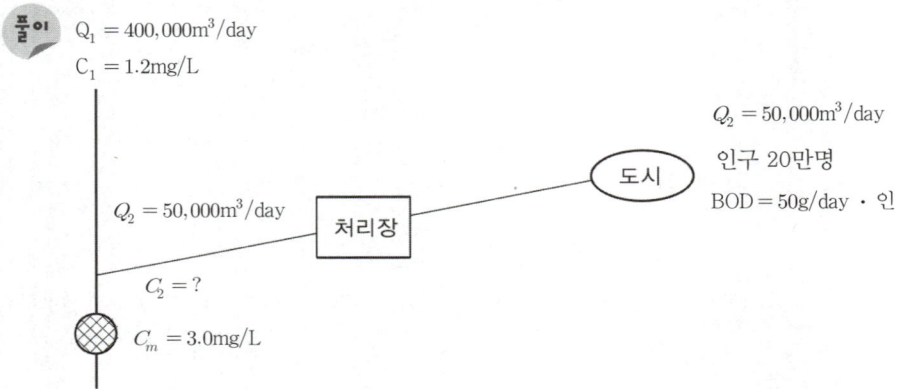

① 혼합공식을 이용해 C_2 (처리장에서 유출된 BOD 농도=BOD_o)를 계산한다.

$$C_m = \frac{Q_1 C_1 + Q_2 C_2}{Q_1 + Q_2}$$

$$3.0\text{mg/L} = \frac{400,000\text{m}^3/\text{day} \times 1.2\text{mg/L} + 50,000\text{m}^3/\text{day} \times C_2}{400,000\text{m}^3/\text{day} + 50,000\text{m}^3/\text{day}}$$

∴ $C_2 = 17.4$ mg/L

② 처리장으로 유입되는 BOD 농도(BOD_i)

$= 50\text{g/day} \cdot 인 \times 200,000인 \times \dfrac{1}{50,000\text{m}^3/\text{day}}$

$= 200\text{g/m}^3 = 200\text{mg/L}$

③ BOD 제거효율 $= \left\{1 - \dfrac{BOD_o}{BOD_i}\right\} \times 100$

$= \left\{1 - \dfrac{17.4\text{mg/L}}{200\text{mg/L}}\right\} \times 100$

$= 91.3\%$

02 박테리아($C_5H_7O_2N$)를 호기성 분해할 때 다음 물음에 답하시오. (단, 탈산소계수(K_1) = 0.1/day, 상용대수기준, BOD_U = COD, $C_5H_7O_2N$은 CO_2, H_2O, NH_3로 분해됨.)

(1) $\dfrac{BOD_5}{COD}$

(2) $\dfrac{BOD_5}{TOC}$

(3) $\dfrac{TOC}{COD}$

풀이 ① BOD_5 계산
$C_5H_7O_2N + 5O_2 \rightarrow 5CO_2 + 2H_2O + NH_3$
$BOD_5 = BOD_u \times (1-10^{-k_1 \times t}) = BOD_u \times (1-10^{-0.1/day \times 5day}) = 0.6838 BOD_u$

② TOC 계산
$C_5H_7O_2N$: $5O_2$
$5 \times 12g$: $5 \times 32g$
TOC : BOD_u
$\therefore TOC = \dfrac{5 \times 12g \times BOD_u}{5 \times 32g} = 0.375 BOD_u$

(1) $\dfrac{BOD_5}{COD} = \dfrac{0.6838 BOD_u}{BOD_u} = 0.68$

(2) $\dfrac{BOD_5}{TOC} = \dfrac{0.6838 BOD_u}{0.375 BOD_u} = 1.82$

(3) $\dfrac{TOC}{COD} = \dfrac{0.375 BOD_u}{BOD_u} = 0.38$

03 관내에서 압력이 존재하는 관수로의 흐름에서 유량측정방법을 4가지만 서술하시오.

풀이 ① 벤튜리미터(Venturi Meter)
② 유량 측정용 노즐(Nozzle)
③ 오리피스(Orifice)
④ 피토우(Pitot)관

04 다음에 주어지는 막공법의 추진력을 쓰시오.

(1) 전기투석

(2) 투석

(3) 역삼투

(4) 한외여과

(1) 전기투석 : 전위차
(2) 투석 : 농도차
(3) 역삼투 : 정수압차
(4) 한외여과 : 정수압차

> **Tip**
> ① 나노여과 : 정수압차
> ② 정밀여과 : 정수압차

05 직경(D)이 450mm인 하수용 원심력 철근 콘크리트관이 구배 10‰로 매설되어 있다. 만수된 상태로 송수된다고 할 때 Manning 공식을 이용하여 유량(m^3/sec)을 계산하시오. (단, 조도계수 (n)은 0.015)

(1) Manning 공식에 의한 유속(v) = $\dfrac{1}{n} \times R^{\frac{2}{3}} \times I^{\frac{1}{2}}$ (m/sec)

$\left[\; n : 조도계수 \qquad R : 경심(R = \dfrac{D}{4}) \qquad I : 구배(기울기) \right.$

따라서 v = $\dfrac{1}{0.015} \times \left(\dfrac{0.45\text{m}}{4}\right)^{\frac{2}{3}} \times \left(\dfrac{10}{1000}\right)^{\frac{1}{2}}$ = 1.5536 m/sec

> **Tip**
> ① 직경(D) = 450mm = 450 × 10^{-3} m = 0.45 m
> ② 기울기(I) = 10‰ = $\dfrac{10}{1,000}$
> ③ 경심(R) = $\dfrac{면적(A)}{윤변의 길이(S)}$ = $\dfrac{\dfrac{\pi D^2}{4}}{\pi \cdot D}$ = $\dfrac{D}{4}$ (m)

(2) 유량(Q) = 면적(A) × 유속(v) = $\dfrac{\pi}{4} \times (0.45\text{m})^2 \times 1.5536\text{m/sec}$ = 0.25 m^3/sec

> **Tip**
> ① 면적(A) = $\dfrac{\pi D^2}{4}$ (m^2)
> ② (1)에서 구한 유속(v)을 (2)에 사용한다.

06 유기물을 혐기성으로 처리할 때 메탄(CH_4)의 최대수율은 제거되는 COD 1kg당 CH_4 0.35m^3이다. 유량이 685m^3/day, COD의 농도가 2500mg/L인 폐수의 COD 제거효율이 85% 일 때 메탄(CH_4)의 발생량(m^3/day)을 계산하시오.

CH_4 발생량(m^3/day) = $\dfrac{685\text{m}^3}{\text{day}} \times \dfrac{2.5\text{kg}}{\text{m}^3} \times \dfrac{0.35\text{m}^3}{\text{kg}} \times 0.85$ = 509.47 m^3/day

07 냄새 혹은 생물학적 처리불가능(NBD)COD를 제거하기 위하여 흡착제로 활성탄(AC)을 사용하였는데 Freundlich 등온공식이 잘 적용되었다. 즉, COD가 56mg/L인 원수에 활성탄을 20mg/L 주입시켰더니 COD가 16mg/L로 되었고, 52mg/L를 주입하였더니 COD가 4mg/L로 되었다. COD를 9mg/L로 만들기 위해 활성탄의 주입량(mg/L)을 계산하시오.

풀이 등온흡착식 $\dfrac{X}{M} = K \cdot C^{\frac{1}{n}}$

$\begin{bmatrix} X : 농도차(처음농도 - 나중농도)(mg/L) & M : 활성탄의 주입농도(mg/L) \\ C : 나중농도(mg/L) & k, n : 경험적인 상수 \end{bmatrix}$

① $\dfrac{(56-16)\text{mg/L}}{20\text{mg/L}} = K \cdot (16\text{mg/L})^{\frac{1}{n}}$

② $\dfrac{(56-4)\text{mg/L}}{52\text{mg/L}} = K \cdot (4\text{mg/L})^{\frac{1}{n}}$

③ $\dfrac{(56-9)\text{mg/L}}{M} = K \cdot (9\text{mg/L})^{\frac{1}{n}}$

$\div \begin{bmatrix} ① \ 2 = K \cdot 16^{\frac{1}{n}} \\ ② \ 1 = K \cdot 4^{\frac{1}{n}} \end{bmatrix}$

$2 = 4^{\frac{1}{n}}$

양변에 ln을 취하면 $\ln 2 = \dfrac{1}{n} \ln 4$

$\therefore n = \dfrac{\ln 4}{\ln 2} = 2 \quad \therefore K = 0.5$

따라서 $\dfrac{(56-9)\text{mg/L}}{M} = 0.5 \times (9\text{mg/L})^{\frac{1}{2}}$

$\therefore M(활성탄의 주입농도) = 31.33\text{mg/L}$

08 BOD_5가 80mg/L인 하수가 완전혼합 활성슬러지공정으로 처리된다. 유출수의 BOD_5가 10mg/L, 온도 20℃, 유입유량 40,000톤/day, MLVSS가 2,000mg/L, Y값 0.6mg VSS/mg BOD_5, kd값 0.6/day, 미생물 체류시간 10일이라면 Y값과 kd값을 이용한 반응조의 부피(m^3)를 계산하시오. (단, 비중은 1.0 기준)

풀이 $\dfrac{1}{SRT} = \dfrac{Y \cdot Q \cdot (BOD_i - BOD_o)}{MLVSS \cdot V} - kd$

$\begin{bmatrix} SRT : 미생물 체류시간(day) \\ Y : 세포생산계수(mg \ MLVSS/mg \ 기질) \ 또는 \ 수율(mg \ SS/mg \ BOD) \\ Q : 유량(m^3/day) \qquad BOD_i : 유입수의 \ BOD(mg/L) \\ BOD_o : 유출수의 \ BOD(mg/L) \quad MLVSS : 활성미생물의 \ 농도(mg/L) \\ V : 체적(m^3) \qquad kd : 자기분해 \ 속도상수 \ 또는 \ 내호흡계수(/day) \end{bmatrix}$

따라서 $\dfrac{1}{10\text{day}} = \dfrac{0.6 \times 40{,}000\text{m}^3/\text{day} \times (80-10)\text{mg/L}}{2{,}000\text{mg/L} \times V} - 0.6/\text{day}$

∴ $V = 1{,}200\text{m}^3$

Tip 물의 비중이 1.0ton/m³이므로 유입유량 40,000톤/day = 40,000 m³/day

09 A/O 공법의 공정도에 대한 물음에 답하시오.

(1) A/O공법의 공정도에서 빈칸을 채우시오.

유입수 → (①) → (②) → 침전조 → 유출수

(2) ① 반응조와 ② 반응조의 역할을 쓰시오.

(1) ① 혐기성조, ② 호기성조
(2) ① 혐기성조의 역할 : 인(P)의 방출
② 호기성조의 역할 : 인(P)의 과잉흡수

10 BOD_5 농도가 300mg/L이고 20℃에서 k값이 0.14/day이다. 30℃에서 BOD_4농도(mg/L)를 계산하시오. (단, 온도보정계수 θ는 1.047이다.)

① $BOD_5 = BOD_u \times (1 - 10^{-k \times t})$

$300\text{mg/L} = BOD_u \times (1 - 10^{-0.14/\text{day} \times 5\text{day}})$

∴ $BOD_u = \dfrac{300\text{mg/L}}{(1 - 10^{-0.14/\text{day} \times 5\text{day}})} = 374.778\text{mg/L}$

② 20℃의 k를 30℃의 k로 전환한다.

$k(30℃) = k(20℃) \times 1.047^{(T-20)}$
$= 0.14/\text{day} \times 1.047^{(30-20)}$
$= 0.2216/\text{day}$

③ $BOD_4 = BOD_u \times (1 - 10^{-k \times t})$
$= 374.778\text{mg/L} \times (1 - 10^{-0.2216/\text{day} \times 4\text{day}})$
$= 326.10\text{mg/L}$

11 20℃에서 1차 반응속도상수(k)=0.2/day, 30℃에서 속도상수(k)=0.28/day이다. 이때 온도보정계수(θ)를 계산하시오. (단, Arrhenius식을 이용하고, 소수점 셋째자리까지 계산)

$k_{(T)} = k(20℃) \times \theta^{(T-20)}$

$0.28/\text{day} = 0.2/\text{day} \times \theta^{(30-20)}$

$$\theta^{(30-20)} = \frac{0.28/\text{day}}{0.2/\text{day}}$$

$$\therefore \theta = \left(\frac{0.28/\text{day}}{0.2/\text{day}}\right)^{\frac{1}{30-20}} = 1.034$$

12 다음 그래프를 보고 물음에 답하시오.

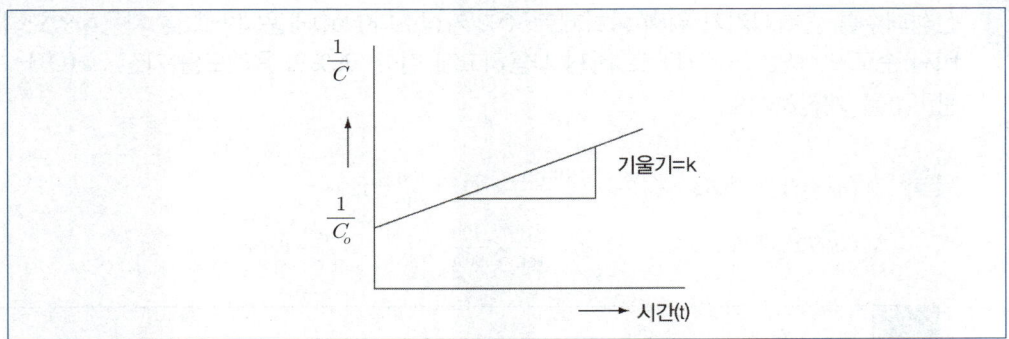

(1) 위의 그래프는 몇 차 반응에 해당하는가?

(2) 위의 그래프와 관계있는 $\frac{1}{C_o} = -k \cdot t + \frac{1}{C}$ 유도식을 나타내시오.

풀이 (1) 2차 반응

(2) $\frac{1}{C_o} = -k \cdot t + \frac{1}{C}$ 유도식

$\frac{dC}{dt} = -k \cdot C^2$

$\int_{C_o}^{C} \frac{1}{C^2} dc = -k \int_{0}^{t} dt$

$-\left[\frac{1}{C}\right]_{C_o}^{C} = -k[t]_{o}^{t}$

$-\frac{1}{C} + \frac{1}{C_o} = -k \cdot t$

따라서 $\frac{1}{C_o} = -k \cdot t + \frac{1}{C}$

01회 2012년 수질환경산업기사 최근 기출문제

2012년 4월 시행

01 산성폐수를 중화시키기 위해 중화제로 10% 가성소다(NaOH)용액 50L를 사용하였으나 가격이 비싸 순도 90%인 $Ca(OH)_2$로 바꿔 사용하고자 한다. 85%의 용해도를 가진 $Ca(OH)_2$의 소요량(kg)을 계산하시오.

풀이

① NaOH의 당량(eq) = $\dfrac{10g}{100mL} \times \dfrac{10^3 mL}{1L} \times 50L \times \dfrac{1eq}{40g} = 125eq$

② $Ca(OH)_2$의 소요량(kg) = $125eq \times \dfrac{37g}{1eq} \times \dfrac{100}{90\%} \times \dfrac{100}{85\%} \times \dfrac{1kg}{10^3 g} = 6.05kg$

Tip

① NaOH의 1eq = 40g

② $Ca(OH)_2$는 2당량이므로 1eq = $\dfrac{74g}{2}$ = 37g

③ 10% NaOH 용액 = 10% W/V = $\dfrac{10g}{100mL}$

02 수중의 암모늄이온은 암모니아와 평형을 이루고 있다. 이 평형은 pH와 온도에 크게 영향을 받으며 수중에서 다음과 같은 평형을 이룬다. [$NH_3 + H_2O \rightleftarrows NH_4^+ + OH^-$] 수온이 25℃이고 25℃에서 NH_3 해리상수 $K_b = 1.81 \times 10^{-5}$, pH는 8.3이라면 NH_3의 형태로 몇 %가 존재하는지 계산하시오. (단, $K_w = 1 \times 10^{-14}$)

풀이

$K_b = \dfrac{[NH_4^+][OH^-]}{[NH_3]}$

$pH + pOH = 14 \Rightarrow pOH = 14 - pH = 14 - 8.3 = 5.7$

$[OH^-] = 10^{-pOH} mol/L = 10^{-5.7} = 1.995 \times 10^{-6} mol/L$

따라서 $K_b = \dfrac{[NH_4^+]}{[NH_3]} \times [OH^-] \Rightarrow 1.81 \times 10^{-5} = \dfrac{[NH_4^+]}{[NH_3]} \times (1.995 \times 10^{-6} mol/L)$

$\therefore \dfrac{[NH_4^+]}{[NH_3]} = 9.0727$

$NH_3(\%) = \dfrac{[NH_3]}{[NH_3]+[NH_4^+]} \times 100$에서 분자와 분모를 NH_3로 나눈다.

$NH_3(\%) = \dfrac{1}{1+\dfrac{[NH_4^+]}{[NH_3]}} \times 100 = \dfrac{1}{1+9.0727} \times 100 = 9.93\%$

03 다음의 그래프는 몇 차 반응인지 쓰고, 반응식을 유도하시오.

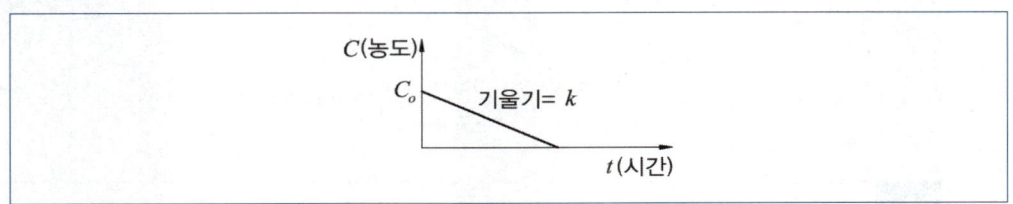

풀이 ① 0차 반응
② 식 유도
$$r = \frac{dC}{dt} = -k[C]^0$$
$$\int_{C_o}^{C_t} dC = \int_0^t -k\,dt$$
$$C_t - C_o = -k \cdot t$$

04 다음 그림은 원형 일차침전지이다. 원추형 바닥을 가진 원형의 일차침전지의 직경이 40m, 측벽의 깊이가 3m, 원추형 바닥의 깊이가 1m, 침전지의 처리유량은 9,100m³/day이다.

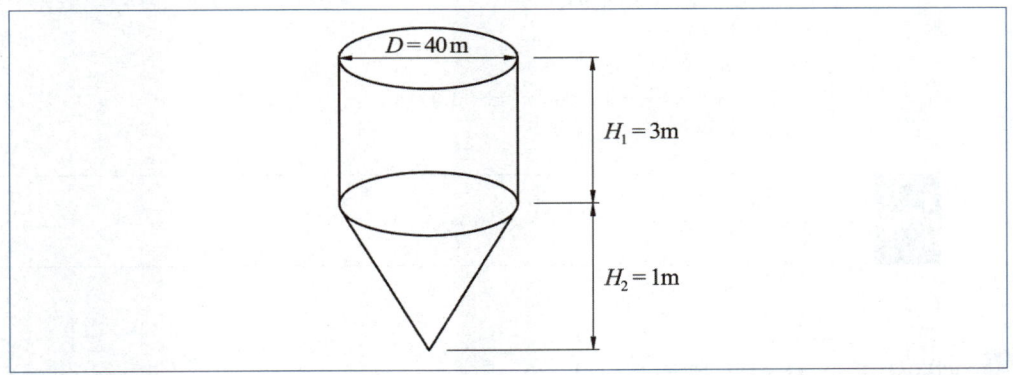

(1) 수리학적 체류시간(hr)을 계산하시오.
(2) 표면적부하(m³/m²·day)를 계산하시오.
(3) 월류부하(m³/m·day)를 계산하시오.(단, 위어의 월류길이는 원주의 $\frac{1}{2}$이다.)

풀이 (1) ① 체적$(V) = V_1 + V_2 = \left(\frac{\pi D^2}{4} \times H_1\right) + \left(\frac{\pi D^2}{4} \times H_2 \times \frac{1}{3}\right)$

$= \left\{\frac{\pi \times (40\text{m})^2}{4} \times 3\text{m}\right\} + \left\{\frac{\pi \times (40\text{m})^2}{4} \times 1\text{m} \times \frac{1}{3}\right\} = 4188.8\text{m}^3$

② 체류시간$(t) = \frac{V(\text{m}^3)}{Q(\text{m}^3/\text{hr})} = \frac{4188.8\text{m}^3}{9100\text{m}^3/\text{day} \times 1\text{day}/24\text{hr}} = 11.05\text{hr}$

(2) 표면적부하$(m^3/m^2 \cdot day) = \dfrac{Q(m^3/day)}{A(m^2)} = \dfrac{Q(m^3/day)}{\dfrac{\pi D^2}{4}(m^2)} = \dfrac{9100 m^3/day}{\dfrac{\pi \times (40m)^2}{4}}$

$= 7.24 m^3/m^2 \cdot day$

(3) 월류부하$(m^3/m \cdot day) = \dfrac{Q(m^3/day)}{\pi \times D \times \dfrac{1}{2}} = \dfrac{9100 m^3/day}{\pi \times 40m \times \dfrac{1}{2}} = 144.83 m^3/m \cdot day$

Tip 원의 둘레=원주 길이=$\pi \cdot D$

05 부피가 1,000m³인 탱크의 G값을 50/sec로 하고자 할 때 필요한 소요동력(Watt)을 계산하시오. (단, 유체점도는 $1.58 \times 10^{-5} g/cm \cdot sec$ 이다.)

 $G = \sqrt{\dfrac{P}{\mu \times V}}$

여기서 P : 동력(Watt)
　　　　G : 속도경사(/sec)
　　　　μ : 유체의 점도(kg/m · sec)
　　　　V : 체적(m³)

따라서 $P = G^2 \times \mu \times V$
$= (50/sec)^2 \times 1.58 \times 10^{-6} kg/m \cdot sec \times 1,000 m^3$
$= 3.95 Watt$

Tip $Cpoise \xrightarrow{\times 10^{-2}} g/cm \cdot sec \xrightarrow{\times 10^{-1}} kg/m \cdot sec$

06 펜톤산화법에서 다음 물음에 답하시오.

(1) H_2O_2 과량 주입시 문제점 2가지를 서술하시오.

(2) SO_3가 많이 존재할 경우 COD 처리효율과 그 이유를 서술하시오.

· 처리효율 :

· 이유 :

 (1) H_2O_2 과량 주입시 문제점
① 분해되지 않은 H_2O_2로 인한 COD농도가 증가된다.
② H_2O_2를 과량 주입함으로써 약품비용이 많이 소비된다.
③ H_2O_2를 과량 주입함으로써 수산화철의 침전율이 감소한다.

(2) ① 처리효율 : 증가한다.
  ② 이유 : SO_3는 H_2O_2에 의해 쉽게 산화되므로 COD는 감소하게 된다.

07 수중에 존재하는 암모니아가 염소와 반응하여 생성되는 물질 3가지를 쓰시오.

① 모노클로라민(NH_2Cl)
② 디클로라민($NHCl_2$)
③ 트리클로라민(NCl_3)

08 다음에 주어진 물질들의 pH를 계산하시오.

(1) $Ca(OH)_2$ 200mg/L

(2) H_2SO_4 500mg/L

(3) $Mg(OH)_2$ 350mg/L

(1) $Ca(OH)_2$ 200mg/L의 pH 계산
  ① $Ca(OH)_2 \rightarrow Ca^{2+} + 2OH^-$
     XM   XM   2XM

  $Ca(OH)_2$의 mol/L $= \dfrac{200mg}{L} \times \dfrac{1g}{10^3mg} \times \dfrac{1mol}{74g} = 2.70 \times 10^{-3}$ mol/L

  ② pH $= 14 + \log[OH^-]$
       $= 14 + \log[2 \times 2.70 \times 10^{-3} \text{mol/L}]$
       $= 11.73$

(2) H_2SO_4 500mg/L의 pH 계산
  ① $H_2SO_4 \rightarrow 2H^+ + SO_4^{2-}$
     XM   2XM   XM

  H_2SO_4의 mol/L $= \dfrac{500mg}{L} \times \dfrac{1g}{10^3mg} \times \dfrac{1mol}{98g} = 5.10 \times 10^{-3}$ mol/L

  ② pH $= -\log[H^+]$
       $= -\log[2 \times 5.10 \times 10^{-3} \text{mol/L}]$
       $= 1.99$

(3) $Mg(OH)_2$ 350mg/L의 pH 계산
  ① $Mg(OH)_2 \rightarrow Mg^{2+} + 2OH^-$
     XM   XM   2XM

  $Mg(OH)_2$의 mol/L $= \dfrac{350mg}{L} \times \dfrac{1g}{10^3mg} \times \dfrac{1mol}{58g} = 6.03 \times 10^{-3}$ mol/L

  ② pH $= 14 + \log[OH^-]$
       $= 14 + \log[2 \times 6.03 \times 10^{-3} \text{mol/L}]$
       $= 12.08$

> **Tip**
> ① 산성물질의 pH = $-\log[H^+]$
> ② 알칼리성 물질의 pH = $14 + \log[OH^-]$

09 부유물질의 농도가 180mg/L이고 하루에 3000m³을 처리하는 하수처리장이 있다. 유출수의 부유물질의 농도가 15mg/L이고, 슬러지의 함수율이 95%일때 슬러지량(m³/day)을 계산하시오. (단, 슬러지의 비중은 1.03이다.)

[풀이] 슬러지량(m³/day) = $\dfrac{\text{처리된 부유물질의 농도(kg/m}^3\text{)} \times \text{유량(m}^3\text{/day)}}{\text{비중량(kg/m}^3\text{)}} \times \dfrac{100}{100 - \text{함수율(\%)}}$

$= \dfrac{(0.18 - 0.015)\text{kg/m}^3 \times 3000\text{m}^3/\text{day}}{1030\text{kg/m}^3} \times \dfrac{100}{100 - 95} = 9.61\text{m}^3/\text{day}$

> **Tip**
> ① ppm = mg/L = g/m³ 이므로 mg/L $\times 10^{-3} \rightarrow$ kg/m³
> ② 비중 $\times 10^3 \rightarrow$ 비중량이므로 $1.03 \times 10^3 \rightarrow 1030$kg/m³

10 폐수속 입자와 물질의 농도에 따라 일어나는 침전과정 4가지를 서술하시오.

[풀이] ① Ⅰ형침전(독립침전) : 고형물의 농도가 낮은 현탁액 속의 입자가 등가속도 영역에서 중력에 의해 침전하는 것을 말한다.
② Ⅱ형침전(응집침전) : 비교적 농도가 낮은 현탁액에서 침전 중 입자들끼리 결합하고 응집하는 것을 말한다.
③ Ⅲ형침전(지역침전) : 침전하는 입자들이 너무 가까이 있어서 입자간의 힘이 이웃입자의 침전을 방해하게 되고 동일한 속도로 침전하여 활성슬러지공법의 최종침전조 중간깊이에서 일어나는 침전이다.
④ Ⅳ형침전(압밀침전) : 입자들은 농도가 너무 커서 입자들끼리 구조물을 형성하여 더 이상의 침전은 압밀에 의해서만 생기는 고농도의 부유액에서 일어나는 침전이다.

11 20℃에서 유입되는 BOD의 농도가 250mg/L이고, 유출되는 BOD의 농도가 50mg/L일 때 23℃에서 처리할 경우 다음 물음에 답하시오.(단, 온도보정계수는 1.035이다.)

(1) 23℃에서 처리효율(%)을 계산하시오.(mg/L)
(2) 23℃에서 유출되는 BOD의 농도(mg/L)를 계산하시오.
(3) 폐수량이 5000m³/day이고 BOD 면적부하가 85kg/m²·day일 때 면적(m²)을 계산하시오.
(4) 월류부하가 31.83m³/m·day이고 월류판의 반지름이 10m일 때 월류유량(m³/day)을 계산하시오.

(1) 23℃에서 처리효율(%)을 계산

  ① 20℃에서 처리효율(%) $= (1 - \dfrac{BOD_o}{BOD_i}) \times 100$

  $= \left(1 - \dfrac{50mg/L}{250mg/L}\right) \times 100 = 80\%$

  ② $E_{(23℃)} = E_{(20℃)} \times 1.035^{(T-20)} = 80\% \times 1.035^{(23-20)} = 88.70\%$

(2) 23℃에서 유출되는 BOD의 농도(mg/L) 계산

  $E_{(23℃)} = \left(1 - \dfrac{BOD_o}{BOD_i}\right) \times 100$

  $88.70\% = \left(1 - \dfrac{BOD_o}{250mg/L}\right) \times 100$

  ∴ $BOD_o = 28.25mg/L$

(3) BOD 면적부하$(kg/m^2 \cdot day) = \dfrac{BOD농도(kg/m^3) \times 폐수량(m^3/day)}{면적(m^2)}$

  $85kg/m^2 \cdot day = \dfrac{0.25kg/m^3 \times 5000m^3/day}{면적(m^2)}$

  ∴ 면적 $= \dfrac{0.25kg/m^3 \times 5000m^3/day}{85kg/m^2 \cdot day} = 14.71m^2$

(4) 월류부하$(m^3/m \cdot day) = \dfrac{월류유량}{월류길이}$

  $31.83m^3/m \cdot day = \dfrac{월류유량}{\pi \times 2 \times 10m}$

  ∴ 월류유량 $= 1999.94m^3/day$

> **Tip**
> ① $ppm = mg/L = g/m^3$ 이므로 $mg/L \times 10^{-3} \rightarrow kg/m^3$
> ② 월류길이=원의둘레=원주길이= $\pi \cdot D(m)$

12 BOD 1.5mg/L, 유량이 40,000m³/day이고, 온도가 15℃인 하천에 인구가 15만명인 도시로부터 하루에 5,000m³의 하수가 유입되고 있다. 하수가 유입된 후 하천 하류의 BOD 농도가 5mg/L이하로 유지하기 위해서 하수처리장을 건설하려고 한다. 이때 하수처리장의 처리효율(%)을 계산하시오. (단, 1인당 BOD 배출 원단위 5g/day, 온도 보정계수 1.047)

(1) 하수처리장의 BOD 제거효율(%)을 계산하시오.

(2) 20℃에서 같은 처리효율을 가지려면 몇 %의 처리효율을 더 올려야 하는지 계산하시오.

(1) BOD 제거효율(%) 계산

  제거효율(%) $= \left(1 - \dfrac{BOD_o}{BOD_i}\right) \times 100(\%)$

  ① $C_m = \dfrac{Q_1 C_1 + Q_2 C_2}{Q_1 + Q_2}$

$$5\text{mg/L} = \frac{40,000\text{m}^3/\text{day} \times 1.5\text{mg/L} + 5,000\text{m}^3/\text{day} \times C_2}{(40,000+5,000)\text{m}^3/\text{day}}$$

$\therefore C_2(=\text{BOD}_o) = 33\text{mg/L}$

② $\text{BOD}_i = \dfrac{5\text{g/인} \cdot \text{day} \times 150,000\text{인}}{5,000\text{m}^3/\text{day}} = 150\text{g/m}^3 = 150\text{mg/L}$

③ 제거효율(%) $= \left(1 - \dfrac{\text{BOD}_o}{\text{BOD}_i}\right) \times 100$

$\qquad\qquad\quad = \left(1 - \dfrac{33\text{mg/L}}{150\text{mg/L}}\right) \times 100 = 78\%$

(2) 20℃에서 같은 제거효율을 가지기 위한 증가 제거효율 계산

① 15℃ 제거효율을 20℃ 제거효율로 전환

$\quad E_{(20℃)} = E_{(15℃)} \times 1.047^{(T-15)}$

$\qquad\quad\; = 78\% \times 1.047^{(20-15)}$

$\qquad\quad\; = 98.14\%$

② $98.14\% - 78\% = 20.14\%$

따라서, 처리효율을 20.14% 증가시켜야 한다.

※ **알림**

최근기출문제는 수강생들의 도움으로 복원된 문제이므로 실제문제와 다소 차이가 있을 수 있음을 알려 드립니다.

실기시험을 친 수험생은 실기문제를 복원하여 메일로 보내 주시면 됩니다.

메일로 보내실 경우 ☞ kwe7002@hanmail.net

수험생 여러분들이 원하시는 수험서를 만들도록 항상 최선의 노력을 다하겠습니다.

02회 2012년 수질환경산업기사 최근 기출문제

2012년 7월 시행

01 COD가 15mg/L가 함유되어 있는 폐수 100m³/day가 있다. 흡착제인 활성탄을 이용하여 COD 1mg/L까지 제거하고자 할 때 필요한 활성탄의 양(kg/day)을 계산하시오. (단, Freundlich의 등온흡착식을 이용하고 $K = 0.5$, $n = 1$이다.)

풀이

① Freundlich의 등온흡착식은 $\dfrac{X}{M} = K \cdot C^{\frac{1}{n}}$ 이다.

여기서 X : 농도차[유입농도(C_i) − 유출농도(C_o)](mg/L)
M : 활성탄의 주입농도(mg/L)
C : 유출농도(mg/L)
K, n : 상수

따라서 $\dfrac{(15-1)\text{mg/L}}{M} = 0.5 \times (1\text{mg/L})^{\frac{1}{1}}$

∴ $M = \dfrac{(15-1)\text{mg/L}}{0.5 \times (1\text{mg/L})^{\frac{1}{1}}} = 28\text{mg/L}$

② 필요한 활성탄의 양(kg/day) = 활성탄의 주입농도(kg/m³) × 폐수량(m³/day)
= 28×10^{-3} kg/m³ × 100m³/day
= 2.8 kg/day

Tip ppm = mg/L = g/m³ 이므로 mg/L × 10^{-3} → kg/m³

02 Glycine(CH_2NH_2COOH)의 농도가 250mg/L인 경우, 1단계 및 2단계 반응식을 쓰고 ThOD(mg/L)를 계산하시오. (단, 1단계는 NH_3로 반응, 2단계는 NO_2^- 에서 NO_3^- 로 반응함)

풀이

(1) 반응식
① 1단계 반응 : $CH_2NH_2COOH + 1.5O_2 \rightarrow 2CO_2 + H_2O + NH_3$
② 2단계 반응 : $NH_3 + 1.5O_2 \rightarrow HNO_2 + H_2O$
$HNO_2 + 0.5O_2 \rightarrow HNO_3$

(2) ThOD 계산

$$CH_2NH_2COOH + 3.5O_2 \rightarrow 2CO_2 + 2H_2O + HNO_3$$

$$75g \quad : \quad 3.5 \times 32g$$

$$250mg/L \quad : \quad X(ThOD)$$

$$\therefore X(ThOD) = \frac{250mg/L \times 3.5 \times 32g}{75g} = 373.33 \, mg/L$$

03 포기조 혼합액 1L를 30분간 침강후 슬러지 용적이 24%이고, SVI가 120일 때 MLSS의 농도 (mg/L)를 계산하시오.

$$SVI = \frac{SV(\%)}{MLSS} \times 10^4$$

$$120 = \frac{24\%}{MLSS} \times 10^4$$

$$\therefore MLSS = 2000 \, mg/L$$

> **Tip** SVI는 슬러지용적지수로 단위는 mL/g이다.

04 6가 크롬이 250mg/L 함유된 폐수가 400m³/day 발생된다. 이 폐수를 Na_2SO_3를 사용하여 환원처리하고자 한다면 환원제의 소요량(kg/day)을 계산하시오.

반응식 : $2H_2CrO_4 + 3Na_2SO_3 + 3H_2SO_4 \rightarrow Cr_2(SO_4)_3 + 3Na_2SO_4 + 5H_2O$
(단, Na : 23, Cr : 52, S : 32)

$2Cr^{6+} \quad : \quad 3Na_2SO_3$

$2 \times 52g : 3 \times 126g$

$0.25kg/m^3 \times 400m^3/day : X$

$$\therefore X = \frac{0.25kg/m^3 \times 400m^3/day \times 3 \times 126g}{2 \times 52g} = 363.46 \, kg/day$$

05 Jar – Test(응집교반시험)를 할 때 고려조건 5가지를 서술하시오.

① pH
② 물의 전해질 농도
③ 수온
④ 콜로이드의 종류와 농도
⑤ 응집제의 종류

06 페놀(C_6H_5OH) 150mg/L의 이론적인 산소요구량(mg/L)을 계산하시오.

풀이 $C_6H_5OH + 7O_2 \rightarrow 6CO_2 + 3H_2O$
94g   : 7 × 32g
150mg/L : X(ThOD)

$\therefore X(\text{ThOD}) = \dfrac{150\text{mg/L} \times 7 \times 32\text{g}}{94\text{g}} = 357.45\text{mg/L}$

07 탈질산화가 일어날 때 탈질세균은 용존유기물질을 이용한다. 유기물질로 이용될 수 있는 물질을 3가지만 서술하시오.

풀이 ① 메탄올(메틸알콜)
② 초산(아세트산)
③ 펩톤

08 생물학적 처리법의 반응속도는 1차 반응으로 나타낸다. 1차 반응을 설명하고 식을 유도하시오.

풀이 ① 1차 반응 : 반응속도는 반응물질의 농도에 비례한다는 반응
② 식 유도
$\dfrac{dC}{dt} = -k \cdot C^1,\ \dfrac{1}{C}dC = -k \cdot dt,\ \int_{C_o}^{C_t}\dfrac{1}{C}dc = \int_o^t -k \cdot dt$

$\ln[C]_{C_o}^{C_t} = -k[t]_o^t,\ \ln C_t - \ln C_o = -k(t-o)$

$\therefore \ln\dfrac{C_t}{C_o} = -k \cdot t$

09 CFSTR에서 물질을 분해하는데 효율을 95%로 처리하고자 한다. 이 물질이 2차 반응으로 분해되며 속도상수는 0.05/hr이다. 유량이 400L/hr이며, 유입농도는 150mg/L로 일정하다. 이때 필요한 CFSTR의 부피(m^3)를 계산하시오.

풀이 CFSTR(완전혼합형 반응조)에서 반응식은 $Q(C_o - C_t) = k \cdot V \cdot C_t^2$
400L/hr × (150 − 150 × 0.05)mg/L = 0.05/hr × V × (150 × 0.05mg/L)^2
$\therefore V = 20266.67L = 20.27\text{m}^3$

Tip $C_t = C_o \times (1-\eta) = 150\text{mg/L} \times (1-0.95) = 150\text{mg/L} \times 0.05$

10 NaOH 0.418g을 물에 녹여 500mL 용액을 만들었다. 물음에 답하시오.
(1) 몇 mg/L 인가?
(2) 몇 N 인가?
(3) pH는 얼마인가?

풀이 (1) $\text{mg/L} = \dfrac{0.418\text{g}}{500\text{mL}} \times \dfrac{10^3\text{mL}}{1\text{L}} \times \dfrac{10^3\text{mg}}{1\text{g}} = 836\,\text{mg/L}$

(2) $\text{N농도(eq/L)} = \dfrac{0.418\text{g}}{500\text{mL}} \times \dfrac{10^3\text{mL}}{1\text{L}} \times \dfrac{1\text{eq}}{40\text{g}} = 0.02\,\text{N}$

(3) NaOH는 1가 물질이므로 M농도와 N농도가 같으므로 0.02N은 0.02M이 된다.
따라서, $\text{pH} = 14 + \log[\text{OH}^-] = 14 + \log[0.02\text{M}] = 12.30$

11 pH가 4인 폐수 500m³/day를 NaOH용액으로 중화시키려고 한다. 이때 소요되는 NaOH의 양(kg/day)을 계산하시오. (단, NaOH의 순도는 90% 이다.)

풀이 ① $\text{pH} = 4 \Rightarrow [\text{H}^+] = 10^{-\text{pH}}\,\text{mol/L} = 10^{-4}\,\text{mol/L}$
따라서 중화시킬때 필요한 $[\text{OH}^-]$의 농도는 $10^{-4}\,\text{mol/L}$가 된다.

② 필요한 NaOH 양$(\text{kg/day}) = \dfrac{10^{-4}\text{eq}}{\text{L}} \times \dfrac{40\text{g}}{1\text{eq}} \times \dfrac{500\text{m}^3}{\text{day}} \times \dfrac{100}{90\%} = 2.22\,\text{kg/day}$

Tip
① $\text{pH} = -\log[\text{H}^+] \Rightarrow [\text{H}^+] = 10^{-\text{pH}}\,\text{mol/L}$
② $\text{pOH} = -\log[\text{OH}^-] \Rightarrow [\text{OH}^-] = 10^{-\text{pOH}}\,\text{mol/L}$
③ 중화란 $[\text{H}^+]$ 농도와 $[\text{OH}^-]$ 농도가 같아지는 것이다.
④ 1가 물질은 M농도 $= N$농도이므로 $10^{-4}\,\text{mol/L} = 10^{-4}\,\text{eq/L}$
⑤ $\text{g/L} = \text{kg/m}^3$

12 생물학적 원리를 이용하여 질소, 인을 제거하는 공정인 A_2/O 공법에 대해 다음 물음에 답하시오.
(1) A_2/O 공법의 계통도를 도식하시오.
(2) A_2/O 공법에서 반응조의 역할을 쓰시오. (단, 침전조 제외)

풀이 (1) A_2/O 공법의 계통도

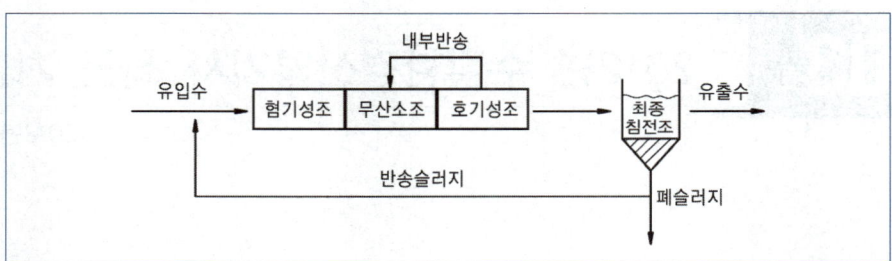

(2) 반응조의 역할
- 혐기성조 : 인(P)의 방출 및 유기물 제거
- 무산소조 : 탈질화(질소제거)
- 호기성조 : 인(P)의 과잉흡수 및 질산화

Tip 내부반송 이유 : 호기성조(포기조)에서 질산화를 통해 생성된 질산성질소를 무산소조로 내부반송하여 질소를 제거한다.

※ **알림**
최근기출문제는 수강생들의 도움으로 복원된 문제이므로 실제문제와 다소 차이가 있을 수 있음을 알려 드립니다.
실기시험을 친 수험생은 실기문제를 복원하여 메일로 보내 주시면 됩니다.
메일로 보내실 경우 ☞ kwe7002@hanmail.net
수험생 여러분들이 원하시는 수험서를 만들도록 항상 최선의 노력을 다하겠습니다.

03회 2012년 수질환경산업기사 최근 기출문제

2012년 10월 시행

01 물의 용존산소 농도가 9.2mg/L인 경우, Na₂SO₃로 물속의 용존산소를 완전히 제거하려고 한다. 필요한 Na₂SO₃의 양(mg/L)을 계산하시오. (단, Na 원자량은 23)

[풀이]
$Na_2SO_3 + 0.5O_2 \rightarrow Na_2SO_4$
126g : 0.5×32g
X : 9.2mg/L
∴ X = 72.45mg/L

02 탈기법에 의해 폐수 중 암모니아성 질소를 제거하기 위하여 폐수의 pH를 조절하고자 한다. 수중 암모니아성 질소 중의 NH₃를 99%로 하기 위한 pH를 계산하시오. (단, 암모니아성 질소의 수중에서의 평형은 다음과 같다.)

$NH_3 + H_2O \rightleftarrows NH_4^+ + OH^-$, 평형상수 $K = 1.8 \times 10^{-5}$

[풀이]

① $K = \dfrac{[NH_4^+][OH^-]}{[NH_3]} = 1.8 \times 10^{-5}$

② $NH_3(\%) = \dfrac{[NH_3]}{[NH_3]+[NH_4^+]} \times 100 = 99\%$

(분자, 분모를 [NH₃]로 나눈다.)

$NH_3(\%) = \dfrac{1}{1+\dfrac{[NH_4^+]}{[NH_3]}} \times 100 = 99\%$

식을 정리한다.

$0.99 + 0.99 \dfrac{[NH_4^+]}{[NH_3]} = 1$, $0.99 \dfrac{[NH_4^+]}{[NH_3]} = 1 - 0.99$

∴ $\dfrac{[NH_4^+]}{[NH_3]} = \dfrac{1-0.99}{0.99} = 0.01$

① 식을 정리하면

$1.8 \times 10^{-5} = \dfrac{[NH_4^+]}{[NH_3]} \times [OH^-] \Leftarrow \dfrac{[NH_4^+]}{[NH_3]} = 0.01$을 대입한다.

∴ $1.8 \times 10^{-5} = 0.01 \times [OH^-]$
따라서 $[OH^-] = 1.8 \times 10^{-3}$ mol/L

③ $pH = 14 + \log[OH^-] = 14 + \log[1.8 \times 10^{-3} \text{mol/L}] = 11.26$

03 완전혼합반응조(CFSTR)에서 물질을 분해하여 95%의 효율로 처리하고자 한다. 이 물질은 1차 반응으로 분해되며 속도상수는 0.1/hr이다. 유입 유량은 300L/hr이고, 유입농도는 150mg/L로 일정하다. 정상상태에서의 물질수지를 취하여 요구되는 CFSTR의 부피(m^3)를 계산하시오.

[풀이] $Q(C_o - C_i) = k \times V \times C_i$
$C_i = C_o \times (1-\eta) = 150\text{mg/L} \times (1-0.95) = 7.5\text{mg/L}$
따라서 $300\text{L/hr} \times (150-7.5)\text{mg/L} = 0.1/\text{hr} \times V \times 7.5\text{mg/L}$
$\therefore V = \dfrac{300\text{L/hr} \times (150-7.5)\text{mg/L}}{0.1/\text{hr} \times 7.5\text{mg/L}} = 57,000\text{L} = 57\text{m}^3$

04 고형물의 농도가 18kg/m^3인 슬러지 200m^3을 탈수하여 함수율 85%로 하고자 한다. 그형물의 회수율이 98%일 때 발생되는 탈수슬러지의 양(m^3)을 계산하시오. (단, 슬러지의 비중은 1.03이다.)

[풀이] 탈수슬러지의 양(m^3) = $\dfrac{\text{탈수 슬러지량(kg)}}{\text{비중량(kg/m}^3\text{)}} \times \dfrac{100}{100 - \text{함수율(\%)}}$
$= \dfrac{18\text{kg/m}^3 \times 200\text{m}^3 \times 0.98}{1030\text{kg/m}^3} \times \dfrac{100}{100-85}$
$= 22.84\text{m}^3$

05 슬러지량이 200m^3이고 고형물의 농도가 3%이다. 이 폐수를 탈수하여 함수율이 75%인 Cake를 얻었다. 이때 발생되는 여액의 양(m^3)을 계산하시오.

[풀이] ① $V_1 \times TS_1 = V_2 \times (100 - P_2)$
$200\text{m}^3 \times 3\% = V_2 \times (100-75\%)$
$\therefore V_2 = 24\text{m}^3$
② 여액의 양 = $200\text{m}^3 - 24\text{m}^3 = 176\text{m}^3$

Tip
① 수분(P) + 고형물(TS) = 100%
② TS(%) = 100 − P(%)
③ P(%) = 100 − Ts(%)

06 $FeCl_3$를 응집제로 사용하여 처리할 때 다음 물음에 답하시오.
(1) 주어진 반응식을 완성하시오.
$FeCl_3 + Ca(HCO_3)_2 \rightarrow$
(2) $FeCl_3$ 20mg/L를 주입하였을 때 소요되는 알칼리도(mg/L as $CaCO_3$)를 계산하시오. (단, Fe의 원자량은 56, Cl의 원자량은 35.5이다.)

(1) $2FeCl_3 + 3Ca(HCO_3)_2 \rightarrow 2Fe(OH)_3 + 3CaCl_2 + 6CO_2$
(2) ① $2FeCl_3 : 6HCO_3^-$
   $2 \times 162.5g : 6 \times 61g$
   $20mg/L : X$
   ∴ X = 22.523 mg/L
② 알칼리도 $= \dfrac{22.523mg}{L} \times \dfrac{1meq}{61mg} \times \dfrac{50mg}{1meq} = 18.46mg/L$ as $CaCO_3$

07

1일 2,270m³을 차지하는 1차 처리시설에서 생슬러지를 분석한 결과 다음과 같은 자료를 얻었다. 이 슬러지의 비중을 계산하시오. (단, 소수점 넷째자리에서 반올림할 것)

- 수분 : 98%
- 휘발성 고형물 : 70%
- 휘발성 고형물 비중 1.1
- 총고형물 중 무기성 고형물 : 30%
- 무기성 고형물 비중 2.2

 $\dfrac{100}{\rho_{SL}} = \dfrac{W_{VS}}{\rho_{VS}} + \dfrac{W_{FS}}{\rho_{FS}} + \dfrac{W_P}{\rho_P}$

여기서 ρ_{SL} : 슬러지 비중
ρ_{VS} : 휘발성 고형물(유기물) 비중
ρ_P : 수분의 비중(1.0)
ρ_{FS} : 잔류성 고형물(무기물) 비중
W_{VS} : 휘발성 고형물(유기물) 함량(%)
W_{FS} : 잔류성 고형물(무기물) 함량(%)
W_P : 수분의 함량(%)

$\dfrac{1}{\rho_{SL}} = \dfrac{0.02 \times 0.7}{1.1} + \dfrac{0.02 \times 0.3}{2.2} + \dfrac{0.98}{1.0}$

∴ ρ_{SL}(슬러지 비중) = 1.005

Tip
① 슬러지 = 수분(P) + 고형물(TS)
② TS = 100 − P(%) = 100 − 98 = 2%
③ 고형물(TS) = 휘발성 고형물(VS) + 잔류성 고형물(FS)
④ 휘발성 고형물 = 유기물
⑤ 잔류성 고형물 = 무기물
⑥ 휘발성 고형물이 70%이면 잔류성 고형물 = 100 − 70 = 30%

08

유량이 1.2m³/sec, BOD_5가 2.0mg/L, DO가 9.2mg/L인 하천에 유량이 0.6m³/sec, BOD_5가 30mg/L, DO가 3.0mg/L인 하수가 유입되고 있다. 하천의 평균 유속은 0.22m/sec이면 하류 48km지점의 용존산소량을 계산하시오. (단, 수온은 20℃, 포화 DO 농도는 9.2mg/L, 혼합수의 k_1 = 0.1/day, k_2 = 0.2/day, 상용대수 기준)

[풀이] 용존산소부족량(D_t) = $\dfrac{k_1 \times L_o}{k_2 - k_1} \times (10^{-k_1 \cdot t} - 10^{-k_2 \cdot t}) + D_o \times 10^{-k_2 \cdot t}$

① 혼합수 중 BOD_5를 구하면

혼합수 중 $BOD_5 = \dfrac{Q_1 C_1 + Q_2 C_2}{Q_1 + Q_2}$

$= \dfrac{1.2\,m^3/sec \times 2.0\,mg/L + 0.6\,m^3/sec \times 30\,mg/L}{1.2\,m^3/sec + 0.6\,m^3/sec} = 11.33\,mg/L$

따라서 $BOD_5 = BOD_u \times (1 - 10^{-k_1 \times t})$ 에서

$11.33\,mg/L = BOD_u \times (1 - 10^{-0.1/day \times 5day})$

∴ $BOD_u\,(= L_o) = 16.57\,mg/L$

② 혼합수 중 DO를 구하면

혼합수 중 $DO = \dfrac{Q_1 C_1 + Q_2 C_2}{Q_1 + Q_2}$

$= \dfrac{1.2\,m^3/sec \times 9.2\,mg/L + 0.6\,m^3/sec \times 3.0\,mg/L}{1.2\,m^3/sec + 0.6\,m^3/sec} = 7.13\,mg/L$

따라서 D_o = Cs(포화DO농도) − C(혼합수 중 DO농도)
$= 9.2\,mg/L - 7.13\,mg/L = 2.07\,mg/L$

③ 시간(t) = $\dfrac{거리(L)}{유속(v)} = \dfrac{48\,km \times 10^3\,m/km}{0.22\,m/sec \times 3600\,sec/hr \times 24\,hr/day} = 2.5\,day$

④ 용존산소부족량(D_t)
$= \dfrac{0.1/day \times 16.57\,mg/L}{0.2/day - 0.1/day} \times (10^{-0.1/day \times 2.5day} - 10^{-0.2/day \times 2.5day}) + 2.07\,mg/L \times (10^{-0.2/day \times 2.5day})$
$= 4.73\,mg/L$

따라서 48km 지점의 용존산소량(C) = Cs − D_t = $9.2\,mg/L - 4.73\,mg/L = 4.47\,mg/L$

09 A_2/O공법에서 호기성조 슬러지내 인의 함량이 일반 활성슬러지법의 슬러지내 인의 함량보다 많이 존재하는 이유를 서술하시오.

[풀이] 혐기성조에서 인이 방출되고 호기성조에서는 혐기성조에서 방출된 인을 과잉섭취한 미생물을 침전지에서 침전제거하므로 인의 함량이 높다.

10 아래의 공정도에 X, Xr, Xe, Q, Qr, Qe, Qw의 기호를 표기하시오.

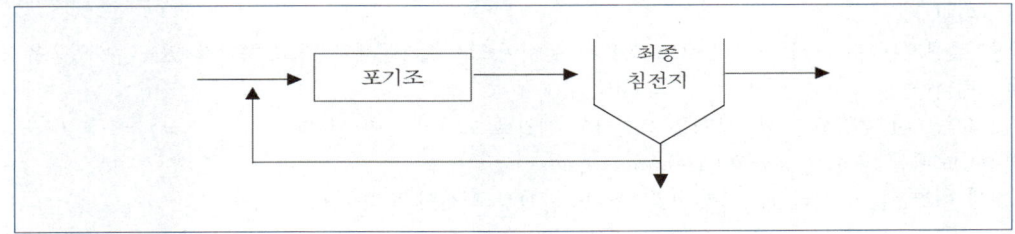

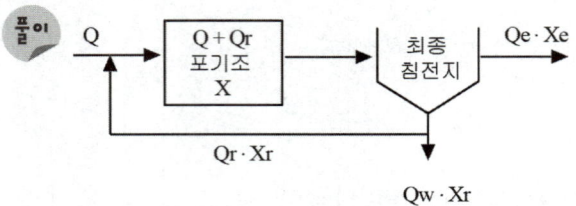

Tip	X : 미생물(MLSS)	Xr : 반송슬러지(SSr)
	Xe : 유출슬러지(SSe)	Q : 유량
	Qr : 반송유량	Qe : 유출유량
	Qw : 폐슬러지유량	SSw=SSr=Xr

※ 알림

최근기출문제는 수강생들의 도움으로 복원된 문제이므로 실제문제와 다소 차이가 있을 수 있음을 알려 드립니다.
실기시험을 친 수험생은 실기문제를 복원하여 메일로 보내 주시면 됩니다.
메일로 보내실 경우 ☞ kwe7002@hanmail.net
수험생 여러분들이 원하시는 수험서를 만들도록 항상 최선의 노력을 다하겠습니다.

01회 2013년 수질환경산업기사 최근 기출문제

2013년 4월 시행

01 다음 그림을 보고 Manning식을 이용하여 유속(m/sec)을 계산하시오. (단, 조도계수(n) : 0.012, 기울기(구배) : $\frac{1}{100}$, 소수점 둘째자리에서 반올림 하시오.)

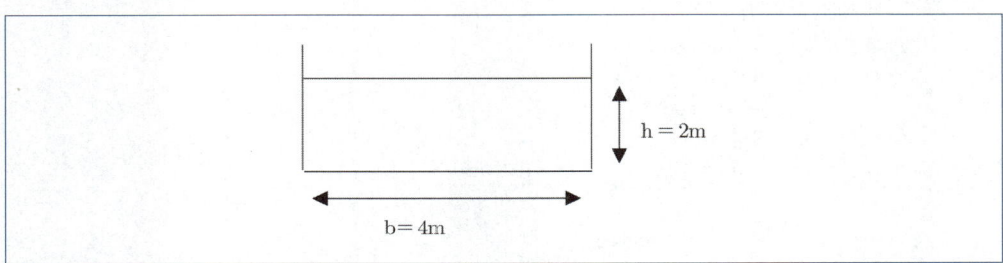

풀이 Manning식을 이용한 $v(유속) = \frac{1}{n} \times R^{\frac{2}{3}} \times I^{\frac{1}{2}}$

n : 조도계수, R : 경심(m), I : 기울기

$R(경심) = \frac{b \times h}{b + 2h} = \frac{4m \times 2m}{4m + 2 \times 2m} = 1m$

$v = \frac{1}{0.012} \times (1m)^{\frac{2}{3}} \times \left(\frac{1}{100}\right)^{\frac{1}{2}} = 8.3 m/sec$

02 20℃의 산성용매중에 포함되어 있는 카드뮴(Cd^{2+}) 0.004ppm을 $Cd(OH)_2$로 침전시키기 위한 pH를 계산하시오. (단, 용해도적(Ksp) = 3.4×10^{-15}, Cd^{2+} : 112.4)

풀이 $Cd(OH)_2 \rightarrow Cd^{2+} + 2OH^-$
용해도적(Ksp) = $[Cd^{2+}][OH^-]^2$

① Cd^{2+}의 $mol/L = \frac{0.004mg}{L} \times \frac{1g}{10^3 mg} \times \frac{1mol}{112.4g} = 3.5587 \times 10^{-8} mol/L$

② Ksp = $[Cd^{2+}][OH^-]^2$ 이용해 $[OH^-]$의 mol/L 계산
$3.4 \times 10^{-15} = [3.5587 \times 10^{-8} mol/L][OH^-]^2$

$[OH^-] = \sqrt{\frac{3.4 \times 10^{-15}}{3.5587 \times 10^{-8} mol/L}} = 3.09 \times 10^{-4} mol/L$

따라서 pH = $14 + \log[OH^-] = 14 + \log[3.09 \times 10^{-4} mol/L] = 10.49$

| Tip | ① ppm = mg/L 이므로 0.004ppm = 0.004mg/L
② 산성물질에서 pH = -log[H⁺]
③ 알칼리성 물질에서 pH = 14+log[OH⁻] |

03

직경 100mm관에 0.1m/sec의 유속으로 유체가 흐르고 있다. 관의 직경을 80mm로 하였을 때의 유속(m/sec)을 계산하시오.

$Q = A \times v = \dfrac{\pi D^2}{4} \times v$

여기서 Q : 유량(m^3/sec)
　　　 A : 면적(m^2)
　　　 v : 유속(m/sec)
　　　 D : 직경(m)

따라서 $\dfrac{\pi \times (0.1m)^2}{4} \times 0.1 m/sec = \dfrac{\pi \times (0.08m)^2}{4} \times v$

∴ $v = \dfrac{\dfrac{\pi \times (0.1m)^2}{4} \times 0.1 m/sec}{\dfrac{\pi \times (0.08m)^2}{4}} = 0.16 \, m/sec$

04

μ(세포비증가율)가 μ_{max}(세포최대증가율)의 60%일 때 기질농도(S_{60})와 μ_{max}의 20%일 때의 기질농도(S_{20})와의 비(S_{60}/S_{20})를 계산하시오. (단, Michaelis-Menten 공식을 이용할 것)

$\mu = \mu_{max} \times \dfrac{S}{Ks + S}$

여기서 μ : 세포의 비증식계수(/hr)
　　　 μ_{max} : 세포의 최대비증식계수(/hr)
　　　 S : 제한기질의 농도(mg/L)
　　　 Ks : 반포화농도(mg/L)

① $\mu = \mu_{max} \times \dfrac{S}{Ks + S}$ $\begin{cases} \mu_{max} = 100\% \\ \mu = \mu_{max} 의 60\% \end{cases}$

$0.6 = 1 \times \dfrac{S_{60}}{Ks + S_{60}} \Rightarrow 0.6(Ks + S_{60}) = S_{60} \Rightarrow (1-0.6)S_{60} = 0.6Ks \Rightarrow S_{60} = 1.5Ks$

② $\mu = \mu_{max} \times \dfrac{S}{Ks + S}$ $\begin{cases} \mu_{max} = 100\% \\ \mu = \mu_{max} 의 20\% \end{cases}$

$0.2 = 1 \times \dfrac{S_{20}}{Ks + S_{20}} \Rightarrow 0.2(Ks + S_{20}) = S_{20} \Rightarrow (1-0.2)S_{20} = 0.2Ks \Rightarrow S_{20} = 0.25Ks$

③ $\dfrac{S_{60}}{S_{20}} = \dfrac{1.5Ks}{0.25Ks} = 6$

직경 1.8m, BOD면적 부하량 33.30g/m²·day인 회전원판 반응조가 있다. BOD 200mg/L, 유량 250m³/day인 폐수를 회전원판법으로 처리하고자 할 때 다음 물음에 답하시오.
(1) 수리학적 부하율(m³/m²·day)을 계산하시오.
(2) 회전판의 매수를 계산하시오. (단, 원판은 양면 기준)

풀이 (1) 수리학적 부하율(m³/m²·day) = BOD 면적부하(g/m²·day) × $\dfrac{1}{BOD농도(g/m^3)}$

$$= 33.30g/m^2·day \times \dfrac{1}{200g/m^3}$$

$$= 0.17 m^3/m^2·day$$

(2) 회전판의 매수 계산

$$BOD \text{ 면적부하}(g/m^2·day) = \dfrac{BOD(g/m^3) \times Q(m^3/day)}{A(m^2)}$$

$$= \dfrac{BOD(g/m^3) \times Q(m^3/day)}{\dfrac{\pi D^2}{4}(m^2) \times 2 \times N(매수)}$$

따라서 $33.30 g/m^2·day = \dfrac{200 g/m^3 \times 250 m^3/day}{\dfrac{\pi}{4} \times (1.8m)^2 \times 2 \times N}$

∴ N = 295매

Tip
① ppm = mg/L = g/m³
② BOD 200mg/L = 200g/m³

 표준활성슬러지법을 이용하여 폐수를 처리하고 있다. 원수의 BOD_3 농도가 250mg/L, k_1 = 0.15/day(밑수 상용대수기준), NH_3-N은 3mg/L로 나타났다. 이 공장의 폐수를 이상적으로 처리하기 위해서 공급해 주어야 하는 질소(N)와 인(P)의 양(mg/L)을 계산하시오. (단, BOD_5 : N : P = 100 : 5 : 1)

풀이 ① BOD_u를 계산한다.
$BOD_3 = BOD_u \times (1 - 10^{-k_1 \times t})$
$250 mg/L = BOD_u \times (1 - 10^{-0.15/day \times 3day})$

∴ $BOD_u = \dfrac{250 mg/L}{(1 - 10^{-0.15/day \times 3day})} = 387.49 mg/L$

② BOD_5를 계산한다.
$BOD_5 = BOD_u \times (1 - 10^{-k_1 \times t})$
$= 387.49 mg/L \times (1 - 10^{-0.15/day \times 5day})$
$= 318.58 mg/L$

③ 질소(N)의 양(mg/L)을 계산한다.
   BOD₅ : N
   100 : 5
   318.58mg/L : N
   ∴ N = 15.93mg/L
   따라서 공급해야 할 질소는 15.93mg/L − 3mg/L = 12.93mg/L
④ 인(P)의 양(mg/L)을 계산한다.
   BOD₅ : P
   100 : 1
   318.58mg/L : P
   ∴ P = 3.19mg/L
   따라서 공급해야 할 인(P)의 양은 3.19mg/L이다.

 07 Cr^{6+}이 함유된 도금폐수를 다음 반응식과 같이 환원시켜 침전처리하고자 할 때 물음에 답하시오.

> ㉮ $SO_2 + H_2O \rightarrow H_2SO_3$
> ㉯ $3H_2SO_3 + 2H_2CrO_4 \rightarrow Cr_2(SO_4)_3 + 5H_2O$
> ㉰ $Cr_2(SO_4)_3 + 3Ca(OH)_2 \rightarrow 2Cr(OH)_3 + 3CaSO_4$

(1) ㉯ 반응식이 30분 이내에 이루어질 수 있는 최적의 pH 범위를 기술하시오.

(2) 하나의 반응식으로 나타내시오.

(3) Cr^{6+}농도가 250mg/L인 경우 폐수 1m³을 제거시키기 위해 소요되는 SO_2의 양(kg)을 계산하시오. (단, Cr의 원자량은 52)

(4) 과잉의 SO_2를 주입하면 폐수속의 용존산소가 고갈되는데 그 이유를 반응식으로 나타내고 설명하시오.

풀이 (1) 최적의 pH는 2~4범위이다.

(2) $3SO_2 + 3H_2O \rightarrow 3H_2SO_3$
     $3H_2SO_3 + 2H_2CrO_4 \rightarrow Cr_2(SO_4)_3 + 5H_2O$
   + $Cr_2(SO_4)_3 + 3Ca(OH)_2 \rightarrow 2Cr(OH)_3 + 3CaSO_4$
   ─────────────────────────────
     $3SO_2 + 2H_2CrO_4 + 3Ca(OH)_2 \rightarrow 2Cr(OH)_3 + 3CaSO_4 + 2H_2O$

(3) $2Cr^{6+}$: $3SO_2$
    $2 \times 52g$: $3 \times 64g$
    $0.25kg/m^3 \times 1m^3$: X
    ∴ X = 0.46kg

(4) ① 반응식 : $SO_2 + H_2O + 0.5O_2 \rightarrow H_2SO_4$
    ② 이유 : 주입된 과잉의 SO_2가 H_2SO_4가 되면서 용존산소를 소비하기 때문에 용존산소가 고갈된다.

2단고율살수여상을 이용하는 처리장이 있다. 다음의 조건을 이용해 1단 여과기의 직경(m)을 계산하시오. (단, 두 여과기의 BOD 제거효율과 재순환율은 동일하다.)

<조건>
- 유량 : $4,000m^3/day$
- 유입수의 BOD_5 농도 : $150mg/L$
- 유출수의 BOD_5 농도 : $15mg/L$
- 수심 : $2m$
- 반송비 : 1.0
- $E_1(\%) = \dfrac{100}{1+0.443\sqrt{\dfrac{W}{V \cdot F}}}$
- $F = \dfrac{1+R}{(1+0.1R)^2}$

① 효율(E_1)을 계산한다.
$P = (1-E_1)(1-E_2)$
$\dfrac{15mg/L}{150mg/L} = (1-E_1)^2$
$\therefore E_1 = 1 - \sqrt{\dfrac{15mg/L}{150mg/L}} = 0.6838$
따라서 $E_1 = 68.38\%$

② $W(kg/day)$ = 유입수의 BOD_5 농도$(kg/m^3) \times Q(m^3/day)$
$= 0.15kg/m^3 \times 4,000m^3/day = 600kg/day$

③ $F = \dfrac{1+R}{(1+0.1R)^2} = \dfrac{1+1.0}{(1+0.1 \times 1.0)^2} = 1.653$

④ $E_1 = \dfrac{100}{1+0.443\sqrt{\dfrac{W}{V \cdot F}}}$

$68.38\% = \dfrac{100}{1+0.443 \times \sqrt{\dfrac{600kg/day}{V \times 1.653}}}$

$\therefore V = 333.01 m^3$

⑤ $V(m^3) = A(m^2) \times H(m)$
$\therefore A(m^2) = \dfrac{V(m^3)}{H(m)} = \dfrac{333.01m^3}{2m} = 166.505 m^2$

⑥ $A(m^2) = \dfrac{\pi \times D^2}{4}$

$166.505m^2 = \dfrac{\pi \times D^2}{4}$

$\therefore D = 14.56m$

09 A/O공법과 A_2/O공법의 공정도를 서술하시오. (단, 내부반송과 반송슬러지 포함)

① A/O 공법의 공정도

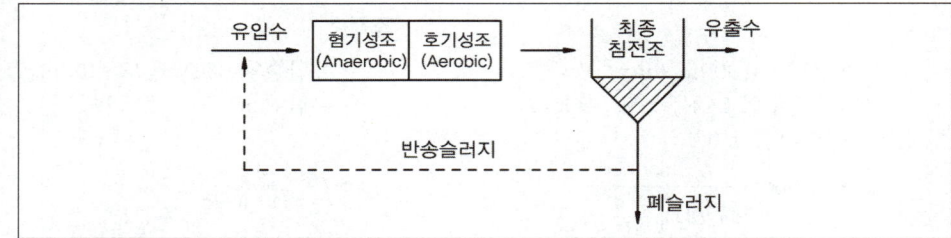

② A_2/O 공법의 공정도

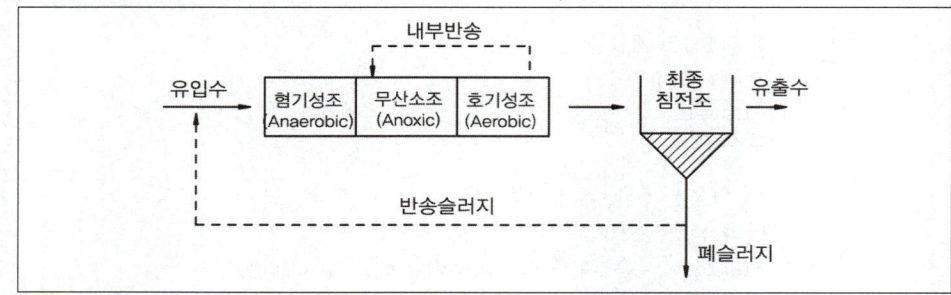

10 다음은 활성슬러지법의 변법에 대한 설명이다. 설명에 해당하는 공법을 쓰시오.

(1) 하수를 폭기조의 여러지점에 주입하여 F/M비를 균등하게 유지할 수 있기 때문에 최대산소 요구량을 최소화 할 수 있다. 일반적인 경우 3개 또는 2개 이상의 수소를 사용하며, 운전의 유연성이 이 공법의 중요한 특징이다.
(2) 주입 및 제거 형식의 반응장치로 하나의 완전혼합반응조에서 활성슬러지 공정의 모든 과정이 일어나며, MLSS는 모든 운전과정 중 반응조내에 남아 있어서 별도로 2차 침전조가 필요없는 특징을 가진다.

(1) 계단식 폭기법 (2) SBR(연속회분식) 공법

11 농업용수의 수질평가시 사용되는 SAR(Sodium Adsorption Ratio)에 대해서 설명하시오. (반드시 공식을 기술할 것)

① $SAR = \dfrac{Na^+}{\sqrt{\dfrac{Ca^{2+} + Mg^{2+}}{2}}}$

② SAR에 적용되는 이온의 단위는 mN을 사용한다.
③ SAR은 보통 농업용수의 수질평가시 기준으로 사용한다.

④ 판정
- SAR이 0~10 : 영향이 적음
- SAR이 18~26 : 높은 영향
- SAR이 10~18 : 중간 정도 영향
- SAR이 26 이상 : 아주 큰 영향

※ **알림**
최근기출문제는 수강생들의 도움으로 복원된 문제이므로 실제문제와 다소 차이가 있을 수 있음을 알려 드립니다.
실기시험을 친 수험생은 실기문제를 복원하여 메일로 보내 주시면 됩니다.
메일로 보내실 경우 ☞ kwe7002@hanmail.net
수험생 여러분들이 원하시는 수험서를 만들도록 항상 최선의 노력을 다하겠습니다.

01회 2013년 수질환경산업기사 최근 기출문제

2013년 7월 시행

01 $C_5H_8O_2N$이 호기성조건하에서 1단계 반응에서 탄소(C)는 CO_2, 질소(N)은 아질산염으로 되고, 2단계 반응에서 아질산염은 질산염으로 된다. 50mg/L의 $C_5H_8O_2N$이 호기성조건하에서 분해될 때 요구되는 이론산소량(mg/L)을 계산하시오.

 ① 1단계 반응 : $C_5H_8O_2N + 7O_2 \rightarrow 5CO_2 + 4H_2O + NO_2^-$

② 2단계 반응 : $NO_2^- + \dfrac{1}{2}O_2 \rightarrow NO_3^-$

총괄반응식은 ① + ② 이다.
$C_5H_8O_2N + 7.5O_2 \rightarrow 5CO_2 + 4H_2O + NO_3^-$
　114 g 　: 7.5×32g
50mg/L : X(ThOD)

$\therefore X(ThOD) = \dfrac{7.5 \times 32g \times 50\text{mg/L}}{114g} = 105.26\text{mg/L}$

02 유량이 4,000m³/day인 폐수의 BOD와 SS의 농도가 각각 200mg/L이고, 포기조내 BOD 부하가 0.4kg BOD/kg MLSS·day 그리고 MLSS의 농도가 3,000mg/L일 때 포기조의 용적(m³)과 BOD용적부하(kg BOD/m³·day)를 계산하시오.

① 포기조의 용적(V) 계산

$F/M비 = \dfrac{BOD \times Q}{MLSS \times V}$

$0.4/day = \dfrac{200\text{mg/L} \times 4,000\text{m}^3/day}{3,000\text{mg/L} \times V}$

$\therefore V = \dfrac{200\text{mg/L} \times 4,000\text{m}^3/day}{0.4/day \times 3,000\text{mg/L}} = 666.67\text{m}^3$

② BOD의 용적부하(kg BOD/m³·day) $= \dfrac{BOD(kg/m^3) \times Q(m^3/day)}{V(m^3)}$

$= \dfrac{0.2\text{kg/m}^3 \times 4,000\text{m}^3/day}{666.67\text{m}^3}$

$= 1.20\text{kg/m}^3 \cdot day$

03 폐수 3,000m³/day에서 생성되는 1차 슬러지부피(m³/day)를 계산하시오. (단, 1차 침전탱크 체류시간 2hr, 현탁고형물 제거효율 60%, 폐수 중 현탁고형물 함유량 220mg/L, 발생슬러지 비중 1.03, 슬러지 함수율 94%, 1차 침전탱크에서 제거된 현탁고형물 전량이 슬러지로 발생되는 것으로 가정)

풀이

$$슬러지량(m^3/day) = \frac{SS농도(kg/m^3) \times Q(m^3/day) \times \eta(제거율)}{비중량(kg/m^3)} \times \frac{100}{100-P}$$

$$= \frac{(0.22kg/m^3 \times 3,000m^3/day \times 0.6)}{1,030kg/m^3} \times \frac{100}{100-94}$$

$$= 6.4 m^3/day$$

Tip
① 슬러지의 비중이 1.03이면 비중량은 1,030kg/m³이다.
② 100−P(함수율)는 TS(고형물 함량)와 동일하므로 함수율이 주어지면 $\frac{100}{100-P}$ 고형물이 주어지면 $\frac{100}{TS}$ 를 대입하면 된다.

04 유량 1,000m³/day인 폐수를 탈질화하고자 한다. 다음 조건에서 탈질화에 사용되는 Anoxic 반응조의 부피(m³)를 계산하시오. (단, 내부반송 등 기타조건은 고려하지 않음)

- 반응조 유입수 질산염 농도 : 22mg/L
- MLVSS : 2,000mg/L
- 탈질율(R_{DN}) = 0.1/day
- 반응조 유출수 질산염 농도 : 3mg/L
- 용존산소 : 0.1mg/L

풀이
① 무산소조(Anoxic)의 체류시간
$$= \frac{(S_i - S_o)}{R_{DN} \times MLVSS} = \frac{(22-3)mg/L}{0.1/day \times 2,000mg/L} = 0.095 day$$
② 반응조 부피(m³) = 유량(m³/day) × 체류시간(day)
$$= 1,000m^3/day \times 0.095day = 95m^3$$

05 다음은 정유공장에서 기름을 분리하기 위한 조건이다. 다음 물음에 답하시오.

- 유량 : 30,000m³/day
- 기름의 밀도 : 0.95g/cm³
- 물의 점도 : 0.01poise
- 부상조의 폭(W) : 4.5m
- 기름의 입경 : 0.03cm
- 물의 밀도 : 1.0g/cm³
- 부상조의 수심(H) : 3.5m

(1) 기름 분리시간(min)을 계산하시오.
(2) 부상조의 길이(m)를 계산하시오.

(1) 분리시간 계산

① $V_f = \dfrac{d^2(\rho_w - \rho_s)g}{18\mu}$

여기서 V_f : 부상속도(cm/sec)
  d : 기름 입경(cm)
  ρ_w : 물의 밀도(g/cm³)
  ρ_s : 기름의 밀도(g/cm³)
  g : 중력가속도(980cm/sec²)
  μ : 점성도(g/cm · sec)

따라서 $V_f = \dfrac{(0.03\text{cm})^2 \times (1.0 - 0.95)\text{g/cm}^3 \times 980\text{cm/sec}^2}{18 \times 0.01\text{g/cm}\cdot\text{sec}} = 0.245\text{cm/sec}$

② 분리시간(min) = $\dfrac{수심(m)}{부상속도(m/min)}$

= $\dfrac{3.5\text{m}}{0.245\text{cm/sec} \times 10^{-2}\text{m/cm} \times 60\text{sec/min}} = 23.81\text{min}$

(2) 부상조 길이(L) 계산

W×L×H = Q×t
4.5m×L×3.5m = 30,000m³/day×1day/24hr×1hr/60min×23.81min
∴ L = 31.50m

06 가로 4.5m, 세로 9.5m의 가압여과기를 사용하여 하루 2,500m³을 여과하고, 매일 12L/m²·sec로 15분씩 역세척을 한다. 다음에 답하시오.

(1) 여과속도(m/day)를 계산하시오.
(2) 역세척수량(m³/day)을 계산하시오.
(3) 처리수를 기준으로 할 때 역세척수량은 몇 %인지 계산하시오.

 (1) 유량(Q) = 면적(A)×여과속도(v)

∴ v = $\dfrac{Q}{A} = \dfrac{2,500\text{m}^3/\text{day}}{4.5\text{m} \times 9.5\text{m}} = 58.48\text{m/day}$

(2) 역세척수량(m³/day) = 면적(m²)×역세척속도(m/day)
= 4.5m×9.5m×12L/m²·sec×10⁻³m³/L×60sec/min×15min/day
= 461.70m³/day

(3) 역세척율(%) = $\dfrac{역세척수량}{처리수} \times 100 = \dfrac{461.70\text{m}^3/\text{day}}{2,500\text{m}^3/\text{day}} \times 100 = 18.47\%$

Tip	면적(A) 계산식 ① 원형에서 면적(A) = $\dfrac{\pi D^2}{4}$ (m²) ② 사각형에서 면적(A) = 가로×세로(m²)

07 (1) 도시하수의 5일 BOD가 150mg/L이고 탈산소계수가 0.1/day(상용대수 기준)일 때 최종 BOD를 계산하시오.

(2) 최종 BOD(BOD_u)의 99.7%가 되기 위한 시간(day)을 계산하시오.

(1) $BOD_5 = BOD_u \times (1 - 10^{-k \times t})$

$150mg/L = BOD_u \times (1 - 10^{-0.1/day \times 5day})$

∴ $BOD_u = 219.37 mg/L$

(2) 1차반응식 $\log\left(\dfrac{C_t}{C_o}\right) = -k \times t$ 를 이용한다.

$\log\left(\dfrac{219.37mg/L \times 0.003}{219.37mg/L}\right) = -0.1/day \times t$ ∴ $t = 25.23 day$

Tip	① $C_o = 219.37mg/L$ $C_t = 219.37mg/L \times (1-0.997) = 219.37mg/L \times 0.003$ ② 1차반응식(자연대수 기준) $\ln\dfrac{C_t}{C_o} = -k \times t$ ③ 1차반응식(상용대수 기준) $\log\dfrac{C_t}{C_o} = -k \times t$

08 다음의 조건을 이용하여 아래 물음에 답하시오.

<조건>

- 유입수의 폐수량 : 5,000m³/day
- 유입수의 SS농도 : 200mg/L
- 유출수의 SS농도 : 20mg/L
- MLSS 농도 : 3,000mg/L
- 폐슬러지량 : 유입 폐수량의 5%
- 유입수의 BOD 농도 : 250mg/L
- 유출수의 BOD농도 : 25mg/L
- 포기조의 F/M비 : 0.2/day
- 반송슬러지농도 : 1%

(1) 폭기조의 체적(m³)을 계산하시오.

(2) 폭기조에서의 체류시간(hr)을 계산하시오.

(3) 미생물의 체류시간(SRT)을 계산하시오.(day)

(1) F/M비 = $\dfrac{BOD(kg/m^3) \times Q(m^3/day)}{MLSS(kg/m^3) \times V(m^3)}$

$0.2/day = \dfrac{0.25kg/m^3 \times 5,000m^3/day}{3kg/m^3 \times V(m^3)}$

$$\therefore V = \frac{0.25 \text{kg/m}^3 \times 5{,}000 \text{m}^3/\text{day}}{0.2/\text{day} \times 3 \text{kg/m}^3} = 2083.33 \text{m}^3$$

> **Tip** ppm = mg/L = g/m³이므로 mg/L × 10^{-3} → kg/m³

(2) 체류시간(hr) = $\dfrac{\text{체적}(\text{m}^3)}{\text{폐수량}(\text{m}^3/\text{hr})} = \dfrac{2083.33 \text{m}^3}{5{,}000 \text{m}^3/\text{day} \times 1\text{day}/24\text{hr}} = 10\text{hr}$

(3) 미생물 체류시간(SRT) = $\dfrac{\text{MLSS} \times \text{V}}{Q_W SS_W + Q_o SS_o}$

$= \dfrac{3{,}000 \text{mg/L} \times 2083.33 \text{m}^3}{250 \text{m}^3/\text{day} \times 10{,}000 \text{mg/L} + (5{,}000-250) \text{m}^3/\text{day} \times 20 \text{mg/L}}$

= 2.4day

여기서 폐슬러지유량(Q_W) = 5,000m³/day × 0.05 = 250m³/day
반송슬러지농도(SS_W) = 1% = 1 × 10^4 mg/L = 10,000mg/L
$Q_o = Q_i - Q_W$ = (5,000 - 250)m³/day

> **Tip** ① 미생물체류시간 = 고형물체류시간 = SRT = MCRT = θ_C
> ② % × 10^4 → ppm(mg/L)

09 아래의 조건을 이용해 발생되는 슬러지량(m³/day)을 계산하시오.

- 반응식 $Al_2(SO_4)_3 \cdot 14H_2O + 3Ca(OH)_2 \rightarrow 2Al(OH)_3 + 3CaSO_4 + 14H_2O$
- 황산알루미늄(Alum)의 주입량 : 250mg/L
- 수산화알루미늄($Al(OH)_3$) : 100% 침전
- 폐수량 : 2,500m³/day
- 슬러지의 함수율 : 97%
- 슬러지의 비중 : 1.03
- Al의 원자량은 27, S의 원자량은 32, Ca의 원자량은 40
- $Al_2(SO_4)_3 \cdot 14H_2O$의 분자량은 603

풀이 ① $Al(OH)_3$의 침전량을 계산한다.
$Al_2(SO_4)_3 \cdot 14H_2O$: $2Al(OH)_3$
603g : 2 × 78g
2,500m³/day × 0.25kg/m³ : X
∴ X = 161.69kg/day

② 슬러지량(m³/day) = $\dfrac{\text{제거된 슬러지량(kg/day)}}{\text{비중량(kg/m}^3\text{)}} \times \dfrac{100}{100 - \text{함수율(\%)}}$

$= \dfrac{161.69 \text{kg/day}}{1{,}030 \text{kg/m}^3} \times \dfrac{100}{100-97} = 5.23 \text{m}^3/\text{day}$

> **Tip**
> ① 액체 황산알루미늄 : $Al_2(SO_4)_3 \cdot 18H_2O$
> 　　고체 황산알루미늄 : $Al_2(SO_4)_3 \cdot 14H_2O$
> ② 비중 1.03은 비중량이 $1,030kg/m^3$
> ③ $\dfrac{100}{100-P(함수율)} = \dfrac{100}{TS(고형물)}$

10 공장에서 배출되는 폐수량이 5,500m³/day이다. Ni^{2+} : 25mg/L, Cu^{2+} : 35mg/L, Zn^{2+} : 20mg/L를 포함하는 폐수를 이온교환법을 이용하여 제거하고자 한다. 양이온 교환수지의 이온 교환능력이 100,000g $CaCO_3/m^3$이며 15일을 주기로 교체한다면 요구되는 수지량(m³/cycle)을 계산하시오. (단, Cu : 63.5, Zn : 65.4, Ni : 58.7)

풀이

① $\dfrac{농도(mg/L)}{50g} = \dfrac{Ni^{2+}(mg/L)}{58.7g/2} + \dfrac{Cu^{2+}(mg/L)}{63.5g/2} + \dfrac{Zn^{2+}(mg/L)}{65.4g/2}$

　　$= \dfrac{25mg/L}{58.7g/2} + \dfrac{35mg/L}{63.5g/2} + \dfrac{20mg/L}{65.4g/2}$

　∴ 농도 = 128.29mg/L(= g/m³)

② 총 이온량(g/day) = 농도(g/m³) × 폐수량(m³/day) = 128.29g/m³ × 5,500m³/day
　　　　　　　　　 = 705,595g/day

③ 양이온 수지용적(m³/cycle) = $\dfrac{705,595g/day \times 15day/cycle}{100,000g/m^3}$ = 105.84m³/cycle

11 다음은 UCT공정과 A_2/O공정이다. 물음에 답하시오.

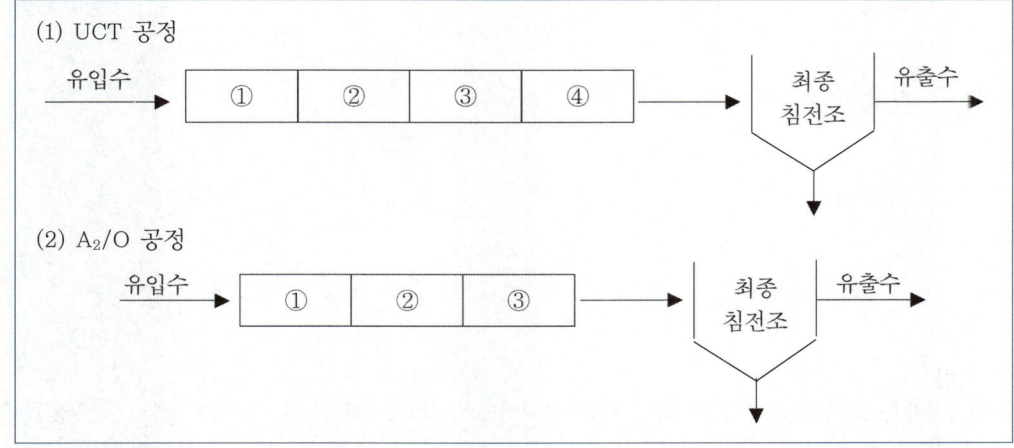

(1) UCT 공정과 A_2/O 공정도의 빈칸을 채우시오.
(2) 내부반송이 일어나는 곳을 표시하시오.

(1) • UCT 공정
① 혐기성조   ② 무산소조   ③ 무산소조   ④ 호기성조
• A_2/O 공정
① 혐기성조   ② 무산소조   ③ 호기성조
(2) 내부반송
• UCT 공정 : ② → ①, ④ → ③
• A_2/O 공정 : ③ → ②

12 포스트립(Phostrip) 공정과 4단계 바덴포 공정의 처리물질과 처리원리를 서술하시오.

 (1) 처리물질
① 포스트립 공정 : 인(P)
② 4단계 바덴포 공정 : 질소(N)
(2) 처리원리
① 포스트립공정 : 활성슬러지공법으로 침전된 슬러지를 혐기성조(탈인조)로 보내 인을 방출시켜 상징수를 응집조(침전조)로 보낸다. 이 응집조(침전조)에서는 석회(Lime)를 주입하여 화학적으로 인을 침전제거한다.
② 4단계 바덴포 공정 : 1단계 무산소조에서 탈질작용, 1단계 호기성조에서 질산화 반응, 내부반송을 통해 질산화된 잔류질소 제거, 2단계 무산소조에서 잔류질소 제거가 이루어진다. 따라서 생물학적 방법으로 질소처리가 주목적인 공법이다.

> ※ **알림**
> 최근기출문제는 수강생들의 도움으로 복원된 문제이므로 실제문제와 다소 차이가 있을 수 있음을 알려 드립니다.
> 실기시험을 친 수험생은 실기문제를 복원하여 메일로 보내 주시면 됩니다.
> 메일로 보내실 경우 ☞ kwe7002@hanmail.net
> 수험생 여러분들이 원하시는 수험서를 만들도록 항상 최선의 노력을 다하겠습니다.

03회 2013년 수질환경산업기사 최근 기출문제

2013년 10월 시행

01 20℃의 산성용매중에 포함되어 있는 카드뮴(Cd^{2+}) 0.005ppm을 응결하기 위한 pH를 계산하시오. (단, $Cd^{2+}+2OH^- \rightleftharpoons Cd(OH)_2$, $Ksp = 3.5 \times 10^{-14}$(20℃), Cd의 원자량 = 112.4)

풀이

① $[Cd^{2+}]$의 mol/L = $\dfrac{0.005\text{mg}}{\text{L}} \times \dfrac{1\text{g}}{10^3\text{mg}} \times \dfrac{1\text{mol}}{112.4\text{g}}$
  $= 4.448 \times 10^{-8}$ mol/L

② $Ksp = [Cd^{2+}][OH^-]^2$
  $[OH^-] = \sqrt{\dfrac{Ksp}{[Cd^{2+}]}} = \sqrt{\dfrac{3.5 \times 10^{-14}}{4.448 \times 10^{-8}\text{mol/L}}} = 8.87 \times 10^{-4}$ mol/L

③ pH = $14 + \log[OH^-] = 14 + \log[8.87 \times 10^{-4}\text{mol/L}] = 10.95$
  따라서 응결을 위한 pH는 10.95 이상이다.

Tip 산성물질에서 pH = $-\log[H^+]$
 알칼리성 물질에서 pH = $14 + \log[OH^-]$

02 NH_4^+-N 40mg/L가 포함된 폐수를 공기탈기법으로 처리하고자 한다. 유출수 NH_4^+-N 농도를 4mg/L 이하로 처리하기 위해 pH를 얼마로 유지해야 하는지 계산하시오. (단, $K = 1.8 \times 10^{-5}$, $NH_3(g)$로 전환된 것은 전량 탈기된다고 가정한다.)

풀이

① $NH_3 + H_2O \rightleftharpoons NH_4^+ + OH^-$
  평형상수(K) = $\dfrac{[NH_4^+][OH^-]}{[NH_3]} = \dfrac{[NH_4^+]}{[NH_3]} \times [OH^-]$

② $NH_3(\%) = \dfrac{[NH_3]}{[NH_3]+[NH_4^+]} \times 100$ ⇒ 분자, 분모를 $[NH_3]$로 나눈다.
  $NH_3(\%) = \dfrac{1}{1+\dfrac{[NH_4^+]}{[NH_3]}} \times 100$

③ NH_3의 제거효율(%) = $\left(1 - \dfrac{\text{유출수의 농도}}{\text{유입수의 농도}}\right) \times 100$
  $= \left(1 - \dfrac{4\text{mg/L}}{40\text{mg/L}}\right) \times 100 = 90\%$

④ $0.90 = \dfrac{1}{1+\dfrac{[NH_4^+]}{[NH_3]}}$

$$\therefore \frac{[NH_4^+]}{[NH_3]} = 0.1111$$

⑤ $K = \frac{[NH_4^+]}{[NH_3]} \times [OH^-]$

$1.8 \times 10^{-5} = 0.1111 \times [OH^-]$

$\therefore [OH^-] = 1.62 \times 10^{-4} \text{mol/L}$

⑥ $pH = 14 + \log[OH^-]$
$= 14 + \log[1.62 \times 10^{-4} \text{mol/L}]$
$= 10.21$

03 응집침전처리에 속도경사(G)가 200sec^{-1}, 혼합조 용적이 200m^3, 물의 점성계수가 1.3×10^{-2} g/cm·sec, 효율이 90%일 때 동력(Kw)을 계산하시오.

$G = \sqrt{\frac{P}{\mu \cdot V}} \Rightarrow P = G^2 \times \mu \times V$

여기서 P : 동력(Watt)
G : 속도경사(/sec)
μ : 점성계수(kg/m·sec)
V : 용적(m^3)

① $\mu = 1.3 \times 10^{-2}$ g/cm·sec $\times 10^{-1} = 1.3 \times 10^{-3}$ kg/m·sec

② $P = (200/\text{sec})^2 \times 1.3 \times 10^{-3} \text{kg/m·sec} \times 200\text{m}^3 \times \frac{100}{90\%}$

$= 11,555.56 \text{Watt} = 11.56 \text{Kw}$

04 글리신 1500mg/L을 분해하는데 필요한 이론적산소요구량(mg/L)을 계산하시오. (단, 최종산물은 CO_2, H_2O, HNO_3)

$C_2H_5O_2N + 3.5O_2 \rightarrow 2CO_2 + 2H_2O + HNO_3$
75g   : 3.5×32g
1500mg/L : ThOD

$\therefore \text{ThOD} = \frac{1500\text{mg/L} \times 3.5 \times 32\text{g}}{75\text{g}} = 2240\text{mg/L}$

Tip	① 글리신 = $C_2H_5O_2N$ = $CH_2(NH_2)COOH$ ② 이론적산소요구량 = ThOD ③ $C_2H_5O_2N$의 분자량 = $(2 \times 12)+(5 \times 1)+(2 \times 16)+14 = 75$g

05 슬러지 함수율 96%, 슬러지의 고형물질 중 유기물의 함량이 70%이다. 소화조로 투입되는 슬러지량이 250m³이며 25일간 소화시켰더니 유기물의 $\frac{3}{5}$이 가스화가 되었다. 이때 소화된 슬러지의 양(m³)을 계산하시오. (단, 소화슬러지 함수율은 75%, 슬러지의 비중은 1.0이다.)

① 잔류 VS량(m³) = 250m³ × 0.04 × 0.7 × $\left(1-\frac{3}{5}\right)$ = 2.8m³

② 잔류 FS량(m³) = 250m³ × 0.04 × 0.3 = 3.0m³

③ 소화슬러지량(m³) = 소화슬러지량(m³) × $\frac{100}{100-P(\%)}$

$= (2.8+3.0)m^3 \times \frac{100}{100-75\%}$

$= 23.2m^3$

06 유속이 3m/sec인 물이 안지름 400mm, 길이 100m인 주철관내를 흐른다면 경심(R)과 Manning 공식을 이용한 동수경사를 계산하시오. (단, 만관기준, 관의 조도계수 0.01)

(1) 경심(R)을 계산한다.

경심(R) = $\frac{면적(A)}{윤변의\ 길이(S)} = \frac{\frac{\pi D^2}{4}(m^2)}{\pi \cdot D(m)} = \frac{D}{4}(m)$

$= \frac{0.4m}{4} = 0.1m$

(2) 동수경사(I)를 계산한다.

$v = \frac{1}{n} \times R^{\frac{2}{3}} \times I^{\frac{1}{2}}(m/sec)$

$3m/sec = \frac{1}{0.01} \times (0.1m)^{\frac{2}{3}} \times I^{\frac{1}{2}}$

∴ I = 0.02

07 BOD 농도가 2.5mg/L, 유량 50,000m³/day이고, 하천에 인구가 10만명인 도시로부터 30,000m³/day의 하수가 유입되고 있다. 하수가 유입된 후 하천의 하류 BOD 농도가 5.0mg/L 이하로 유지하기 위해 하수처리장을 건설할 때, 하수처리장의 제거효율(%)을 계산하시오. (단, 인구 1인당 BOD 배출량은 50g/day이다.)

풀이

$Q_1 = 50,000\text{m}^3/\text{day}$
$C_1 = 2.5\text{mg/L}$

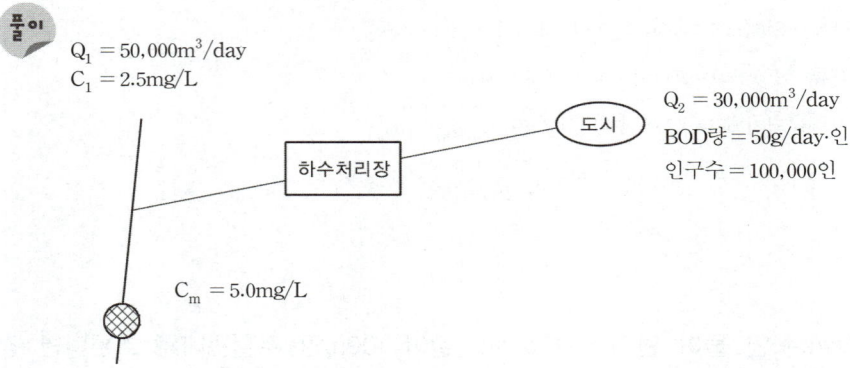

$Q_2 = 30,000\text{m}^3/\text{day}$
BOD량 = 50g/day·인
인구수 = 100,000인

$C_m = 5.0\text{mg/L}$

① $C_m = \dfrac{Q_1C_1 + Q_2C_2}{Q_1 + Q_2}$

$5.0\text{mg/L} = \dfrac{50,000\text{m}^3/\text{day} \times 2.5\text{mg/L} + 30,000\text{m}^3/\text{day} \times C_2}{50,000\text{m}^3/\text{day} + 30,000\text{m}^3/\text{day}}$

∴ $C_2 = 9.167\text{mg/L}$

② 하수처리장의 효율(%) $= \left(1 - \dfrac{\text{유출수 BOD 총량}}{\text{유입수 BOD 총량}}\right) \times 100$

$= \left(1 - \dfrac{9.167\text{g/m}^3 \times 30,000\text{m}^3/\text{day}}{50\text{g/day}\cdot\text{인} \times 100,000\text{인}}\right) \times 100 = 94.50\%$

Tip
① BOD 총량(g/day) = BOD농도(g/m³) × Q(m³/day)
② mg/L = g/m³ = ppm

08 최종 BOD 20mg/L, 재폭기계수 0.6/day, 탈산소계수 0.2/day, 용존산소(DO) 7.5mg/L일 때 48km 지점의 용존산소량(mg/L)을 계산하시오. (단, 포화용존산소 18mg/L, 하천의 유속 0.8km/hr, 자연대수기준, 48km 하류지점에서 포화용존산소 조건은 동일하다.)

풀이

① 시간(day) $= \dfrac{\text{거리(m)}}{\text{유속(m/day)}} = \dfrac{48 \times 10^3 \text{m}}{0.8 \times 10^3 \text{m/hr} \times 24\text{hr/day}} = 2.5\text{day}$

② 용존산소부족량(D_t) $= \dfrac{k_1 \times L_o}{k_2 - k_1} \times (e^{-k_1 \times t} - e^{-k_2 \times t}) + D_o \times (e^{-k_2 \times t})$

$= \dfrac{0.2/\text{day} \times 20\text{mg/L}}{0.6/\text{day} - 0.2/\text{day}} \times (e^{-0.2/\text{day} \times 2.5\text{day}} - e^{-0.6/\text{day} \times 2.5\text{day}})$

$$+(18-7.5)\text{mg/L} \times e^{-0.6/\text{day} \times 2.5\text{day}}$$
$$= 6.1769 \text{mg/L}$$

③ 48km 지점의 용존산소량 = 포화용존산소량(C_s)−용존산소부족량(D_t)
$$= 18\text{mg/L} - 6.1769\text{mg/L}$$
$$= 11.82\text{mg/L}$$

09 어떤 하수의 BOD를 분석한 결과 20℃에서 2일 BOD가 120mg/L, 4일 BOD가 160㎎/L이다. 다음 물음에 답하시오.

(1) 탈산소계수(/day)를 계산하시오. (단, 상용대수기준, $k_1 \neq 0$, 소수점 셋째자리까지 계산할 것)
(2) 5일 BOD(mg/L)를 계산하시오.

 (1) 탈산소계수 k_1을 계산한다.
$$BOD_t = BOD_u \times 1 - 10^{-k_1 \times t}$$
$$\div \begin{array}{|l} 160\text{mg/L} = BOD_u \times 1 - 10^{-k_1 \times 4\text{day}} \\ 120\text{mg/L} = BOD_u \times 1 - 10^{-k_1 \times 2\text{day}} \end{array}$$
$$1.3333 = 1 + 10^{-2k}$$
$$1.3333 - 1 = 10^{-2k}$$
$$\log 0.3333 = -2k$$
$$\therefore k = 0.239/\text{day}$$

(2) 5일 BOD를 계산한다.
① BOD_u를 계산한다.
$$160\text{mg/L} = BOD_u \times 1 - 10^{-0.239/\text{day} \times 4\text{day}}$$
$$\therefore BOD_u = \frac{160\text{mg/L}}{1 - 10^{-0.239/\text{day} \times 4\text{day}}} = 179.9092 \text{mg/L}$$

② $BOD_5 = BOD_u \times (1 - 10^{-k_1 \times t})$
$$= 179.9092\text{mg/L} \times (1 - 10^{-0.239/\text{day} \times 5\text{day}})$$
$$= 168.43 \text{mg/L}$$

Tip
① 두식을 곱하기를 하면 지수값끼리 더한다.
② 두식을 나누기를 하면 지수값끼리 뺀다.

10 콜로이드를 응집하는 기본 메카니즘 3가지를 쓰시오.

 ① 이중층의 압축강화
② 전하의 전기적 중화
③ 침전물에 의한 포착
④ 입자간의 가교형성

다음 공정을 보고 물음에 답하시오.

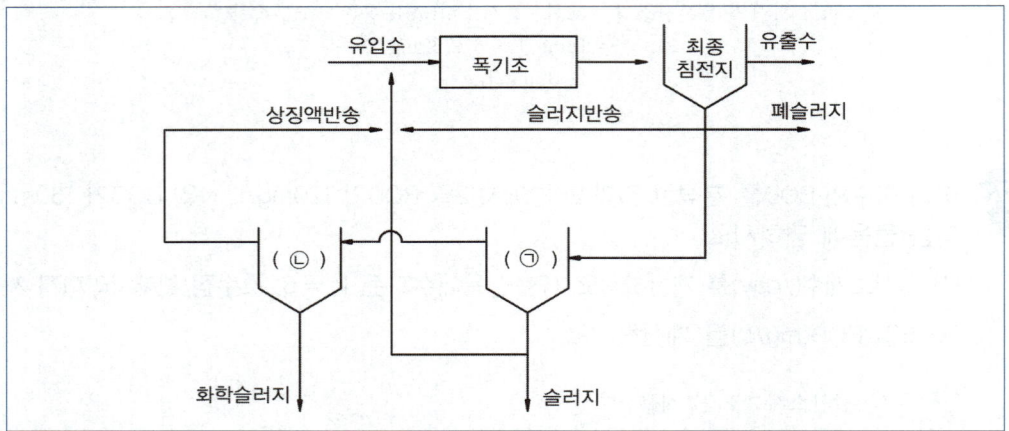

(1) 위 공정명을 쓰시오.
(2) ㉠조의 명칭과 역할을 쓰시오.
(3) ㉡조의 명칭과 역할을 쓰시오.

 (1) 포스트립(phostrip)공법
(2) 명칭 : 혐기성조(탈인조)
역할 : P(인)의 방출
(3) 명칭 : 침전조(응집조)
역할 : P(인)을 석회를 사용하여 응집침전

01회 2014년 수질환경산업기사 최근 기출문제

2014년 4월 시행

01 글루코스($C_6H_{12}O_6$)를 기질로 하여 BOD 1kg이 혐기성 분해시 발생하는 CH_4량(L)을 계산하시오.

풀이
① $C_6H_{12}O_6 + 6O_2 \rightarrow 6CO_2 + 6H_2O$
   180g : 6×32g
   X : 1kg   ∴ X= 0.9375kg
② $C_6H_{12}O_6 \rightarrow 3CH_4 + 3CO_2$
   180g : 3×22.4 L
   0.9375kg×10^3g/kg : Y   ∴ Y= 350L

02 글리신 100g이 호기성분해 하였을 때 ThOD(g)를 계산하시오. (단, 최종산물은 CO_2, H_2O, HNO_3이다.)

풀이
$C_2H_5O_2N + 3.5O_2 \rightarrow 2CO_2 + 2H_2O + HNO_3$
75g   : 3.5×32g
100g   : ThOD
∴ ThOD = $\dfrac{100g \times 3.5 \times 32g}{75g}$ = 149.33g

Tip
① 글리신= $C_2H_5O_2N$ = $CH_2(NH_2)COOH$
② 이론적산소요구량= ThOD
③ $C_2H_5O_2N$의 분자량= (2×12)+(5×1)+(2×16)+14 = 75g

03 CFSTR에서 물질을 분해하여 95%의 효율로 처리하고자 한다. 이 물질은 1차 반응으로 분해되며 속도상수는 0.05/hr이다. 유입 유량은 300L/hr이고, 유입 농도는 150mg/L로 일정할 때 필요한 CFSTR의 부피(m^3)를 계산하시오. (단, 반응은 정상상태이다.)

풀이
$Q \times (C_o - C_t) = k \times V \times C_t^1$
① C_o (초기농도) = 150mg/L
② C_t (t시간후의 농도) = $C_o \times (1-\eta)$ = 150mg/L × (1-0.95) = 7.5mg/L
③ 300L/hr × (150-7.5)mg/L = 0.05/hr × V × 7.5mg/L
∴ V = $\dfrac{300 L/hr \times (150-7.5)mg/L}{0.05/hr \times 7.5mg/L}$ = 114,000L = 114m^3

04 폐수 2,000m³/day 에서 생성되는 1차슬러지부피량(m³/day)을 계산하시오. (단, 1차 침전지 현탁고형물 제거효율 60%, 폐수 중 현탁고형물 함유량 660mg/L, 비중 1.0기준, 슬러지 함수율 94%, 제거된 현탁고형물은 전량이 슬러지화 된다고 가정한다.)

풀이

$$1차슬러지부피량(m^3/day) = \frac{SS(kg/m^3) \times Q(m^3/day) \times \eta}{비중량(kg/m^3)} \times \frac{100}{100-P(\%)}$$

$$= \frac{0.66kg/m^3 \times 2{,}000m^3/day \times 0.6}{1{,}000kg/m^3} \times \frac{100}{100-94\%} = 13.2 m^3/day$$

05 어떤 시료를 분석한 결과 다음과 같다. 총알칼리도(mg/L)를 계산하시오. (단, 시료의 pH = 10, $[CO_3^{2-}] = 32mg/L$, $[HCO_3^-] = 57mg/L$)

풀이

pH=10이므로 pOH=14−10=4 ∴ $[OH^-] = 10^{-pOH} = 10^{-4} mol/L$

∴ $[OH^-] = \frac{10^{-4} mol}{L} \times \frac{17g}{1 mol} \times \frac{10^3 mg}{1g} = 1.7 mg/L$

$[CO_3^{2-}] = 32 mg/L$

$[HCO_3^-] = 57 mg/L$

∴ $\frac{Alk(mg/L)}{50g} = \frac{OH^- \ mg/L}{17g} + \frac{CO_3^{2-} \ mg/L}{30g} + \frac{HCO_3^- \ mg/L}{61g}$

$= \frac{1.7 mg/L}{17g} + \frac{32 mg/L}{30g} + \frac{57 mg/L}{61g}$

따라서 알칼리도(Alk) = 105.06mg/L

06 완전혼합반응조에서 시간(t)를 구하는 물질수지식을 완성하시오.

풀이

$Q \cdot C_o - Q \cdot C_t - (K \cdot V \cdot C_t) = 0$

$Q \cdot C_o - Q \cdot C_t = K \cdot V \cdot C_t$

$Q(C_o - C_t) = K \cdot V \cdot C_t$

$t = \frac{V}{Q}$ 이므로

$(C_o - C_t) = K \cdot C_t \cdot \frac{V}{Q}$

$\frac{V}{Q} = \frac{(C_o - C_t)}{K \cdot C_t}$

∴ $t = \frac{(C_o - C_t)}{K \cdot C_t}$

Tip

Q : 유량(m³/day)　　V : 체적(m³)　　C_o : 초기농도(mg/L)
C_t : t시간 후의 농도(mg/L)　K : 상수(/day)　t : 시간(day)

07 활성탄을 이용한 수처리에서 Freundlich 등온흡착식을 가장 많이 이용한다. Freundlich의 등온흡착식을 쓰고 변수를 각각 설명하시오.

 Freundlich 등온흡착식 : $\dfrac{X}{M} = K \cdot C^{\frac{1}{n}}$

여기서 X : 흡착제에 흡착된 피흡착제의 농도(mg/L)
M : 활성탄의 주입농도(mg/L)
C : 유출수의 농도(mg/L)
K, n : 경험적 상수

08 오존 소독의 장·단점을 3가지씩 쓰시오.

 (1) 장점 ① 유기화합물의 생분해성을 높이며, 바이러스의 불활성화 효과가 크다.
② 슬러지가 생기지 않는다.
③ 탈취, 탈색효과가 크다.
(1) 단점 ① 잔류성이 없다.
② 가격이 고가이다.
③ 오존은 저장할 수가 없어 현장에서 생산해야 한다.

09 생물막법 중 접촉산화법의 특징을 4가지 쓰시오.

 ① 분해속도가 낮은 기질제거에 효과적이다.
② 부하, 수량변동에 대하여 완충능력이 있다.
③ 슬러지 반송이 필요없고, 슬러지 발생량이 적다.
④ 슬러지 보유량이 크며, 생물상이 다양하다.

10 질산화가 일어날 때 pH변화와 탈질화가 일어날 때 pH변화를 쓰시오.

 (1) 질산화가 일어날 때 pH변화 : pH가 낮아진다.
(2) 탈질화가 일어날 때 pH변화 : pH가 증가한다.

다음 공정도를 보고 물음에 답하시오.

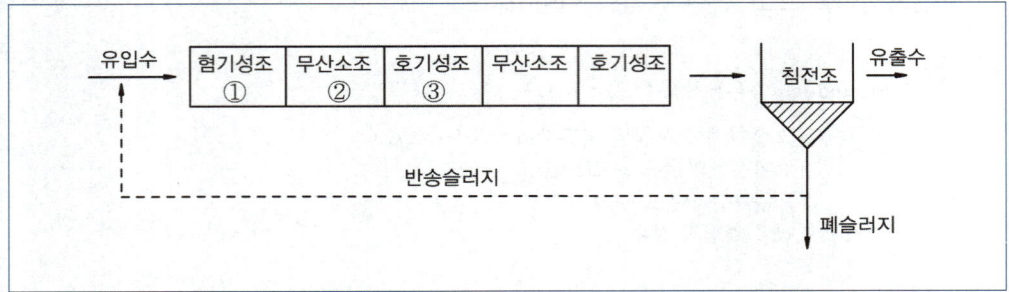

(가) 공법의 이름

(나) 제거물질

(다) 내부반송이 일어나는 번호

 (가) 공법의 이름 : 5단계 바덴포
(나) 제거물질 : 질소(N)와 인(P)
(다) 내부반송이 일어나는 번호 : ③ → ②

※ 알림
최근기출문제는 수강생들의 도움으로 복원된 문제이므로 실제문제와 다소 차이가 있을 수 있음을 알려 드립니다.
실기시험을 친 수험생은 실기문제를 복원하여 메일로 보내 주시면 됩니다.
메일로 보내실 경우 ☞ kwe7002@hanmail.net
수험생 여러분들이 원하시는 수험서를 만들도록 항상 최선의 노력을 다하겠습니다.

02회 2014년 수질환경산업기사 최근 기출문제

2014년 7월 시행

 건조슬러지의 비중이 1.3, 건조 이전 고형물의 함량은 30%, 건조슬러지량이 250kg일 때 슬러지 Cake의 부피(m^3)를 계산하시오. (단, 물의 비중은 1.0 기준이다.)

풀이

① 슬러지 Cake의 비중

$$\frac{100}{\text{슬러지 Cake 비중}} = \frac{\text{건조슬러지 함량(\%)}}{\text{건조슬러지 비중}} + \frac{\text{물의 함량(\%)}}{\text{물의 비중}}$$

$$= \frac{30\%}{1.3} + \frac{70\%}{1.0}$$

∴ 슬러지 Cake 비중 = 1.074

② 슬러지 Cake 부피(m^3) = $\frac{\text{건조슬러지량(kg)}}{\text{슬러지 Cake 비중량(kg/m}^3)} \times \frac{100}{TS(\%)}$

$$= \frac{250kg}{1074kg/m^3} \times \frac{100}{30\%} = 0.78m^3$$

Tip
① 고형물(%) + 수분(%) = 100%
② 수분(%) = 100 − 고형물(%) = 100 − 30 = 70%
③ 비중(g/cm^3) × 10^3 → 비중량(kg/m^3)
④ 비중 1.074는 비중량 $1074kg/m^3$이다.

 어떤 시료를 분석한 결과 다음과 같다. 총알칼리도(mg/L)를 계산하시오. (단, 시료의 pH=10, $[CO_3^{2-}] = 32mg/L$, $[HCO_3^-] = 57mg/L$)

풀이

pH=10이므로 pOH = 14 − 10 = 4

∴ $[OH^-] = 10^{-pOH} mol/L = 10^{-4} mol/L$

∴ $[OH^-]$의 mg/L = $\frac{10^{-4}mol}{L} \times \frac{17g}{1mol} \times \frac{10^3 mg}{1g} = 1.7mg/L$

$[CO_3^{2-}] = 32mg/L$

$[HCO_3^-] = 57mg/L$

∴ $\frac{Alk(mg/L)}{50g} = \frac{OH^- \, mg/L}{17g} + \frac{CO_3^{2-} \, mg/L}{30g} + \frac{HCO_3^- \, mg/L}{61g}$

$= \frac{1.7mg/L}{17g} + \frac{32mg/L}{30g} + \frac{57mg/L}{61g}$

따라서 알칼리도(Alk) = 105.05mg/L

03 수중에 NH_4^+와 NH_3가 평형상태에 있을 때 25℃, pH = 11에서 NH_3로 존재하는 분율(%)을 계산하시오. (단, 해리상수 $K_b = 1.8 \times 10^{-5}$, $NH_3 + H_2O \rightleftharpoons NH_4^+ + OH^-$)

풀이
① $K_b = \dfrac{[NH_4^+][OH^-]}{[NH_3]}$

pH + pOH = 14 ⇒ pOH = 14 − pH = 14 − 11 = 3

$[OH^-] = 10^{-pOH} \text{mol/L} = 10^{-3} \text{mol/L} = 1.0 \times 10^{-3} \text{mol/L}$

따라서 $K_b = \dfrac{[NH_4^+]}{[NH_3]} \times [OH^-]$ 에서

$1.8 \times 10^{-5} = \dfrac{[NH_4^+]}{[NH_3]} \times [1.0 \times 10^{-3} \text{mol/L}]$

∴ $\dfrac{[NH_4^+]}{[NH_3]} = \dfrac{1.8 \times 10^{-5}}{1.0 \times 10^{-3} \text{mol/L}} = 0.018$

② $NH_3(\%) = \dfrac{[NH_3]}{[NH_3]+[NH_4^+]} \times 100$ 에서 분자와 분모를 $[NH_3]$로 나눈다.

$NH_3(\%) = \dfrac{1}{1 + \dfrac{[NH_4^+]}{[NH_3]}} \times 100 = \dfrac{1}{1 + 0.018} \times 100 = 98.23\%$

04 1N HCl 50mL를 중화하려고 할 때 필요한 NaOH량(g)을 계산하시오. (단, NaOH의 순도는 70%이다.)

풀이
① 1N HCl은 1eq/L=1mol/L가 된다.
HCl→$H^+ + Cl^-$ 에서 $[H^+]$ = 1mol/L가 된다.
중화시 필요한 $[OH^-]$ = 1mol/L가 된다.
그리고 $[OH^-]$ = 1mol/L = 1eq/L이다.

② $NaOH(g) = \dfrac{1eq}{L} \times \dfrac{40g}{1eq} \times 50 \times 10^{-3}L \times \dfrac{100}{70\%} = 2.86g$

05 비중 1.5, 직경 0.06mm의 입자가 수중에서 자연침강할 때의 속도가 0.2m/min였다. 입자의 침전속도가 Stokes법칙에 따른다면 동일조건에서 비중 2.5, 직경 0.03mm인 입자의 침전속도(cm/sec)를 계산하시오.

풀이
$Vs = \dfrac{d^2(\rho_s - \rho_w)g}{18\mu}$

여기서 Vs : 침강속도(cm/sec)　　　　　d : 입자의 직경(cm)
　　　ρ_s : 입자의 비중(g/cm³)　　　　ρ_w : 물의 비중(g/cm³)
　　　g : 중력가속도(980cm/sec²)　　　μ : 점성도(g/cm · sec)

따라서 $Vs \propto \{d^2(\rho_s - \rho_w)\}$ 이므로

$0.2\text{m/min} : \{(0.06\text{mm})^2 \times (1.5 - 1.0)\} = Vs : \{(0.03\text{mm})^2 \times (2.5 - 1.0)\}$

$$\therefore V_s = \frac{0.2\text{m/min} \times \{(0.03\text{mm})^2 \times (2.5-1.0)\}}{\{(0.06\text{mm})^2 \times (1.5-1.0)\}} = 0.15\text{m/min}$$

따라서 $V_s(\text{cm/sec}) = \frac{0.15\text{m}}{\text{min}} \times \frac{10^2\text{cm}}{1\text{m}} \times \frac{1\text{min}}{60\text{sec}} = 0.25\text{cm/sec}$

06 BOD 농도가 1.2mg/L, 유량이 400,000m³/day인 하천에 인구가 20만명인 도시로부터 하수가 50,000m³/day 유입된다. 유입후 하천의 BOD 농도를 3.0mg/L 이하로 유지하기 위해 하수처리장을 건설하려고 할 때 하수처리장의 BOD 제거효율(%)을 얼마이상으로 유지해야 하는지 계산하시오. (단, 1인당 BOD 배출 원단위는 50g/day 이다.)

풀이 ① 혼합공식을 이용해 C_2(처리장에서 유출된 BOD 농도 = BOD_o)를 계산한다.

$$C_m = \frac{Q_1C_1 + Q_2C_2}{Q_1 + Q_2}$$

$$3.0\text{mg/L} = \frac{400,000\text{m}^3/\text{day} \times 1.2\text{mg/L} + 50,000\text{m}^3/\text{day} \times C_2}{400,000\text{m}^3/\text{day} + 50,000\text{m}^3/\text{day}}$$

$$\therefore C_2 = 17.4\text{mg/L}$$

② 처리장으로 유입되는 BOD 농도(BOD_i)

$$= 50\text{g/day} \cdot \text{인} \times 200,000\text{인} \times \frac{1}{50,000\text{m}^3/\text{day}} = 200\text{g/m}^3 = 200\text{mg/L}$$

③ BOD 제거효율 $= \left(1 - \frac{BOD_o}{BOD_i}\right) \times 100 = \left(1 - \frac{17.4\text{mg/L}}{200\text{mg/L}}\right) \times 100 = 91.3\%$

07 다음에 주어진 물질들의 pH를 계산하시오.

(가) H_2SO_4 $6 \times 10^{-9}\text{M}$

(나) $NaOH$ $3 \times 10^{-5}\text{M}$

(다) pH 5보다 산도가 3배 큰 용액

풀이 (가) $H_2SO_4 \rightarrow 2H^+ + SO_4^{2-}$
  xM   2xM   xM
  $pH = -\log[H^+] = -\log[2 \times 6 \times 10^{-9}\text{M}] = 7.92$

(나) $NaOH \rightarrow Na^+ + OH^-$
  xM   xM   xM
  $pH = 14 + \log[OH^-] = 14 + \log[3 \times 10^{-5}\text{M}] = 9.48$

(다) $pH\ 5 \Rightarrow [H^+] = 10^{-pH} = 10^{-5}\text{mol/L}$ 이므로
  따라서 $pH = -\log[H^+] = -\log[3 \times 10^{-5}\text{M}] = 4.52$

08 MLSS농도가 3,000mg/L이고 30분 정치후의 슬러지용적이 30%이다. 다음 물음에 답하시오.

(가) SVI를 계산하시오.

(나) 슬러지의 침강성을 판단하시오.

풀이 (가) 슬러지 용적지수(SVI) = $\dfrac{SV(\%)}{MLSS(mg/L)} \times 10^4$

$= \dfrac{30\%}{3,000mg/L} \times 10^4 = 100$

(나) SVI가 100이므로 정상 침강이다.

Tip
(1) 슬러지용적지수(SVI) 공식
① SVI = $\dfrac{SV(mL/L)}{MLSS(mg/L)} \times 10^3$
② SVI = $\dfrac{SV(\%)}{MLSS(mg/L)} \times 10^4$
(2) 침강성 판단 근거
① SVI가 50~150 : 정상 침강
② SVI가 200 이상 : 슬러지팽화(벌킹)

 09 가로 4.5m, 세로 9.5m의 가압여과기를 사용하여 하루 2,500m³을 여과하고, 매일 12L/m²·sec로 15분씩 역세척을 한다. 다음에 답하시오.

(가) 여과속도(m/day)를 계산하시오.

(나) 역세척수량(m³/day)을 계산하시오.

(다) 처리수를 기준으로 할 때 역세척수량은 몇 %인지 계산하시오.

풀이 (가) 유량(Q) = 면적(A) × 여과속도(v)

$\therefore v = \dfrac{Q}{A} = \dfrac{2,500m^3/day}{4.5m \times 9.5m} = 58.48m/day$

(나) 역세척수량(m³/day) = 면적(m²) × 역세척속도(m/day)

$= 4.5m \times 9.5m \times 12L/m^2 \cdot sec \times 10^{-3}m^3/L \times 60sec/min \times 15min/day$

$= 461.70m^3/day$

(다) 역세척율(%) = $\dfrac{역세척수량}{처리수량} \times 100 = \dfrac{461.70m^3/day}{2,500m^3/day} \times 100 = 18.47\%$

Tip
면적(A) 계산식
① 원형에서 면적(A) = $\dfrac{\pi D^2}{4}(m^2)$
② 사각형에서 면적(A) = 가로 × 세로(m²)

10 활성슬러지공법의 어느 폭기조의 유효용적이 1,000m³, MLSS 농도는 3,000mg/L이고, MLVSS 농도는 MLSS농도의 75%이다. 유입하수의 유량은 4,000m³/day이고, 합성계수 Y는 0.63 mgMLVSS/mg제거 BOD, 내생분해계수 Kd는 0.05day⁻¹, 1차 침전조 유출수의 BOD는 200mg/L, 폭기조 유출수의 BOD는 20mg/L일 때, 슬러지 생성량(kg/day)을 계산하시오.

풀이 슬러지 생성량($Q_w \cdot SS_w$)
= $Y \cdot Q \cdot (BOD_i - BOD_o) - Kd \cdot V \cdot MLVSS$
= $0.63 \times 4,000 m^3/day \times (0.2 - 0.02)kg/m^3 - 0.05/day \times 1,000 m^3 \times 3 kg/m^3 \times 0.75$
= 341.1kg/day

11 Ca^{2+}가 40mg/L, Mg^{2+}가 20mg/L이 포함된 물의 경도(mg/L as $CaCO_3$)를 계산하시오.
(단, Ca의 원자량 : 40, Mg의 원자량 : 24)

풀이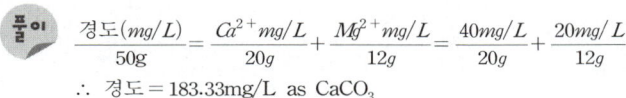

∴ 경도 = 183.33mg/L as $CaCO_3$

12 콜로이드 입자는 응집제를 가하면 서로 응집하여 floc이 형성된다. 다음은 응집제를 첨가함으로써 응집이 일어나는 메카니즘에 대한 설명이다. ( ) 안에 알맞은 말을 쓰시오.

(가) 콜로이드 입자는 수중에서 (①), (②), (③)에 의한 3가지 힘에 의해 매우 안정된 상태로 존재한다.
(나) 응집제는 투입과 교반에 의하여 콜로이드 입자들이 응집할 수 있을 만큼 (④)를 감소시킨다.

풀이 (가) ① 중력 ② 반데르발스힘(Vander Waals) ③ 제타포텐셜(Zeta potental)
(나) ④ 반발력

13 A/O 공법의 공정도에 대한 물음에 답하시오.
(가) A/O 공법의 공정도에서 빈칸을 채우시오.

유입수 → (①) → (②) → 침전조 → 유출수

(나) ① 반응조와 ② 반응조의 역할을 쓰시오.

풀이 (1) ① 혐기성조, ② 호기성조
(2) ① 혐기성조의 역할 : 인(P)의 방출
② 호기성조의 역할 : 인(P)의 과잉흡수

※ 알림

최근기출문제는 수강생들의 도움으로 복원된 문제이므로 실제문제와 다소 차이가 있을 수 있음을 알려 드립니다.
실기시험을 친 수험생은 실기문제를 복원하여 메일로 보내 주시면 됩니다.
메일로 보내실 경우 ☞ kwe7002@hanmail.net
수험생 여러분들이 원하시는 수험서를 만들도록 항상 최선의 노력을 다하겠습니다.

03회 2014년 수질환경산업기사 최근 기출문제

2014년 10월 시행

01 ABS를 제거하기 위해 활성탄을 사용한다. 원수의 ABS가 56mg/L일 때 활성탄을 20mg/L 주입시켰더니 16mg/L의 ABS가 검출되었다. 52mg/L의 활성탄을 주입하였더니 유출수의 ABS가 4mg/L로 되었다. 유출수의 ABS를 9mg/L로 만들기 위해서 주입되는 활성탄의 양(mg/L)을 계산하시오.

 등온흡착식 : $\dfrac{X}{M} = K \cdot C^{\frac{1}{n}}$

① $\dfrac{(56-16)\text{mg/L}}{20\text{mg/L}} = K \times (16\text{mg/L})^{\frac{1}{n}}$

② $\dfrac{(56-4)\text{mg/L}}{52\text{mg/L}} = K \times (4\text{mg/L})^{\frac{1}{n}}$

③ $\dfrac{(56-9)\text{mg/L}}{M} = K \times (9\text{mg/L})^{\frac{1}{n}}$

÷ $\begin{vmatrix} ① \ 2 = K \times 16^{\frac{1}{n}} \\ ② \ 1 = K \times 4^{\frac{1}{n}} \end{vmatrix}$

$2 = 4^{\frac{1}{n}}$

양변에 ln을 취하면 $\ln 2 = \dfrac{1}{n}\ln 4$

$\therefore n = \dfrac{\ln 4}{\ln 2} = 2$ $\therefore K = 0.5$

따라서 $\dfrac{(56-9)\text{mg/L}}{M} = 0.5 \times (9\text{mg/L})^{\frac{1}{2}}$

$\therefore M = 31.33\,\text{mg/L}$

02 Cd^{2+}가 함유된 산성 수용액에 pH를 증가하면 카드뮴이 침전물로 형성되어 제거된다. pH가 11인 경우 수용액중의 Cd^{2+}의 농도(mg/L)를 계산하시오. (단, $Cd(OH)_2$의 용해도적(Ksp)는 3.0×10^{-15}, Cd의 원자량은 112이며, 기타 용존이온의 영향이나 착염에 의해 재용해는 없다.)

풀이 pH가 11이면 pOH = 14 − pH = 14−11= 3이므로 $[OH^-] = 10^{-3}\,\text{mol/L}$이다.
$Cd(OH)_2 \rightarrow Cd^{2+} + 2OH^-$ 에서

용해도적(Ksp) = $[Cd^{2+}][OH^-]^2$

$[Cd^{2+}] = \dfrac{Ksp}{[OH^-]^2} = \dfrac{3.0 \times 10^{-15}}{(10^{-3} mol/L)^2} = 3.0 \times 10^{-9} mol/L$

따라서 $Cd^{2+}(mg/L) = \dfrac{3.0 \times 10^{-9} mol}{L} \times \dfrac{112g}{1mol} \times \dfrac{10^3 mg}{1g} = 3.36 \times 10^{-4} mg/L$

03 수돗물 분석 결과가 다음과 같다. 이 시료의 총경도(asCaCO₃)의 값(mg/L)을 계산하시오.

[수질분석 결과]
Ca^{2+} : 420mg/L, Mg^{2+} : 58.4mg/L, Na^+ : 40.6mg/L, SO_4^{2-} : 576mg/L
(단, Ca : 40, Mg : 24, Na : 23, S : 32이다.)

풀이

$\dfrac{총\ 경도(mg/L)}{50g} = \dfrac{Ca^{2+}(mg/L)}{20g} + \dfrac{Mg^{2+}(mg/L)}{12g} + \dfrac{Fe^{2+}(mg/L)}{28g}$
$\qquad\qquad\qquad + \dfrac{Mn^{2+}(mg/L)}{27.5g} + \dfrac{Sr^{2+}(mg/L)}{43.8g}$

$\dfrac{총\ 경도(mg/L)}{50g} = \dfrac{420mg/L}{20g} + \dfrac{58.4mg/L}{12g}$

∴ 총 경도 = 1293.33mg/L

Tip 물의 세기정도를 말하며 2가 양이온 금속성 물질(Ca^{2+}, Mg^{2+}, Mn^{2+}, Fe^{2+}, Sr^{2+})의 함량을 탄산칼슘($CaCO_3$)의 농도로 환산한 값(ppm = mg/L)이다.

04 유량이 20,000m³/day이고 BOD 농도가 180mg/L인 하수를 활성슬러지법으로 처리한다. 폭기조에 3m³/sec로 공기를 공급하고, BOD 제거효율이 85%이다. 이때 1kg BOD 제거에 소모되는 산소량(m³)을 계산하시오. (단, 공기중 산소 함유율은 20V/V%이다.)

풀이

① BOD 제거량 = 20,000m³/day × 0.18kg/m³ × 0.85 = 3,060kg/day

② 공급 공기량 = $\dfrac{3m^3}{sec} \times \dfrac{3600sec}{1hr} \times \dfrac{24hr}{1day}$ = 259,200m³/day

③ 소모되는 산소량 = $\dfrac{259,200m^3 공기량}{day} \times \dfrac{20\%산소량}{100\%공기량} \times \dfrac{day}{3,060kg제거BOD}$
= 16.94m³산소량/1kg제거BOD

Tip
① mg/L × 10^{-3} → kg/m³
② BOD 80mg/L = 0.18kg/m³

05 유량 500m³/day, BOD 400mg/L, N=6mg/L, P=5mg/L, pH=7.3인 폐수를 활성슬러지법으로 처리할 때 질소가 부족하여 $(NH_2)_2CO$를 첨가하려 한다. 하루 동안 필요한 요소의 주입량(kg/day)을 계산하시오. (단, BOD : N : P=100 : 5 : 1)

① BOD : N
　100 : 5
　400mg/L : $X_1(N)$
　∴ $X_1(N) = 20mg/L$

② $CO(NH_2)_2$: 2N
　60g : 2×14g
　$X_2[CO(NH_2)_2]$: $(20-6)mg/L$
　∴ $X_2[CO(NH_2)_2] = 30mg/L$

③ 요소의 주입량 = $30 \times 10^{-3} kg/m^3 \times 500 m^3/day = 15 kg/day$

06 페놀(C_6H_5OH)만 함유된 폐수 200m³/day의 COD를 측정한 결과 175mg/L이였다. 이 측정기준으로 하루동안 발생하는 폐수의 페놀량(kg/day)을 계산하시오.

① 페놀의 농도를 계산한다.
$$C_6H_5OH + 7O_2 \rightarrow 6CO_2 + 3H_2O$$
　94g : 7×32g
　X : 175mg/L
　∴ X = 73.4375mg/L

② 페놀량 = $\dfrac{200m^3}{day} \times \dfrac{73.4375 \times 10^{-3} kg}{m^3} = 14.69 kg/day$

> **Tip**
> ① 총량(kg/day) = 폐수량(m³/day) × 농도(kg/m³)
> ② $mg/L \times 10^{-3} \rightarrow kg/m^3$
> ③ 문제에서 COD는 산소량을 의미한다.

07 생분뇨 SS 35,000mg/L이고, 1차침전지에서 SS제거율이 75%이면 1일 100kL의 분뇨를 투입할 때 1차 침전지에서 발생하는 슬러지량(ton/day)을 계산하시오. (단, 제거된 슬러지의 함수율은 98%이고, 비중은 1.0이다.)

발생되는 슬러지량(ton/day)
= [SS농도(ton/m³) × 분뇨투입량(m³/day) × SS제거율] × $\dfrac{100}{100-함수율(\%)}$
= $(0.035 ton/m^3 \times 100 m^3/day \times 0.75) \times \dfrac{100}{100-98\%}$
= 131.25 ton/day

> **Tip** SS $35,000\,\text{mg/L} = 35\,\text{kg/m}^3 = 0.035\,\text{ton/m}^3$

08 5% 고형물을 함유한 2.4m^3의 1차 슬러지를 고형물의 농도가 8%가 되도록 농축시킬 때 슬러지의 부피(m^3)를 계산하시오. (단, 슬러지의 비중은 1.0이다.)

$V_1 \times TS_1 = V_2 \times TS_2$
여기서 V_1 : 농축 전 1차 슬러지(m^3)
  TS_1 : 농축 전 고형물 농도(%)
  V_2 : 농축 후 1차 슬러지(m^3)
  TS_2 : 농축 후 고형물 농도(%)
따라서 $2.4\text{m}^3 \times 5\% = V_2 \times 8\%$
$\therefore V_2 = \dfrac{2.4\text{m}^3 \times 5\%}{8\%} = 1.5\text{m}^3$

09 침전의 4가지 종류를 쓰고, 간단히 서술하시오.

① Ⅰ형침전(독립침전) : 고형물의 농도가 낮은 현탁액속의 입자가 등가속도 영역에서 중력에 의해 침전하는 것을 말한다.
② Ⅱ형침전(응결침전, 응집침전) : 비교적 농도가 낮은 현탁액에서 침전 중 입자들끼리 결합하고 응집하는 것을 말한다.
③ Ⅲ형침전(지역침전, 간섭침전, 방해침전) : 침전하는 입자들이 너무 가까이 있어서 입자간의 힘이 이웃입자의 침전을 방해하게 되고 동일한 속도로 침전하며 활성슬러지 공법의 최종침전조 중간깊이에서 일어나는 침전을 말한다.
④ Ⅳ형침전(압축침전, 압밀침전) : 입자들은 농도가 너무 커서 입자들끼리 구조물을 형성하여 더 이상의 침전은 압밀에 의해서만 생기는 고농도의 부유액에서 일어나는 침전이다.

10 혐기성소화법에 비해 호기성소화법의 장·단점을 각각 4가지씩 서술하시오.

1. 장점
  ① 유출수의 수질이 양호하다.
  ② 악취발생이 거의 없다.
  ③ 소화속도가 빠르다.
  ④ 운전이 용이하다.
2. 단점
  ① 슬러지 발생량이 많다.
  ② 포기에 사용되는 동력비가 많이 든다.
  ③ 슬러지의 탈수성이 어렵다.
  ④ 가치있는 부산물의 생성이 없다.

11 물리 · 화학적 방법으로 질소화합물을 처리하는 방법 3가지에 대해 서술하시오.

 (1) 이온교환법
　① 원리 : 처리하고자 하는 폐수중에 포함되어 있는 NH_4^+ 이온을 선택적으로 치환할 수 있는 천연제올라이트를 충진한 이온교환층을 통과시켜 암모니아를 처리하는 방법이다.
　② 반응식
　　· 이온교환반응 : $RH + NH_4^+ \rightleftharpoons RNH_4^+ + H^+$
　　· 재생반응 : $RNH_4 + HCl \rightleftharpoons RH + NH_4Cl$
(2) 공기탈기법
　① 원리 : 처리하고자 하는 폐수에 석회 등을 이용하여 pH를 10 이상으로 조절한 후 공기를 불어 넣어 수중에 존재하는 암모니아성 질소를 암모니아가스로 탈기하는 방법이다.
　② 반응식 : $NH_4^+ + OH^- \rightleftharpoons NH_3 + H_2O$
(3) 파괴점 염소주입법
　① 처리하고자 하는 폐수에 염소(Cl_2)를 주입하여 암모늄염을 질소가스(N_2)로 처리하는 방법이다.
　② 반응식 : $2NH_4^+ + 3Cl_2 \rightleftharpoons N_2 + 6HCl + 2H^+$
　　　　　　$2NH_3 + 3HOCl \rightleftharpoons N_2 + 3HCl + 3H_2O$

12 다음표는 A_2/O 공법에 의한 각 반응조별 상등수의 분석 결과이다. 다음 물음에 답하시오.

분석항목	공정명				
	유입수	①	②	③	처리수
PO_4-P(mg/L)	5	15	8	1	1

(1) ①번 반응조 이름, PO_4-P 농도가 높아지는 이유를 서술하시오.
(2) ③번 반응조 이름, PO_4-P 농도가 매우 낮아지는 이유를 서술하시오.

　(1) 반응조 이름 : 혐기성조
　　　이유 : PO_4-P의 농도가 높아지는 이유는 인(P)의 방출이 있기 때문이다.
　(2) 반응조 이름 : 호기성조
　　　이유 : PO_4-P의 농도가 매우 낮아지는 이유는 미생물에 의한 인(P)의 과잉섭취가 일어나기 때문이다.

※ **알림**
최근기출문제는 수강생들의 도움으로 복원된 문제이므로 실제문제와 다소 차이가 있을 수 있음을 알려 드립니다.
실기시험을 친 수험생은 실기문제를 복원하여 메일로 보내 주시면 됩니다.
메일로 보내실 경우 ☞ kwe7002@hanmail.net
수험생 여러분들이 원하시는 수험서를 만들도록 항상 최선의 노력을 다하겠습니다.

01회 2015년 수질환경산업기사 최근 기출문제

2015년 4월 시행

01 μ(세포비증가율)가 μ_{max}(세포최대증가율)의 60%일 때 기질농도(S_{60})와 μ_{max}의 20%일 때의 기질농도(S_{20})와의 비(S_{60}/S_{20})를 계산하시오. (단, $\mu = \dfrac{\mu_{max}[S]}{K_S + [S]}$ 이용할 것)

$\mu = \mu_{max} \times \dfrac{S}{Ks + S}$

여기서 μ : 세포의 비증식계수(/hr)
μ_{max} : 세포의 최대비증식계수(/hr)
S : 제한기질의 농도(mg/L)
K_S : 반포화농도(mg/L)

① $\mu = \mu_{max} \times \dfrac{S}{K_S + S}$ $\begin{cases} \mu_{max} = 100\% \\ \mu = \mu_{max}의 60\% \end{cases}$

$0.6 = 1 \times \dfrac{S_{60}}{Ks + S_{60}} \Rightarrow 0.6(K_S + S_{60}) = S_{60} \Rightarrow (1 - 0.6)S_{60} = 0.6K_S \Rightarrow S_{60} = 1.5K_S$

② $\mu = \mu_{max} \times \dfrac{S}{K_S + S}$ $\begin{cases} \mu_{max} = 100\% \\ \mu = \mu_{max}의 20\% \end{cases}$

$0.2 = 1 \times \dfrac{S_{20}}{K_S + S_{20}} \Rightarrow 0.2(K_S + S_{20}) = S_{20} \Rightarrow (1 - 0.2)S_{20} = 0.2K_S \Rightarrow S_{20} = 0.25K_S$

③ $\dfrac{S_{60}}{S_{20}} = \dfrac{1.5K_S}{0.25K_S} = 6$

02 부피가 4,000m³인 플럭형성탱크의 G값 30/sec로 유지하고자한다. 주어진 조건이 다음과 같을 때 아래의 물음에 답하시오. (단, 수온은 20℃, 패들의 상대속도는 주변속도의 75%이다.)

- 20℃의 점도 : $1.002 \times 10^{-3} N \cdot S/m^2$
- 20℃의 밀도 : 998.21kg/m³
- 패들항력계수 1.8
- 패들주변속도 0.6m/sec

(가) 이론소요동력(kW)을 계산하시오.

(나) 패들면적(m²)을 계산하시오. (단, $P = \dfrac{C_D \cdot A \cdot \rho \cdot V_p^3}{2}$)

풀이 (가) 이론적인 소요동력(kW) 계산

$$P = G^2 \times \mu \times V$$
$$= (30/s)^2 \times 1.002 \times 10^{-3} N \cdot s/m^2 \times 4,000 m^3$$
$$= 3,607.2 N \cdot m/s = 3,607.2 W = 3.61 kW$$

(나) 패들면적(m^2)계산

$$A = \frac{2 \times P}{C_D \times \rho \times V_p^3} = \frac{2 \times 3,607.2 N \cdot m/s}{1.8 \times 998.21 kg/m^3 \times (0.6 \times 0.75 m/s)^3} = 44.06 m^2$$

03 글루코스($C_6H_{12}O_6$)를 증류수에 녹여 2g/L 농도의 용액으로 만들었다. 물음에 답하시오.

(가) 혐기성 분해시 이론적인 CH_4의 생성농도(mg/L)를 계산하시오. (단, 글루코스는 100% 소화된다.)

(나) 최종BOD(BOD_u)의 농도(mg/L)를 계산하시오. (단, 이론적 BOD=최종 BOD)

(다) 호기성분해 시키고자 할 때 필요한 질소(N)와 인(P)의 농도(mg/L)를 계산하시오.
(단, BOD_5 : N : P = 100 : 5 : 1로 가정하고, 탈산소계수(k) : 0.1/day, 상용대수 기준)

풀이 (가) 이론적인 CH_4의 생성농도(mg/L) 계산

$$C_6H_{12}O_6 \rightarrow 3CH_4 + 3CO_2$$

180g : 3×16g
2,000mg/L : X_1

$\therefore X_1 = 533.33 mg/L$

(나) 최종BOD(BOD_u)의 농도(mg/L) 계산

$$C_6H_{12}O_6 + 6O_2 \rightarrow 6CO_2 + 6H_2O$$

180g : 6×32g
2,000mg/L : X_2

$\therefore X_2 = 2,133.33 mg/L$

(다) 질소(N)와 인(P)의 농도(mg/L) 계산

(1) 질소(N)의 농도(mg/L) 계산

① $BOD_5 = BOD_u \times (1 - 10^{-k \times t})$
$= 2,133.33 mg/L \times (1 - 10^{-0.1/day \times 5day})$
$= 1,458.7118 mg/L$

② BOD_5 : N
100 : 5
1,458.7118 mg/L : N

$\therefore N = 72.94 mg/L$

(2) 인(P)의 농도(mg/L) 계산

BOD_5 : P
100 : 1
1,458.7118 mg/L : P

$\therefore P = 14.59 mg/L$

04 처리수 중 암모니아성 질소 50mg/L, 아질산성질소 15mg/L포함되어 있다. 수중의 암모니아성 질소와 아질산성질소를 질산화 시키는데 소요되는 총 산소요구량(mg/L)을 계산하시오.

① $NH_3-N + 2O_2 \rightarrow NO_2^- -N + H^+ + H_2O$
  14g : 2×32g
  50mg/L : X_1
  ∴ $X_1 = \dfrac{50mg/L \times 2 \times 32g}{14g} = 228.57mg/L$

② $NO_2^- -N + 0.5O_2 \rightarrow NO_3-N$
  14g : 0.5×32g
  15mg/L : X_2
  ∴ $X_2 = \dfrac{15mg/L \times 0.5 \times 32g}{14g} = 17.14mg/L$

따라서 이론적 산소요구량 $= X_1 + X_2$
$= 228.57mg/L + 17.14mg/L = 245.71mg/L$

05 산성비는 pH가 5.6 이하의 강우이다. pH 5인 강우의 수소이온농도는 pH 5.6인 강우의 수소이온 농도의 몇 배 인가?

$pH = -\log[H^+] \Rightarrow [H^+] = 10^{-pH} mol/L$ 이므로
$\dfrac{pH\ 5인\ 강우의\ [H^+]}{pH\ 5.6인\ 강우의\ [H^+]} = \dfrac{10^{-5}mol/L}{10^{-5.6}mol/L} = 3.98$ 배

06 20℃의 산성 용매중에 포함되어 있는 카드뮴(Cd^{2+}) 0.005mg/L를 응결하기 위한 pH를 계산하시오. (단, $Cd^{2+} + 2OH^- \rightleftarrows Cd(OH)_2$, $Ksp = 3.5 \times 10^{-14}$ (20℃), Cd의 원자량=112.4, 수산화침전법 적용)

① $[Cd^{2+}]$의 $mol/L = \dfrac{0.005mg}{L} \times \dfrac{1g}{10^3 mg} \times \dfrac{1mol}{112.4g}$
$= 4.448 \times 10^{-8} mol/L$

② $Ksp = [Cd^{2+}][OH^-]^2$
$[OH^-] = \sqrt{\dfrac{Ksp}{[Cd^{2+}]}} = \sqrt{\dfrac{3.5 \times 10^{-14}}{4.448 \times 10^{-8} mol/L}} = 8.87 \times 10^{-4} mol/L$

③ $pH = 14 + \log[OH^-] = 14 + \log[8.87 \times 10^{-4} mol/L] = 10.95$
따라서 응결을 위한 pH는 10.95 이상이다.

> **Tip** 산성물질에서 $pH = -\log[H^+]$
> 알칼리성 물질에서 $pH = 14 + \log[OH^-]$

Ca^{2+}의 농도가 80mg/L, Mg^{2+}의 농도가 73mg/L이고 나트륨 흡착률(SAR)이 2.23일 때 나트륨(Na^+)의 농도(mg/L)를 계산하시오.

풀이

① SAR(나트륨 흡착률) = $\dfrac{Na^+}{\sqrt{\dfrac{Ca^{2+}+Mg^{2+}}{2}}}$

단위 : meq/L = me/L = mN = mg/L ÷ 1mg당량

Ca^{2+}(mN) = 80mg/L ÷ 20 = 4mN

Mg^{2+}(mN) = 73mg/L ÷ 12 = 6.08mN

따라서 2.23 = $\dfrac{Na^+}{\sqrt{\dfrac{(4+6.08)\,mN}{2}}}$

∴ Na^+ = 5.006mN

② Na^+(mg/L) = mN × 1mg당량 = 5.006mN × 23 = 115.14mg/L

 1일 2,000m³의 하수를 처리하는 1차 침전지에서 고형물이 0.4ton/day, 2차 침전지에서 고형물이 0.3ton/day이 배출되고, 각각의 고형물 함수율은 98%, 99.5%이다. 이 고형물의 체류시간을 3일로 하여 농축시킬 때 농축조의 크기(m³)를 계산하시오. (단, 고형물의 비중은 1.0 기준이다.)

풀이

① 1차 침전지의 고형물량(m³/day) 계산

$= \dfrac{1차\ 침전지의\ 고형물량(kg/day)}{비중량(kg/m^3)} \times \dfrac{100}{100-함수율(\%)}$

$= \dfrac{400kg/day}{1,000kg/m^3} \times \dfrac{100}{100-98\%} = 20\,m^3/day$

② 2차 침전지의 고형물량(m³/day) 계산

$= \dfrac{2차\ 침전지의\ 고형물량(kg/day)}{비중량(kg/m^3)} \times \dfrac{100}{100-함수율(\%)}$

$= \dfrac{300kg/day}{1,000kg/m^3} \times \dfrac{100}{100-99.5\%} = 60\,m^3/day$

③ 농축조의 크기(m³)

= (1차 침전지의 고형물량+2차 침전지 고형물량)(m³/day)×체류시간(day)

= (20+60)m³/day × 3day = 240m³

09 어떤 도시에서 침강조 하류에 급속모래여과기를 설치하였다. 설계부하량은 60m³/m²·day로 결정되었다. 작업용 수량은 0.35m³/s, 여과기당 최대표면적은 50m²로 제한하였다. 여과기의 수와 크기결정, 실질적인 여과속도를 계산하시오. (단, 여과기는 정방형 기준이다.)

(가) 여과기 수를 계산하시오. (정수로 나타냄)

(나) 여과기당 크기를 계산하시오. (가로×세로, 정수로 나타냄)

(다) 여과속도(m/day)를 계산하시오. (단, 여과기 1개 기준)

(가) 여과기 수를 계산

① $60\text{m}^3/\text{m}^2\cdot\text{day} = \dfrac{0.35\text{m}^3/\text{s} \times 3600\text{s}/1\text{hr} \times 24\text{hr}/1\text{day}}{\text{면적}(\text{m}^2)}$

∴ $A = 504\text{m}^2$

② 여과기 수 $= \dfrac{504\text{m}^2}{50\text{m}^2/\text{개}} = 10\text{개}$

(나) 여과기당 크기를 계산

여과기당 면적(A) = 가로 × 세로

$50\text{m}^2/1\text{개당} = (\text{가로})^2$

∴ 가로 = 7m/1개당

따라서 정방형은 가로와 세로는 동일하므로 세로는 7m이다.
따라서 정답은 여과기 1개당 가로 × 세로는 7m × 7m이다.

(다) 여과속도(m/day)를 계산

여과속도(m/day) $= \dfrac{\text{작업용수량}(\text{m}^3/\text{day})}{\text{면적}(\text{m}^2)}$

$= \dfrac{0.35\text{m}^3/\text{s} \times 3,600\text{s}/1\text{hr} \times 24\text{hr}/1\text{day}}{7\text{m} \times 7\text{m} \times 10\text{개}} = 61.71\text{m/day}$

10 회전원판법의 장점 4가지를 쓰시오. (활성슬러지법과 비교하여)

 ① 슬러지반송이 필요없다.
② 소요동력이 적게 소요된다.
③ 부하변동에 강하다.
④ 단회로 현상의 제어가 쉽다.

11 BTEX 물질을 나열하시오.

벤젠(Benzene), 톨루엔(Toluene), 에틸벤젠(Ethylbenzene), 자일렌(크실렌)(Xylene)

12 다음은 생물학적방법으로 질소, 인을 동시제거하는 공정이다. 물음에 답하시오.

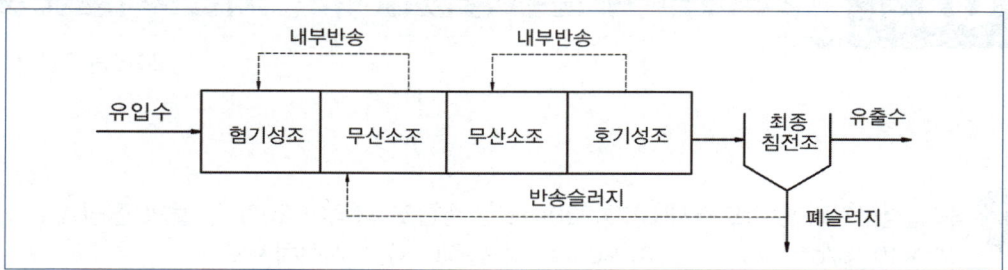

(가) 본 공법은 반송슬러지를 혐기조로 보내지 않고 무산소조로 슬러지를 반송하는 것이 특징이다. 이는 무엇을 위한 것인가?

(나) 위 그림의 공정명은 무엇인가?

풀이 (가) 혐기성조에 질산염의 부하를 감소시킴으로써 인의 방출을 증대시키기 위해서
(나) UCT 공법

02회 2015년 수질환경산업기사 최근 기출문제

2015년 7월 시행

01 응집침전처리에 속도경사(G)가 200sec⁻¹, 혼합조 용적이 200m³, 물의 점성계수가 1.3×10⁻²g/cm·sec, 효율이 90%일 때 동력(kW)을 계산하시오.

풀이

$G = \sqrt{\dfrac{P}{\mu \cdot V}} \Rightarrow P = G^2 \times \mu \times V$

여기서 P : 동력(Watt)　　　　　G : 속도경사(/sec)
　　　μ : 점성계수(kg/m·sec)　V : 용적(m³)

① $\mu = 1.3 \times 10^{-2}$ g/cm·sec × $10^{-1} = 1.3 \times 10^{-3}$ kg/m·sec

② $P = (200/\text{sec})^2 \times 1.3 \times 10^{-3}$ kg/m·sec × 200m³ × $\dfrac{100}{90\%}$

　　 = 11,555.56Watt = 11.56kW

02 다음 물음에 답하시오.

(1) 도시하수의 5일 BOD가 150mg/L이고 탈산소계수가 0.1/day(상용대수 기준)일 때 최종 BOD를 계산하시오.

(2) 최종 BOD(BOD_u)의 99.7%가 되기 위한 시간(day)을 계산하시오.

풀이

(1) $BOD_5 = BOD_u \times (1 - 10^{-k \times t})$

$150\text{mg/L} = BOD_u \times (1 - 10^{-0.1/\text{day} \times 5\text{day}})$

∴ $BOD_u = 219.37$ mg/L

(2) 1차반응식 $\log\left(\dfrac{C_t}{C_o}\right) = -k \times t$를 이용한다.

$\log\left(\dfrac{219.37\text{mg/L} \times 0.003}{219.37\text{mg/L}}\right) = -0.1/\text{day} \times t$

∴ t = 25.23 day

Tip

① $C_o = 219.37$ mg/L
　$C_t = 219.37$ mg/L × (1 - 0.997) = 219.37 mg/L × 0.003
② 1차반응식(자연대수 기준)
　$\ln\dfrac{C_t}{C_o} = -k \times t$
③ 1차반응식(상용대수 기준)
　$\log\dfrac{C_t}{C_o} = -k \times t$

03 직경 100mm관에 0.1m/sec의 유속으로 유체가 흐르고 있다. 관의 직경을 80mm로 바꾸었을 때의 유속(m/sec)을 계산하시오.

$Q = A \times v = \dfrac{\pi D^2}{4} \times v$

여기서 Q : 유량(m^3/sec)　　　　　　A : 면적(m^2)
　　　v : 유속(m/sec)　　　　　　　D : 직경(m)

따라서 $\dfrac{\pi \times (0.1m)^2}{4} \times 0.1m/sec = \dfrac{\pi \times (0.08m)^2}{4} \times v$

∴ $v = \dfrac{\dfrac{\pi \times (0.1m)^2}{4} \times 0.1m/sec}{\dfrac{\pi \times (0.08m)^2}{4}} = 0.16 m/sec$

04 포기조 혼합액 1L를 30분간 침강후 슬러지 용적이 24%이고, SVI가 120일 때 MLSS의 농도(mg/L)를 계산하시오.

$SVI = \dfrac{SV(\%)}{MLSS} \times 10^4$

$120 = \dfrac{24\%}{MLSS} \times 10^4$

∴ $MLSS = 2,000 mg/L$

Tip	SVI는 슬러지용적지수로 단위는 mL/g이다.

05 6가 크롬이 250mg/L 함유된 폐수가 400m^3/day 발생된다. 이 폐수를 Na_2SO_3를 사용하여 환원처리하고자 한다면 환원제의 소요량(kg/day)을 계산하시오.

반응식 : $2H_2CrO_4 + 3Na_2SO_3 + 3H_2SO_4 \rightarrow Cr_2(SO_4)_3 + 3Na_2SO_4 + 5H_2O$
(단, Na : 23, Cr : 52, S : 32)

$2Cr^{6+}$: $3Na_2SO_3$
$2 \times 52g$: $3 \times 126g$
$0.25 kg/m^3 \times 400 m^3/day$: X

∴ $X = \dfrac{0.25 kg/m^3 \times 400 m^3/day \times 3 \times 126g}{2 \times 52g} = 363.46 kg/day$

06 공장에서 배출되는 폐수의 BOD_5가 300mg/L, 최종 BOD가 450mg/L, 온도는 20℃, 상용대수 기준에서 다음 물음에 답하시오.

(1) 1단계 최종 BOD의 50%에 해당하는 시간(day)을 계산하시오.
(2) 18℃에서 탈산소계수(/day) 계산하시오. (단, 보정계수(θ)=1.047)

풀이 (1) ① $BOD_5 = BOD_u \times (1 - 10^{-k_1 \times t})$
$300mg/L = 450mg/L \times (1 - 10^{-k_1 \times 5day})$
∴ $k_1 = 0.095/day$
② $50\% = 100\% \times (1 - 10^{-0.095/day \times t})$
∴ $t = 3.17day$
(2) $k_1(18℃) = k_1(20℃) \times 1.047^{(T-20)}$
$= 0.095/day \times 1.047^{(18-20)} = 0.09/day$

07 어떤 산성 폐수를 중화하기 위해 이 폐수 소량을 NaOH로 적정 실험한 결과 다음과 같은 중화적정 곡선을 얻었다. 이 폐수 500m³/d를 pH 6으로 조정하기 위해 소요되는 NaOH량(kg/d)을 계산하시오.

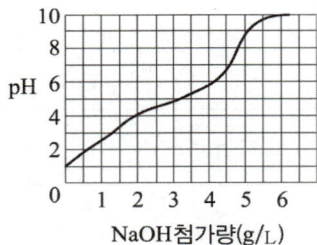

풀이 pH를 6으로 조정할 때 소요되는 NaOH량은 4g/L이며 $4g/L = 4kg/m^3$
따라서 $4kg/m^3 \times 500m^3/day = 2,000kg/day$

Tip ① $g/L = kg/m^3$
② $4g/L = 4kg/m^3$

08 어느 1차 반응에서 반응개시의 농도가 220mg/L이고 반응 1시간 후의 농도는 94mg/L이었다면 반응 4시간 후의 반응물질의 농도(mg/L)를 계산하시오.

풀이 1차 반응식 $\ln\frac{C_t}{C_o} = -k \times t$

C_o : 초기농도(mg/L)　　　　　C_t : t시간 후의 농도(mg/L)
k : 상수(/hr)　　　　　　　　　t : 시간(hr)

① $\ln\dfrac{94\,\text{mg/L}}{220\,\text{mg/L}} = -\text{k} \times 1\text{hr}$

   $\therefore \text{k} = 0.8503/\text{hr}$

② $\ln\dfrac{C_t}{220\,\text{mg/L}} = -0.8503/\text{hr} \times 4\text{hr}$

   $\therefore C_t = 220\,\text{mg/L} \times e^{(-0.8503/\text{hr} \times 4\text{hr})} = 7.33\,\text{mg/L}$

> **Tip**
> ln을 제거하기 위해서는 맞은변에 e^x를 취하고,
> log를 제거하기 위해서는 맞은변에 10^x를 취한다.

09 포기조의 MLSS 농도를 3,000mg/L로 유지하기 위한 슬러지의 반송비(R)를 계산하시오. (단, SVI = 100, 유입수의 SS는 무시한다.)

풀이

반송비(R) $= \dfrac{\text{MLSS} - \text{SS}_i}{\text{SS}_r - \text{MLSS}}$ 유입수의 SS 무시하면 $R = \dfrac{\text{MLSS}}{\text{SS}_r - \text{MLSS}}$

$= \dfrac{3{,}000\,\text{mg/L}}{10{,}000\,\text{mg/L} - 3{,}000\,\text{mg/L}} = 0.43$

여기서, $\text{SVI} = \dfrac{10^6}{\text{SS}_r} \Rightarrow \text{SS}_r = \dfrac{10^6}{\text{SVI}} = \dfrac{10^6}{100} = 10{,}000\,\text{mg/L}$

10 주철관의 직경이 250mm, 길이 55m의 관을 이용하여 유량 1.5m³/min을 35m 높이까지 펌프로 양수하고자 한다. 펌프의 소요동력(kW)을 계산하시오. (단, 마찰손실계수(f) : 0.04, 펌프의 효율은 80%, 원동기의 여유율은 20%, 물의 비중은 1.0, 속도수두 고려함.)

풀이

① 총양정(H) = 실양정 + 손실수두 + 속도수두

유속(v) $= \dfrac{\text{유량}(Q)}{\text{면적}(A)} = \dfrac{Q}{\dfrac{\pi D^2}{4}} = \dfrac{1.5\,\text{m}^3/\text{min} \times 1\,\text{min}/60\,\text{sec}}{\dfrac{\pi}{4} \times (0.25\text{m})^2} = 0.51\,\text{m/sec}$

손실수두(m) $= f \times \dfrac{L}{D} \times \dfrac{v^2}{2g} = 0.04 \times \dfrac{55\text{m}}{0.25\text{m}} \times \dfrac{(0.51\,\text{m/sec})^2}{2 \times 9.8\,\text{m/sec}^2} = 0.117\text{m}$

속도수두(m) $= \dfrac{V^2}{2g} = \dfrac{(0.51\,\text{m/sec})^2}{2 \times 9.8\,\text{m/sec}^2} = 0.01327\text{m}$

$\therefore$ 총양정(H) $= 35\text{m} + 0.117\text{m} + 0.01327\text{m} = 35.13\text{m}$

② $\text{kW} = \dfrac{r \times Q \times H}{102 \times \eta} \times \alpha$

   r : 물의 비중량(1,000kg/m³) Q : 유량(m³/sec)
   H : 전양정(m) η : 효율
   α : 여유율

$\therefore \text{kW} = \dfrac{1{,}000\,\text{kg/m}^3 \times 1.5\,\text{m}^3/\text{min} \times 1\,\text{min}/60\,\text{sec} \times 35.13\text{m}}{102 \times 0.8} \times 1.2 = 12.92\,\text{kW}$

> **Tip**
> ① 속도수두 = $\frac{v^2}{2g}$
> ② 1kW = 102kg·m/sec이므로 반드시 Q(유량)의 단위는 m³/sec로 해야 한다.
> ③ 1PS = 75kg·m/sec이므로 PS를 계산할 때 공식에서 102→75로 바꾸어 대입하면 된다.
> ④ 여유율이 20%이면 120%이므로 $\alpha = 1.2$

11 다음 그래프를 보고 물음에 답하시오.

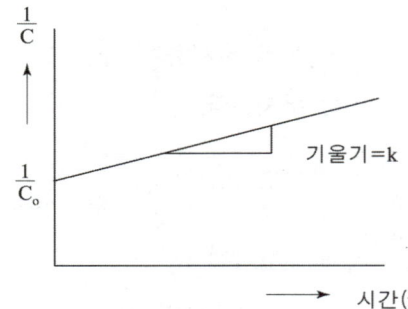

(1) 위의 그래프는 몇 차 반응에 해당하는가?

(2) 위의 그래프와 관계있는 $\frac{1}{C_o} = -k \cdot t + \frac{1}{C}$ 유도식을 나타내시오.

풀이
(1) 2차 반응

(2) $\frac{1}{C_o} = -k \cdot t + \frac{1}{C}$ 유도식

$$\frac{dC}{dt} = -k \cdot C^2$$

$$\int_{C_o}^{C} \frac{1}{C^2} dt = -k \int_0^t dt$$

$$-\left[\frac{1}{C}\right]_{C_o}^{C} = -k[t]_0^t$$

$$-\frac{1}{C} + \frac{1}{C_o} = -k \cdot t$$

따라서 $\frac{1}{C_o} = -k \cdot t + \frac{1}{C}$

12 상수도용 배관의 부식방지방법 3가지만 서술하시오.

 ① 관을 피복한다.
② 내식성이 강한 재질을 사용한다.
③ 콘크리트의 수밀성을 증가시킨다.

※ 알림
최근기출문제는 수강생들의 도움으로 복원된 문제이므로 실제문제와 다소 차이가 있을 수 있음을 알려 드립니다.
실기시험을 친 수험생은 실기문제를 복원하여 메일로 보내 주시면 됩니다.
메일로 보내실 경우 ☞ kwe7002@hanmail.net
수험생 여러분들이 원하시는 수험서를 만들도록 항상 최선의 노력을 다하겠습니다.

03회 2015년 수질환경산업기사 최근 기출문제

2015년 10월 시행

01 표면적 40m²의 급속사여과에서 10,000m³의 상수를 처리한 후 20L/m²·sec의 율로 20분간 1회 역세정한다. 1회에 소요되는 역세정수량(m³)을 계산하시오.

풀이 역세정수량(m^3) = $20L/m^2 \cdot sec \times 10^{-3} m^3/L \times 40m^2 \times 20min \times 60sec/min$
= $960m^3$

02 연수화공정을 거쳐 처리될 물에 대해 필요한 석회의 양과 pH를 높이기 위한 잉여 석회 양을 합한 총 석회요구량은 8.54meq/L이다. 물 500m³당 요구되는 석회(CaO)양(kg)을 계산하시오. (단, 석회(CaO) 순도는 85%, Ca 원자량 40)

풀이
① meq/L를 중량으로 환산한다.
$$8.54 meq/L = \frac{W\,kg}{500m^3} \times \frac{1m^3}{10^3 L} \times \frac{10^6 mg}{1kg} \times \frac{1meq}{56mg/2}$$
∴ W = 119.56kg

② 순도 85%를 보정한다.
$$CaO(kg) = W\,kg \times \frac{100}{순도(\%)}$$
$$= 119.56kg \times \frac{100}{85} = 140.66kg$$

03 어느 하수의 BOD_5가 275mg/L 일 때 BOD_2의 농도(mg/L)를 계산하시오. (단, BOD_5는 BOD_u의 0.85배, k_1(상용대수)=0.1/day)

풀이
① $BOD_5 = BOD_u \times 0.85$
275mg/L = $BOD_u \times 0.85$
∴ $BOD_u = \frac{275mg/L}{0.85} = 323.53mg/L$

② $BOD_2 = BOD_u \times (1 - 10^{-k_1 \times t})$
= $323.53mg/L \times (1 - 10^{-0.1/day \times 2day})$
= 119.40mg/L

04

35%의 HCl 50m³/day를 2% NaOH로 중화하려면 필요한 NaOH용액의 부피(m³/day)를 계산하시오.

① 35%의 HCl을 N 농도로 계산

$$N = \frac{35 \times 10^4 \text{mg}}{L} \times \frac{1g}{10^3 \text{mg}} \times \frac{1eq}{36.5g} = 9.589N$$

② 2%의 NaOH를 N 농도로 계산

$$N = \frac{2 \times 10^4 \text{mg}}{L} \times \frac{1g}{10^3 \text{mg}} \times \frac{1eq}{40g} = 0.5N$$

③ $N_1 V_1 = N_2 V_2$

$9.589N \times 50m^3/day = 0.5N \times V_2$

$\therefore V_2 = \dfrac{9.589N \times 50m^3/day}{0.5N} = 958.9m^3/day$

Tip
① $\% \times 10^4 \rightarrow ppm$
② $ppm = mg/L$
③ $N = eq/L$
④ $1eq = \dfrac{분자량(g)}{가수}$

05

아래의 조건을 이용하여 물음에 답하시오.

- 도시인구 : 200,000인
- 1인 1일 오수량 : 450L/인·일
- 1인 1일 BOD 부하량 : 80gBOD/인·일
- 산업폐수량 : 100,000m³/일
- 산업폐수의 BOD 농도 : 500mg/L

(1) 산업폐수의 BOD 부하량(kg/일)을 계산하시오.
(2) 도시하수와 산업폐수를 공동처리할 때 처리장의 BOD 기준 대상인구수를 계산하시오.

(1) 산업폐수의 BOD 부하량 계산
BOD 부하량(kg/일)
= 산업폐수의 BOD 농도(kg/m³) × 산업폐수량(m³/일)
= 0.5kg/m³ × 100,000m³/일
= 50,000kg/일

(2) BOD기준 대상인구수 계산
① 산업폐수의 인구당량(인) = $\dfrac{50,000kg}{일} \times \dfrac{인 \cdot 일}{80g} \times \dfrac{10^3 g}{1kg} = 625,000$인
② 대상인구수 = 200,000인 + 625,000인 = 825,000인

A공장의 폐수를 응집처리하기 위하여 Jar-Test를 하였다. 폐수시료 500mL에 대해 황산알루미늄을 0.1%용액 15mL를 첨가했을 때 최적의 침전율을 나타냈고, 염화제이철 용액을 0.5% 용액 20mL를 첨가했을 때 최적의 침전율을 나타났을 때 다음 물음에 답하시오.

(1) 최적 주입 농도가 작은 응집제와 주입농도(mg/L)를 계산하시오.
(2) 폐수량 2,000m³/day에 대한 선정된 응집제의 소요량(kg/day)을 계산하시오.

 (1) 최적주입농도가 작은 응집제와 주입농도 계산

① 황산알루미늄의 주입농도(mg/L) = $\dfrac{0.1 \times 10^4 \text{mg}}{\text{L}} \times 15 \times 10^{-3}\text{L} \times \dfrac{1}{0.5\text{L}}$

= 30mg/L

② 염화제이철 용액의 주입농도(mg/L) = $\dfrac{0.5 \times 10^4 \text{mg}}{\text{L}} \times 20 \times 10^{-3}\text{L} \times \dfrac{1}{0.5\text{L}}$

= 200mg/L

③ 최적주입농도가 작은 응집제는 황산알루미늄이고 주입농도는 30mg/L이다.

(2) 응집제 소요량 계산

응집제 소요량(kg/day) = 응집제 농도(kg/m³) × 폐수량(m³/day)

= 30×10^{-3}kg/m³ × 2,000m³/day

= 60kg/day

Tip
① % × 10^4 → ppm
② ppm = mg/L
③ mg/L × 10^{-3} → kg/m³

 유량이 1.2m³/sec, BOD_5가 2.0mg/L, DO가 9.2mg/L인 하천에 유량이 0.6m³/sec, BOD_5가 30mg/L, DO가 3.0mg/L인 하수가 유입되고 있다. (단, 하천의 평균 유속은 0.22m/sec, 수온은 20℃, 포화 DO 농도는 9.2mg/L, 혼합수의 k_1=0.1/day, k_2=0.2/day, 상용대수 기준)일 때 다음 물음에 답하시오.

(1) 혼합지점에서의 BOD_5 농도(mg/L)를 계산하시오.
(2) 혼합지점에서의 BOD_u 농도(mg/L)를 계산하시오.
(3) 혼합지점에서의 DO농도(mg/L)를 계산하시오.
(4) 혼합지점으로부터 하류 48km 지점의 DO농도(mg/L)를 계산하시오.

 (1) 혼합지점에서의 BOD_5 농도 계산

혼합수 중 $BOD_5 = \dfrac{Q_1 C_1 + Q_2 C_2}{Q_1 + Q_2}$

= $\dfrac{1.2\text{m}^3/\text{sec} \times 2.0\text{mg/L} + 0.6\text{m}^3/\text{sec} \times 30\text{mg/L}}{1.2\text{m}^3/\text{sec} + 0.6\text{m}^3/\text{sec}}$

= 11.33mg/L

(2) 혼합지점에서의 BOD_u 농도 계산

$$BOD_5 = BOD_u \times (1 - 10^{-k_1 \times t})$$
$$11.33 mg/L = BOD_u \times (1 - 10^{-0.1/day \times 5day})$$
$$\therefore BOD_u = 16.57 mg/L$$

(3) 혼합지점에서의 DO 농도 계산

$$혼합수 중\ DO = \frac{Q_1C_1 + Q_2C_2}{Q_1 + Q_2}$$
$$= \frac{1.2 m^3/sec \times 9.2 mg/L + 0.6 m^3/sec \times 3.0 mg/L}{1.2 m^3/day + 0.6 m^3/day}$$
$$= 7.13 mg/L$$

(4) 혼합지점으로부터 하류 48km지점의 DO 농도 계산

$$용존산소부족량(D_t) = \frac{k_1 \times L_o}{k_2 - k_1} \times (10^{-k_1 \times t} - 10^{-k_2 \times t}) + D_o \times 10^{-k_2 \times t}$$

① $D_o = C_s(포화 DO농도) - C(혼합수중 DO농도)$
$\quad = 9.2 mg/L - 7.13 mg/L = 2.07 mg/L$

② 시간$(t) = \frac{거리(L)}{유속(v)} = \frac{48 km \times 10^3 m/km}{0.22 m/sec \times 3600 sec/hr \times 24 hr/day} = 2.5 day$

③ 용존산소부족량(D_t)
$\quad = \frac{0.1/day \times 16.57 mg/L}{0.2/day - 0.1/day} \times (10^{-0.1/day \times 2.5day} - 10^{-0.2/day \times 2.5day})$
$\quad + 2.07 mg/L \times (10^{-0.2/day \times 2.5day})$
$\quad = 4.73 mg/L$

④ 48km지점의 용존산소량$(C) = C_s - D_t = 9.2 mg/L - 4.73 mg/L = 4.47 mg/L$

08 아래의 반응식은 $Al_2(SO_4)_3 \cdot 14H_2O$를 이용하여 폐수를 응집처리하는 반응식이다. 반응식을 완성하시오.

$(①)\ Al_2(SO_4)_3 \cdot 14H_2O + (②)Ca(HCO_3)_2 \rightarrow (③)CaSO_4 + (④)Al(OH)_3 + (⑤)\ CO_2 + (⑥)H_2O$

 ① 1, ② 3, ③ 3, ④ 2, ⑤ 6, ⑥ 14

09 관내에서 압력이 존재하는 관수로의 흐름에서 유량측정방법을 4가지만 서술하시오.

① 벤튜리미터(Venturi Meter)
② 유량 측정용 노즐(Nozzle)
③ 오리피스(Orifice)
④ 피토우(Pitot)관

10 포스트립(Phostrip) 공정과 4단계 바덴포 공정의 처리물질과 처리원리를 서술하시오.

 (1) 처리물질
① 포스트립 공정 : 인(P)
② 4단계 바덴포 공정 : 질소(N)
(2) 처리원리
① 포스트립 공정 : 활성슬러지공법으로 침전된 슬러지를 혐기성조(탈인조)로 보내 인을 방출시켜 상징수를 응집조(침전조)로 보낸다. 이 응집조(침전조)에서는 석회(Lime)를 주입하여 화학적으로 인을 침전제거한다.
② 4단계 바덴포 공정 : 1단계 무산소조에서 탈질작용, 1단계 호기성조에서 질산화 반응, 내부반송을 통해 질산화된 잔류질소 제거, 2단계 무산소조에서 잔류 질소 제거가 이루어진다. 따라서 생물학적 방법으로 질소처리가 주목적인 공법이다.

11 펜톤산화법에서 다음 물음에 답하시오.
(1) H_2O_2 과량 주입시 문제점 2가지를 서술하시오.
(2) 폐수중에 SO_3^{2-}가 존재할 때 COD의 처리효율과 그 이유를 서술하시오.

 (1) H_2O_2과량 주입시 문제점
① 약품비용이 많이 소비된다.
② 수산화철의 침전율이 감소한다.
(2) ① 처리효율 : 증가한다.
② 이유 : SO_3^{2-}는 H_2O_2에 의해 쉽게 산화되므로 COD는 감소하게 된다.

※ **알림**
최근기출문제는 수강생들의 도움으로 복원된 문제이므로 실제문제와 다소 차이가 있을 수 있음을 알려 드립니다.
실기시험을 친 수험생은 실기문제를 복원하여 메일로 보내 주시면 됩니다.
메일로 보내실 경우 ☞ kwe7002@hanmail.net
수험생 여러분들이 원하시는 수험서를 만들도록 항상 최선의 노력을 다하겠습니다.

01회 2016년 수질환경산업기사 최근 기출문제

2016년 4월 시행

01 직경(D)이 450mm인 하수용 원심력 철근 콘크리트관이 구배 10‰로 매설되어 있다. 만수된 상태로 송수된다고 할 때 Manning 공식을 이용하여 유량(m^3/sec)을 계산하시오. (단, 조도계수 (n)은 0.015이다.)

풀이

① Manning 공식에 의한 유속(v) = $\dfrac{1}{n} \times R^{\frac{2}{3}} \times I^{\frac{1}{2}}$ (m/sec)

여기서 n : 조도계수
R : 경심(R = $\dfrac{D}{4}$)
I : 구배(기울기)

따라서 v = $\dfrac{1}{0.015} \times \left(\dfrac{0.45\text{m}}{4}\right)^{\frac{2}{3}} \times \left(\dfrac{10}{1000}\right)^{\frac{1}{2}}$ = 1.5536 m/sec

Tip

① 직경(D) = 450mm = 450×10⁻³m = 0.45m
② 기울기(I) = 10‰ = $\dfrac{10}{1000}$
③ 경심(R) = $\dfrac{\text{면적(A)}}{\text{윤변의 길이(S)}} = \dfrac{\frac{\pi D^2}{4}}{\pi \cdot D} = \dfrac{D}{4}$ (m)
④ 면적(A) = $\dfrac{\pi D^2}{4}$ (m^2)

② 유량(Q) = 면적(A) × 유속(v) = $\dfrac{\pi}{4} \times (0.45\text{m})^2 \times 1.5536\text{m/sec} = 0.25 m^3$/sec

02 BOD 300mg/L, 유량 2,000m^3/day의 폐수를 활성슬러지법으로 처리할 때 BOD 슬러지부하 1.0kgBOD/kg MLSS·day, MLSS 2,000mg/L로 하기 위한 포기조의 용적(m^3)을 계산하시오.

풀이

F/M비 = $\dfrac{BOD \times Q}{MLSS \times V}$

1.0/day = $\dfrac{300\text{mg/L} \times 2{,}000\text{m}^3/\text{day}}{2{,}000\text{mg/L} \times V}$

∴ V = $\dfrac{300\text{mg/L} \times 2{,}000\text{m}^3/\text{day}}{2{,}000\text{mg/L} \times 1.0/\text{day}}$ = 300m^3

03 초기의 DO농도가 9mg/L이고 5일 배양 후 DO의 농도가 5mg/L이었다. 식종이 없을 때 BOD 농도(mg/L)를 계산하시오. (단, 희석 배수치는 80배이다.)

풀이) $BOD = (DO_1 - DO_2) \times P = (9-5)mg/L \times 80 = 320mg/L$

04 질산성이온(NO_3^-)을 탈질시키는 반응식은 아래와 같다. 질산성이온(NO_3^-)의 농도가 32mg/L 포함된 폐수 1,200m³/day를 탈질화 시키는데 필요한 메탄올의 양(kg/day)을 계산하시오.

풀이) $6NO_3^- + 5CH_3OH \rightarrow 3N_2 + 5CO_2 + 7H_2O + 6OH^-$
$6 \times 62g \ : \ 5 \times 32g$
$32 \times 10^{-3} kg/m^3 \times 1,200 m^3/day \ : \ X$
$\therefore X = \dfrac{5 \times 32g \times 32 \times 10^{-3} kg/m^3 \times 1,200 m^3/day}{6 \times 62g} = 16.52 kg/day$

05 조류($C_5H_8O_2N$) 65mg/L를 완전산화시키는데 필요한 이론적 산소요구량(mg/L)를 계산하시오. (단, 질소는 질산성 질소로 분해된다.)

풀이) $C_5H_8O_2N + 7.25O_2 \rightarrow 5CO_2 + 3.5H_2O + HNO_3$
$114g \ : \ 7.25 \times 32g$
$65mg/L \ : \ X$
$\therefore X = \dfrac{7.25 \times 32g \times 65mg/L}{114g} = 132.28 mg/L$

06 BOD 300mg/L를 함유한 공장폐수 400m³/day를 처리하여 하천에 방류하고자 한다. 유량이 20,000m³/day이고 BOD 2mg/L인 하천에 방류한 후 곧 완전 혼합된 때의 BOD농도를 3mg/L 이하로 규정하고 있다면 이 공장폐수의 BOD 제거율(%)을 계산하시오. (단, 하천의 다른 오염물질 유입은 없다고 가정하시오.)

풀이) ① 혼합공식을 이용해 C_2(=유출수의 BOD농도)를 계산한다.
$C_m = \dfrac{Q_1C_1 + Q_2C_2}{Q_1 + Q_2}$
$3mg/L = \dfrac{20,000m^3/day \times 2mg/L + 400m^3/day \times C_2}{(20,000+400)m^3/day}$
$20,000m^3/day \times 2mg/L + 400m^3/day \times C_2 = 3mg/L \times (20,000+400)m^3/day$
$\therefore C_2 = 53mg/L$
② $BOD \ 제거율(\%) = \left\{1 - \dfrac{유출수 \ BOD}{유입수 \ BOD}\right\} \times 100$

$$= \left\{1 - \frac{53\text{mg/L}}{300\text{mg/L}}\right\} \times 100 = 82.33\%$$

07 수중의 암모니아성 질소(NH_3-N)의 탈기법(Air Stripping)의 원리와 반응식을 서술하시오.

풀이 ① 원리 : 처리하고자 하는 폐수에 석회 등을 이용하여 pH를 10 이상으로 하여 조절한 후 공기를 불어넣어 수중에 존재하는 암모니아성 질소를 암모니아 가스로 탈기하는 방법이다.
② 반응식 : $NH_4^+ + OH^- \rightleftharpoons NH_3 + H_2O$

08 슬러지팽화(Sludge bulking)현상의 정의를 쓰고, 원인을 4가지 쓰시오.

풀이 (1) 정의 : 폭기조에서 유기물, 용존산소, pH, 영양염류 등의 불균형으로 사상성 미생물인 곰팡이(fungi)가 과다번식하여 플록의 침전이 잘 되지 않는 상태이다.
(2) 원인
① 미생물에 비해서 유기물 먹이가 너무 많을 경우
② 폭기조의 용존산소가 부족할 경우
③ 유입수에 갑자기 산업폐수가 혼합되어 유입될 경우
④ 영양염류(N, P)가 부족할 경우

09 콜로이드를 응집하는 기본 메카니즘 4가지를 쓰시오.

풀이 ① 이중층의 압축강화
② 전하의 전기적 중화
③ 침전물에 의한 포착
④ 입자간의 가교형성

10 대장균군(Coliform Group)이 수질오염의 생물학적 지표로 많이 사용되는 이유 3가지를 쓰시오.

풀이 ① 병원성 세균의 존재 가능성을 추정할 수 있다.
② 분변오염의 지표로 사용된다.
③ 검출방법이 간편하고 정확하며, 실험이 간단하다.

※ 알림
최근기출문제는 수강생들의 도움으로 복원된 문제이므로 실제문제와 다소 차이가 있을 수 있음을 알려 드립니다.
실기시험을 친 수험생은 실기문제를 복원하여 메일로 보내 주시면 됩니다.
메일로 보내실 경우 ☞ kwe7002@hanmail.net
수험생 여러분들이 원하시는 수험서를 만들도록 항상 최선의 노력을 다하겠습니다.

03회 2016년 수질환경산업기사 최근 기출문제

2016년 10월 시행

01 응집침전처리에 속도경사(G)가 200sec^{-1}, 혼합조 용적이 200m³, 물의 점성계수가 1.3×10^{-2}g/cm·sec, 효율이 90%일 때 동력(kW)을 계산하시오.

 풀이

$$G = \sqrt{\frac{P}{\mu \cdot V}} \Rightarrow P = G^2 \times \mu \times V$$

여기서 P : 동력(Watt)
G : 속도경사(/sec)
μ : 점성계수(kg/m·sec)
V : 용적(m³)

① $\mu = 1.3 \times 10^{-2} \text{g/cm} \cdot \text{sec} \times 10^{-1} = 1.3 \times 10^{-3} \text{kg/m} \cdot \text{sec}$

② $P = (200/\text{sec})^2 \times 1.3 \times 10^{-3} \text{kg/m} \cdot \text{sec} \times 200\text{m}^3 \times \frac{100}{90\%}$

$= 11,555.56\text{Watt} = 11.56\text{kW}$

02 활성슬러지공법의 어느 폭기조의 유효용적이 1,000m³ MLSS 농도는 3,000mg/L이고, MLVSS농도는 MLSS농도의 75%이다. 유입하수의 유량은 4,000m³/day이고, 합성계수 Y는 0.63mgMLVSS/mg제거 BOD, 내생분해계수 Kd는 0.05day^{-1}, 1차 침전조 유출수의 BOD는 200mg/L, 폭기조 유출수의 BOD는 20mg/L일 때, 슬러지 생성량(kg/day)을 계산하시오.

 풀이

슬러지 생성량($Q_w \cdot SS_w$)
$= Y \cdot Q \cdot (BOD_i - BOD_o) - Kd \cdot V \cdot MLVSS$
$= 0.63 \times 4,000\text{m}^3/\text{day} \times (0.2 - 0.02)\text{kg/m}^3 - 0.05/\text{day} \times 1,000\text{m}^3 \times 3\text{kg/m}^3 \times 0.75$
$= 341.1\text{kg/day}$

03 유속이 3m/sec인 물이 안지름 400mm, 길이 100m인 주철관내를 흐른다면 경심(R)과 Manning 공식을 이용한 동수경사를 계산하시오. (단, 만관기준, 관의 조도계수 0.01)

 풀이

(1) 경심(R)을 계산한다.

$$경심(R) = \frac{면적(A)}{윤변의 길이(S)} = \frac{\frac{\pi D^2}{4}(\text{m}^2)}{\pi \cdot D(\text{m})} = \frac{D}{4}(\text{m})$$

$= \frac{0.4\text{m}}{4\text{m}} = 0.1\text{m}$

(2) 동수경사(I)를 계산한다.

$$v = \frac{1}{n} \times R^{\frac{2}{3}} \times I^{\frac{1}{2}} \text{(m/sec)}$$

$$3\text{m/sec} = \frac{1}{0.01} \times (0.1\text{m})^{\frac{2}{3}} \times I^{\frac{1}{2}}$$

$$\therefore I = 0.02$$

04 어느 하수의 수질을 분석한 결과 다음과 같다면 총알칼리도(mg/L as $CaCO_3$)를 계산하시오.

<조건>
- pH : 10.0
- CO_3^{2-} : 32.0mg/L
- HCO_3^- : 56.0mg/L

$$\frac{\text{Alk(mg/L)}}{50\text{g}} = \frac{OH^-(\text{mg/L})}{17\text{g}} + \frac{CO_3^{2-}(\text{mg/L})}{30\text{g}} + \frac{HCO_3^-(\text{mg/L})}{61\text{g}}$$

$$pH = 10.0 \Rightarrow pOH = 14 - pH = 14 - 10.0 = 4$$

$$\therefore [OH^-] = 10^{-4}\text{mol/L}$$

따라서 $OH^-(\text{mg/L}) = \dfrac{10^{-4}\text{mol}}{L} \times \dfrac{17\text{g}}{1\text{mol}} \times \dfrac{10^3\text{mg}}{1\text{g}} = 1.7\text{mg/L}$

$$\frac{\text{Alk(mg/L)}}{50\text{g}} = \frac{1.7\text{mg/L}}{17\text{g}} + \frac{32.0\text{mg/L}}{30\text{g}} + \frac{56.0\text{mg/L}}{61\text{g}}$$

$$\therefore \text{Alk} = 104.23\text{mg/L}$$

Tip
① $pH + pOH = 14 \Rightarrow pOH = 14 - pH$
② $pOH = -\log[OH^-] \Rightarrow [OH^-] = 10^{-pOH}\text{mol/L}$
③ $CaCO_3$는 2당량이므로 1당량 = $\dfrac{100\text{g}}{2}$ = 50g

05 유량이 50,000m³/day인 공장폐수를 응집제를 이용하여 응집처리하기 위해 황산알루미늄 [$Al_2(SO_4)_3$] 또는 황산제일철[$FeSO_4$]을 사용하고자 한다. 시료 1,000mL(시료+응집제)에 대한 Jar-Test 시험결과 황산알루미늄[$Al_2(SO_4)_3$] 주입량이 200mg/L와 철 40 mgFe^{2+}/L인 경우에 각각 최적의 처리결과가 나타났다. 다음 물음에 답하시오.

- 100% 순도의 황산알루미늄[$Al_2(SO_4)_3$]의 가격은 150원/kg
- 100% 순도의 황산제일철[$FeSO_4$]의 가격은 120원/kg
- Fe의 원자량은 56
- S의 원자량은 32

(1) 최적의 수질을 얻기 위해 필요한 황산알루미늄[$Al_2(SO_4)_3$]의 소요되는 비용(원/day)을 계산하시오.

(2) 최적의 수질을 얻기 위해 필요한 황산제일철[$FeSO_4$]의 소요되는 비용(원/day)을 계산하시오.

(1) 황산알루미늄[$Al_2(SO_4)_3$]의 소요되는 비용(원/day)

$$= \frac{0.2\text{kg}}{\text{m}^3} \times \frac{50,000\text{m}^3}{\text{day}} \times \frac{150원}{\text{kg}}$$

$$= 1,500,000원/\text{day}$$

(2) 황산제일철[$FeSO_4$]의 소요되는 비용(원/day)

① 주입된 철이온을 황산제일철[$FeSO_4$]로 환산한다.

$FeSO_4$: Fe^{2+}

152g : 56g

X : 40mg/L

∴ X = 108.57mg/L

② 황산제일철[$FeSO_4$]의 소요되는 비용(원/day)

$$= \frac{0.10857\text{kg}}{\text{m}^3} \times \frac{50,000\text{m}^3}{\text{day}} \times \frac{120원}{\text{kg}} = 651,420원/\text{day}$$

> **Tip**
> ① ppm = mg/L = g/m^3
> ② mg/L × 10^{-3} → kg/m^3

06 CFSTR에서 물질을 분해하여 효율 95%로 처리하고자 한다. 이 물질은 0.5차 반응으로 분해되며, 속도상수는 $0.05(\text{mg/L})^{\frac{1}{2}}/\text{hr}$이다. 유량은 600L/hr이고 유입농도는 150mg/L로서 일정하다면 CFSTR의 필요부피(m^3)를 계산하시오. (단, 정상상태로 가정한다.)

 $Q \times (C_o - C_t) = k \times V \times C_t^{0.5}$

600L/hr × (150 − 7.5)mg/L = 0.05/hr × V × (7.5mg/L)$^{0.5}$

$$\therefore V = \frac{600\text{L/hr} \times (150-7.5)\text{mg/L}}{0.05/\text{hr} \times (7.5\text{mg/L})^{0.5}} = 624,403.72\text{L} = 624.40\text{m}^3$$

여기서 C_o = 150mg/L

$C_t = C_o \times (1-\eta)$ = 150mg/L × (1 − 0.95) = 150mg/L × 0.05 = 7.5mg/L

07 500mL 증류수중에 $(NH_4)_2SO_4$(분자량 : 132.15) 2.4g이 함유된 용액을 증류수 200mL당 4.0mL를 투입하여 시료를 만들었다. 이 시료를 사용해 파괴점 염소 주입 실험을 실시할 경우 파괴점에 도달할 때까지 소비되는 염소주입량(mg/L)을 계산하시오.

 ① 시료의 농도 계산

$$시료의 농도(\text{mg/L}) = \frac{2.4\text{g}/500\text{mL} \times 4.0\text{mL} \times 10^3\text{mg/g}}{200\text{mL} \times 10^{-3}\text{L/mL}} = 96\text{mg/L}$$

② 시료 중의 N의 양 계산

$(NH_4)_2SO_4$: 2N

132.15g : 2×14g

$$96\text{mg/L} : X_1(\text{mg/L})$$
$$\therefore X_1 = \frac{96\text{mg/L} \times 2 \times 14\text{g}}{132.15\text{g}} = 20.3405\text{mg/L}$$

③ 염소주입량 계산
$$2NH_3 + 3Cl_2 \rightarrow N_2 + 6HCl$$
$$2 \times 14\text{g} : 3 \times 71\text{g}$$
$$20.3405\text{mg/L} : X_2$$
$$\therefore X_2 = 154.73\text{mg/L}$$

08
폐수중에 합성세제나 비누 그리고 기타 계면활성제가 포함되어 있는 경우 폭기를 하면 거품이 발생한다. 폭기조에서 발생되는 거품을 제거하고자 할 때 이용되는 일반적인 물리적 및 화학적 방법 2가지를 서술하시오.

풀이
① 물리적 방법 : 부상법을 이용하는 방법, 흡착법을 이용하는 방법
② 화학적 방법 : 염소 주입하는 방법, 소포제 첨가를 첨가하는 방법

09
상수를 염소로 소독할 때 생성되는 클로라민의 종류 3가지를 쓰고 생성반응식을 서술하시오.

풀이
(1) 클로라민의 종류
① 모노클로라민(NH_2Cl)
② 디클로라민($NHCl_2$)
③ 트리클로라민(NCl_3)

(2) 생성반응식
① $HOCl + NH_3 \xrightarrow{pH\,8.5\,이상} NH_2Cl(모노클로라민) + H_2O$
② $HOCl + NH_2Cl \xrightarrow{pH\,4.5\sim8.5} NHCl_2(디클로라민) + H_2O$
③ $HOCl + NHCl_2 \xrightarrow{pH\,4.4\,이하} NCl_3(트리클로라민) + H_2O$

10
질산화가 일어날 때 pH변화와 탈질화가 일어날 때 pH변화를 쓰시오.

풀이
(1) 질산화가 일어날 때 pH변화 : pH가 낮아진다.
(2) 탈질화가 일어날 때 pH변화 : pH가 증가한다.

11 살수여상법의 단점을 5가지만 서술하시오. (단, 활성슬러지법과 비교해서)

 ① 효율이 낮다.
② 동절기에 결빙
③ 악취발생
④ 연못화 현상
⑤ 파리번식

 12 Jar-Test(응집교반시험)를 할 때 고려조건 5가지를 서술하시오.

 ① pH
② 물의 전해질 농도
③ 수온
④ 콜로이드의 종류와 농도
⑤ 응집제의 종류

※ 알림
최근기출문제는 수강생들의 도움으로 복원된 문제이므로 실제문제와 다소 차이가 있을 수 있음을 알려 드립니다.
실기시험을 친 수험생은 실기문제를 복원하여 메일로 보내 주시면 됩니다.
메일로 보내실 경우 ☞ kwe7002@hanmail.net
수험생 여러분들이 원하시는 수험서를 만들도록 항상 최선의 노력을 다하겠습니다.

01회 2017년 수질환경산업기사 최근 기출문제

2017년 4월 시행

01 직경(D)이 450mm인 하수용 원심력 철근 콘크리트관이 구배 10‰로 매설되어 있다. 만수된 상태로 송수된다고 할 때 Manning 공식을 이용하여 유량(m^3/sec)을 계산하시오. (단, 조도계수 (n)은 0.015)

풀이 (1) Manning 공식에 의한 유속 계산

유속(v) = $\dfrac{1}{n} \times R^{\frac{2}{3}} \times I^{\frac{1}{2}}$ (m/sec)

여기서 n : 조도계수

R : 경심 $\left(R = \dfrac{D}{4}\right)$

I : 구배(기울기)

따라서 v = $\dfrac{1}{0.015} \times \left(\dfrac{0.45m}{4}\right)^{\frac{2}{3}} \times \left(\dfrac{10}{1000}\right)^{\frac{1}{2}}$ = 1.5536 m/sec

Tip
① 직경(D) = 450mm = 450×10^{-3}m = 0.45m
② 기울기(I) = 10‰ = $\dfrac{10}{1000}$
③ 경심(R) = $\dfrac{면적(A)}{윤변의 길이(S)}$ = $\dfrac{\frac{\pi D^2}{4}}{\pi \cdot D}$ = $\dfrac{D}{4}$ (m)

(2) 유량(Q) = 면적(A) × 유속(v)
= $\dfrac{\pi}{4} \times (0.45m)^2 \times 1.5536 m/sec = 0.25 m^3/sec$

Tip
① 면적(A) = $\dfrac{\pi D^2}{4}$ (m^2)
② (1)에서 구한 유속(v)을 (2)에 사용한다.

02 정수장에서 25m 수직고도 위에 있는 배수지에 관경이 200mm, 총길이 300m의 배수관을 이용해 유량 2.0m^3/min의 물을 양수하려 할 때 다음에 주어지는 문제에 답하시오.

(1) 펌프의 총양정(m)을 계산하시오. (단, 속도수두 고려하고 f = 0.03 기준)

(2) 펌프의 소요동력(kw)을 계산하시오.

(단, 물의 밀도는 1g/cm³이며, 펌프의 효율은 75%이다.)

 (1) 펌프의 총양정(m) 계산
① 실양정 = 25m

② 마찰손실수두 $= f \times \dfrac{L}{D} \times \dfrac{V^2}{2g}$

$v(유속) = \dfrac{Q(유량)}{A(단면적)} = \dfrac{Q(m^3/sec)}{\dfrac{\pi D^2}{4}(m^2)}$

$= \dfrac{2.0 m^3/min \times 1min/60sec}{\dfrac{\pi \times (0.2m)^2}{4}} = 1.06 m/sec$

∴ 마찰손실수두 $= 0.03 \times \dfrac{300m}{0.2m} \times \dfrac{(1.06m/sec)^2}{2 \times 9.8m/sec^2} = 2.58m$

③ 속도수두 $= \dfrac{V^2}{2g} = \dfrac{(1.06m/sec)^2}{2 \times 9.8m/sec^2} = 0.057m$

따라서 펌프의 총양정 (m) = 실양정 + 각종 손실수두 + 속도수두
$= 25m + 2.58m + 0.057m = 27.64m$

(2) 펌프의 소요동력(kw) 계산

소요동력(kw) $= \dfrac{r \cdot Q \cdot H}{102 \times \eta}$

여기서 r : 비중량($1000 kg/m^3$)
H : 총양정(m)
Q : 토출량(유량)(m^3/sec)
η : 펌프의 효율
$1kw = 102 kg \cdot m/sec$

따라서 소요동력(kw) $= \dfrac{r \cdot Q \cdot H}{102 \times \eta}$

$= \dfrac{1000kg/m^3 \times 2.0m^3/min \times 1min/60sec \times 27.64m}{102 \times 0.75}$

$= 12.04 kW$

03 유량이 3800m³/day이고 BOD, SS 및 NH_3-N의 농도가 각각 20mg/L, 25mg/L 및 23mg/L인 유출수의 질소(NH_3-N)를 제거하기 위해 파과점 염소주입 공정이 이용될 때 1일 염소 투입량 (kg/day)을 계산하시오. (단, 투입염소(Cl_2)대 처리된 암모니아성 질소(NH_3-N)의 질량비는 9 : 1이고, 최종유출수의 NH_3-N농도는 1.0mg/L이다.)

 ① NH_3-N 제거량을 계산
$\{(23-1)mg/L \times 10^{-3}\}kg/m^3 \times 3800m^3/day = 83.6 kg/day$
② 염소투입량 $= 83.6 kg/day \times 9 = 752.4 kg/day$

> **Tip**
> ① ppm $= mg/L = g/m^3$ 이므로 $mg/L \times 10^{-3} \rightarrow kg/m^3$
> ② 염소투입량은 NH_3-N의 9배이므로 NH_3-N 제거량에 9를 곱해서 계산한다.

04 포도당($C_6H_{12}O_6$)을 혐기성소화법으로 처리하고자 한다. 포도당($C_6H_{12}O_6$) 100kg을 소화처리할 때 발생되는 메탄가스(CH_4)의 부피(m^3)를 계산하시오. (표준상태 기준)

풀이
$C_6H_{12}O_6 \rightarrow 3CO_2 + 3CH_4$
180kg : $3 \times 22.4m^3$
100kg : $X(CH_4)$

$\therefore X(CH_4) = \dfrac{100kg \times 3 \times 22.4m^3}{180kg} = 37.3m^3$

Tip
① 혐기성 반응식 : $C_6H_{12}O_6 \rightarrow 3CO_2 + 3CH_4$
② 호기성 반응식 : $C_6H_{12}O_6 + 6O_2 \rightarrow 6CO_2 + 6H_2O$
③ 포도당 = Glucose = $C_6H_{12}O_6$
④ $C_6H_{12}O_6$의 분자량 = $(6 \times 12) + (12 \times 1) + (6 \times 16) = 180$
⑤ CH_4 1kmol의 체적은 $22.4m^3$이다.

05 다음 활성슬러지법의 포기조에 관한 조건이다. 다음의 조건을 이용하여 포기조의 수리학적 부하($m^3/m^2 \cdot day$)를 계산하시오.

- 유입수의 BOD : 300mg/L
- BOD 부하 : $3.0kg/m^3 \cdot day$
- 1차 침전지에서 BOD 제거율 : 30%
- 포기조 수심 : 3m

풀이
BOD 용적부하(Lv) = $\dfrac{BOD \times (1-\eta) \times Q}{V} = \dfrac{BOD \times (1-\eta) \times Q}{A \times H}$

$\Rightarrow Lv = \dfrac{Q}{A} \times \dfrac{BOD \times (1-\eta)}{H}$

$\Rightarrow \dfrac{Q}{A} = Lv \times \dfrac{H}{BOD \times (1-\eta)}$

따라서 수리학적 부하$\left(\dfrac{Q}{A}; m^3/m^2 \cdot day\right) = 3.0kg/m^3 \cdot day \times \dfrac{3m}{0.3kg/m^3 \times (1-0.3)}$

$= 42.86 m^3/m^2 \cdot day$

Tip
① ppm = mg/L = g/m^3 이므로 mg/L $\times 10^{-3} \rightarrow kg/m^3$
② BOD = $BOD_i \times (1-\eta)$

06
포기조 내 혼합액 1L를 30분간 정치했을 때 슬러지용량이 300mL이다. 유입수중의 슬러지와 포기조에서 생성슬러지를 무시한다면 슬러지의 반송유량(m^3/day)을 계산하시오. (단, 유입유량은 40,000m^3/day이다.)

풀이
① $SV(\%) = (300\text{mL/L} \times 10^{-3}\text{L/mL}) \times 100 = 30\%$
② 반송비 $= \dfrac{SV(\%)}{100-SV(\%)} = \dfrac{30\%}{100-30\%} = 0.4286$
③ 반송유량(m^3/day) = 유입유량 × 반송비 $= 40,000 m^3/day \times 0.4286 = 17,144 m^3/day$

07
Cr^{6+}의 침전방법과 환원제를 쓰시오.

풀이
(1) 침전방법 : 독성이 있는 6가 크롬을 독성이 없는 3가 크롬으로 pH 2~4에서 환원시키고 3가 크롬을 pH 8.0~8.5 범위에서 침전시켜 처리한다.
(2) 환원제 : SO_2, Na_2SO_3, $FeSO_4$, $NaHSO_3$

08
펌프 공동현상(Cavitation)의 정의와 방지법을 쓰시오.

풀이
(1) 정의 : 물이 관속을 유동하고 있을 때 유동하는 물속의 어느 부분의 정압이 그 때의 증기압보다 낮아지면 부분적으로 기화하여 관내부에 증기부, 즉 공동이 발생되는데 이와 같은 현상을 공동현상이라 한다.
(2) 방지법
① 펌프의 설치위치를 가능한 낮추어 가용유효흡입 수두를 크게 한다.
② 펌프의 회전속도를 낮게 선정하여 필요유효흡입 수두를 작게 한다.
③ 흡입관의 손실을 가능한 한 작게하여 가용유효흡입 수두를 크게 한다.
④ 흡입측 밸브를 완전히 개방하고 펌프를 운전한다.

09
관정부식의 원인물질과 부식 방지법을 5가지를 쓰시오.

풀이
(1) 원인물질 : H_2S
(2) 방지대책
① 하수의 유속을 빠르게 한다.
② 하수관의 피복 및 도장
③ 하수내의 염소주입
④ 내식성이 큰 콘크리트재료 사용
⑤ 환기

> **Tip**
> 관정부식의 원인
> 유기물이 혐기성 상태에서 분해되어 H_2S가 발생되며 이는 공기중에서 호기성 박테리아에 의해 SO_2나 SO_3로 변화되고 다시 수분과 반응하여 H_2SO_4이 생성되어 콘크리트를 부식시킨다.

농업용수의 수질평가시 사용되는 SAR(Sodium Adsorption Ratio)에 대해서 설명하시오. (반드시 공식을 기술하시오.)

 ① $SAR = \dfrac{Na^+}{\sqrt{\dfrac{Ca^{2+} + Mg^{2+}}{2}}}$

② SAR에 적용되는 이온의 단위는 mN을 사용한다.
③ SAR은 보통 농업용수의 수질평가시 기준으로 사용한다.
④ 판정
  · SAR이 0~10 : 영향이 적음
  · SAR이 10~18 : 중간정도 영향
  · SAR이 18~26 : 높은 영향
  · SAR이 26 이상 : 아주 큰 영향

02회 2017년 수질환경산업기사 최근 기출문제

2017년 6월 시행

01 정수장에서 25m 수직고도 위에 있는 배수지에 관경이 200mm, 총길이 300m의 배수관을 이용해 유량 2.0m³/min의 물을 양수하려 할 때 다음에 주어지는 문제에 답하시오.

(1) 펌프의 총양정(m)을 계산하시오. (단, 속도수두 고려하고 f = 0.03 기준)
(2) 펌프의 소요동력(kw)을 계산하시오. (단, 물의 밀도는 1g/cm³ 이며, 펌프의 효율은 75%이다.)

(1) 펌프의 총양정(m) 계산
① 실양정 = 25m
② 마찰손실수두 = $f \times \dfrac{L}{D} \times \dfrac{V^2}{2g}$

$v(유속) = \dfrac{Q(유량)}{A(단면적)} = \dfrac{Q(m^3/sec)}{\dfrac{\pi D^2}{4}(m^2)}$

$= \dfrac{2.0 m^3/min \times 1min/60sec}{\dfrac{\pi \times (0.2m)^2}{4}} = 1.06 \, m/sec$

∴ 마찰손실수두 $= 0.03 \times \dfrac{300m}{0.2m} \times \dfrac{(1.06m/sec)^2}{2 \times 9.8m/sec^2} = 2.58m$

③ 속도수두 $= \dfrac{V^2}{2g} = \dfrac{(1.06m/sec)^2}{2 \times 9.8m/sec^2} = 0.057 \, m$

따라서 펌프의 총양정 (m) = 실양정 + 각종 손실수두 + 속도수두
$= 25m + 2.58m + 0.057m = 27.64m$

(2) 펌프의 소요동력(kw) 계산

소요동력(kw) $= \dfrac{r \cdot Q \cdot H}{102 \times \eta}$

여기서 r : 비중량(1000kg/m³)
H : 총양정(m)
Q : 토출량(유량)(m³/sec)
η : 펌프의 효율
1kw = 102Kg·m/sec

따라서 소요동력(kw) $= \dfrac{r \cdot Q \cdot H}{102 \times \eta}$

$= \dfrac{1000kg/m^3 \times 2.0m^3/min \times 1min/60sec \times 27.64m}{102 \times 0.75}$

$= 12.04 kw$

03 포도당($C_6H_{12}O_6$)을 혐기성소화법으로 처리하고자 한다. 포도당($C_6H_{12}O_6$) 100kg을 소화처리할 때 발생되는 메탄가스(CH_4)를 저장하는 시설의 부피(m^3)를 계산하시오. (표준상태 기준이며, 여유율은 30%이다.)

풀이

$C_6H_{12}O_6 \rightarrow 3CO_2 + 3CH_4$

180kg : $3 \times 22.4 m^3$
100kg : $X(CH_4)$

$\therefore X(CH_4) = \dfrac{100kg \times 3 \times 22.4 m^3}{180kg} = 37.3 m^3$

따라서 저장하는 시설의 부피 = $37.3 m^3 \times 1.3 = 48.49 m^3$

Tip
① 혐기성 반응식 : $C_6H_{12}O_6 \rightarrow 3CO_2 + 3CH_4$
② 호기성 반응식 : $C_6H_{12}O_6 + 6O_2 \rightarrow 6CO_2 + 6H_2O$
③ 포도당 = Glucose = $C_6H_{12}O_6$
④ $C_6H_{12}O_6$의 분자량 = $(6 \times 12) + (12 \times 1) + (6 \times 16) = 180$
⑤ CH_4 1kmol의 체적은 $22.4 m^3$이다.
⑥ 여유율이 30%이면 130%이므로 1.3이 된다.

04 Cr^{6+}이 함유된 도금폐수를 다음 반응식과 같이 환원시켜 침전처리하고자 할 때 물음에 답하시오.

㉮ $SO_2 + H_2O \rightarrow H_2SO_3$
㉯ $3H_2SO_3 + 2H_2CrO_4 \rightarrow Cr_2(SO_4)_3 + 5H_2O$
㉰ $Cr_2(SO_4)_3 + 3Ca(OH)_2 \rightarrow 2Cr(OH)_3 + 3CaSO_4$

(1) ㉯ 반응식이 30분 이내에 이루어질 수 있는 최적의 pH 범위를 기술하시오.
(2) 하나의 반응식으로 나타내시오.
(3) Cr^{6+}농도가 250mg/L인 경우 폐수 $1m^3$을 제거시키기 위해 소요되는 SO_2의 양(kg)을 계산하시오. (단, Cr의 원자량은 52)
(4) 과잉의 SO_2를 주입하면 폐수속의 용존산소가 고갈되는데 그 이유를 반응식으로 나타내고 설명하시오.

 (1) 최적의 pH는 2~4 범위이다.

(2)

$$3SO_2 + 3H_2O \rightarrow 3H_2SO_3$$
$$3H_2SO_3 + 2H_2CrO_4 \rightarrow Cr_2(SO_4)_3 + 5H_2O$$
$$Cr_2(SO_4)_3 + 3Ca(OH)_2 \rightarrow 2Cr(OH)_3 + 3CaSO_4$$

$$3SO_2 + 2H_2CrO_4 + 3Ca(OH)_2 \rightarrow 2Cr(OH)_3 + 3CaSO_4 + 2H_2O$$

(3) $2Cr^{6+}$: $3SO_2$
  $2 \times 52g$: $3 \times 64g$
  $0.25 kg/m^3 \times 1m^3$: X
  ∴ X = 0.46kg

(4) ① 반응식 : $SO_2 + H_2O + 0.5O_2 \rightarrow H_2SO_4$
   ② 이유 : 주입된 과잉의 SO_2가 H_2SO_4가 되면서 용존산소를 소비하기 때문에 용존산소가 고갈된다.

05 20℃에서 1차 반응속도상수(k) = 0.2/day, 30℃에서 속도상수(k) = 0.28/day이다. 이때 온도보정계수(θ)를 계산하시오. (단, Arrhenius식을 이용하고, 소수점 셋째자리까지 계산)

풀이

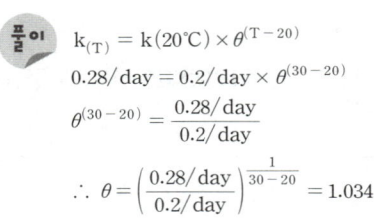

$k_{(T)} = k(20℃) \times \theta^{(T-20)}$
$0.28/day = 0.2/day \times \theta^{(30-20)}$
$\theta^{(30-20)} = \dfrac{0.28/day}{0.2/day}$
∴ $\theta = \left(\dfrac{0.28/day}{0.2/day}\right)^{\frac{1}{30-20}} = 1.034$

06 Jar Test한 최적결과가 다음과 같다면 Alum의 최적 주입농도(mg/L)를 계산하시오.

- 약제 : 5%의 Alum
- 주입량 : 3mL
- 시료량 : 500mL

풀이

Alum의 최적 주입농도

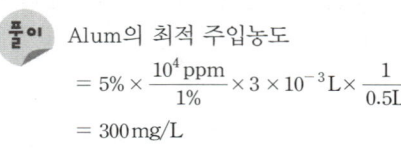

$= 5\% \times \dfrac{10^4 ppm}{1\%} \times 3 \times 10^{-3} L \times \dfrac{1}{0.5L}$
$= 300 mg/L$

Tip
① ppm = mg/L
② % $\times 10^4 \rightarrow$ ppm

07 유량이 9100m³/day인 공장의 원형 1차 침전지의 직경이 40m, 측벽의 깊이 3m, 원추형바닥의 깊이가 1m인 경우 표면부하율(m³/m²·day)을 계산하시오.

$$표면부하율(m^3/m^2 \cdot day) = \frac{Q(m^3/day)}{A(m^2)} = \frac{Q(m^3/day)}{\frac{\pi \times D^2}{4}(m^2)}$$

$$= \frac{9100 \, m^3/day}{\frac{\pi \times (40 \, m)^2}{4}}$$

$$= 7.24 \, m^3/m^2 \cdot day$$

08 A 도시의 현재 인구가 75,000명이며, 매년 5%씩 증가하고 있다. 등비급수법을 이용하여 10년 후 인구수를 계산하고, 유량이 500L/인·day이고, 침전지 높이는 2.5m, 체류시간 4시간일 경우 10년 후 침전지의 면적(m²)을 계산하시오.

(1) 등비급수법에 의한 인구수 계산
$$P_n = P_o \times (1+r)^n$$
여기서 P_n : 현재부터 n년 후 추정인구
P_o : 현재인구
n : 설계기간(년)
r : 연간 인구 증가율
따라서 $P_n = 75,000명 \times (1+0.05)^{10년}$
$= 122,167명$

(2) 침전지의 면적(m²) $= \frac{0.5 \, m^3}{인 \cdot day} \times 122,167인 \times \frac{1일}{24hr} \times 4hr \times \frac{1}{2.5m}$
$= 4,072.23 \, m^2$

09 상수도용 배관의 부식방지방법 3가지만 서술하시오.

① 관을 피복한다.
② 내식성이 강한 재질을 사용한다.
③ 콘크리트의 수밀성을 증가시킨다.

10 물리·화학적 방법으로 질소화합물을 처리하는 방법 3가지에 대해 서술하시오.

(1) 이온교환법
① 원리 : 처리하고자 하는 폐수중에 포함되어 있는 NH_4^+ 이온을 선택적으로 치환할 수 있는 천연제올라이트를 충진한 이온교환층을 통과시켜 암모니아를 처리하는 방법이다.
② 반응식

・이온교환반응 : $RH + NH_4^+ \rightleftharpoons RNH_4 + H^+$

・재생반응 : $RNH_4 + HCl \rightleftharpoons RH + NH_4Cl$

(2) 공기탈기법
① 원리 : 처리하고자 하는 폐수에 석회 등을 이용하여 pH를 10 이상으로 조절한 후 공기를 불어 넣어 수중에 존재하는 암모니아성 질소를 암모니아가스로 탈기하는 방법이다.
② 반응식 : $NH_4^+ + OH^- \rightleftharpoons NH_3 + H_2O$

(3) 파괴점 염소주입법
① 처리하고자 하는 폐수에 염소(Cl_2)를 주입하여 암모늄염을 질소가스(N_2)로 처리하는 방법이다.
② 반응식 : $2NH_4^+ + 3Cl_2 \rightleftharpoons N_2 + 6HCl + 2H^+$
$2NH_3 + 3HOCl \rightleftharpoons N_2 + 3HCl + 3H_2O$

11 A/O공법의 공정도에 대한 물음에 답하시오.

(1) A/O공법의 공정도에서 빈칸을 채우시오.

> 유입수 → (①) → (②) → 침전조 → 유출수

(2) ① 반응조와 ② 반응조의 역할을 쓰시오.

(3) 공법의 제거 원리를 쓰시오.

(1) ① 혐기성조, ② 호기성조
(2) ① 혐기성조의 역할 : 인(P)의 방출
② 호기성조의 역할 : 인(P)의 과잉흡수
(3) 인을 제거하는 주 공정으로 혐기성조에서 인을 방출하고 호기성조에서 인을 과잉 섭취하며, 인을 과잉 섭취한 미생물을 최종침전지에서 침전시켜 제거하는 공법이다.

12 수심이 얕고 조류가 대량 번식하는 지표수와 일반적인 지표수에서 pH, COD, DO를 비교하여 설명하시오.

① pH : 조류가 대량 번식하는 지표수의 경우 광합성 작용에 의해서 물속의 CO_2를 소비하므로 pH는 증가한다.
② COD : 조류가 대량 번식하는 지표수의 경우 산화제를 이용하여 조류를 분해하므로 COD는 증가한다.
③ DO : 조류가 대량 번식하는 지표수의 경우 광합성 작용에 의해 DO가 발생되므로 DO는 증가한다.

※ 알림
최근기출문제는 수강생들의 도움으로 복원된 문제이므로 실제문제와 다소 차이가 있을 수 있음을 알려 드립니다.
실기시험을 친 수험생은 실기문제를 복원하여 메일로 보내 주시면 됩니다.
메일로 보내실 경우 ☞ kwe7002@hanmail.net
수험생 여러분들이 원하시는 수험서를 만들도록 항상 최선의 노력을 다하겠습니다.

03회 2017년 수질환경산업기사 최근 기출문제

2017년 10월 시행

01 직경(D)이 450mm인 하수용 원심력 철근 콘크리트관이 구배 10‰로 매설되어 있다. 만수된 상태로 송수된다고 할때 Manning 공식을 이용하여 유량(m^3/sec)을 계산하시오. (단, 조도계수(n)은 0.015이다.)

① Manning 공식에 의한 유속(v)$= \dfrac{1}{n} \times R^{\frac{2}{3}} \times I^{\frac{1}{2}}$ (m/sec)

여기서 n : 조도계수

R : 경심($R = \dfrac{D}{4}$)

I : 구배(기울기)

따라서 $v = \dfrac{1}{0.015} \times \left(\dfrac{0.45m}{4}\right)^{\frac{2}{3}} \times \left(\dfrac{10}{1000}\right)^{\frac{1}{2}} = 1.5536$ m/sec

Tip

① 직경(D) $= 450mm = 450 \times 10^{-3}m = 0.45m$

② 기울기(I) $= 10‰ = \dfrac{10}{1000}$

③ 경심(R) $= \dfrac{면적(A)}{윤변의 길이(S)} = \dfrac{\frac{\pi D^2}{4}}{\pi \cdot D} = \dfrac{D}{4}$ (m)

④ 면적(A) $= \dfrac{\pi D^2}{4}$ (m^2)

② 유량(Q) = 면적(A) × 유속(v) $= \dfrac{\pi}{4} \times (0.45m)^2 \times 1.5536$ m/sec $= 0.25 m^3$/sec

02 글리신 100g이 호기성분해 하였을 때 ThOD(g)를 계산하시오. (단, 최종산물은 CO_2, H_2O, HNO_3이다.)

$C_2H_5O_2N + 3.5O_2 \rightarrow 2CO_2 + 2H_2O + HNO_3$

75g : 3.5×32g

100g : ThOD

∴ ThOD $= \dfrac{100g \times 3.5 \times 32g}{75g} = 149.33$ g

> Tip
> ① 글리신 $= C_2H_5O_2N = CH_2(NH_2)COOH$
> ② 이론적산소요구량 $= ThOD$
> ③ $C_2H_5O_2N$의 분자량 $= (2\times12)+(5\times1)+(2\times16)+14 = 75g$

03 유량이 100m³/hr로 유입되고 4시간 처리 했을 때 유기물이 97% 처리될 때 반응조 용량(m³)을 계산하시오. (단, PFR(플러그흐름반응조) 1차 반응식을 이용하시오.)

 PFR의 1차 반응식 $\ln\dfrac{C_t}{C_o} = -\left(\dfrac{Q}{V}\right)\times t$을 이용한다.

여기서 C_o : 초기농도(100%)
C_t : t시간 후의 농도(100%−97%=3%)
Q : 유량(m³/hr)
V : 용량(m³)
t : 시간(hr)

$$\ln\left(\dfrac{3\%}{100\%}\right) = -\left(\dfrac{100\,m^3/hr}{V}\right)\times 4\,hr$$

$$\therefore V = \dfrac{-100\,m^3/hr \times 4\,hr}{\ln\left(\dfrac{3\%}{100\%}\right)} = 114.07\,m^3$$

04 유량이 50,000m³/day인 공장폐수를 응집제를 이용하여 응집처리하기 위해 황산알루미늄[$Al_2(SO_4)_3$] 또는 황산제일철[$FeSO_4$]을 사용하고자 한다. 시료 1,000mL(시료+응집제)에 대한 Jar-Test 시험결과 황산알루미늄[$Al_2(SO_4)_3$] 주입량이 200mg/L와 철 40mgFe²⁺/L인 경우에 각각 최적의 처리결과가 나타났다. 다음 물음에 답하시오.

- 100% 순도의 황산알루미늄 [$Al_2(SO_4)_3$]의 가격은 150원/kg
- 100% 순도의 황산제일철 [$FeSO_4$]의 가격은 120원/kg
- Fe의 원자량은 56
- S의 원자량은 32

(1) 최적의 수질을 얻기 위해 필요한 황산알루미늄[$Al_2(SO_4)_3$]의 소요되는 비용(원/day)을 계산하시오.
(2) 최적의 수질을 얻기 위해 필요한 황산제일철[$FeSO_4$]의 소요되는 비용(원/day)을 계산하시오.

 (1) 황산알루미늄 [$Al_2(SO_4)_3$]의 소요되는 비용(원/day)

$$= \frac{0.2\,\text{kg}}{\text{m}^3} \times \frac{50{,}000\,\text{m}^3}{\text{day}} \times \frac{150\text{원}}{\text{kg}}$$
$$= 1{,}500{,}000\text{원/day}$$

(2) 황산제일철 [$FeSO_4$]의 소요되는 비용(원/day)

① 주입된 철이온을 황산제일철 [$FeSO_4$]로 환산한다.

$FeSO_4$: Fe^{2+}
152g : 56g
X : 40mg/L

∴ X = 108.57 mg/L

② 황산제일철 [$FeSO_4$]의 소요되는 비용(원/day)

$$= \frac{0.10857\,\text{kg}}{\text{m}^3} \times \frac{50{,}000\,\text{m}^3}{\text{day}} \times \frac{120\text{원}}{\text{kg}}$$
$$= 651{,}420\text{원/day}$$

> **Tip**
> ① ppm = mg/L = g/m^3
> ② mg/L × 10^{-3} → kg/m^3

05 BOD 300mg/L를 함유한 공장폐수 400m³/day를 처리하여 하천에 방류하고자 한다. 유량이 20,000m³/day이고 BOD 2mg/L인 하천에 방류한 후 곧 완전 혼합된 때의 BOD 농도를 3mg/L 이하로 규정하고 있다면 이 공장폐수의 BOD 제거율(%)을 계산하시오. (단, 하천의 다른 오염물질 유입은 없다고 가정하시오.)

① 혼합공식을 이용해 C_2(= 유출수의 BOD농도)를 계산한다.

$$C_m = \frac{Q_1 C_1 + Q_2 C_2}{Q_1 + Q_2}$$

$$3\,\text{mg/L} = \frac{20{,}000\,\text{m}^3/\text{day} \times 2\,\text{mg/L} + 400\,\text{m}^3/\text{day} \times C_2}{(20{,}000 + 400)\,\text{m}^3/\text{day}}$$

$$20{,}000\,\text{m}^3/\text{day} \times 2\,\text{mg/L} + 400\,\text{m}^3/\text{day} \times C_2 = 3\,\text{mg/L} \times (20{,}000 + 400)\,\text{m}^3/\text{day}$$

∴ $C_2 = 53\,\text{mg/L}$

② BOD 제거율(%) $= \left\{1 - \dfrac{\text{유출수 BOD}}{\text{유입수 BOD}}\right\} \times 100$

$= \left\{1 - \dfrac{53\,\text{mg/L}}{300\,\text{mg/L}}\right\} \times 100 = 82.33\%$

06 어느 하수의 최종 BOD(BOD$_u$)가 450mg/L 일 때 BOD$_2$와 BOD$_5$의 농도(mg/L)를 계산하시오. (단, k_1(상용대수)=0.1/day)

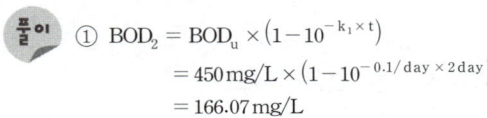
① $BOD_2 = BOD_u \times (1 - 10^{-k_1 \times t})$
$= 450\,\text{mg/L} \times (1 - 10^{-0.1/\text{day} \times 2\,\text{day}})$
$= 166.07\,\text{mg/L}$

② $BOD_5 = BOD_u \times (1 - 10^{-k_1 \times t})$
   $= 450\,mg/L \times (1 - 10^{-0.1/day \times 5day})$
   $= 307.70\,mg/L$

07 다음 표는 물속에 존재하는 입자 크기에 따른 구분이다. ( )안에 알맞은 말을 쓰시오.

```
        0.001    0.1     5      50   200  1000    (단위 : ㎛)
       ┌──────┬──────┬──────────┬─────┬────┬─────┐
       │ (①)  │콜로이드│         부유상태              │
       │      │      ├──────┬───────────────────┤
       │      │      │ (②) │      침전가능        │
       │      │      │      ├──────┬─────┬─────┤
       │      │      │      │ (③) │ 모래 │ (④) │
```

풀이
① 용존상태
② 분산상태
③ 실트
④ 큰 현탁물질

08 오존 소독의 장·단점을 3가지씩 쓰시오.

풀이
(1) 장점
  ① 유기화합물의 생분해성을 높이며, 바이러스의 불활성화 효과가 크다.
  ② 슬러지가 생기지 않는다.
  ③ 탈취, 탈색효과가 크다.
(2) 단점
  ① 잔류성이 없다.
  ② 가격이 고가이다.
  ③ 오존은 저장할 수가 없어 현장에서 생산해야 한다.

09 폐수속 입자와 물질의 농도에 따라 일어나는 침전과정 4가지를 쓰고, 간단히 서술하시오.

풀이
① Ⅰ형침전(독립침전) : 고형물의 농도가 낮은 현탁액 속의 입자가 등가속도 영역에서 중력에 의해 침전하는 것을 말한다.
② Ⅱ형침전(응결침전, 응집침전) : 비교적 농도가 낮은 현탁액에서 침전 중 입자들끼리 결합하고 응집하는 것을 말한다.
③ Ⅲ형침전(지역침전, 간섭침전, 방해침전) : 침전하는 입자들이 너무 가까이 있어서 입자간의 힘이 이웃입자의 침전을 방해하게 되고 동일한 속도로 침전하며 활성슬러지 공법의 최종 침전조 중간 깊이에서 일어나는 침전을 말한다.
④ Ⅳ형침전(압축침전, 압밀침전) : 입자들은 농도가 너무 커서 입자들끼리 구조물을 형성하여 더 이상의 침전은 압밀에 의해서만 생기는 고농도의 부유액에서 일어나는 침전이다.

10 완전혼합반응조에서 시간(t)를 구하는 물질수지식을 완성하시오.

풀이

$Q \cdot C_o - Q \cdot C_t - (K \cdot V \cdot C_t) = 0$

$Q \cdot C_o - Q \cdot C_t = K \cdot V \cdot C_t$

$Q(C_o - C_t) = K \cdot V \cdot C_t$

$t = \dfrac{V}{Q}$ 이므로

$(C_o - C_t) = K \cdot C_t \cdot \dfrac{V}{Q}$

$\dfrac{V}{Q} = \dfrac{(C_o - C_t)}{K \cdot C_t}$

$\therefore t = \dfrac{(C_o - C_t)}{K \cdot C_t}$

Tip

Q : 유량(m^3/day)　　　　　V : 체적(m^3)
C_o : 초기농도(mg/L)　　　　C_t : t시간 후의 농도(mg/L)
K : 상수(/day)　　　　　　　t : 시간(day)

※ **알림**

최근기출문제는 수강생들의 도움으로 복원된 문제이므로 실제문제와 다소 차이가 있을 수 있음을 알려 드립니다.
실기시험을 친 수험생은 실기문제를 복원하여 메일로 보내 주시면 됩니다.
메일로 보내실 경우 ☞ kwe7002@hanmail.net
수험생 여러분들이 원하시는 수험서를 만들도록 항상 최선의 노력을 다하겠습니다.

01회 2018년 수질환경산업기사 최근 기출문제

2018년 4월 시행

01 어느 하수의 수질을 분석한 결과 다음과 같다면 총알칼리도(mg/L as CaCO₃)를 계산하시오.

<조건>
- pH : 10.0
- CO_3^{2-} : 32.0mg/L
- HCO_3^- : 56.0mg/L

풀이

$$\frac{Alk(mg/L)}{50g} = \frac{OH^-(mg/L)}{17g} + \frac{CO_3^{2-}(mg/L)}{30g} + \frac{HCO_3^-(mg/L)}{61g}$$

$pH = 10.0 \Rightarrow pOH = 14 - pH = 14 - 10.0 = 4$

$\therefore [OH^-] = 10^{-4}\,mol/L$

따라서 $OH^-(mg/L) = \frac{10^{-4}\,mol}{L} \times \frac{17g}{1\,mol} \times \frac{10^3\,mg}{1g} = 1.7\,mg/L$

$$\frac{Alk(mg/L)}{50g} = \frac{1.7\,mg/L}{17g} + \frac{32.0\,mg/L}{30g} + \frac{56.0\,mg/L}{61g}$$

$\therefore Alk = 104.23\,mg/L$

Tip
① $pH + pOH = 14 \Rightarrow pOH = 14 - pH$
② $pOH = -\log[OH^-] \Rightarrow [OH^-] = 10^{-pOH}\,mol/L$
③ $CaCO_3$는 2당량이므로 1당량 $= \frac{100g}{2} = 50g$

02 처리수 중 암모니아성 질소 50mg/L, 아질산성 질소 15mg/L 포함되어 있다. 수중의 암모니아성 질소와 아질산성 질소를 질산화 시키는데 소요되는 총 산소요구량(mg/L)을 계산하시오.

풀이

① $NH_3-N + 2O_2 \rightarrow NO_3^--N + H^+ + H_2O$
  14g : 2×32g
  50mg/L : X_1

  $\therefore X_1 = \frac{50\,mg/L \times 2 \times 32g}{14g} = 228.57\,mg/L$

② $NO_2^--N + 0.5O_2 \rightarrow NO_3-N$
  14g : 0.5×32g
  15mg/L : X_2

  $\therefore X_2 = \frac{15\,mg/L \times 0.5 \times 32g}{14g} = 17.14\,mg/L$

따라서 이론적 산소요구량 $= X_1 + X_2$
$= 228.57\,mg/L + 17.14\,mg/L = 245.71\,mg/L$

03 BOD_5농도가 300mg/L이고 20℃에서 k값이 0.14/day이다. 30℃에서 BOD_4농도(mg/L)를 계산하시오. (단, 온도보정계수 θ는 1.047이다.)

풀이
① $BOD_5 = BOD_u \times (1 - 10^{-k \times t})$
$300\,mg/L = BOD_u \times (1 - 10^{-0.14/day \times 5day})$
$\therefore BOD_u = \dfrac{300\,mg/L}{(1 - 10^{-0.14/day \times 5day})} = 374.778\,mg/L$

② 20℃의 k를 30℃의 k로 전환한다.
$k(30℃) = k(20℃) \times 1.047^{(T-20)}$
$= 0.14/day \times 1.047^{(30-20)}$
$= 0.2216/day$

③ $BOD_4 = BOD_u \times (1 - 10^{-k \times t})$
$= 374.778\,mg/L \times (1 - 10^{-0.2216/day \times 4day})$
$= 326.10\,mg/L$

04 건조슬러지의 비중이 1.3, 건조 이전 고형물의 함량은 30%, 건조슬러지량이 250kg 일 때 슬러지 Cake의 부피(m^3)를 계산하시오. (단, 물의 비중은 1.0 기준이다.)

풀이
① 슬러지 Cake의 비중
$\dfrac{100}{슬러지\,Cake\,비중} = \dfrac{건조슬러지\,함량(\%)}{건조슬러지\,비중} + \dfrac{물의\,함량(\%)}{물의\,비중}$
$= \dfrac{30\%}{1.3} + \dfrac{70\%}{1.0}$
$\therefore$ 슬러지 Cake 비중 = 1.074

② 슬러지 Cake 부피(m^3) = $\dfrac{건조슬러지량(kg)}{슬러지\,Cake\,비중량(kg/m^3)} \times \dfrac{100}{Ts(\%)}$
$= \dfrac{250\,kg}{1074\,kg/m^3} \times \dfrac{100}{30\%} = 0.78\,m^3$

Tip
① 고형물(%)+수분(%)=100%
② 수분(%)=100−고형물(%)=100−30=70%
③ 비중(g/cm³)×10³→ 비중량(kg/m³)
④ 비중 1.074는 비중량 1074 kg/m³ 이다.

05 20℃에서 용존산소포화농도는 9.07mg/L이며, 용존산소농도를 5mg/L로 유지하기 위하여 활성오니산소섭취속도가 40mg/L·hr인 포기기를 설치하였다. 이때 총괄산소전달계수(/hr)를 계산하시오. (단, $\alpha = \beta = 1$, 정상포기상태, 온도보정생략)

풀이
$r = \alpha \times K_{La} \times (\beta \times Cs - C)$
여기서 r : 활성오니산소섭취속도(mg/L·hr)

K_{La} : 총괄산소전달계수(/hr)
Cs : 포화산소농도(mg/L)
C : 물속의 용존산소농도(mg/L)
α, β : 상수

$40\,\text{mg/L}\cdot\text{hr} = K_{La} \times (9.07 - 5)\,\text{mg/L}$

$\therefore K_{La} = \dfrac{40\,\text{mg/L}\cdot\text{hr}}{(9.07-5)\,\text{mg/L}}$

$= 9.83\,/\text{hr}$

06 활성슬러지공법으로 100m³/day의 폐수를 처리한다. 포기조 용적이 20m³, 포기조내 MLVSS가 2000mg/L로 유지된다. 처리수로 유실되는 SS농도는 평균 20mg/L, 폐기되는 슬러지 SS농도가 1%, 미생물체류시간은 3.34day일 경우 폐기시키는 슬러지의 양(m³/day)을 계산하시오.

풀이 미생물 체류시간(SRT) = $\dfrac{\text{MLVSS}\cdot V}{Q_w \cdot SS_w + Q_o \cdot SS_o}$

$3.34\,\text{day} = \dfrac{2000\,\text{mg/L} \times 20\,\text{m}^3}{Q_w(\text{m}^3/\text{day}) \times 1 \times 10^4\,\text{mg/L} + (100 - Q_w)\text{m}^3/\text{day} \times 20\,\text{mg/L}}$

$\therefore Q_w = 1\,\text{m}^3/\text{day}$

Tip
$SS_w = 1\% = 1 \times 10^4\,\text{ppm} = 1 \times 10^4\,\text{mg/L}$
$Q_o = Q_i - Q_w\ (\text{m}^3/\text{day})$

07 μ(세포비증가율)가 μ_{max}(세포최대증가율)의 60%일 때 기질농도(S_{60})와 μ_{max}의 20%일 때의 기질농도(S_{20})와의 비(S_{60}/S_{20})를 계산하시오. (단, $\mu = \dfrac{\mu_{max}[S]}{K_S + [S]}$ 이용할 것)

풀이 $\mu = \mu_{max} \times \dfrac{S}{Ks + S}$

여기서 μ : 세포의 비증식계수(/hr)
μ_{max} : 세포의 최대비증식계수(/hr)
S : 제한기질의 농도(mg/L)
Ks : 반포화농도(mg/L)

① $\mu = \mu_{max} \times \dfrac{S}{Ks + S}$ $\begin{cases} \mu_{max} = 100\% \\ \mu = \mu_{max}\text{의 }60\% \end{cases}$

$0.6 = 1 \times \dfrac{S_{60}}{Ks + S_{60}} \Rightarrow 0.6(Ks + S_{60}) = S_{60} \Rightarrow (1 - 0.6)S_{60} = 0.6Ks \Rightarrow S_{60} = 1.5Ks$

② $\mu = \mu_{max} \times \dfrac{S}{Ks + S}$ $\begin{cases} \mu_{max} = 100\% \\ \mu = \mu_{max}\text{의 }20\% \end{cases}$

$0.2 = 1 \times \dfrac{S_{20}}{Ks + S_{20}} \Rightarrow 0.2(Ks + S_{20}) = S_{20} \Rightarrow (1 - 0.2)S_{20} = 0.2Ks \Rightarrow S_{20} = 0.25Ks$

③ $\dfrac{S_{60}}{S_{20}} = \dfrac{1.5K_s}{0.25K_s} = 6$

08 20℃의 산성 용매중에 포함되어 있는 카드뮴(Cd^{2+}) 0.005mg/L를 응결하기 위한 pH를 계산하시오. (단, $Cd^{2+} + 2OH^- \rightleftarrows Cd(OH)_2$, $Ksp = 3.5 \times 10^{-14}$(20℃), Cd의 원자량 = 112.4, 수산화침전법 적용)

① $[Cd^{2+}]$의 $mol/L = \dfrac{0.005mg}{L} \times \dfrac{1g}{10^3 mg} \times \dfrac{1mol}{112.4g}$
  $= 4.448 \times 10^{-8} mol/L$
② $Ksp = [Cd^{2+}][OH^-]^2$
  $[OH^-] = \sqrt{\dfrac{Ksp}{[Cd^{2+}]}} = \sqrt{\dfrac{3.5 \times 10^{-14}}{4.448 \times 10^{-8} mol/L}} = 8.87 \times 10^{-4} mol/L$
③ $pH = 14 + \log[OH^-] = 14 + \log[8.87 \times 10^{-4} mol/L] = 10.95$
따라서 응결을 위한 pH는 10.95 이상이다.

09 펌프운전시 발생할 수 있는 비정상 현상인 캐비테이션(Cavitation)과 수격작용(Water hammer)의 원인과 방지대책을 각각 2가지씩 쓰시오.

1. 캐비테이션(Cavitation)
  (1) 원인
    ① 펌프의 설치위치가 높을 때
    ② 펌프의 회전속도가 클 때
  (2) 방지대책
    ① 펌프의 설치위치를 낮게
    ② 펌프의 회전속도를 작게
2. 수격작용(Water hammer)
  (1) 원인
    ① 관내의 액체 속도를 급격히 변화시키면 액체에 큰 압력 변화로 인해서 발생
    ② 펌프를 급정지 시킬 때 발생
  (2) 방지대책
    ① 펌프에 플라이휠(fly wheel)을 붙인다.
    ② 토출관쪽에 조압수조(surge tank)를 설치한다.

10 A/O공법의 공정도에 대한 물음에 답하시오.

(가) A/O공법의 공정도에서 빈칸을 채우시오.

> 유입수 → (①) → (②) → 침전조 → 유출수

(나) ① 반응조와 ② 반응조의 역할을 쓰시오.

(1) ① 혐기성조, ② 호기성조
(2) ① 혐기성조의 역할 : 인(P)의 방출
    ② 호기성조의 역할 : 인(P)의 과잉흡수

11 질산화가 일어날 때 pH변화와 탈질화가 일어날 때 pH변화를 쓰시오.

(1) 질산화가 일어날 때 pH변화 : pH가 낮아진다.
(2) 탈질화가 일어날 때 pH변화 : pH가 증가한다.

※ 알림
최근기출문제는 수강생들의 도움으로 복원된 문제이므로 실제문제와 다소 차이가 있을 수 있음을 알려 드립니다.
실기시험을 친 수험생은 실기문제를 복원하여 메일로 보내 주시면 됩니다.
메일로 보내실 경우 ☞ kwe7002@hanmail.net
수험생 여러분들이 원하시는 수험서를 만들도록 항상 최선의 노력을 다하겠습니다.

02회 2018년 수질환경산업기사 최근 기출문제

2018년 7월 시행

01 BOD 300mg/L, 유량 2,000m³/day의 폐수를 활성슬러지법으로 처리할 때 BOD 슬러지부하 1.0kg BOD/kg MLSS · day, MLSS 2,000mg/L로 하기 위한 포기조의 용적(m³)을 계산하시오.

풀이

$$F/M비 = \frac{BOD \times Q}{MLSS \times V}$$

$$1.0/day = \frac{300\,mg/L \times 2,000\,m^3/day}{2,000\,mg/L \times V}$$

$$\therefore V = \frac{300\,mg/L \times 2,000\,m^3/day}{2,000\,mg/L \times 1.0/day} = 300\,m^3$$

02 BOD 300mg/L를 함유한 공장폐수 400m³/day를 처리하여 하천에 방류하고자 한다. 유량이 20,000m³/day이고 BOD 2mg/L인 하천에 방류한 후 곧 완전 혼합된 때의 BOD농도를 3mg/L 이하로 규정하고 있다면 이 공장폐수의 BOD 제거율(%)을 계산하시오.(단, 하천의 다른 오염물질 유입은 없다고 가정 하시오.)

풀이

① 혼합공식을 이용해 C_2(=유출수의 BOD농도)를 계산한다.

$$C_m = \frac{Q_1 C_1 + Q_2 C_2}{Q_1 + Q_2}$$

$$3\,mg/L = \frac{20,000\,m^3/day \times 2\,mg/L + 400\,m^3/day \times C_2}{(20,000 + 400)\,m^3/day}$$

$$20,000\,m^3/day \times 2\,mg/L + 400\,m^3/day \times C_2 = 3\,mg/L \times (20,000 + 400)\,m^3/day$$

$$\therefore C_2 = 53\,mg/L$$

② BOD 제거율(%) $= \left\{1 - \frac{유출수\,BOD}{유입수\,BOD}\right\} \times 100$

$$= \left\{1 - \frac{53\,mg/L}{300\,mg/L}\right\} \times 100 = 82.33\%$$

03 μ(세포비증가율)가 μ_{max}(세포최대증가율)의 60%일 때 기질농도(S_{60})와 μ_{max}의 20%일 때의 기질농도(S_{20})와의 비(S_{60}/S_{20})를 계산하시오. (단, $\mu = \mu_{max} \times \frac{S}{K_S + S}$ 이용할 것)

풀이

$$\mu = \mu_{max} \times \frac{S}{K_S + S}$$

여기서 μ : 세포의 비증식계수(/hr)
μ_{max} : 세포의 최대비증식계수(/hr)
S : 제한기질의 농도(mg/L)
Ks : 반포화농도(mg/L)

① $\mu = \mu_{max} \times \dfrac{S}{Ks+S}$ $\begin{cases} \mu_{max} = 100\% \\ \mu = \mu_{max}\text{의 }60\% \end{cases}$

$0.6 = 1 \times \dfrac{S_{60}}{Ks+S_{60}} \Rightarrow 0.6(Ks+S_{60}) = S_{60} \Rightarrow (1-0.6)S_{60} = 0.6Ks \Rightarrow S_{60} = 1.5Ks$

② $\mu = \mu_{max} \times \dfrac{S}{Ks+S}$ $\begin{cases} \mu_{max} = 100\% \\ \mu = \mu_{max}\text{의 }20\% \end{cases}$

$0.2 = 1 \times \dfrac{S_{20}}{Ks+S_{20}} \Rightarrow 0.2(Ks+S_{20}) = S_{20} \Rightarrow (1-0.2)S_{20} = 0.2Ks \Rightarrow S_{20} = 0.25Ks$

③ $\dfrac{S_{60}}{S_{20}} = \dfrac{1.5Ks}{0.25Ks} = 6$

04 비중 1.5, 직경 0.06mm의 입자가 수중에서 자연침강할때의 속도가 0.2m/min였다. 입자의침전속도가 Stokes법칙에 따른다면 동일조건에서 비중 2.5, 직경 0.03mm인 입자의 침전속도(cm/sec)를 계산하시오.

풀이

$Vs = \dfrac{d^2(\rho_s - \rho_w)g}{18\mu}$

여기서 Vs : 침강속도(cm/sec)　　　　　d : 입자의 직경(cm)
ρ_s : 입자의 비중(g/cm³)　　　　ρ_w : 물의 비중(g/cm³)
g : 중력가속도(980 cm/sec²)　　μ : 점성도(g/cm·sec)

따라서 $Vs \propto \{d^2(\rho_s - \rho_w)\}$ 이므로

$0.2\text{m/min} : \{(0.06\text{mm})^2 \times (1.5-1.0)\} = Vs : \{(0.03\text{mm})^2 \times (2.5-1.0)\}$

$\therefore Vs = \dfrac{0.2\text{m/min} \times \{(0.03\text{mm})^2 \times (2.5-1.0)\}}{\{(0.06\text{mm})^2 \times (1.5-1.0)\}} = 0.15\text{m/min}$

따라서 $Vs(\text{cm/sec}) = \dfrac{0.15\text{m}}{\text{min}} \times \dfrac{10^2\text{cm}}{1\text{m}} \times \dfrac{1\text{min}}{60\text{sec}} = 0.25\text{cm/sec}$

05 CFSTR에서 물질을 분해하여 95%의 효율로 처리하고자 한다. 이 물질은 1차 반응으로 분해되며 속도상수는 0.05/hr이다. 유입 유량은 300L/hr 이고, 유입 농도는 150mg/L로 일정할 때 필요한 CFSTR의 부피(m³)를 계산하시오. (단, 반응은 정상상태이다.)

풀이

$Q \times (C_o - C_t) = k \times V \times C_t^1$

① C_o(초기농도) = 150mg/L
② C_t(t시간후의 농도) = $C_o \times (1-\eta)$ = 150mg/L × (1-0.95) = 7.5mg/L
③ 300L/hr × (150-7.5)mg/L = 0.05/hr × V × 7.5mg/L

$\therefore V = \dfrac{300\text{L/hr} \times (150-7.5)\text{mg/L}}{0.05/\text{hr} \times 7.5\text{mg/L}} = 114,000\text{L} = 114\text{m}^3$

06 펌프효율이 80%이며, 전양정(H) 16m인 조건하에서 양수율(Q) 12L/sec로 펌프를 회전시킨다면 모터의 축동력(kW)을 계산하시오. (단, 물의 밀도는 1000kg/m³, 여유율은 20%이다.)

$$kW = \frac{r \times Q \times H}{102 \times \eta} \times \alpha$$
$$= \frac{1000\,kg/m^3 \times 12 \times 10^{-3}\,m^3/sec \times 16\,m}{102 \times 0.80} \times 1.2$$
$$= 2.82\,kW$$

Tip
① 만약에 PS를 계산할 경우 공식의 $102 \rightarrow 75$
② 여유율이 20%이면 120%이므로 $\alpha = 1.2$
③ $Q\ 12L/sec = 12 \times 10^{-3}\,m^3/sec$

07 콜로이드 입자는 응집제를 가하면 서로 응집하여 floc이 형성된다. 다음은 응집제를 첨가함으로써 응집이 일어나는 메카니즘에 대한 설명이다. ( ) 안에 알맞은 말을 쓰시오.

(가) 콜로이드 입자는 수중에서 (①), (②), (③)에 의한 3가지 힘에 의해 매우 안정된 상태로 존재한다.
(나) 응집제는 투입과 교반에 의하여 콜로이드 입자들이 응집할 수 있을 만큼 (④)를 감소시킨다.

(가) ① 중력 ② 반데르발스힘(Vander Waals) ③ 제타포텐셜(Zeta potential)
(나) ④ 반발력

Tip
콜로이드를 응집하는 기본 메카니즘
① 이중층의 압축강화
② 전하의 전기적 중화
③ 침전물에 의한 포착
④ 입자간의 가교형성

08 상수도용 배관의 부식방지방법 3가지만 서술하시오.

① 관을 피복한다.
② 내식성이 강한 재질을 사용한다.
③ 콘크리트의 수밀성을 증가시킨다.

09 회전원판법의 장점 4가지를 쓰시오. (활성슬러지법과 비교하여)

① 슬러지반송이 필요없다.
② 소요동력이 적게 소요된다.
③ 부하변동에 강하다.
④ 단회로 현상의 제어가 쉽다.

10 콜로이드성 물질을 처리하기 위해 화학적 응집을 이용할 때 급속혼합과 완속혼합을 하는 이유에 대해 서술하시오.

① 급속혼합 : 응집제와 하수중의 입자를 균일하게 분산시키기 위해
② 완속혼합 : 급속혼합에 의해 생성된 미세한 floc을 완속교반에 의해 거대한 floc으로 만들기 위해

11 BOD 측정시 희석수를 넣는 이유를 3가지 쓰시오.

① 영양물질 공급을 위해
② 완충작용을 위해
③ 독성물질을 희석 시키기 위해

※ **알림**
최근기출문제는 수강생들의 도움으로 복원된 문제이므로 실제문제와 다소 차이가 있을 수 있음을 알려 드립니다.
실기시험을 친 수험생은 실기문제를 복원하여 메일로 보내 주시면 됩니다.
메일로 보내실 경우 ☞ kwe7002@hanmail.net
수험생 여러분들이 원하시는 수험서를 만들도록 항상 최선의 노력을 다하겠습니다.

03회 2018년 수질환경산업기사 최근 기출문제

2018년 10월 시행

01 회분식 반응조를 이용하여 오염물질을 99% 제거할 때 이 회분식 반응조의 체류시간(hr)을 계산하시오. (단, k = 0.35/hr, 일차반응식을 이용하시오.)

풀이

$$\ln\frac{C_t}{C_o} = -k \times t$$

$$\ln\frac{(100-99)\%}{100\%} = -0.35/\text{hr} \times t$$

$$\therefore t = \frac{\ln\frac{(100-99)\%}{100\%}}{-0.35/\text{hr}} = 13.16\,\text{hr}$$

02 H 강의 유량이 2.8m³/sec이고 BOD 농도가 4.0mg/L이고, J 하천과 C 하천이 만나서 혼합된 후의 유량이 560m³/sec이고 BOD 농도가 50mg/L인 혼합하천이 다시 H강과 합류하여 흘러간다. H강과 합류된 지점의 BOD 농도(mg/L)를 계산하시오.

풀이 혼합공식 $C_m = \dfrac{Q_1C_1 + Q_2C_2}{Q_1 + Q_2}$ 를 이용한다.

$$C_m = \frac{2.8\,\text{m}^3/\text{sec} \times 4.0\,\text{mg/L} + 560\,\text{m}^3/\text{sec} \times 50\,\text{mg/L}}{2.8\,\text{m}^3/\text{sec} + 560\,\text{m}^3/\text{sec}}$$

$$= 49.77\,\text{mg/L}$$

03 펌프효율이 80%이며, 전양정(H) 16m인 조건하에서 양수율(Q) 12L/sec로서 펌프를 회전시킨다면 모터의 축동력(kW)를 계산하시오. (단, 물의 밀도는 1000kg/m³, 여유율은 20%이다.)

풀이 펌프의 소요동력(kw) 계산

소요동력(kw) $= \dfrac{r \cdot Q \cdot H}{102 \times \eta} \times \alpha$

여기서 r : 비중량(1000kg/m³)
　　　 H : 총양정(m)
　　　 Q : 토출량(유량)(m³/sec)
　　　 η : 펌프의 효율
　　　 α : 여유율
　　　 1kw = 102Kg·m/sec

따라서 소요동력(kw) = $\dfrac{r \cdot Q \cdot H}{102 \times \eta} \times \alpha$

$= \dfrac{1000\,kg/m^3 \times 12 \times 10^{-3}\,m^3/sec \times 16m}{102 \times 0.8} \times 1.2$

$= 2.82\,kw$

04 CN의 농도가 200mg/L이고 폐수량이 500m³/day인 폐수를 알칼리 염소법으로 처리하는데 필요한 이론적인 염소량(ton/day)를 계산하시오.

풀이 $2CN^- + 5Cl_2 + 4H_2O \rightarrow 2CO_2 + N_2 + 8HCl + 2Cl^-$

$2 \times 26g : 5 \times 71g$

$200 \times 10^{-6}\,ton/m^3 \times 500\,m^3/day : X$

∴ X = 0.68 ton/day

Tip
① mg/L × 10^{-3} → kg/m³
② kg/m³ × 10^{-3} → ton/m³
③ mg/L × 10^{-6} → ton/m³

05 글루코스($C_6H_{12}O_6$)를 증류수에 녹여 2g/L 농도의 용액으로 만들었다. 물음에 답하시오.

(가) 혐기성 분해시 이론적인 CH_4의 생성농도(mg/L)를 계산하시오.
(단, 글루코스는 100% 소화된다.)

(나) 최종BOD(BOD_u)의 농도는 몇 mg/L인가? (단, 이론적 BOD = 최종 BOD)

(다) 호기성분해 시키고자 할 때 필요한 질소(N)와 인(P)의 농도(mg/L)는 얼마인가?
(단, BOD_5 : N : P = 100 : 5 : 1로 가정하고, 탈산소계수(k) : 0.1/day, 상용대수 기준)

풀이 (가) 이론적인 CH_4의 생성농도(mg/L) 계산

$C_6H_{12}O_6 \rightarrow 3CH_4 + 3CO_2$
180g : 3 × 16g
2,000 mg/L : X_1

∴ X_1 = 533.33 mg/L

(나) 최종BOD(BOD_u)의 농도(mg/L) 계산

$C_6H_{12}O_6 + 6O_2 \rightarrow 6CO_2 + 6H_2O$
180g : 6 × 32g
2,000 mg/L : X_2

∴ X_2 = 2,133.33 mg/L

(다) 질소(N)와 인(P)의 농도(mg/L) 계산
  (1) 질소(N)의 농도(mg/L) 계산
  ① $BOD_5 = BOD_u \times (1 - 10^{-k \times t})$
  $= 2,133.33\,mg/L \times (1 - 10^{-0.1/day \times 5day})$
  $= 1,458.7118\,mg/L$

② BOD_5 : N
100 : 5
1,458.7118 mg/L : N
∴ N = 72.94 mg/L

(2) 인(P)의 농도(mg/L) 계산
BOD_5 : P
100 : 1
1,458.7118 mg/L : P
∴ P = 14.59 mg/L

06 BOD농도가 1.2mg/L, 유량이 400,000m³/day인 하천에 인구가 20만명인 도시로부터 하수가 50,000m³/day 유입된다. 유입후 하천의 BOD농도를 3.0mg/L 이하로 유지하기위해 하수처리장을 건설하려고 할 때 하수처리장의 BOD 제거효율(%)을 얼마 이상으로 유지해야 하는지 계산하시오. (단, 1인당 BOD 배출 원단위는 50g/day이다.)

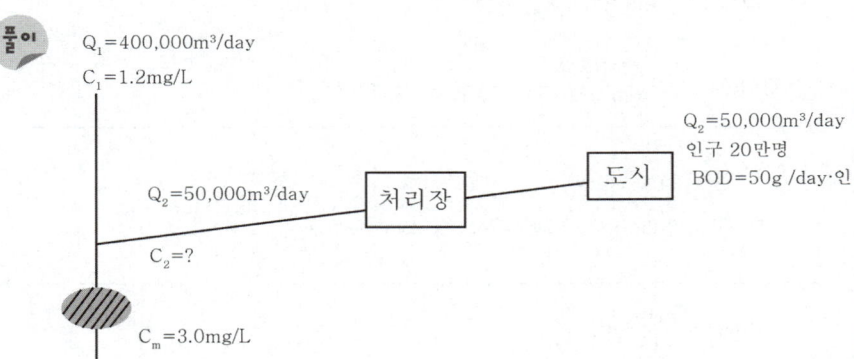

① 혼합공식을 이용해 C_2(처리장에서 유출된 BOD 농도 = BOD_o)를 계산한다.

$$C_m = \frac{Q_1C_1 + Q_2C_2}{Q_1 + Q_2}$$

$$3.0\,mg/L = \frac{400,000\,m^3/day \times 1.2\,mg/L + 50,000\,m^3/day \times C_2}{400,000\,m^3/day + 50,000\,m^3/day}$$

∴ $C_2 = 17.4\,mg/L$

② 처리장으로 유입되는 BOD 농도(BOD_i)

$= 50\,g/day \cdot 인 \times 200,000\,인 \times \dfrac{1}{50,000\,m^3/day}$

$= 200\,g/m^3 = 200\,mg/L$

③ BOD 제거효율 $= \left(1 - \dfrac{BOD_o}{BOD_i}\right) \times 100$

$= \left(1 - \dfrac{17.4\,mg/L}{200\,mg/L}\right) \times 100$

$= 91.3\%$

07 직경(D)이 450mm인 하수용 원심력 철근 콘크리트관이 구배 10‰로 매설되어 있다. 만수된 상태로 송수된다고 할 때 Manning 공식을 이용하여 유량(m³/sec)을 계산하시오. (단, 조도계수 (n)은 0.015)

풀이 (1) Manning 공식에 의한 유속 계산

$$유속(v) = \frac{1}{n} \times R^{\frac{2}{3}} \times I^{\frac{1}{2}} \text{ (m/sec)}$$

여기서 n : 조도계수   R : 경심 $\left(R = \frac{D}{4}\right)$ I : 구배(기울기)

따라서 $v = \frac{1}{0.015} \times \left(\frac{0.45\text{m}}{4}\right)^{\frac{2}{3}} \times \left(\frac{10}{1000}\right)^{\frac{1}{2}} = 1.5536\,\text{m/sec}$

Tip
① 직경(D) = 450mm = 450×10^{-3}m = 0.45m
② 기울기 (I) = 10‰ = $\frac{10}{1,000}$
③ 경심(R) = $\frac{\text{면적(A)}}{\text{윤변의 길이(S)}} = \frac{\frac{\pi D^2}{4}}{\pi \cdot D} = \frac{D}{4}$ (m)

(2) 유량(Q) = 면적(A) × 유속(v)
$= \frac{\pi}{4} \times (0.45\text{m})^2 \times 1.5536\,\text{m/sec} = 0.25\,\text{m}^3/\text{sec}$

Tip
① 면적(A) = $\frac{\pi D^2}{4}$ (m²)
② (1)에서 구한 유속(v)을 (2)에 사용한다.

08 폐수 3,000m³/day에서 생성되는 1차 슬러지부피(m³/day)를 계산하시오. (단, 1차 침전탱크 체류시간 2hr, 현탁고형물 제거효율 60%, 폐수 중 현탁고형물 함유량 220mg/L, 발생슬러지 비중 1.03, 슬러지 함수율 94%, 1차 침전탱크에서 제거된 현탁고형물 전량이 슬러지로 발생되는 것으로 가정)

풀이 슬러지량(m³/day) = $\frac{\text{SS농도}(kg/m^3) \times Q(m^3/day) \times \eta(\text{제거율})}{\text{비중량}(kg/m^3)} \times \frac{100}{100-P}$

$= \frac{(0.22\,kg/m^3 \times 3,000\,m^3/day \times 0.6)}{1030\,kg/m^3} \times \frac{100}{100-94}$

$= 6.4\,m^3/day$

Tip
① 슬러지의 비중이 1.03이면 비중량은 1030 kg/m³ 이다.
② 100-P(함수율)는 TS(고형물 함량)와 동일하므로 함수율이 주어지면 $\frac{100}{100-P}$, 고형물이 주어지면 $\frac{100}{TS}$를 대입하면 된다.

09

아래의 반응식은 $Al_2(SO_4)_3 \cdot 14H_2O$를 이용하여 폐수를 응집처리하는 반응식이다. 반응식을 완성하시오.

$$(①)Al_2(SO_4)_3 \cdot 14H_2O + (②)Ca(HCO_3)_2 \rightarrow (③)CaSO_4 + (④)Al(OH)_3 + (⑤)CO_2 + (⑥)H_2O$$

 ① 1, ② 3, ③ 3, ④ 2, ⑤ 6, ⑥ 14

10

교차연결(Cross Connection)의 (1) 정의를 서술하고, (2) 발생원인과 (3) 방지대책을 각각 3가지씩 서술하시오.

 (1) 정의 : 음용수용 급수시설에 음용수로 사용될 수 없는 물이 직접 또는 간접적으로 유입될 수 있도록 되어 있는 물리적인 연결이다.
(2) 발생원인
① 상수관이 하수관거와 함께 매설될 때
② 소화전이 하수관거로 배출될 때
③ 오염원의 유출수가 상수의 유입구보다 상부에 위치할 때
(3) 방지대책
① 상수관과 하수관거를 함께 매설하지 않는다.
② 연결관에 수압차 발생을 방지한다.
③ 오염원의 유출수가 상수의 유입구보다 낮게 한다.

11

오존 소독의 장·단점을 3가지씩 쓰시오.

 (1) 장점
① 유기화합물의 생분해성을 높이며, 바이러스의 불활성화 효과가 크다.
② 슬러지가 생기지 않는다.
③ 탈취, 탈색효과가 크다.
(1) 단점
① 잔류성이 없다.
② 가격이 고가이다.
③ 오존은 저장할 수가 없어 현장에서 생산해야 한다.

※ 알림
초근기출문제는 수강생들의 도움으로 복원된 문제이므로 실제문제와 다소 차이가 있을 수 있음을 알려 드립니다.
실기시험을 친 수험생은 실기문제를 복원하여 메일로 보내 주시면 됩니다.
메일로 보내실 경우 ☞ kwe7002@hanmail.net
수험생 여러분들이 원하시는 수험서를 만들도록 항상 최선의 노력을 다하겠습니다.

01회 2019년 수질환경산업기사 최근 기출문제

2019년 4월 시행

01 Ca^{2+}의 농도가 80mg/L, Mg^{2+}의 농도가 73mg/L이고 나트륨 흡착률(SAR)이 2.23일 때 나트륨 (Na^+)의 농도(mg/L)를 계산하시오.

풀이

① SAR(나트륨 흡착률) $= \dfrac{Na^+}{\sqrt{\dfrac{Ca^{2+} + Mg^{2+}}{2}}}$

단위 : meq/L = me/L = mN = mg/L ÷ 1mg 당량
$Ca^{2+}(mN) = 80\,mg/L \div 20 = 4\,mN$
$Mg^{2+}(mN) = 73\,mg/L \div 12 = 6.08\,mN$

따라서 $2.23 = \dfrac{Na^+}{\sqrt{\dfrac{(4+6.08)\,mN}{2}}}$

∴ $Na^+ = 5.006\,mN$

② $Na^+(mg/L) = mN \times 1\,mg$ 당량 $= 5.006\,mN \times 23 = 115.14\,mg/L$

02 Jar Test한 최적결과가 다음과 같다면 Alum의 최적 주입농도(mg/L)를 계산하시오.

- 약제 : 5%의 Alum
- 주입량 : 3mL
- 시료량 : 500mL

풀이 Alum의 최적 주입농도

$= 5\% \times \dfrac{10^4\,ppm}{1\%} \times 3 \times 10^{-3}\,L \times \dfrac{1}{0.5\,L}$

$= 300\,mg/L$

Tip
① ppm = mg/L
② % $\xrightarrow{\times 10^4}$ ppm

03 직경 100mm관에 0.1m/sec의 유속으로 유체가 흐르고 있다. 관의 직경을 80mm로 바꾸었을 때의 유속(m/sec)을 계산하시오.

풀이

$$Q = A \times v = \frac{\pi D^2}{4} \times v$$

따라서 $\dfrac{\pi \times (0.1\text{m})^2}{4} \times 0.1\text{m/sec} = \dfrac{\pi \times (0.08\text{m})^2}{4} \times v$

$$\therefore v = \frac{\dfrac{\pi \times (0.1\text{m})^2}{4} \times 0.1\text{m/sec}}{\dfrac{\pi \times (0.08\text{m})^2}{4}} = 0.16\,\text{m/sec}$$

Tip

$$Q = A \times v = \frac{\pi D^2}{4} \times v$$

여기서 Q : 유량(m^3/sec)
A : 면적(m^2)
v : 유속(m/sec)
D : 직경(m)

04 수중의 암모늄이온은 암모니아와 평형을 이루고 있다. 이 평형은 pH와 온도에 크게 영향을 받으며 수중에서 다음과 같은 평형을 이룬다. [$NH_3 + H_2O \rightleftarrows NH_4^+ + OH^-$] 수온이 25℃이고 25℃에서 NH_3 해리상수 $K_b = 1.18 \times 10^{-5}$, pH는 8.3이라면 NH_3의 형태로 몇 %가 존재하는지 계산하시오. (단, $K_w = 1 \times 10^{-14}$)

풀이

$$K_b = \frac{[NH_4^+][OH^-]}{[NH_3]} = \frac{[NH_4^+]}{[NH_3]} \times [OH^-]$$

$pH + pOH = 14 \Rightarrow pOH = 14 - pH = 14 - 8.3 = 5.7$

$[OH^-] = 10^{-pOH}\,\text{mol/L} = 10^{-5.7}\,\text{mol/L} = 1.995 \times 10^{-6}\,\text{mol/L}$

$1.81 \times 10^{-5} = \dfrac{[NH_4^+]}{[NH_3]} \times (1.995 \times 10^{-6}\,\text{mol/L})$

$\therefore \dfrac{[NH_4^+]}{[NH_3]} = \dfrac{1.81 \times 10^{-5}}{1.995 \times 10^{-6}\,\text{mol/L}} = 9.0727$

$NH_3(\%) = \dfrac{[NH_3]}{[NH_3]+[NH_4^+]} \times 100 = \dfrac{1}{1+\dfrac{[NH_4^+]}{[NH_3]}} \times 100 = \dfrac{1}{1+9.0727} \times 100 = 9.93\%$

> **Tip**
>
> ① $NH_3(\%) = \dfrac{[NH_3]}{[NH_3]+[NH_4^+]} \times 100$ 에서
>
> 　분자와 분모를 $[NH_3]$로 나누면
>
> 　$NH_3(\%) = \dfrac{[NH_3]/[NH_3]}{[NH_3]/[NH_3]+[NH_4^+]/[NH_3]} \times 100$
>
> 　　　　　$= \dfrac{1}{1+\dfrac{[NH_4^+]}{[NH_3]}} \times 100$
>
> ② $pH = -\log[H^+] \Rightarrow [H^+] = 10^{-pH} mol/L$
>
> ③ $pOH = -\log[OH^-] \Rightarrow [OH^-] = 10^{-pOH} mol/L$

05 18mg/L의 NH_4^+ 이온을 함유하는 폐수 4,000m³을 이온교환수지로 처리하고자 한다. 이온교환 용량이 100,000g $CaCO_3$/m³인 양이온 교환수지를 사용한다면 이론상 요구되는 수지의 양(m³)을 계산하시오. (단, Ca : 40, O : 16)

풀이
① $2NH_4^+ + CaCO_3 \rightarrow (NH_4)_2CO_3 + Ca^{2+}$
　　$2 \times 18g : 100g$
　　$18g/m^3 \times 4,000m^3 : X$
　　$\therefore X = \dfrac{100g \times 18g/m^3 \times 4,000m^3}{2 \times 18g}$
　　　　$= 200,000g$
② 이론상 요구되는 수지의 양(m^3) $= \dfrac{200,000g}{100,000g/m^3}$
　　　　　　　　　　　　　　　　$= 2m^3$

06 $I = \dfrac{3,660}{t+15}$ (mm/hr), 면적 3.0km², 유입시간 6분, 유출계수 C = 0.65, 관내유속이 1m/sec 인 경우 관길이 600m인 하수관에서 흘러나오는 우수량(m³/sec)을 계산하시오. (단, 합리식 적용)

풀이 합리식에서 우수량(Q) $= \dfrac{1}{360} C \times I \times A(m^3/sec)$

유하시간 $= \dfrac{600m}{1m/sec \times 60sec/min} = 10min$

유달시간(t) $= 6min + 10min = 16min$

강우강도(I) $= \dfrac{3,660}{16min+15} = 118.0645 mm/hr$

면적 $= 3.0km^2 \times 100ha/1km^2 = 300ha$

따라서 우수량 $= \dfrac{1}{360} \times 0.65 \times 118.0645 mm/hr \times 300ha$

$= 63.95 \, \mathrm{m^3/sec}$

> **Tip**
> ① 합리식에서 우수량(Q) = $\frac{1}{360} C \times I \times A$
>   여기서 C : 유출계수
>   I : 강우강도(mm/hr)
>   A : 면적(ha)
> ② 강우강도(I) = $\frac{3,660}{t+15}$ (mm/hr)에서
>   t(유달시간) = 유입시간 + 유하시간
>   유하시간 = $\frac{길이}{유속}$
> ③ $1 \mathrm{km^2} = 100 \mathrm{ha}$

07 A 공장에서 배출되는 폐수를 측정하기 위해 시료에 희석수를 가하여 4배로 희석하여 20℃ 항온조에서 5일간 배양하였다. 이 시료의 부란 전 측정한 용존산소량은 8mg/L이었고, 5일간 부란 후 측정한 용존산소량은 4mg/L이었다. 식종물질로서 BOD 10mg/L인 하천수 10%를 가하여 식종희석수를 조제하였다. A 공장에서 배출되는 폐수의 BOD농도(mg/L)를 계산하시오.

풀이 식종희석수를 사용한 시료의 BOD 농도(mg/L)
$= [(D_1 - D_2) - (B_1 - B_2) \times f] \times P$
$= [(8-4) \mathrm{mg/L} - (10 \mathrm{mg/L} - 10 \mathrm{mg/L} \times 0.9) \times \frac{3}{4}] \times 4$
$= 13.0 \, \mathrm{mg/L}$

> **Tip**
> ① 식종희석수를 사용한 시료의 BOD 농도(mg/L)
> $= [(D_1 - D_2) - (B_1 - B_2) \times f] \times P$
> ② D_1 : 희석한 시료용액의 15분간 방치한 후의 DO농도(mg/L)
> ③ D_2 : 5일간 배양한 후 희석한 시료용액의 DO 평균치 농도(mg/L)
> ④ B_1 : 식종액의 BOD를 측정할 때 희석된 식종액의 배양전의 DO농도(mg/L)
> ⑤ B_2 : 식종액의 BOD를 측정할 때 희석된 식종액의 배양후의 DO농도(mg/L)
> ⑥ f : $\frac{시료의 \, BOD를 \, 측정할 \, 때 \, 희석시료중의 \, 식종액 \, 함유율}{식종액의 \, BOD를 \, 측정할 \, 때 \, 희석한 \, 식종액 \, 중의 \, 식종액 \, 함유율}$
> ⑦ P(희석배수) = $\frac{희석시료량}{시료량}$
> ⑧ $(B_1 - B_2) = (10 \mathrm{mg/L} - 10 \mathrm{mg/L} \times 0.9) = 10 \mathrm{mg/L} \times 0.1 = 1 \mathrm{mg/L}$
> ⑨ f = $\frac{희석배수 - 1}{희석배수} = \frac{4-1}{4} = \frac{3}{4}$

08 표면적 40m²의 급속사여과에서 10,000m³의 상수를 처리한 후 20L/m² · sec의 율로 20분간 1회 역세정한다. 1회에 소요되는 역세정수량(m³)을 계산하시오.

풀이) 역세정수량(m^3) = $20\,L/m^2 \cdot sec \times 10^{-3}\,m^3/L \times 40\,m^2 \times 20\,min \times 60\,sec/min$
= $960\,m^3$

09 생물학적 원리를 이용하여 질소, 인을 제거하는 공정인 A_2/O 공법에 대해 다음 물음에 답하시오.
(1) A_2/O 공법의 계통도를 도식하시오.
(2) A_2/O 공법에서 반응조의 역할을 쓰시오. (단, 침전조 제외)

풀이) (1) A_2/O 공법의 계통도

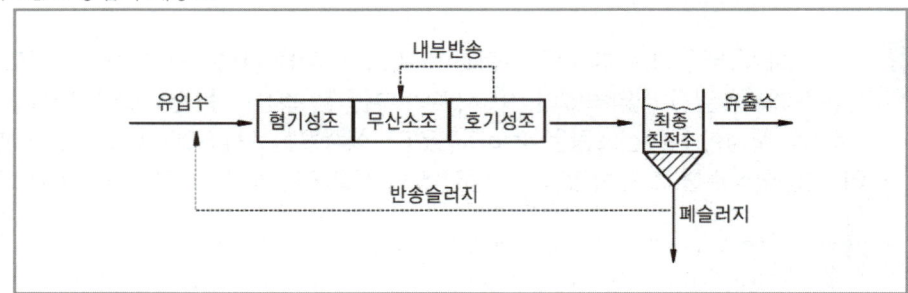

(2) 반응조의 역할
① 혐기성조 : 인(P)의 방출 및 유기물 제거
② 무산소조 : 탈질화(질소제거)
④ 호기성조 : 인(P)의 과잉흡수 및 질산화

Tip) 내부반송 이유 : 호기성조(포기조)에서 질산화를 통해 생성된 질산성질소를 무산소조로 내부반송하여 질소를 제거한다.

10 대장균군(Coliform Group)이 수질오염의 생물학적 지표로 많이 사용되는 이유 3가지를 쓰시오.

풀이) ① 병원성 세균의 존재 가능성을 추정할 수 있다.
② 분변오염의 지표로 사용된다.
③ 검출방법이 간편하고 정확하며, 실험이 간단하다.

11 적조현상이 발생하는 조건 3가지를 쓰시오.

풀이) ① 물의 이동이 적은 정체수역
② 염분농도의 감소

③ 수온의 상승
④ 영양염류의 증가
⑤ 햇빛이 강할 때

| Tip | 문제의 요구조건에 알맞게 3가지만 서술하시면 됩니다. |

※ **알림**
최근기출문제는 수강생들의 도움으로 복원된 문제이므로 실제문제와 다소 차이가 있을 수 있음을 알려 드립니다.
실기시험을 친 수험생은 실기문제를 복원하여 메일로 보내 주시면 됩니다.
메일로 보내실 경우 ☞ kwe7002@hanmail.net
수험생 여러분들이 원하시는 수험서를 만들도록 항상 최선의 노력을 다하겠습니다.

02회 2019년 수질환경산업기사 최근 기출문제

2019년 6월 시행

01 어느 1차 반응에서 반응개시의 농도가 220mg/L이고 반응 1시간 후의 농도는 94mg/L이었다면 반응 4시간 후의 반응물질의 농도(mg/L)를 계산하시오.

1차 반응식 $\ln\dfrac{C_t}{C_o} = -k \times t$

① $\ln\dfrac{94\,mg/L}{220\,mg/L} = -k \times 1\,hr$

∴ $k = 0.8503/hr$

② $\ln\dfrac{C_t}{220\,mg/L} = -0.8503/hr \times 4\,hr$

∴ $C_t = 220\,mg/L \times e^{(-0.8503/hr \times 4hr)} = 7.33\,mg/L$

> **Tip**
> ① 1차 반응식 $\ln\dfrac{C_t}{C_o} = -k \times t$
> 여기서 C_o : 초기농도(mg/L)　　C_t : t시간 후의 농도(mg/L)
> 　　　　 k : 상수(/hr)　　　　　　 t : 시간(hr)
> ② ln을 제거하기 위해서는 맞은변에 e^x를 취하고,
>   log를 제거하기 위해서는 맞은변에 10^x를 취한다.

02 다음 물음에 답하시오.

(1) 메탄의 최대수율이 제거 1kg COD당 0.35m³임을 증명하시오.
(2) COD가 3000mg/L, 유량이 675m³/day, COD 제거효율이 80%일 때 CH_4의 발생량(m³/day)을 계산하시오.

(1) 메탄 수율 계산

① $C_6H_{12}O_6 + 6O_2 \rightarrow 6CO_2 + 6H_2O$
　180g 　　: $6 \times 32g$
　X_1 　　　: 1kg
　∴ $X_1 = 0.9375\,kg$

② $C_6H_{12}O_6 \rightarrow 3CH_4 + 3CO_2$
　180kg 　　: $3 \times 22.4\,m^3$
　0.9375kg : X_2
　∴ $X_2 = 0.35\,m^3$

(2) CH_4의 발생량(m^3/day)

$$= \frac{0.35\,m^3\,CH_4}{제거\,1\,kg\,COD} \times \frac{3\,kg\,COD}{m^3} \times \frac{675\,m^3}{day} \times \frac{80\%}{100} = 567\,m^3/day$$

> **Tip**
> ① 포도당 = 글루코스 = $C_6H_{12}O_6$
> ② 질량(kg) = 계수×분자량(kg)
> ③ 체적(Sm^3) = 계수×22.4(Sm^3)
> ④ 호기성 분해 반응식 : $C_6H_{12}O_6 + 6O_2 \rightarrow 6CO_2 + 6H_2O$
> ⑤ 혐기성 분해 반응식 : $C_6H_{12}O_6 \rightarrow 3CH_4 + 3CO_2$

03 포기조의 MLSS 농도를 3,000mg/L로 유지하기 위한 슬러지의 반송율(%)을 계산하시오. (단, SVI = 100, 유입수의 SS는 무시한다.)

풀이
$$반송율(\%) = \frac{MLSS}{\frac{10^6}{SVI} - MLSS} \times 100(\%)$$

$$= \frac{3{,}000\,mg/L}{\frac{10^6}{100} - 3{,}000\,mg/L} \times 100(\%)$$

$$= 42.86\%$$

> **Tip**
> ① 반송비(R) = $\frac{MLSS - SS_i}{SS_r - MLSS}$
> 유입수의 SS 무시하면 $R = \frac{MLSS}{SS_r - MLSS}$
> ② $SVI = \frac{10^6}{SS_r} \Rightarrow SS_r = \frac{10^6}{SVI}$
> 따라서 반송비(R) = $\frac{MLSS}{SS_r - MLSS} = \frac{MLSS}{\frac{10^6}{SVI} - MLSS}$

04 유분을 제거하기 위해 부상조를 설계하고자 할 때 아래의 조건을 이용하여 부상속도(cm/min)와 부상조의 최소 수면적(m^2)을 계산하시오.

- 유분의 직경 : 0.2mm
- 물의 밀도 : 1.0g/cm^3
- 유입유량 : 1,000 m^3/day
- 유분의 밀도 : 0.90g/cm^3
- 물의 점성도 : 1cp

풀이 ① $V_f = \frac{d^2 \times (\rho_w - \rho_s) \times g}{18 \times \mu}$

$$= \frac{(0.2\times 10^{-1}\,\text{cm})^2 \times (1.0-0.90)\text{g/cm}^3 \times 980\,\text{cm/sec}^2}{18\times 1\times 10^{-2}\,\text{g/cm}\cdot\text{sec}}$$

$$= 0.2178\,\text{cm/sec}$$

따라서 $\dfrac{0.2178\,\text{cm}}{\text{sec}} \times \dfrac{60\,\text{sec}}{1\,\text{min}} = 13.06\,\text{cm/min}$

② 부상조의 최소 수면적(m^2) = $\dfrac{\text{유입유량}(\text{m}^3/\text{sec})}{\text{부상속도}(\text{m/sec})}$

$$= \frac{\dfrac{1,000\,\text{m}^3}{\text{day}} \times \dfrac{1\,\text{day}}{24\,\text{hr}} \times \dfrac{1\,\text{hr}}{60\,\text{min}}}{\dfrac{13.06\,\text{cm}}{\text{min}} \times \dfrac{10^{-2}\,\text{m}}{1\,\text{cm}}}$$

$$= 5.32\,\text{m}^2$$

> **Tip**
> ① $V_f = \dfrac{d^2 \times (\rho_w - \rho_s) \times g}{18 \times \mu}$
>
> 여기서 V_f : 부상속도(cm/sec) d : 유분의 직경(cm)
> ρ_w : 물의 밀도(g/cm^3) ρ_s : 유분의 밀도(g/cm^3)
> g : 중력가속도($980\,\text{cm/sec}^2$) μ : 물의 점성도($\text{g/cm}\cdot\text{sec}$)
>
> ② cp $\xrightarrow{\times 10^{-2}}$ p
>
> ③ 포이즈 = p = poise = $\text{g/cm}\cdot\text{sec}$

05 응집교반시험(Jar-Test)으로 최적 Alum의 주입량을 구하고자 한다. 유입수의 SS농도가 120ppm, 유입유량이 3,000m³/day인 폐수의 SS농도를 10ppm이하로 유출시키고자 한다. 아래의 표를 보고 물음에 답하시오.

Alum의 주입농도(ppm)	유출수의 SS 농도(ppm)
5	15.3
15	12.5
25	9.5
35	9.2

(1) Alum의 소요량(kg/day)을 계산하시오.
(2) SS의 제거효율(%)을 계산하시오.

(1) 처리수의 조건이 SS농도 10ppm이하이므로 조건을 만족시키는 Alum의 주입농도는 25ppm과 35ppm 이다. 하지만 Alum을 최소로 사용해야 하므로 25ppm이 최적조건이다.
따라서 Alum의 소요량(kg/day) = Alum의 농도(kg/m^3) × 유량(m^3/day)
$= 25 \times 10^{-3}\,\text{kg/m}^3 \times 3,000\,\text{m}^3/\text{day}$
$= 75\,\text{kg/day}$

(2) SS의 처리효율(%) = $\left(1 - \dfrac{\text{유출수의 SS}}{\text{유입수의 SS}}\right) \times 100(\%)$

$$= \left(1 - \frac{9.5\,\text{ppm}}{120\,\text{ppm}}\right) \times 100$$
$$= 92.08\%$$

> **Tip**
> ① ppm = mg/L = g/m³
> ② mg/L $\xrightarrow{\times 10^{-3}}$ kg/m³
> ③ Alum의 주입농도 25ppm = 25×10^{-3} kg/m³
> ④ 유출수의 SS농도는 Alum의 최적주입농도 25ppm일 때의 SS농도이므로 9.5ppm이 된다.

06 0.02N KMnO₄ 수용액 500mL를 조제하려면 KMnO₄ 몇 g이 필요한지 계산하시오. (단, KMnO₄의 분자량은 158)

$$N = \frac{W(g)}{V(L)} \times \frac{1\,\text{eq}}{1\text{당량 g}}$$
$$0.02N = \frac{W(g)}{0.5L} \times \frac{1\,\text{eq}}{158g/5}$$
$$\therefore W = 0.32g$$

> **Tip**
> ① N농도 = 노르말농도 = eq/L
> ② 1eq = $\frac{\text{분자량}(g)}{\text{당량수}} = \frac{158g}{5}$
> ③ 과망간산칼륨(KMnO₄)은 5당량 물질이다.

07 펌프 공동현상(Cavitation)의 정의와 문제점 3가지를 쓰시오.

(1) 정의 : 물이 관속을 유동하고 있을 때 유동하는 물속의 어느 부분의 정압이 그때의 증기압보다 낮아지면 부분적으로 기화하여 관내부에 증기부, 즉 공동이 발생되는데 이와 같은 현상을 공동현상이라 한다.
(2) 문제점
① 소음과 진동이 발생한다.
② 펌프의 성능이 저하된다.
③ 임펠러의 손상이 발생한다.

08 정수장에서 사용하는 염소 살균법에 대한 내용이다. 물음에 답하시오.
(1) pH와 온도에 따른 소독력(산화력)의 차이를 설명하시오.
(2) HOCl, OCl⁻, 클로라민 산화력의 순서를 큰 것부터 작은 순으로 기호로 나타내시오.

(1) pH가 낮을수록, 온도가 높을수록 소독력은 증가한다.
(2) $HOCl > OCl^- >$ 클로라민

09 아래의 공정도를 이용하여 BOD용적부하, HRT, SRT, F/M비, 슬러지일령, 슬러지 반송율(%)의 공식을 쓰시오.

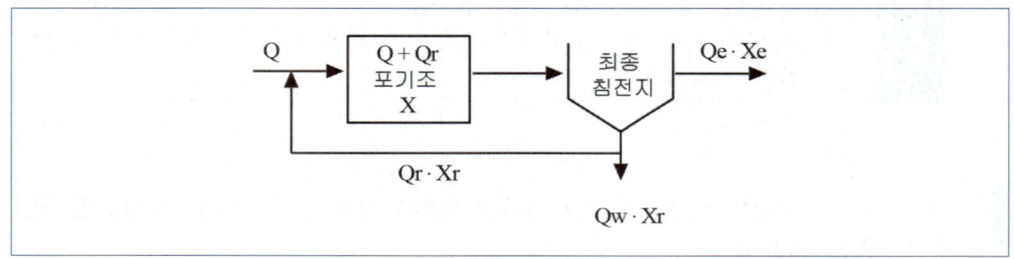

① BOD용적부하 $= \dfrac{Q \times BOD}{V}$

② HRT $= \dfrac{V}{Q}$

③ SRT $= \dfrac{V \times X}{Q_w \times X_r + Q_e \times X_e}$

④ F/M비 $= \dfrac{BOD \times Q}{X \times V}$

⑤ 슬러지일령 $= \dfrac{X \times V}{Q \times X_i}$

⑥ 슬러지 반송율(%) $= \dfrac{X - X_i}{X_r - X} \times 100$

| Tip | X : 미생물(MLSS)
Xe : 유출슬러지(SSe)
Qr : 반송유량
Qw : 폐슬러지유량
SSw = SSr = Xr | Xr : 반송슬러지(SSr=SSw)
Q : 유량
Qe : 유출유량
Xi : 유입수의 슬러지(SS_i) |

11 하수처리장을 설치하고자 하는데 설치부지가 부족하다. 이 경우 대체할 수 있는 방법을 4가지 쓰시오.

① 침전지에 경사판 설치
② 막분리 활성슬러지법(MBR 공법) 이용
③ 부유성장식 공법을 부착성장식 공법으로 전환
④ 부상조 설치

※ **알림**

최근기출문제는 수강생들의 도움으로 복원된 문제이므로 실제문제와 다소 차이가 있을 수 있음을 알려 드립니다.

실기시험을 친 수험생은 실기문제를 복원하여 메일로 보내 주시면 됩니다.

메일로 보내실 경우 ☞ kwe7002@hanmail.net

수험생 여러분들이 원하시는 수험서를 만들도록 항상 최선의 노력을 다하겠습니다.

03회 2019년 수질환경산업기사 최근 기출문제

2019년 10월 시행

01 20℃에서 용존산소 포화농도는 9.07mg/L이며, 용존산소 농도를 5mg/L로 유지하기 위하여 활성오니 산소섭취농도가 40mg/L·hr인 포기기를 설치하였다. 이 때 총괄산소전달계수(/hr)를 계산하시오. (단, $\alpha = \beta = 1$, 정상포기상태, 온도보정은 생략한다.)

풀이
$r = \alpha \times K_{La} \times (\beta \times Cs - C)$
$40\,mg/L \cdot hr = K_{La} \times (9.07 - 5)\,mg/L$
$\therefore K_{La} = \dfrac{40\,mg/L \cdot hr}{(9.07-5)\,mg/L}$
$= 9.83/hr$

Tip
$r = \alpha \times K_{La} \times (\beta \times Cs - C)$
여기서 r : 활성오니 산소섭취속도(mg/L·hr)
K_{La} : 총괄산소전달속도(/hr)
Cs : 포화산소농도(mg/L)
C : 물속의 용존산소농도(mg/L)
α, β : 상수

02 초기의 DO농도가 9mg/L이고 5일 배양 후 DO의 농도가 5mg/L이었다. 식종이 없을 때 BOD 농도(mg/L)를 계산하시오. (단, 희석 배수치는 80배이다.)

풀이
$BOD = (DO_1 - DO_2) \times P$
$= (9-5)\,mg/L \times 80 = 320\,mg/L$

03 처리수 중 암모니아성 질소 50mg/L, 아질산성 질소 15mg/L 포함되어 있다. 수중의 암모니아성 질소와 아질산성 질소를 질산화시키는데 소요되는 총 산소요구량(mg/L)을 계산하시오.

풀이
① $NH_3-N + 2O_2 \rightarrow NO_3^- - N + H^+ + H_2O$
14g : 2×32g
50mg/L : X_1
$\therefore X_1 = \dfrac{50\,mg/L \times 2 \times 32g}{14g} = 228.57\,mg/L$

② $NO_2^- - N + 0.5O_2 \rightarrow NO_3^- - N$
  $14g : 0.5 \times 32g$
  $15mg/L : X_2$
  $\therefore X_2 = \dfrac{15mg/L \times 0.5 \times 32g}{14g} = 17.14 mg/L$
  따라서 이론적 산소요구량 $= X_1 + X_2$
  $= 228.57 mg/L + 17.14 mg/L$
  $= 245.71 mg/L$

04 정수장에서 25m 수직고도 위에 있는 배수지에 관경이 200mm, 총길이 300m의 배수관을 이용해 유량 2.0m³/min의 물을 양수하려 할 때 다음에 주어지는 문제에 답하시오.
(1) 펌프의 총양정(m)을 계산하시오. (단, 속도수두 고려하고 f = 0.03 기준)
(2) 펌프의 소요동력(Hp)을 계산하시오.
(단, 물의 밀도는 1g/cm³이며, 펌프의 효율은 75%이다.)

 (1) 펌프의 총양정(m) 계산
① 실양정 = 25m
② 마찰손실수두 $= f \times \dfrac{L}{D} \times \dfrac{V^2}{2g}$
  $v(유속) = \dfrac{Q(유량)}{A(단면적)} = \dfrac{Q(m^3/sec)}{\dfrac{\pi D^2}{4}(m^2)}$
  $= \dfrac{2.0 m^3/min \times 1min/60sec}{\dfrac{\pi \times (0.2m)^2}{4}} = 1.06 m/sec$
  $\therefore$ 마찰손실수두 $= 0.03 \times \dfrac{300m}{0.2m} \times \dfrac{(1.06m/sec)^2}{2 \times 9.8 m/sec^2} = 2.58m$
③ 속도수두 $= \dfrac{V^2}{2g} = \dfrac{(1.06m/sec)^2}{2 \times 9.8 m/sec^2} = 0.057 m$
  따라서 펌프의 총양정 (m) = 실양정+각종 손실수두+속도수두
  $= 25m + 2.58m + 0.057m = 27.64m$
(2) 펌프의 소요동력(Hp) 계산
  소요동력(Hp) $= \dfrac{r \cdot Q \cdot H}{75 \times \eta}$
  $= \dfrac{1,000 kg/m^3 \times 2.0 m^3/min \times 1min/60sec \times 27.64m}{75 \times 0.75}$
  $= 16.38 Hp$

Tip
소요동력(Hp) $= \dfrac{r \cdot Q \cdot H}{75 \times \eta}$
여기서 r : 비중량(1,000kg/m³)
  H : 총양정(m)
  Q : 토출량(유량)(m³/sec)
  η : 펌프의 효율
1Hp = 75Kg·m/sec

05 다음에 주어진 물질들의 pH를 계산하시오.

(1) H_2SO_4 $6 \times 10^{-9} M$
(2) $NaOH$ $3 \times 10^{-5} M$
(3) pH 5보다 산도가 3배 큰 용액

 (1) $H_2SO_4 \rightarrow 2H^+ + SO_4^{2-}$
　　　xM　　　2xM　　xM
　　$pH = -\log[H^+]$
　　　　$= -\log[2 \times 6 \times 10^{-9} M] = 7.92$

(2) $NaOH \rightarrow Na^+ + OH^-$
　　xM　　　　xM　　xM
　　$pH = 14 + \log[OH^-]$
　　　　$= 14 + \log[3 \times 10^{-5} M] = 9.48$

(3) $pH\,5 \Rightarrow [H^+] = 10^{-pH} = 10^{-5}\,mol/L$
　　$pH = -\log[H^+]$
　　　　$= -\log[3 \times 10^{-5} M] = 4.52$

Tip	① 산성 물질의 pH $= -\log[H^+]$ ② 알칼리성 물질의 pH $= 14 + \log[OH^-]$ ③ M 농도의 단위 $= mol/L$

06 다음 물음에 답하시오

(1) 중온식과 고온식의 소화과정에서 최적온도를 쓰시오.

(2) 혐기성 소화과정의 장점을 3가지 쓰시오.

 (1) 중온식 : 30~38℃
　　　고온식 : 50~57℃
(2) 혐기성 소화과정의 장점
　　① 처리 후 슬러지 생성량이 적다.
　　② 동력비가 적게 든다.
　　③ 유지 관리비가 적게 든다.
　　④ 탈수성이 양호하다.
　　⑤ 고농도 폐수처리에 유리하다.
　　⑥ 이용 가능한 가스를 생산할 수 있다.

Tip	(2)은 문제의 요구조건에 알맞게 3가지만 서술하시면 됩니다.

> **Tip**
> 혐기성 소화과정의 단점
> ① 초기 순응시간이 오래 걸린다.
> ② 소화 체류시간이 길다.
> ③ 상징액에 질소와 인의 함량이 높다.
> ④ 미생물의 성장속도가 느리다.
> ⑤ 유출수의 수질이 불량하다.
> ⑥ 처리과정 중 악취가 발생한다.
> ⑦ 소화속도가 느리다.

07 슬러지 벌킹(Sludge Bulking)현상의 정의와 방지대책을 4가지 쓰시오.

(1) 정의 : 폭기조에서 유기물, 용존산소, pH, 영양염류 등의 불균형으로 사상성 미생물인 곰팡이(fungi) 가 과다번식하여 플록의 침전이 잘 되지 않는 상태를 말한다.
(2) 방지대책
① 염소를 희석수에 살수한다.
② 폭기조의 용존산소가 충분하게 공급한다.
③ SVI(슬러지용적지수)를 200 이하로 조절한다.
④ 영양물질을 균형있게 조절한다.

08 상수를 염소로 소독할 때 생성되는 클로라민의 종류 3가지를 쓰시오. (분자식 포함)

① 모노클로라민(NH_2Cl)
② 디클로라민($NHCl_2$)
③ 트리클로라민(NCl_3)

> **Tip**
> 클로라민의 생성반응식
> ① $HOCl + NH_3 \xrightarrow{pH\,8.5\,이상} NH_2Cl(모노클로라민) + H_2O$
> ② $HOCl + NH_2Cl \xrightarrow{pH\,4.5\sim8.5} NHCl_2(디클로라민) + H_2O$
> ③ $HOCl + NHCl_2 \xrightarrow{pH\,4.4\,이하} NCl_3(트리클로라민) + H_2O$

09 활성슬러지법의 폭기조 표면에 갈색거품이 발생하는 원인 및 방지대책을 4가지 쓰시오.

(1) 원인
① SRT(미생물체류시간)가 너무 길 때
② MLSS 농도가 아주 낮을 때
③ 폭기량이 증가하여 과도한 산화가 일어날 때

④ 대기의 온도가 높을 때
(2) 방지대책
① SRT(미생물체류시간)를 짧게 한다.
② 침전된 슬러지의 인발량을 증가시킨다.
③ 용존산소를 적정하게 유지하여 세포의 과산화를 방지한다.
④ 소포제를 살포한다.

10 다음 반응식을 완성하시오.

(1) 알칼리도 첨가시 : $FeSO_4 \cdot 7H_2O + Ca(HCO_3)_2 \rightarrow (①) + (②) + 7H_2O$
(2) 석회투입시 : $(③) + 2Ca(OH)_2 \rightarrow (④) + 2CaCO_3 + 2H_2O$
(3) 수중 산소와 반응시 : $4(⑤) + O_2 + 2H_2O \rightarrow 4(⑥)$

 ① $Fe(HCO_3)_2$, ② $CaSO_4$, ③ $Fe(HCO_3)_2$, ④ $Fe(OH)_2$, ⑤ $Fe(OH)_2$, ⑥ $Fe(OH)_3$

11 Langmuir 등온공식 흡착식은 다음과 같다. $\dfrac{X}{M} = \dfrac{abCe}{1+bCe}$ 이 식에서 실험상수인 a와 b를 그래프상에서 구하기 위하여 다음과 같은 식으로 변형하였다. $\dfrac{Ce}{X/M} = (①) + (②) \times Ce$
①과 ②에 들어갈 알맞은 식을 쓰시오. (단, 위 식의 변형된 과정도 표기하시오.)

(1) 변형된 과정
$$\dfrac{Ce}{X/M} = \dfrac{1+b \times Ce}{a \times b \times Ce} \times Ce$$
$$= \dfrac{1}{a \times b} + \dfrac{1}{a} \times Ce$$
(2) ① $\dfrac{1}{a \times b}$, ② $\dfrac{1}{a}$

※ **알림**
최근기출문제는 수강생들의 도움으로 복원된 문제이므로 실제문제와 다소 차이가 있을 수 있음을 알려 드립니다.
실기시험을 친 수험생은 실기문제를 복원하여 메일로 보내 주시면 됩니다.
메일로 보내실 경우 ☞ kwe7002@hanmail.net
수험생 여러분들이 원하시는 수험서를 만들도록 항상 최선의 노력을 다하겠습니다.

01회 2020년 수질환경산업기사 최근 기출문제

2020년 5월 시행

01 유속이 3m/sec인 물이 안지름 400mm, 길이 100m인 주철관내를 흐른다고 할 때 Manning 공식을 이용하여 동수경사(‰)를 계산하시오. (단, 만관기준, 관의 조도계수 0.01)

① 경심(R) 계산

$$경심(R) = \frac{D}{4}(m) = \frac{0.4m}{4} = 0.1m$$

② 동수경사(I) 계산

$$v = \frac{1}{n} \times R^{\frac{2}{3}} \times I^{\frac{1}{2}} (m/sec)$$

$$3m/sec = \frac{1}{0.01} \times (0.1m)^{\frac{2}{3}} \times I^{\frac{1}{2}}$$

∴ I = 0.02 따라서 동수경사(I)는 20‰이다.

> **Tip**
> ① 경심(R) = $\dfrac{면적(A)}{윤변의 길이(S)} = \dfrac{\frac{\pi D^2}{4}(m^2)}{\pi \cdot D(m)} = \dfrac{D}{4}(m)$
> ② 동수경사(I) = 0.02 × 1000 = 20 ‰

02 포도당($C_6H_{12}O_6$) 100kg인 용액이 있다. 혐기성 분해시 생성되는 이론적인 CH_4의 양(m^3)을 계산하시오.

$C_6H_{12}O_6 \rightarrow 3CO_2 + 3CH_4$

180 kg : 3 × 22.4 m^3

100 kg : X

∴ X = 37.33 m^3

03 유량이 20,000m^3/day이고 BOD 농도가 180mg/L인 하수를 활성슬러지법으로 처리한다. 폭기조에 3m^3/sec로 공기를 공급하고, BOD 제거효율이 85%이다. 이때 1kg BOD 제거에 소모되는 산소량(m^3)을 계산하시오. (단, 공기중 산소 함유율은 20V/V%이다.)

① BOD 제거량 = 20,000m^3/day × 0.18kg/m^3 × 0.85 = 3,060 kg/day

② 공급 공기량 = $\dfrac{3m^3}{sec} \times \dfrac{3600\,sec}{1hr} \times \dfrac{24hr}{1day}$ = 259,200 m^3/day

③ 소모되는 산소량 = $\dfrac{259,200\,m^3\,공기량}{day} \times \dfrac{20\%\,산소량}{100\%\,공기량} \times \dfrac{day}{3,060\,kg제거BOD}$

= $16.94\,m^3\,산소량/1kg제거BOD$

> **Tip**
> ① $mg/L \xrightarrow{\times 10^{-3}} kg/m^3$
> ② $BOD\,180\,mg/L \xrightarrow{\times 10^{-3}} 0.18\,kg/m^3$

04 5% 고형물을 함유한 $2.4m^3$의 1차 슬러지를 고형물의 농도가 8%가 되도록 농축시킬 때 슬러지의 부피(m^3)를 계산하시오. (단, 슬러지의 비중은 1.0이다.)

$V_1 \times TS_1 = V_2 \times TS_2$
$2.4m^3 \times 5\% = V_2 \times 8\%$
$\therefore V_2 = \dfrac{2.4m^3 \times 5\%}{8\%} = 1.5m^3$

> **Tip**
> $V_1 \times TS_1 = V_2 \times TS_2$
> 여기서 V_1 : 농축 전 1차 슬러지(m^3) TS_1 : 농축 전 고형물 농도(%)
> V_2 : 농축 후 1차 슬러지(m^3) TS_2 : 농축 후 고형물 농도(%)

05 유입수의 SS가 50mg/L이고 반송슬러지 농도가 10,000mg/L, MLSS농도는 3,000mg/L일 때 반송율을 계산하시오.

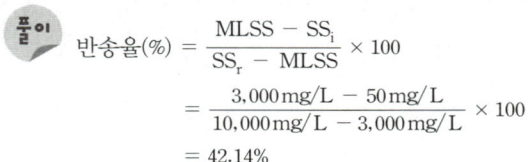

반송율(%) = $\dfrac{MLSS - SS_i}{SS_r - MLSS} \times 100$

= $\dfrac{3,000\,mg/L - 50\,mg/L}{10,000\,mg/L - 3,000\,mg/L} \times 100$

= 42.14%

06 $FeCl_3$를 응집제로 사용하여 처리할 때 다음 물음에 답하시오.

(1) 주어진 반응식을 완성하시오.
   $FeCl_3 + Ca(HCO_3)_2 \rightarrow$

(2) $FeCl_3$ 20mg/L를 주입하였을 때 소요되는 알칼리도(mg/L as $CaCO_3$)를 계산하시오.
   (단, Fe의 원자량은 56, Cl의 원자량은 35.5이다.)

(1) $2FeCl_3 + 3Ca(HCO_3)_2 \rightarrow 2Fe(OH)_3 + 3CaCl_2 + 6CO_2$

(2) ① $2FeCl_3$: $6HCO_3^-$

　　　　$2 \times 162.5g$: $6 \times 61g$

　　　　$20mg/L$: X

　　　　$\therefore X = 22.523 \, mg/L$

② 알칼리도 $= 22.523 \, mg/L \times \dfrac{1meq}{61mg} \times \dfrac{50mg}{1meq} = 18.46 \, mg/L \text{ as } CaCO_3$

07 CFSTR에서 물질을 분해하여 95%의 효율로 처리하고자 한다. 이 물질은 1차 반응으로 분해되며 속도상수는 0.05/hr이다. 유입 유량은 300L/hr이고, 유입 농도는 150mg/L로 일정할 때 필요한 CFSTR의 부피(m³)를 계산하시오. (단, 반응은 정상상태이다.)

 $Q \times (C_o - C_t) = k \times V \times C_t^1$

① C_o (초기농도) $= 150 \, mg/L$

② C_t (t시간 후의 농도) $= C_o \times (1 - \eta) = 150 \, mg/L \times (1 - 0.95) = 7.5 \, mg/L$

③ $300 \, L/hr \times (150 - 7.5) \, mg/L = 0.05/hr \times V \times 7.5 \, mg/L$

$\therefore V = \dfrac{300 \, L/hr \times (150 - 7.5) \, mg/L}{0.05/hr \times 7.5 \, mg/L} = 114,000 \, L = 114 \, m^3$

08 수돗물 분석 결과가 다음과 같다. 이 시료의 총경도(as $CaCO_3$)의 값(mg/L)을 계산하시오.

[수질분석 결과]

Ca^{2+} : 420mg/L, Mg^{2+} : 58.4mg/L, Na^+ : 40.6mg/L, SO_4^{2-} : 576mg/L
(단, Ca : 40, Mg : 24, Na : 23, S : 32이다.)

 $\dfrac{경도(mg/L)}{50g} = \dfrac{Ca^{2+}(mg/L)}{20g} + \dfrac{Mg^{2+}(mg/L)}{12g}$

$\dfrac{경도(mg/L)}{50g} = \dfrac{420mg/L}{20g} + \dfrac{58.4mg/L}{12g}$

$\therefore$ 경도 $= 1293.33 \, mg/L$

Tip	경도
	물의 세기정도를 말하며 2가 양이온 금속성 물질($Ca^{2+}, Mg^{2+}, Mn^{2+}, Fe^{2+}, Sr^{2+}$)의 함량을 탄산칼슘($CaCO_3$)의 농도로 환산한 값(ppm = mg/L)이다.

09 어떤 생물의 물질 A에 대한 농축계수가 10^4인 경우 그 생물이 물질 A의 농도가 0.02mg/L인 수중에서 생활하고 있다면 물질 A의 체내 농도(g/kg)는 얼마인가?

농축계수 = $\dfrac{\text{체내농도}}{\text{수중에서의 농도}}$

체내농도 = $10^4 \times 0.02\,\text{mg/kg} \times 10^{-3}\,\text{g/mg}$
= $0.2\,\text{g/kg}$

> **Tip**
> ① 물의 비중은 1.0kg/L
> ② $0.02\,\text{mg/L} \times \dfrac{1}{1.0\,\text{kg/L}} = 0.02\,\text{mg/kg}$

10 암모니아성 질소가 함유되어 있는 시료에 질산성 미생물이 있다.
(1) BOD의 변화는 어떻게 되는가? (감소, 그대로, 증가)
(2) 그 이유는 무엇인가?

(1) 증가
(2) 질산화박테리아에 의해서 NBOD가 측정되기 때문이다.

11 농업용수의 수질평가시 사용되는 SAR(Sodium Adsorption Ratio)에 대해서 설명하시오. (반드시 공식을 기술하시오.)

① $SAR = \dfrac{Na^+}{\sqrt{\dfrac{Ca^{2+} + Mg^{2+}}{2}}}$

② SAR에 적용되는 이온의 단위는 mN을 사용한다.
③ SAR은 농업용수의 수질평가시 기준으로 사용하며, 농업용수 중의 Na^+의 함유도가 증가하면 알칼리성이 되고, Ca^{2+}, Mg^{2+} 등과 치환되어 투수성이 감소되며 따라서 배수가 잘 되지 않고 통기성도 불량해진다.
④ 판정
· SAR이 0~10 : 영향이 적음
· SAR이 10~18 : 중간정도 영향
· SAR이 18~26 : 큰 영향
· SAR이 26 이상 : 아주 큰 영향

12 펜톤산화법에서 다음 물음에 답하시오.
(1) H_2O_2 과량 주입시 문제점 2가지를 쓰시오.

(2) 폐수중에 SO_3^{2-}가 존재할 때 COD의 처리효율과 그 이유를 쓰시오.

 (1) H_2O_2 과량 주입시 문제점
　　① 약품비용이 많이 소비된다.
　　② 수산화철의 침전율이 감소한다.
(2) ① 처리효율 : 증가한다.
　　② 이유 : SO_3^{2-}는 H_2O_2에 의해 쉽게 산화되므로 COD는 감소하게 된다.

13 여과의 방법에는 완속여과법과 급속여과법이 있다. 완속여과법의 주요 메카니즘을 3가지 쓰시오.

 ① 생물학적 응결작용
② 여과작용
③ 흡착작용

> **Tip** 급속여과법의 주요 메카니즘
> ① 응결작용　② 여과작용　③ 침전작용

14 폐수속 입자와 물질의 농도에 따라 일어나는 침전과정 4가지를 쓰고, 간단히 설명하시오.

 ① Ⅰ형침전(독립침전) : 고형물의 농도가 낮은 현탁액 속의 입자가 등가속도 영역에서 중력에 의해 침전하는 것을 말한다.
② Ⅱ형침전(응결침전, 응집침전) : 비교적 농도가 낮은 현탁액에서 침전 중 입자들끼리 결합하고 응집하는 것을 말한다.
③ Ⅲ형침전(지역침전, 간섭침전, 방해침전) : 침전하는 입자들이 너무 가까이 있어서 입자간의 힘이 이웃입자의 침전을 방해하게 되고 동일한 속도로 침전하며 활성슬러지 공법의 최종침전조 중간 깊이에서 일어나는 침전을 말한다.
④ Ⅳ형침전(압축침전, 압밀침전) : 입자들은 농도가 너무 커서 입자들끼리 구조물을 형성하여 더 이상의 침전은 압밀에 의해서만 생기는 고농도의 부유액에서 일어나는 침전이다.

15 완전혼합반응조에서 시간(t)를 구하는 물질수지식을 완성하시오.

 $Q \cdot C_o - Q \cdot C_t - (K \cdot V \cdot C_t) = 0$
$Q \cdot C_o - Q \cdot C_t = K \cdot V \cdot C_t$
$Q(C_o - C_t) = K \cdot V \cdot C_t$
$t = \dfrac{V}{Q}$ 이므로
$(C_o - C_t) = K \cdot C_t \cdot \dfrac{V}{Q}$

$$\frac{V}{Q} = \frac{(C_o - C_t)}{K \cdot C_t}$$

$$\therefore t = \frac{(C_o - C_t)}{K \cdot C_t}$$

> **Tip**
> Q : 유량(m^3/day)   V : 체적(m^3)
> C_o : 초기농도(mg/L) C_t : t시간 후의 농도(mg/L)
> K : 상수(/day)   t : 시간(day)

16 부영양화가 발생하는 수계의 pH는 9.5 이상이다. 그 이유는 무엇인가?

> **풀이** 조류의 과잉 증식으로 광합성작용을 많이 함으로써 물속에 존재하는 CO_2가 많이 소모되기 때문이다.

> **Tip** 일반적인 수계에서는 오염물질이 유입됨에 따라 오염물질이 호기성 분해되면서 CO_2가 발생하여 pH가 6정도까지 낮아질 수 있다. 반면에 광합성작용을 한다면 pH는 8정도까지 상승한다.

17 Whipple의 하천정화지대 중 분해성 유기물을 함유하는 생하수의 유입에 따른 하천내의 용존산소(DO)의 변화 중 아질산염과 질산염의 농도가 증가하는 지대를 쓰시오.

> **풀이** 회복지대

> **Tip** Whipple의 하천정화지대
> ① 분해지대 : 곰팡이류가 주로 나타나며, 용존산소량이 줄어들고 탄산가스 증가
> ② 활발한 분해지대 : 박테리아가 주로 나타나며, $NH_3 - N$의 농도 증가
> ③ 회복지대 : 조류가 주로 나타나며, 아질산염이나 질산염의 농도 증가
> ④ 정수지대 : DO와 BOD가 오염이전으로 회복되고, 질산염이 증가

18 아래의 보기를 보고 상수도 계통을 순서대로 번호를 쓰시오.

> ① 급수 ② 수원 ③ 송수 ④ 도수 ⑤ 배수 ⑥ 취수 ⑦ 정수

> **풀이** ② → ⑥ → ④ → ⑦ → ③ → ⑤ → ①

> **Tip** 암기법 : 상치도 청송에 배급한다.
> 상 : 상수도, 치 : 취수, 도 : 도수, 청 : 정수, 송 : 송수, 배 : 배수, 급 : 급수

※ **알림**

최근기출문제는 수강생들의 도움으로 복원된 문제이므로 실제문제와 다소 차이가 있을 수 있음을 알려 드립니다.

실기시험을 친 수험생은 실기문제를 복원하여 메일로 보내 주시면 됩니다.

메일로 보내실 경우 ☞ kwe7002@hanmail.net

수험생 여러분들이 원하시는 수험서를 만들도록 항상 최선의 노력을 다하겠습니다.

02회 2020년 수질환경산업기사 최근 기출문제

2020년 7월 시행

01 Jar Test에서 폐수 500mL에 대하여 0.1%의 황산알루미늄 용액 15mL를 첨가하였더니 최적결과가 나왔다. Alum의 최적 주입농도(mg/L)를 계산하시오.

  Alum의 최적 주입농도
$$= 0.1 \times 10^4 \, \text{mg/L} \times 15 \times 10^{-3} \, \text{L} \times \frac{1}{0.5\text{L}} = 30 \, \text{mg/L}$$

Tip	① ppm = mg/L ② % $\xrightarrow{\times 10^4}$ ppm

02 (1) 유량이 100L/sec이고 직경이 400mm인 경우 경심(R)을 계산하시오.
(2) Manning 공식을 이용하여 동수경사(I)를 계산하시오. (단, n = 0.012, 길이 = 100m)

 (1) 경심(R) $= \dfrac{D}{4} = \dfrac{0.4\text{m}}{4} = 0.1\text{m}$

(2) Manning 공식에 의한 유속 계산식

유속(v) $= \dfrac{1}{n} \times R^{\frac{2}{3}} \times I^{\frac{1}{2}}$ (m/sec)

유속(v) $= \dfrac{0.1 \, \text{m}^3/\text{sec}}{\dfrac{\pi}{4} \times (0.4\text{m})^2} = 0.7958 \, \text{m/sec}$

따라서 $0.7958 \, \text{m/sec} = \dfrac{1}{0.012} \times (0.1\text{m})^{2/3} \times I^{1/2}$

$\therefore I = 1.96 \times 10^{-3}$

Tip	① 유속(v) $= \dfrac{\text{유량}(Q)}{\text{단면적}(A)} = \dfrac{Q}{\dfrac{\pi}{4} \times D^2}$ ② 경심(R) $= \dfrac{\text{단면적}(A)}{\text{윤변의 길이}(S)}$

03 비중이 1.18인 36% HCl을 1N HCl 1L를 만들려고 한다. 36% HCl 몇 mL를 물로 희석 하여야 하는가?

① $N(eq/L) = \dfrac{비중(g)}{(mL)} \times \dfrac{10^3 mL}{1L} \times \dfrac{1 eq}{1당량 g} \times \dfrac{\%농도}{100}$

$= \dfrac{1.18g}{mL} \times \dfrac{10^3 mL}{1L} \times \dfrac{1 eq}{36.5g} \times \dfrac{36\%}{100} = 11.6384 N$

② $N_1 \times V_1 = N_2 \times V_2$
$1N \times 1000 mL = 11.6384 N \times V_2$
$V_2 = 85.92 mL$

04 40°C의 폐열수를 분당 60m³씩 배출하고 있다. 하천의 유량이 2m³/sec이며, 하천의 수온은 16°C이다. 폐열수가 하천에 완전히 혼합된 온도(°C)를 계산하시오.

혼합공식을 이용한다.

$C_m = \dfrac{Q_1 C_1 + Q_2 C_2}{Q_1 + Q_2}$

$= \dfrac{40°C \times 60 m^3/min + 16°C \times 2 m^3/sec \times 60 sec/1min}{(60 m^3/min + 2 m^3/sec \times 60 sec/1min)}$

$= 24°C$

05 페놀(C_6H_5OH)만 함유된 폐수 2,000m³/day의 COD를 측정한 결과 175mg/L이였다. 이 측정기준으로 하루 동안 발생하는 폐수의 페놀량(kg/day)을 계산하시오.

C_6H_5OH : $7O_2 \rightarrow 6CO_2 + 3H_2O$
94g : $7 \times 32g$
X : $0.175 kg/m^3 \times 2,000 m^3/day$

∴ $X = 146.88 kg/m^3$

Tip	① 총량(kg/day) = 폐수량(m³/day) × 농도(kg/m³)
	② mg/L $\xrightarrow{\times 10^{-3}}$ kg/m³
	③ 문제에서 COD는 산소량을 의미한다.

06 침전속도가 3.5mm/min이고 유량이 18m³/day일 때 표면적(m²)을 계산하시오.

$표면적(m^2) = \dfrac{유량(m^3/min)}{침전속도(m/min)}$

$$= \frac{18\,\text{m}^3/\text{day} \times 1\,\text{day}/24\,\text{hr} \times 1\,\text{hr}/60\,\text{min}}{3.5 \times 10^{-3}\,\text{m}/\text{min}} = 3.57\,\text{m}^2$$

07 정수압을 추진력으로 사용하는 막공법 3가지를 쓰시오.

풀이 ① 역삼투 ② 한외여과 ③ 정밀여과 ④ 나노여과

> **Tip**
> ① 문제의 요구조건에 알맞게 3가지만 서술하시면 됩니다.
> ② 전기투석 : 전위차
> ③ 투석 : 농도차

08 슬러지팽화(Sludge bulking)현상의 정의를 쓰고, 원인을 쓰시오.

풀이 (1) 정의 : 폭기조에서 유기물, 용존산소, pH, 영양염류 등의 불균형으로 사상성 미생물인 곰팡이(fungi)가 과다 번식하여 플록의 침전이 잘 되지 않는 상태이다.
(2) 원인
① 미생물에 비해서 유기물 먹이가 너무 많을 경우
② 폭기조의 용존산소가 부족할 경우
③ 유입수에 갑자기 산업폐수가 혼합되어 유입될 경우
④ 영양염류(N, P)가 부족할 경우

09 관내에서 압력이 존재하는 관수로의 흐름에서 유량측정방법을 4가지만 쓰시오.

풀이 ① 벤튜리미터(Venturi Meter)
② 유량 측정용 노즐(Nozzle)
③ 오리피스(Orifice)
④ 피토우(Pitot)관
⑤ 자기식유량측정기

> **Tip** 문제의 요구조건에 알맞게 4가지만 서술하시면 됩니다.

10 A₂/O공법에서 호기성조 슬러지내 인의 함량이 일반 활성슬러지법의 슬러지내 인의 함량보다 많이 존재하는 이유를 쓰시오.

> **풀이** 혐기성조에서 인이 방출되고 호기성조에서는 혐기성조에서 방출된 인을 과잉섭취한 미생물을 침전지에서 침전 제거하므로 인의 함량이 높다.

11 펌프에서 발생하는 공동현상(Cavitation)의 방지법 3가지를 쓰시오.

> **풀이**
> ① 펌프의 설치위치를 낮게 한다.
> ② 펌프의 회전속도를 작게 한다.
> ③ 흡입관의 손실을 가능한 작게 한다.
> ④ 흡입측 밸브를 완전히 개방하여 펌프를 운전한다.
>
> | Tip | 문제의 요구조건에 알맞게 3가지만 서술하시면 됩니다. |

12 수격작용(Water Hammer)에 대해서 쓰시오.

> **풀이** 관속을 충만하게 흐르고 있는 액체의 속도를 급격히 변화시키면 액체에 큰 압력 변화가 발생하여 관내에 있는 액체에 물리적 변화가 일어남으로서 충격압을 형성시킴과 동시에 이로 인해 유체가 관벽을 치는 현상이다.

13 살수여상법이 활성슬러지법에 비해서 슬러지가 적게 배출되는 이유를 쓰시오.

> **풀이** 살수여상법은 부착성장식으로 여재에 미생물을 부착시켜 처리하는 방법이므로 반응조에서 미생물의 체류시간이 아주 길어지며, 대부분 미생물의 상태는 내성장상태이므로 슬러지가 적게 발생한다.

14 환경을 평가하는 방법에는 측정기기를 이용하는 방법과 지표생물을 이용하는 방법이 있다. 지표생물에 대해서 쓰시오.

> **풀이** 지표생물은 특정지역의 환경상태를 잘 나타내며, 독특한 환경 조건에서만 살 수 있기 때문에 그 지역의 환경 조건이나 오염 정도를 나타내며, 일반적으로 개체수가 많이 발견되고 실험이 용이한 미생물이 지표생물이 된다.

15 다음 조건의 ( )안에 알맞은 말을 쓰시오.

> 호기성 박테리아의 경험적인 화학식은 (①)이며, 수분이 80%, 고형물이 20%로 구성되어 있다. 그리고 박테리아 중 질소성분이 차지하는 양은 (②)%이다. 반면에 곰팡이는 용존산소가 (③) 경우에도 박테리아보다 잘 자라며, 많이 발생하면 (④)현상이 발생한다.

풀이
① $C_5H_7O_2N$
② 12.4
③ 부족한
④ 슬러지벌킹(슬러지팽화)

Tip
$C_5H_7O_2N$ 구성성분의 차지하는 함량
① $C_5H_7O_2N$의 분자량 $= 12 \times 5 + 1 \times 7 + 16 \times 2 + 14 \times 1 = 113g$
② 탄소(C) $= \dfrac{12g \times 5}{113g} \times 100 = 53.10\%$
③ 수소(H) $= \dfrac{1g \times 7}{113g} \times 100 = 6.20\%$
④ 산소(O) $= \dfrac{16g \times 2}{113g} \times 100 = 28.32\%$
⑤ 질소(N) $= \dfrac{14g \times 1}{113g} \times 100 = 12.40\%$

 16 용존성 고형물질(TDS)를 제거하는 방법에는 이온교환, 미세다공성막, 전기투석법이 있다. 각 방법에 대해서 쓰시오.

풀이
① 이온교환 : 비용해성의 교환물질로부터 분리된 이온과 용해상태에 있는 다른 물질과의 자리바꿈을 시켜 처리하는 방법으로 용존성 고형물질은 음이온과 양이온계 수지를 사용하여 처리한다.
② 미세다공성막 : 액체 속에 포함되어 있는 용존물질을 제거하는데 사용하는 방법으로 수리학적 정수압 차를 막의 구동력으로 하여 막 표면에 흡착된 수층에 의해 작은 입자들이 제거되고 이온들은 막을 구성하는 큰 분자들의 공극을 통해 확산작용으로 이동되는 방법이다.
③ 전기투석법 : 전위차를 막의 구동력으로 하며 용액의 이온성분들이 반투과성의 이온 선택성막에 의해 분리하는 방법으로 두 전극 사이의 전위를 이용하면 용액을 통과하는 전류가 생기고 그 결과 양이온은 음극으로 음이온은 양극으로 이동하게 되며, 양이온 투과막과 음이온 투과막을 번갈아 설치한다.

17 여과장치에 사용되는 메디아 여과상이 사용된다. 여과재의 종류 3가지를 쓰시오. (단, 활성탄 제외)

풀이
① 모래
② 무연탄
③ 석류석(garnet)

④ 일메나이트(ilmenite)
⑤ 수지 구슬(resin beads)

> **Tip** 문제의 요구조건에 알맞게 3가지만 서술하시면 됩니다.

18 다음 표는 물속에 존재하는 입자 크기에 따른 구분이다. ( )안에 알맞은 말을 쓰시오.

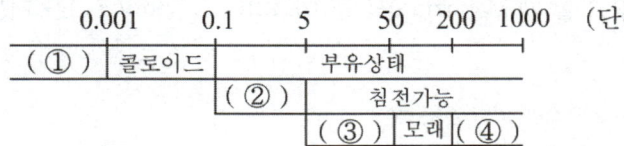

① 용존상태
② 분산상태
③ 실트
④ 큰 현탁물질

※ **알림**
최근기출문제는 수강생들의 도움으로 복원된 문제이므로 실제문제와 다소 차이가 있을 수 있음을 알려 드립니다.
실기시험을 친 수험생은 실기문제를 복원하여 메일로 보내 주시면 됩니다.
메일로 보내실 경우 ☞ kwe7002@hanmail.net
수험생 여러분들이 원하시는 수험서를 만들도록 항상 최선의 노력을 다하겠습니다.

03회 2020년 수질환경산업기사 최근 기출문제

2020년 10월 시행

01 직경(D)이 450mm인 하수용 원심력 철근 콘크리트관이 구배 10‰로 매설되어 있다. 만수 된 상태로 송수된다고 할 때 Manning 공식을 이용하여 유량(m³/sec)을 계산하시오. (단, 조도계수 (n)은 0.015)

풀이 (1) Manning 공식에 의한 유속 계산

유속(v) = $\dfrac{1}{n} \times R^{\frac{2}{3}} \times I^{\frac{1}{2}}$ (m/sec)

여기서 n : 조도계수

R : 경심 $\left(R = \dfrac{D}{4}\right)$

I : 구배(기울기)

따라서 v = $\dfrac{1}{0.015} \times \left(\dfrac{0.45\text{m}}{4}\right)^{\frac{2}{3}} \times \left(\dfrac{10}{1000}\right)^{\frac{1}{2}} = 1.5536\,\text{m/sec}$

(2) 유량(Q) = 면적(A) × 유속(v)

= $\dfrac{\pi}{4} \times (0.45\text{m})^2 \times 1.5536\,\text{m/sec} = 0.25\,\text{m}^3/\text{sec}$

Tip
① 직경(D) = 450mm = 450 × 10^{-3}m = 0.45m
② 기울기(I) = 10‰ = $\dfrac{10}{1000}$
③ 경심(R) = $\dfrac{면적(A)}{윤변의 길이(S)} = \dfrac{\frac{\pi D^2}{4}}{\pi \cdot D} = \dfrac{D}{4}$ (m)
④ 면적(A) = $\dfrac{\pi D^2}{4}$ (m²)
⑤ (1)에서 구한 유속(v)을 (2)에 사용한다.

02 20℃의 산성 용매 중에 포함되어 있는 카드뮴(Cd^{2+}) 0.005mg/L를 응결하기 위한 pH를 계산하시오. (단, $Cd^{2+} + 2OH^- \rightleftharpoons Cd(OH)_2$, Ksp = 3.5×$10^{-14}$(20℃), Cd의 원자량 = 112.4, 수산화침전법 적용)

풀이 ① [Cd^{2+}]의 mol/L = $\dfrac{0.005\text{mg}}{\text{L}} \times \dfrac{1\text{g}}{10^3\text{mg}} \times \dfrac{1\text{mol}}{112.4\text{g}}$

= 4.448 × 10^{-8} mol/L

② $Ksp = [Cd^{2+}][OH^-]^2$

$[OH^-] = \sqrt{\dfrac{Ksp}{[Cd^{2+}]}} = \sqrt{\dfrac{3.5 \times 10^{-14}}{4.448 \times 10^{-8}\,mol/L}} = 8.87 \times 10^{-4}\,mol/L$

③ $pH = 14 + \log[OH^-] = 14 + \log[8.87 \times 10^{-4}\,mol/L] = 10.95$
따라서 응결을 위한 pH는 10.95 이상이다.

03 질산성이온(NO_3^-)의 농도가 32mg/L 포함된 폐수 1,200m³/day를 탈질화 시키는데 필요한 메탄올의 양(kg/day)을 계산하시오.

풀이

$6NO_3^- + 5CH_3OH \rightarrow 3N_2 + 5CO_2 + 7H_2O + 6OH^-$

$6 \times 62g \;\; : \;\; 5 \times 32g$

$32 \times 10^{-3}\,kg/m^3 \times 1{,}200\,m^3/day \;\; : \;\; X$

$\therefore X = \dfrac{5 \times 32g \times 32 \times 10^{-3}\,kg/m^3 \times 1{,}200\,m^3/day}{6 \times 62g}$

$= 16.52\,kg/day$

Tip

① $mg/L \xrightarrow{\times 10^{-3}} kg/m^3$

② $32mg/L \xrightarrow{\times 10^{-3}} 32 \times 10^{-3}\,kg/m^3 = 0.032\,kg/m^3$

③ 총량(kg/day) = 농도(kg/m³) × 유량(m³/day)

04 포기조 혼합액 1L를 30분간 침강후 슬러지 용적이 24%이고, SVI가 120일 때 MLSS의 농도 (mg/L)를 계산하시오.

풀이

$SVI = \dfrac{SV(\%)}{MLSS} \times 10^4$

$120 = \dfrac{24\%}{MLSS} \times 10^4$

$\therefore MLSS = 2{,}000\,mg/L$

Tip SVI는 슬러지용적지수로 단위는 mL/g이다.

05 수돗물 분석 결과가 다음과 같다. 이 시료의 총경도(as CaCO₃)의 값(mg/L)을 계산하시오.

> **[수질분석 결과]**
> Ca²⁺ : 420mg/L, Mg²⁺ : 58.4mg/L, Na⁺ : 40.6mg/L, SO₄²⁻ : 576mg/L
> (단, Ca : 40, Mg : 24, Na : 23, S : 32이다.)

풀이

$$\frac{총경도(mg/L)}{50g} = \frac{Ca^{2+}(mg/L)}{20g} + \frac{Mg^{2+}(mg/L)}{12g} + \frac{Fe^{2+}(mg/L)}{28g} + \frac{Mn^{2+}(mg/L)}{27.5g} + \frac{Sr^{2+}(mg/L)}{43.8g}$$

$$\frac{총경도(mg/L)}{50g} = \frac{420mg/L}{20g} + \frac{58.4mg/L}{12g}$$

∴ 총경도 = 1293.33mg/L

> **Tip** 경도
> 물의 세기정도를 말하며 2가 양이온 금속성 물질(Ca²⁺, Mg²⁺, Mn²⁺, Fe²⁺, Sr²⁺)의 함량을 탄산칼슘(CaCO₃)의 농도로 환산한 값(ppm = mg/L)이다.

06 유량 500m³/day, BOD 400mg/L, N = 6mg/L, P = 5mg/L, pH = 7.3인 폐수를 활성슬러지법으로 처리할 때 질소가 부족하여 (NH₂)₂CO를 첨가하려 한다. 하루 동안 필요한 요소의 주입량 (kg/day)을 계산하시오. (단, BOD : N : P = 100 : 5 : 1)

① BOD : N
   100 : 5
   400mg/L : X₁
   ∴ X₁ = 20mg/L
② (NH₂)₂CO : 2N
   60g : 2×14g
   X₂ : (20 − 6)mg/L
   ∴ X₂ = 30mg/L
③ (NH₂)₂CO(요소) 주입량 = 30×10⁻³kg/m³ × 500m³/day = 15kg/day

> **Tip**
> ① mg/L $\xrightarrow{\times 10^{-3}}$ kg/m³
> ② 30mg/L $\xrightarrow{\times 10^{-3}}$ 30×10⁻³kg/m³ = 0.03kg/m³
> ③ 총량(kg/day) = 농도(kg/m³) × 유량(m³/day)

07
포름알데하이드 600mg/L가 들어있는 시료의 이론적 COD 값(mg/L)을 계산하시오.

풀이
$HCHO + O_2 \rightarrow CO_2 + H_2O$
30g : 32g
600mg/L : X

$\therefore X = \dfrac{600\,mg/L \times 32g}{30g} = 640\,mg/L$

Tip
① 포름알데하이드 = HCHO
② HCHO의 분자량 = 1 + 12 + 1 + 16 = 30
③ $O_2 = 2 \times 32 = 64$

08
폐수를 $250\,m^3$/day 배출되는 도금공장이 있다. 이 폐수 중에는 CN^-이 150mg/L 함유되어 있기 때문에 알칼리염소법으로 처리하고자 한다. 이 때 필요한 NaOCl의 양(kg/day)을 계산하시오. (단, $2NaCN + 5NaOCl + H_2O \rightarrow N_2 + 5NaCl + 2NaHCO_3$)

풀이
$2CN^-$: $5NaOCl$
$2 \times 26g$: $5 \times 74.5g$
$0.15\,kg/m^3 \times 250\,m^3/day$: X

$\therefore X = \dfrac{0.15\,kg/m^3 \times 250\,m^3/day \times 5 \times 74.5g}{2 \times 26g}$
$= 268.63\,kg/day$

Tip
① $mg/L \xrightarrow{\times 10^{-3}} kg/m^3$
② $150\,mg/L \xrightarrow{\times 10^{-3}} 150 \times 10^{-3}\,kg/m^3 = 0.15\,kg/m^3$
③ CN^-의 분자량 = 12 + 14 = 26
④ NaOCl의 분자량 = 23 + 16 + 35.5 = 74.5

09
고형물의 농도 $85\,kg/m^3$의 농축슬러지를 1시간에 $6m^3$으로 탈수하려고 한다. 슬러지중의 고형물당 소석회를 25%(질량기준) 첨가하여 함수율 85%(질량기준)의 탈수 Cake를 얻었다. 이 때 발생한 Cake의 양(kg/hr)을 계산하시오. (단, Cake의 겉보기비중은 1.0이다.)

발생한 Cake의 양(kg/hr)
= 고형물의 농도(kg/m^3)×농축슬러지량(m^3/hr)× $\dfrac{100}{100 - 함수율(\%)}$
= {$85\,kg/m^3 \times 6\,m^3/hr \times (1+0.25)$} × $\dfrac{100}{100 - 85\%}$
= 4,250kg/hr

> **Tip**
> $85 \, kg/m^3 \times 6 \, m^3/hr \times (1 + 0.25)$
> $= (85 \, kg/m^3 \times 6 \, m^3/hr) + (85 \, kg/m^3 \times 6 \, m^3/hr \times 0.25)$

10 온도가 20℃에서 용존산소 포화농도는 9.07mg/L이며, 용존산소 농도를 5mg/L로 유지하기 위하여 활성오니 산소섭취농도를 만족시키기 위한 포기기를 설치하려고 한다. 총괄산소전달계수가 9.83/hr일 때 활성오니 산소섭취농도(mg/L·hr)를 계산하시오. (단, $\alpha = \beta = 1$, 정상포기상태, 온도보정은 생략한다.)

 $r = \alpha \times K_{La} \times (\beta \times Cs - C) = 9.83/hr \times (9.07 - 5) mg/L = 40.01 \, mg/L \cdot hr$

> **Tip**
> $r = \alpha \times K_{La} \times (\beta \times Cs - C)$
> 여기서 r : 활성오니 산소섭취속도(mg/L·hr), K_{La} : 총괄산소전달속도(/hr)
> Cs : 포화산소농도(mg/L), C : 물속의 용존산소농도(mg/L)
> α, β : 상수

11 관정부식의 방지법 3가지를 쓰시오.

① 하수의 유속을 빠르게 한다.
② 하수관의 피복 및 도장
③ 하수내의 염소주입
④ 내식성이 큰 콘크리트재료 사용
⑤ 환기

> **Tip**
> 관정부식의 원인
> 유기물이 혐기성 상태에서 분해되어 H_2S가 발생되며 이는 공기 중에서 호기성 박테리아에 의해 SO_2나 SO_3로 변화되고 다시 수분과 반응하여 H_2SO_4이 생성되어 콘크리트를 부식시킨다.

12 펌프 공동현상(Cavitation)의 정의와 방지법을 쓰시오.

(1) 정의 : 물이 관속을 유동하고 있을 때 유동하는 물속의 어느 부분의 정압이 그때의 증기압보다 낮아지면 부분적으로 기화하여 관내부에 증기부, 즉 공동이 발생되는데 이와 같은 현상을 공동현상이라 한다.
(2) 방지법
① 펌프의 설치위치를 가능한 낮추어 가용유효흡입 수두를 크게 한다.
② 펌프의 회전속도를 낮게 선정하여 필요유효흡입 수두를 작게 한다.

③ 흡입관의 손실을 가능한 한 작게하여 가용유효흡입 수두를 크게 한다.
④ 흡입측 밸브를 완전히 개방하고 펌프를 운전한다.

13 A/O공법의 공정도에 대한 물음에 답하시오.

(1) A/O공법의 공정도에서 빈칸을 채우시오.

> 유입수 → (①) → (②) → 침전조 → 유출수

(2) ① 반응조와 ② 반응조의 역할을 쓰시오.

(3) 공법의 제거 원리를 쓰시오.

풀이 (1) ① 혐기성조, ② 호기성조
(2) ① 혐기성조의 역할 : 인(P)의 방출
② 호기성조의 역할 : 인(P)의 과잉흡수
(3) 인을 제거하는 주 공정으로 혐기성조에서 인을 방출하고 호기성조에서 인을 과잉 섭취하며, 인을 과잉 섭취한 미생물을 최종침전지에서 침전시켜 제거하는 공법이다.

14 폐수 중에 합성세제나 비누 그리고 기타 계면활성제가 포함되어 있는 경우 폭기를 하면 거품이 발생한다. 폭기조에서 발생되는 거품을 제거하고자 할 때 이용되는 일반적인 물리적 및 화학적 방법 2가지를 서술하시오.

풀이 ① 물리적 방법 : 부상법을 이용하는 방법, 흡착법을 이용하는 방법
② 화학적 방법 : 염소를 주입하는 방법, 소포제를 첨가하는 방법

15 다음은 활성슬러지법의 변법에 대한 설명이다. 설명에 해당하는 공법을 쓰시오.

> (1) 하수를 폭기조의 여러지점에 주입하여 F/M비를 균등하게 유지할 수 있기때문에 최대산소 요구량을 최소화할 수 있다. 일반적인 경우 3개 또는 2개 이상의 수소를 사용하며, 운전의 유연성이 이 공법의 중요한 특징이다.
> (2) 주입 및 제거 형식의 반응장치로 하나의 완전혼합반응조에서 활성슬러지 공정의 모든 과정이 일어나며, MLSS는 모든 운전과정 중 반응조내에 남아 있어서 별도로 2차 침전조가 필요없는 특징을 가진다.

풀이 (1) 계단식 폭기법   (2) SBR(연속회분식) 공법

모래여과지를 이용하여 정수처리 시 여과저항은 주요 설계인자 중 하나이다. 여과저항에 따른 수두손실에 영향을 주는 인자 4가지를 쓰시오.

풀이
① 물의 점성계수
② 여과지의 깊이
③ 여과재의 공극률
④ 여과속도
⑤ 여과재의 크기

Tip 문제의 요구조건에 알맞게 4가지만 서술하시면 됩니다.

 다음의 ( )안에 들어갈 알맞은 말을 쓰시오.

호기성 라군(lagoon)은 폐수를 수심이 1~1.5m 정도의 얕은 연못에 유입시켜 처리하는 방법으로 번식한 조류의 (①)에 의해 방출된 (②) 및 수면에서 용해한 용존산소를 이용하여 각종 (③)이 유기물을 호기적으로 (④)하는 처리방법이다.

풀이 ① 광합성작용 ② 산소 ③ 호기성미생물 ④ 산화

 다음에 주어진 시간을 이용하여 사영역과 단회로 조건을 쓰시오.

<조건> 평균 시간, 중간값 시간, 이론적 시간

풀이
① 사영역 조건 : $\dfrac{\text{평균 시간}}{\text{이론적 시간}} < 1$

② 단회로 조건 : $\dfrac{\text{중간값 시간}}{\text{평균 시간}} < 1$

※ **알림**
최근기출문제는 수강생들의 도움으로 복원된 문제이므로 실제문제와 다소 차이가 있을 수 있음을 알려 드립니다.
실기시험을 친 수험생은 실기문제를 복원하여 메일로 보내 주시면 됩니다.
메일로 보내실 경우 ☞ kwe7002@hanmail.net
수험생 여러분들이 원하시는 수험서를 만들도록 항상 최선의 노력을 다하겠습니다.

4·5회 2020년 수질환경산업기사 최근 기출문제

2020년 11월 시행

01 산성비는 pH가 5.6 이하의 강우이다. pH 5인 강우의 수소이온농도는 pH 5.6인 강우의 수소이온 농도의 몇 배인지 계산하시오.

풀이 $pH = -\log[H^+] \Rightarrow [H^+] = 10^{-pH}\,mol/L$ 이므로

$$\frac{pH\,5인\,강우의\,[H^+]}{pH\,5.6인\,강우의\,[H^+]} = \frac{10^{-5}\,mol/L}{10^{-5.6}\,mol/L} = 3.98\,배$$

02 수돗물 분석 결과가 다음과 같다. 이 시료의 총경도(as $CaCO_3$)의 값(mg/L)을 계산하시오.

[수질분석 결과]
Ca^{2+} : 420mg/L, Mg^{2+} : 58.4mg/L, Na^+ : 40.6mg/L, SO_4^{2-} : 576mg/L
(단, Ca : 40, Mg : 24, Na : 23, S : 32이다.)

풀이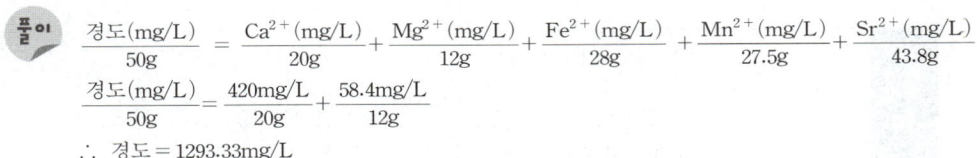

$$\frac{경도(mg/L)}{50g} = \frac{Ca^{2+}(mg/L)}{20g} + \frac{Mg^{2+}(mg/L)}{12g} + \frac{Fe^{2+}(mg/L)}{28g} + \frac{Mn^{2+}(mg/L)}{27.5g} + \frac{Sr^{2+}(mg/L)}{43.8g}$$

$$\frac{경도(mg/L)}{50g} = \frac{420mg/L}{20g} + \frac{58.4mg/L}{12g}$$

∴ 경도 = 1293.33mg/L

Tip 경도
물의 세기정도를 말하며 2가 양이온 금속성 물질($Ca^{2+}, Mg^{2+}, Mn^{2+}, Fe^{2+}, Sr^{2+}$)의 함량을 탄산칼슘($CaCO_3$)의 농도로 환산한 값(ppm = mg/L)이다.

03 BOD 300mg/L, 유량 2,000m³/day의 폐수를 활성슬러지법으로 처리할 때 BOD 슬러지부하 1.0kgBOD/kg MLSS·day, MLSS 2,000mg/L로 하기 위한 포기조의 용적(m³)을 계산하시오.

풀이
$$F/M비 = \frac{BOD \times Q}{MLSS \times V}$$

$$1.0/day = \frac{300mg/L \times 2,000m^3/day}{2,000mg/L \times V}$$

$$\therefore V = \frac{300mg/L \times 2,000m^3/day}{2,000mg/L \times 1.0/day} = 300m^3$$

04 펌프효율이 80%이며, 전양정(H) 16m인 조건하에서 양수율(Q) 12L/sec로 펌프를 회전시킨다면 모터의 축동력(kW)을 계산하시오. (단, 물의 밀도는 1,000kg/m³, 여유율은 20%이다.)

풀이
$$kW = \frac{r \times Q \times H}{102 \times \eta} \times \alpha$$
$$= \frac{1,000 \,kg/m^3 \times 12 \times 10^{-3} \,m^3/sec \times 16m}{102 \times 0.80} \times 1.2$$
$$= 2.82 \,kW$$

Tip
① 만약에 PS를 계산할 경우 공식의 102 → 75
② 여유율이 20%이면 120%이므로 $\alpha = 1.2$
③ $Q = 12 L/sec = 12 \times 10^{-3} m^3/sec$

05 가압부상조 설계에 있어서 유량이 2,000m³/day인 폐수내에 SS의 농도가 500mg/L, 공기의 용해도는 18.7mL/L이라고 할 때 압력이 4기압인 부상조에서 A/S비를 계산하시오. (단, 용존공기의 분율은 0.5이며, 반송은 고려하지 않는다.)

풀이
$$A/S비 = \frac{1.3 \times Sa \times (f \times P - 1)}{SS}$$
$$= \frac{1.3 \times 18.7 \,mL/L \times (0.5 \times 4 \,atm - 1)}{500 \,mg/L} = 0.05$$

Tip
① $A/S비 = \frac{1.3 \times Sa \times (f \times P - 1)}{SS}$
 여기서 Sa : 공기의 용해도(mL/L) P : 절대압력(atm)
   SS : 부유고형물 농도(mg/L) f : 분율
② 반송을 고려하지 않으므로 반송비(R)을 사용하지 않는다.

06 폐수중의 부유물질을 측정하고자 실험을 하여 다음과 같은 결과를 얻었다. 폐수중의 부유물질의 양(mg/L)을 계산하시오.

- 시료량 : 100mL
- 시료 여과 전 유리섬유 여지의 무게 : 0.6329g
- 시료 여과 후 유리섬유 여지의 무게 : 0.6531g

풀이
$$\text{부유물질의 양}(mg/L) = \frac{(\text{여과 후 무게} - \text{여과 전 무게})(mg)}{\text{시료량}(L)}$$
$$= \frac{(0.6531 \,g - 0.6329 \,g) \times 10^3 \,mg/g}{0.1 \,L}$$
$$= 202 \,mg/L$$

07 상수를 염소로 소독할 때 생성되는 클로라민의 종류 3가지와 생성반응식을 쓰시오.

 (1) 클로라민의 종류
① 모노클로라민 (NH_2Cl)
② 디클로라민 ($NHCl_2$)
③ 트리클로라민 (NCl_3)
(2) 생성반응식
① $HOCl + NH_3 \xrightarrow{pH 8.5 \text{ 이상}} NH_2Cl(\text{모노클로라민}) + H_2O$
② $HOCl + NH_2Cl \xrightarrow{pH 4.5 \sim 8.5} NHCl_2(\text{디클로라민}) + H_2O$
③ $HOCl + NHCl_2 \xrightarrow{pH 4.4 \text{ 이하}} NCl_3(\text{트리클로라민}) + H_2O$

08 콜로이드성 물질을 처리하기 위해 화학적 응집을 이용할 때 급속혼합과 완속혼합을 하는 이유에 대해 서술하시오.

 ① 급속혼합 : 응집제와 하수중의 입자를 균일하게 분산시키기 위해
② 완속혼합 : 급속혼합에 의해 생성된 미세한 floc을 완속교반에 의해 거대한 floc으로 만들기 위해

09 물리·화학적 방법으로 질소화합물을 처리하는 방법 3가지에 대해 서술하시오.

 (1) 이온교환법
① 원리 : 처리하고자 하는 폐수 중에 포함되어 있는 NH_4^+ 이온을 선택적으로 치환할 수 있는 천연제올라이트를 충진한 이온교환층을 통과시켜 암모니아를 처리하는 방법이다.
② 반응식
· 이온교환반응 : $RH + NH_4^+ \rightleftarrows RNH_4^+ + H^+$
· 재생반응 : $RNH_4 + HCl \rightleftarrows RH + NH_4Cl$
(2) 공기탈기법
① 원리 : 처리하고자 하는 폐수에 석회 등을 이용하여 pH를 10 이상으로 조절한 후 공기를 불어 넣어 수중에 존재하는 암모니아성 질소를 암모니아가스로 탈기하는 방법이다.
② 반응식 : $NH_4^+ + OH^- \rightleftarrows NH_3 + H_2O$
(3) 파괴점 염소주입법
① 처리하고자 하는 폐수에 염소(Cl_2)를 주입하여 암모늄염을 질소가스(N_2)로 처리하는 방법이다.
② 반응식 : $2NH_4^+ + 3Cl_2 \rightleftarrows N_2 + 6HCl + 2H^+$
$2NH_3 + 3HOCl \rightleftarrows N_2 + 3HCl + 3H_2O$

10 수심이 얕고 조류가 대량 번식하는 지표수와 일반적인 지표수에서 pH, COD, DO를 비교하여 설명하시오.

풀이
① pH : 조류가 대량 번식하는 지표수의 경우 광합성 작용에 의해서 물속의 CO_2를 소비하므로 pH는 증가한다.
② COD : 조류가 대량 번식하는 지표수의 경우 산화제를 이용하여 조류를 분해하므로 COD는 증가한다.
③ DO : 조류가 대량 번식하는 지표수의 경우 광합성 작용에 의해 DO가 발생되므로 DO는 증가한다.

11 Cr^{6+}의 침전방법과 환원제를 쓰시오.

풀이
(1) 침전방법 : 독성이 있는 6가 크롬을 독성이 없는 3가 크롬으로 pH 2~4에서 환원시키고 3가 크롬을 pH 8.0~8.5 범위에서 침전시켜 처리한다.
(2) 환원제 : SO_2, Na_2SO_3, $FeSO_4$, $NaHSO_3$

12 질산화가 일어날 때 pH변화와 탈질화가 일어날 때 pH변화를 쓰시오.

풀이
(1) 질산화가 일어날 때 pH변화 : pH가 낮아진다.
(2) 탈질화가 일어날 때 pH변화 : pH가 증가한다.

13 접촉산화법의 단점 4가지를 쓰시오.

풀이
① 미생물량과 영향인자를 정상상태로 유지하기 위한 조작이 용이하지 못하다.
② 반응조내 매체를 균일하게 포기 교반하는 조건 설정이 어렵다.
③ 고부하시 매체의 공극으로 인하여 폐쇄위험성이 크다.
④ 접촉재가 조내에 있기 때문에 부착생물량의 확인이 용이하지 못하다.
⑤ 초기 건설비가 높다.

> Tip 문제의 요구조건에 알맞게 4가지만 서술하시면 됩니다.

14 아래의 보기를 보고 상수도 계통을 순서대로 번호를 쓰시오.

① 급수 ② 수원 ③ 송수 ④ 도수 ⑤ 배수 ⑥ 취수 ⑦ 정수

 ② → ⑥ → ④ → ⑦ → ③ → ⑤ → ①

> **Tip** 암기법 : 상치도 청송에 배급한다.
> 상 : 상수도, 치 : 취수, 도 : 도수, 청 : 정수, 송 : 송수, 배 : 배수, 급 : 급수

15 활성슬러지법을 이용하여 하수를 처리하는 계통도를 나열한 것이다. ( )안에 들어갈 알맞은 말을 순서대로 쓰시오.

> **Tip** 유입수 → (①) → (②) → (③) → (④) → (⑤) → 소독조 → 유출수

풀이 ① 스크린 ② 침사지 ③ 1차침전지 ④ 폭기조 ⑤ 최종침전지

16 표준활성슬러지공법의 정상적인 운전을 유지하기 위한 일반적인 재원을 4가지 쓰시오.

풀이 ① F/M비 ② MLSS ③ HRT(수리학적 체류시간) ④ SRT(미생물 체류시간)

> **Tip**
> ① F/M비 : 0.2~0.4/day ② MLSS : 1,500~2,500mg/L
> ③ HRT : 6~8hr   ④ SRT : 3~6day

17 활성슬러지 공정 중 최종침전지에서 슬러지가 부상하는 원인을 3가지 쓰시오.

풀이 ① 탈질소화 현상이 발생한 경우
② 침전조의 수면적 부하가 높은 경우
③ 슬러지용적지수(SVI)가 높고 잉여슬러지의 인출량이 부족한 경우

18 다음은 총대장균군을 시험관법을 이용하여 분석하고자 할 때 분석절차 중 확정시험에 관한 내용이다. ( )안에 들어갈 알맞은 말을 쓰시오.

> 백금이를 사용하여 (①) 양성 시험관으로부터 확정시험용 배지가 든 시험관에 무균적으로 이식하여 (②)℃에서, (③)시간동안 배양한다. 이 때 가스가 발생한 시료는 총대장균군(④)으로 판정하고, 가스가 발생하지 않는 시료는 총대장균군 (⑤)으로 판정하며, 확정시험까지의 양성 시험관수를 최적확수표에서 찾아 총대장균군수를 결정한다.

풀이 ① 추정시험 ② 35±0.5 ③ 48±3 ④ 양성 ⑤ 음성

※ 알림

최근기출문제는 수강생들의 도움으로 복원된 문제이므로 실제문제와 다소 차이가 있을 수 있음을 알려 드립니다.

실기시험을 친 수험생은 실기문제를 복원하여 메일로 보내 주시면 됩니다.

메일로 보내실 경우 ☞ kwe7002@hanmail.net

수험생 여러분들이 원하시는 수험서를 만들도록 항상 최선의 노력을 다하겠습니다.

01회 2021년 수질환경산업기사 최근 기출문제

2021년 4월 시행

  처리수 중 암모니아성 질소 50mg/L, 아질산성 질소 15mg/L가 포함되어 있다. 수중의 암모니아성 질소와 아질산성 질소를 질산화 시키는데 소요되는 총산소요구량(mg/L)을 계산하시오.

풀이

① $NH_3-N + 2O_2 \rightarrow NO_3^--N + H^+ + H_2O$
  14g : 2× 32g
  50mg/L : X_1
  $\therefore X_1 = \dfrac{50\,mg/L \times 2 \times 32g}{14g} = 228.5714\,mg/L$

② $NO_2^--N + 0.5O_2 \rightarrow NO_3^--N$
  14g : 0.5× 32g
  15mg/L : X_2
  $\therefore X_2 = \dfrac{15\,mg/L \times 0.5 \times 32g}{14g} = 17.1429\,mg/L$

따라서 총산소요구량 = $X_1 + X_2$
  = 228.5714 mg/L + 17.1429 mg/L = 245.71 mg/L

  CFSTR에서 물질을 분해하여 95%의 효율로 처리하고자 한다. 이 물질은 1차 반응으로 분해되며 속도상수는 0.05/hr이다. 유입유량은 300L/hr이고, 유입농도는 150mg/L로 일정할 때 필요한 CFSTR의 부피(m^3)를 계산하시오. (단, 반응은 정상상태이다.)

풀이

$Q \times (C_o - C_t) = k \times V \times C_t^1$

① C_o (초기농도) = 150 mg/L
② C_t (t시간후의 농도) = $C_o \times (1-\eta)$ = 150 mg/L × (1 − 0.95) = 7.5 mg/L
③ $300\,L/hr \times (150-7.5)\,mg/L = 0.05/hr \times V \times 7.5\,mg/L$
  $\therefore V = \dfrac{300\,L/hr \times (150-7.5)\,mg/L}{0.05/hr \times 7.5\,mg/L} = 114,000\,L = 114\,m^3$

03 BOD농도가 1.2mg/L, 유량이 400,000m³/day인 하천에 인구가 20만명인 도시로부터 하수가 50,000m³/day 유입된다. 유입 후 하천의 BOD농도를 3.0mg/L 이하로 유지하기 위해 하수처리장을 건설하려고 할 때 하수처리장의 BOD 제거효율(%)을 얼마 이상으로 유지해야 하는지 계산하시오. (단, 1인당 BOD 배출 원단위는 50g/day이다.)

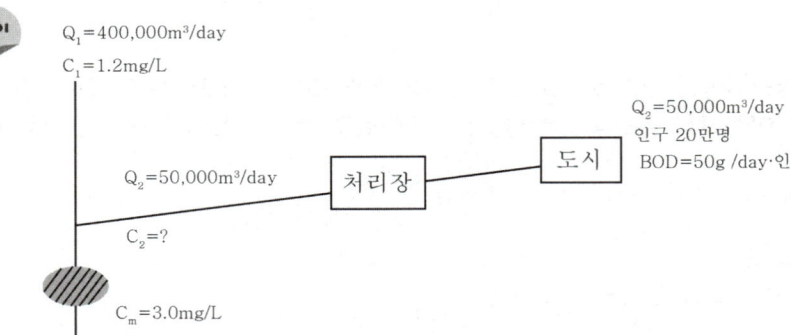

① 혼합공식을 이용해 C_2 (처리장에서 유출된 BOD 농도 = BOD_o)를 계산한다.

$$C_m = \frac{Q_1C_1 + Q_2C_2}{Q_1 + Q_2}$$

$$3.0\,\text{mg/L} = \frac{400,000\,\text{m}^3/\text{day} \times 1.2\,\text{mg/L} + 50,000\,\text{m}^3/\text{day} \times C_2}{400,000\,\text{m}^3/\text{day} + 50,000\,\text{m}^3/\text{day}}$$

$$\therefore C_2 = 17.4\,\text{mg/L}$$

② 처리장으로 유입되는 BOD 농도(BOD_i)
$$= 50\,\text{g/day}\cdot\text{인} \times 200,000\,\text{인} \times \frac{1}{50,000\,\text{m}^3/\text{day}} = 200\,\text{g/m}^3 = 200\,\text{mg/L}$$

③ BOD 제거효율 $= \left(1 - \frac{BOD_o}{BOD_i}\right) \times 100 = \left(1 - \frac{17.4\,\text{mg/L}}{200\,\text{mg/L}}\right) \times 100 = 91.3\%$

04 1일 2,000m³의 하수를 처리하는 1차 침전지에서 고형물이 0.4ton/day, 2차 침전지에서 고형물이 0.3ton/day가 배출되고, 각각의 고형물 함수율은 98%, 99.5%이다. 이 고형물의 체류시간을 3일로 하여 농축시키려면 농축조의 크기(m³)를 계산하시오. (단, 고형물의 비중은 1.0 기준이다.)

① 1차 침전지의 고형물량(m³/day) 계산
$$= \frac{1차\ 침전지의\ 고형물량(\text{kg/day})}{비중량(\text{kg/m}^3)} \times \frac{100}{100 - 함수율(\%)}$$
$$= \frac{400\,\text{kg/day}}{1,000\,\text{kg/m}^3} \times \frac{100}{100 - 98} = 20\,\text{m}^3/\text{day}$$

② 2차 침전지의 고형물량(m³/day) 계산
$$= \frac{2차\ 침전지의\ 고형물량(\text{kg/day})}{비중량(\text{kg/m}^3)} \times \frac{100}{100 - 함수율(\%)}$$
$$= \frac{300\,\text{kg/day}}{1,000\,\text{kg/m}^3} \times \frac{100}{100 - 99.5} = 60\,\text{m}^3/\text{day}$$

③ 농축조의 크기(m^3)
= (1차 침전지의 고형물량 + 2차 침전지 고형물량)(m^3/day) × 체류시간(day)
= $(20+60) m^3/day \times 3 day = 240 m^3$

05 NaOH 0.418g을 물에 녹여 500mL 용액을 만들었다. 다음 물음에 답하시오.

(1) mg/L를 계산하시오.
(2) N 농도를 계산하시오.
(3) pH를 계산하시오.

(1) $mg/L = \dfrac{0.418g}{500mL} \times \dfrac{10^3 mL}{1L} \times \dfrac{10^3 mg}{1g} = 836 mg/L$

(2) $N농도(eq/L) = \dfrac{0.418g}{500mL} \times \dfrac{10^3 mL}{1L} \times \dfrac{1eq}{40g} = 0.02 N$

(3) $pH = 14 + \log[OH^-] = 14 + \log[0.02M] = 12.30$

Tip
① NaOH는 1가 물질이므로 M농도와 N농도가 같다.
② NaOH의 0.02N은 0.02M이다.
③ NaOH → Na^+ + OH^-
　　0.02M　0.02M　0.02M

06 표준활성슬러지법을 이용하여 폐수를 처리하고 있다. 원수의 BOD_3 농도가 250mg/L, k_1 = 0.15/day(밑수 상용대수기준), NH_3-N은 3mg/L로 나타났다. 이 공장의 폐수를 이상적으로 처리하기 위해서 공급해 주어야 하는 질소(N)와 인(P)의 양(mg/L)을 계산하시오. (단, BOD_5 : N : P = 100 : 5 : 1)

① BOD_u 계산
$BOD_3 = BOD_u \times (1 - 10^{-k_1 \times t})$
$250 mg/L = BOD_u \times (1 - 10^{-0.15/day \times 3day})$
∴ $BOD_u = \dfrac{250 mg/L}{(1 - 10^{-0.15/day \times 3day})} = 387.4848 mg/L$

② BOD_5 계산
$BOD_5 = BOD_u \times (1 - 10^{-k_1 \times t})$
= $387.4848 mg/L \times (1 - 10^{-0.15/day \times 5day}) = 318.5792 mg/L$

③ 공급해야 할 질소(N)의 양(mg/L) 계산
BOD_5 : N
100 : 5
318.5792 mg/L : N
∴ N = 15.929 mg/L

따라서 공급해야 할 질소는 15.929mg/L − 3mg/L = 12.93mg/L
④ 공급해야 할 인(P)의 양(mg/L) 계산
  BOD$_5$: P
  100 : 1
  318.5792mg/L : P
  ∴ P = 3.1858mg/L
  따라서 공급해야 할 인(P)의 양은 3.19mg/L이다.

07 Glucose($C_6H_{12}O_6$)의 농도가 1,000mg/L, 폐수의 용량이 1,000m³/day이다. 다음 물음에 답하시오.

> (1) Glucose의 메탄 생성식을 쓰시오.
> (2) 메탄가스의 이론적 부피(m³/day)를 계산하시오.

풀이 (1) $C_6H_{12}O_6 \rightarrow 3CH_4 + 3CO_2$

(2) $C_6H_{12}O_6$: $3CH_4$
  180kg : 3 × 22.4 m³
  1kg/m³ × 1,000 m³/day : X
  ∴ X = 373.33 m³/day

08 폭이 6m, 길이가 30m, 수심이 3m인 침전지에 0.06m³/sec의 유량이 유입된다. 이때 체류시간(hr)을 계산하시오.

풀이 체류시간(hr) = $\dfrac{6\,m \times 30\,m \times 3\,m}{0.06\,m^3/sec \times \dfrac{3,600\,sec}{1\,hr}}$ = 2.50 hr

> **Tip** 체류시간(hr) = $\dfrac{\text{폭} \times \text{길이} \times \text{수심}(m^3)}{\text{유량}(m^3/hr)}$

09 BOD 150mg/L, 폐수량 1,000m³/day인 폐수를 250m³의 유효용량을 가진 포기조로 처리할 경우 BOD 용적부하(kg/m³·day)를 계산하시오.

풀이 BOD 용적부하 = $\dfrac{0.15\,kg/m^3 \times 1,000\,m^3/day}{250\,m^3}$ = 0.60 kg/m³·day

> **Tip**
> ① BOD 용적부하$(kg/m^3 \cdot day) = \dfrac{BOD(kg/m^3) \times Q(m^3/day)}{V(m^3)}$
> ② $mg/L \xrightarrow{\times 10^{-3}} kg/m^3$

10 어느 공단 내의 공장에서 BOD의 농도가 500mg/L이고, 유량이 2,000m³/day인 유기성폐수를 표준활성슬러지법을 이용하여 처리하고자 용적이 150m³인 포기조를 설치하였으나 처리용량에 비해서 포기조의 용적이 부족하였다. 포기조의 용적을 만족시키기 위해서 증가시켜야 할 포기조의 용적(m³)을 계산하시오. (단, BOD 용적부하는 2.0kg/m³·day이다.)

① BOD 용적부하$(kg/m^3 \cdot day) = \dfrac{BOD(kg/m^3) \times Q(m^3/day)}{V(m^3)}$

$2.0 kg/m^3 \cdot day = \dfrac{0.5 kg/m^3 \times 2,000 m^3/day}{V(m^3)}$ ∴ $V = 500 m^3$

② 증가시켜야 할 포기조의 용적 = $500 m^3 - 150 m^3 = 350 m^3$

11 아래 그림은 산화지에서 박테리아와 조류의 공생관계를 나타낸 것이다. (1)과 (2)에 들어갈 알맞은 말을 쓰시오.

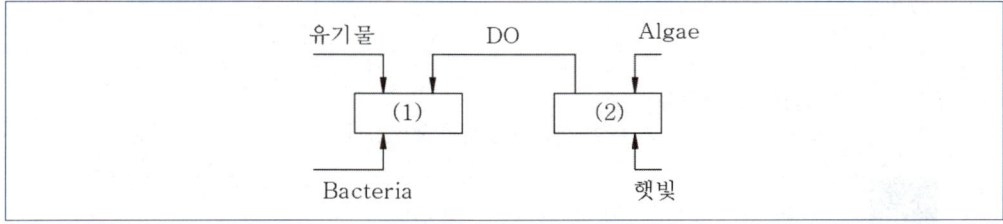

(1) 동화작용
(2) 광합성작용

12 관정부식의 유발물질과 방지대책 5가지를 쓰시오.

(1) 유발물질 : 황화수소(H_2S)
(2) 방지대책
　① 하수의 유속 빠르게
　② 하수관의 피복 및 도장
　③ 하수내 염소주입
　④ 내식성이 큰 콘크리트재료 사용
　⑤ 환기

> **Tip** 관정부식의 원인
> 유기물이 혐기성 상태에서 분해되어 H_2S가 발생되며 이는 공기 중에서 호기성 박테리아에 의해 SO_2나 SO_3로 변화되고 다시 수분과 반응하여 H_2SO_4이 생성되어 콘크리트를 부식시킨다.

13 아래의 반응식은 $Al_2(SO_4)_3 \cdot 14H_2O$를 이용하여 폐수를 응집처리하는 반응식이다. 반응식을 완성하시오.

$$(①)Al_2(SO_4)_3 \cdot 14H_2O + (②)Ca(HCO_3)_2 \rightarrow (③)CaSO_4 + (④)Al(OH)_3 + (⑤)CO_2 + (⑥)H_2O$$

 ① 1 ② 3 ③ 3 ④ 2 ⑤ 6 ⑥ 14

14 오존소독의 장·단점을 2가지씩 쓰시오.

 (1) 장점
① 유기화합물의 생분해성을 높이며, 바이러스의 불활성화 효과가 크다.
② 슬러지가 발생하지 않는다.
③ 탈취, 탈색효과가 크다.
(2) 단점
① 잔류성이 없다.
② 가격이 고가이다.
③ 오존은 저장할 수가 없어 현장에서 생산해야 한다.

> **Tip** 문제의 요구조건인 2가지만 서술하시면 됩니다.

15 트리할로메탄(THM)의 종류 3가지를 쓰시오.

① $CHClBr_2$ ② $CHBrCl_2$
③ $CHCl_3$ ④ $CHBr_3$
⑤ $CHCl_2I$ ⑥ $CHClI_2$
⑦ $CHBr_2I$

| Tip | 문제의 요구조건인 3가지만 서술하시면 됩니다.
① CHClBr₂ (디브로모클로로메탄) ② CHBrCl₂ (디클로로브로모메탄)
③ CHCl₃ (클로로포름) ④ CHBr₃ (브로모포름)
⑤ CHCl₂I (디클로로아이오드메탄) ⑥ CHClI₂ (클로로디아이오드메탄)
⑦ CHBr₂I (디브로모아이오드메탄) |

16 다음의 용어에 해당하는 영문표기의 약자를 쓰시오.

(1) 반치사농도
(2) 슬러지밀도지수
(3) 유해물질의 1일 허용섭취량

 (1) EC 50
(2) SDI
(3) ADI

| Tip | ① EC 50 = Median Effective Concentration
② SDI = Sludge Density Index
③ ADI = Acceptable Daily Intake |

17 활성슬러지공정에서 폭기조나 침전지 표면에 갈색거품을 유발시키는 방선균의 일종인 nocardia의 과도한 성장을 유발하는 원인을 3가지 쓰시오.

 ① SRT(미생물의 체류시간)이 너무 길 때
② F/M비가 작을때
③ 슬러지 인발의 부족으로 MLSS가 증가할 때

| Tip | nocardia(노카르디아)는 방선균목 악티노미세스과 노카르디아속에 속하는 분열균으로 노카르디아증(症)의 병원체 균종(菌種)이다. 토양중에 존재하고 있으며, 피부손상 부위로 침입하면 족균종(足菌腫)이 생기고 흡입에 의해 폐감염이 된다. |

산성폐액 처리방법에는 NaOH, 석회석 등을 이용하는데 황산의 농도가 0.6% 이상의 산성폐액을 처리할 때 사용할 수 없는 방법과 그 이유에 대해서 쓰시오.

 (1) 사용할 수 없는 방법 : 중화처리방법
(2) 이유 : 석회석($CaCO_3$)과 황산(H_2SO_4)이 반응하여 황산칼슘($CaSO_4$)을 형성하여 불용성막을 형성하며 이로 인해서 처리효율이 낮아진다.

02회 2021년 수질환경산업기사 최근 기출문제

2021년 7월 시행

01 펌프효율이 80%이며, 전양정(H) 16m인 조건하에서 펌프의 구경이 250mm, 토출구의 유속이 3.55m/sec일 때 소요동력(kW)을 계산하시오. (단, 물의 밀도는 1,000kg/m³, 여유율은 20%이다.)

풀이

① 토출량(유량) $= \dfrac{\pi \times (0.25\,\text{m})^2}{4} \times 3.55\,\text{m/sec} = 0.17426\,\text{m}^3/\text{sec}$

② 소요동력 $= \dfrac{1,000\,\text{kg/m}^3 \times 0.17426\,\text{m}^3/\text{sec} \times 16\,\text{m}}{102 \times 0.80} \times 1.2 = 41.0\,\text{kW}$

Tip

① 소요동력(kW) $= \dfrac{r \times Q \times H}{102 \times \eta} \times \alpha$

여기서 r : 물의 밀도(1,000kg/m³)
H : 총양정(m)
Q : 토출량(유량)(m³/sec)
η : 펌프의 효율
α : 여유율
1kW = 102Kg·m/sec

② 만약에 PS를 계산할 경우 공식의 102 → 75
③ 여유율이 20%이면 120%이므로 $\alpha = 1.2$
④ $Q(\text{m}^3/\text{sec}) = $ 면적(m²) × 유속(m/sec) $= \dfrac{\pi \times D^2}{4}\,(\text{m}^2) \times V(\text{m/sec})$

02 포기조의 MLSS 농도를 2,300mg/L로 유지하기 위한 슬러지의 반송율(%)을 계산하시오. (단, SVI = 100, 유입수의 SS는 무시한다.)

풀이

반송율(%) $= \dfrac{\text{MLSS}}{\dfrac{10^6}{\text{SVI}} - \text{MLSS}} \times 100(\%)$

$= \dfrac{2,300\,\text{mg/L}}{\dfrac{10^6}{100} - 2,300\,\text{mg/L}} \times 100(\%) = 29.87\%$

> **Tip**
> ① 반송비$(R) = \dfrac{MLSS - SS_i}{SS_r - MLSS}$
>
> $\xrightarrow{\text{유입수의 SS 무시하면}}$ $R = \dfrac{MLSS}{SS_r - MLSS}$
>
> ② $SVI = \dfrac{10^6}{SS_r} \Rightarrow SS_r = \dfrac{10^6}{SVI}$
>
> 따라서 반송비$(R) = \dfrac{MLSS}{SS_r - MLSS} = \dfrac{MLSS}{\dfrac{10^6}{SVI} - MLSS}$

03 H 강의 유량이 2.8m³/sec이고 BOD 농도가 4.0mg/L이고, J 하천과 C 하천이 만나서 혼합된 후의 유량이 560m³/day이고 BOD 농도가 50mg/L인 혼합하천이 다시 H강과 합류하여 흘러간다. H강과 합류된 지점의 BOD 농도(mg/L)를 계산하시오.

풀이 합류된 지점의 농도$(C_m) = \dfrac{Q_1C_1 + Q_2C_2}{Q_1 + Q_2}$

$= \dfrac{2.8\,m^3/sec \times 4.0\,mg/L + 560\,m^3/day \times \dfrac{1\,day}{24\,hr} \times \dfrac{1\,hr}{3,600\,sec} \times 50\,mg/L}{2.8\,m^3/sec + 560\,m^3/day \times \dfrac{1\,day}{24\,hr} \times \dfrac{1\,hr}{3,600\,sec}}$

$= 4.11\,mg/L$

04 $I = \dfrac{3,660}{t + 15}$ (mm/hr), 면적 3.0km², 유입시간 6분, 유출계수 C = 0.65, 관내유속이 1m/sec인 경우 관길이 600m인 하수관에서 흘러 나오는 우수량(m³/day)을 계산하시오. (단, 합리식 적용)

풀이 합리식에서 우수량$(Q) = \dfrac{1}{360} \times C \times I \times A$ (m³/sec)

유하시간 $= \dfrac{600\,m}{1\,m/sec \times 60\,sec/min} = 10\,min$

유달시간(t) = 6min + 10min = 16min

강우강도(I) $= \dfrac{3,660}{16\,min + 15} = 118.0645\,mm/hr$

면적 $= 3.0\,km^2 \times 100\,ha/1km^2 = 300\,ha$

따라서 우수량 $= \dfrac{1}{360} \times 0.65 \times 118.0645\,mm/hr \times 300\,ha = 63.95\,m^3/sec$

∴ $63.95\,m^3/sec \times \dfrac{3,600\,sec}{1\,hr} \times \dfrac{24\,hr}{1\,day} = 5,525,280\,m^3/day$

> **Tip**
> ① 합리식에서 우수량(Q) = $\frac{1}{360} \times C \times I \times A$
> 　　여기서 C : 유출계수　　I : 강우강도(mm/hr)　　A : 면적(ha)
> ② 강우강도(I) = $\frac{3,660}{t+15}$ (mm/hr)에서
> 　　t(유달시간) = 유입시간 + 유하시간
> 　　유하시간 = $\frac{길이}{유속}$
> ③ $1km^2 = 100\,ha$

05 어느 폐수처리시설에서 직경 0.01cm, 비중 2.5인 입자를 중력 침강시켜 제거하고자 한다. 수온 4.0℃에서 물의 비중은 1.0, 점성계수는 1.31×10⁻²g/cm·sec일 때, 입자의 침강속도(m/sec)를 계산하시오. (단, 입자의 침강속도는 Stokes식에 따른다.)

 풀이
$$V_S = \frac{(0.01\,cm)^2 \times (2.5-1.0)\,g/cm^3 \times 980\,cm/sec^2}{18 \times 1.31 \times 10^{-2}\,g/cm \cdot sec}$$
$$= 0.62\,cm/sec = 0.01\,m/sec$$

> **Tip**
> $V_S = \frac{d^2 \times (\rho_s - \rho_w) \times g}{18 \times \mu}$
> 여기서 V_S : 침강속도(cm/sec)　　d : 직경(cm)
> 　　　ρ_s : 입자의 비중　　　　ρ_w : 물의 비중
> 　　　g : 중력가속도(980 cm/sec²)　μ : 점성도(g/cm·sec)

06 다음은 생물학적방법으로 질소, 인을 동시 제거하는 공정이다. 물음에 답하시오.

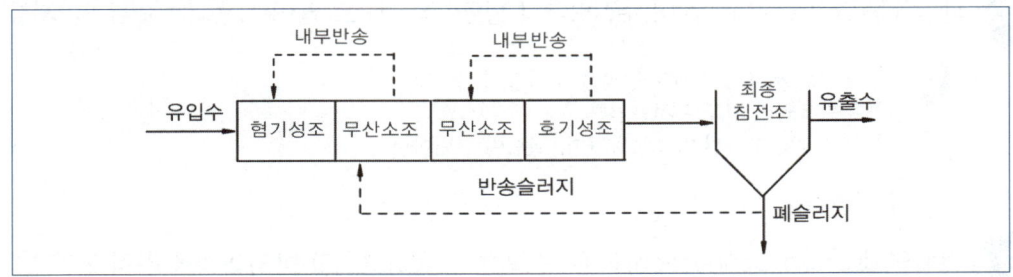

(1) 본 공법은 반송슬러지를 혐기조로 보내지 않고 무산소조로 슬러지를 반송하는 것이 특징이다. 이는 무엇을 위한 것인가?
(2) 위 그림의 공정명은 무엇인가?

풀이 (1) 혐기성조에 질산염의 부하를 감소시킴으로써 인의 방출을 증대시키기 위해서
(2) UCT 공법

07 아래의 보기를 보고 상수도 계통을 순서대로 번호를 쓰시오.

① 급수   ② 수원   ③ 송수   ④ 도수   ⑤ 배수   ⑥ 취수   ⑦ 정수

풀이 ② → ⑥ → ④ → ⑦ → ③ → ⑤ → ①

Tip 암기법 : 상치도 청송에 배급한다.
상 : 상수도, 치 : 취수, 도 : 도수, 청 : 정수, 송 : 송수, 배 : 배수, 급 : 급수

08 적조현상이 발생하는 조건 3가지를 쓰시오.

풀이 ① 물의 이동이 적은 정체수역
② 염분농도의 감소
③ 수온의 상승
④ 영양염류의 증가
⑤ 햇빛이 강할 때

Tip 문제의 요구조건인 3가지만 서술하시면 됩니다.

09 대장균군(Coliform Group)이 수질오염의 생물학적 지표로 많이 사용되는 이유 3가지를 쓰시오.

풀이 ① 병원성 세균의 존재 가능성을 추정할 수 있다.
② 분변오염의 지표로 사용된다.
③ 검출방법이 간편하고 정확하며, 실험이 간단하다.

10 교차연결(Cross Connection)의 (1) 정의를 서술하고, (2) 방지대책을 각각 3가지씩 서술하시오.

풀이 (1) 정의 : 음용수용 급수시설에 음용수로 사용될 수 없는 물이 직접 또는 간접적으로 유입될 수 있도록 되어 있는 물리적인 연결이다.

(2) 방지대책
① 상수관과 하수관거를 함께 매설하지 않는다.
② 연결관에 수압차 발생을 방지한다.
③ 오염원의 유출수가 상수의 유입구보다 낮게 한다.

> **Tip**
> 교차연결의 발생원인
> ① 상수관이 하수관거와 함께 매설될 때
> ② 소화전이 하수관거로 배출될 때
> ③ 오염원의 유출수가 상수의 유입구보다 상부에 위치할 때

11 폐슬러지 처리시 혐기성 소화조에서 소화가스 발생량이 현저히 감소하는 원인을 3가지 쓰시오.

① 저농도 슬러지 유입
② 소화슬러지 과잉배출
③ 조내 온도 저하
④ 소화가스 누출될 때
⑤ 과다한 산이 생성 되었을 때
⑥ 소화조내 pH의 상승(8.5 이상)

> **Tip**
> 혐기성 소화조 소화가스 발생량 저하의 방지대책
> ① 저농도 슬러지 유입의 방지책은 유입 슬러지의 농도를 높인다.
> ② 소화슬러지 과잉배출의 방지책은 배출량을 조절한다.
> ③ 조내 온도 저하의 방지책은 조내 온도를 적정온도로 높인다.
> ④ 소화가스 누출될 때의 방지책은 소화가스 누출의 원인을 파악하여 점검하고 수리한다.
> ⑤ 과다한 산이 생성 되었을 때의 방지책은 과부하가 원인이므로 부하량을 조절한다.
> ⑥ 소화조내 pH의 상승의 방지책은 pH를 8.5 이하로 조절한다.

12 다음표는 A_2/O 공법에 의한 각 반응조별 상등수의 분석 결과이다. 다음 물음에 답하시오.

분석항목	공정명				
	유입수	①	②	③	처리수
PO_4-P(mg/L)	5	15	8	1	1

(1) ①번 반응조 이름, PO_4-P 농도가 높아지는 이유를 서술하시오.
(2) ③번 반응조 이름, PO_4-P 농도가 매우 낮아지는 이유를 서술하시오.

(1) 반응조 이름 : 혐기성조
이유 : PO_4-P의 농도가 높아지는 이유는 미생물에 의한 인의 방출이 있기 때문이다.
(2) 반응조 이름 : 호기성조
이유 : PO_4-P의 농도가 매우 낮아지는 이유는 미생물에 의한 인(P)의 과잉섭취가 일어나기 때문이다.

13 상수도용 배관의 부식방지방법 3가지만 서술하시오.

풀이
① 관을 피복한다.
② 내식성이 강한 재질을 사용한다.
③ 콘크리트의 수밀성을 증가시킨다.

> **Tip**
> 전식의 위험이 있는 경우 철도 가까이에 금속관을 매설하는 경우, 금속관을 매설하는 측의 대책(전식방지방법)의 종류
> ① 이음부의 절연화
> ② 강제배류법
> ③ 외부전원법
> ④ 유전양극법(또는 희생양극법)

14 콜로이드를 응집하는 기본 메카니즘 4가지를 쓰시오.

풀이
① 이중층의 압축강화
② 전하의 전기적 중화
③ 침전물에 의한 포착
④ 입자간의 가교형성

15 A/O공법과 A₂/O공법의 공정도를 도식하시오. (단, 내부반송과 반송슬러지 포함)

풀이
① A/O 공법의 공정도

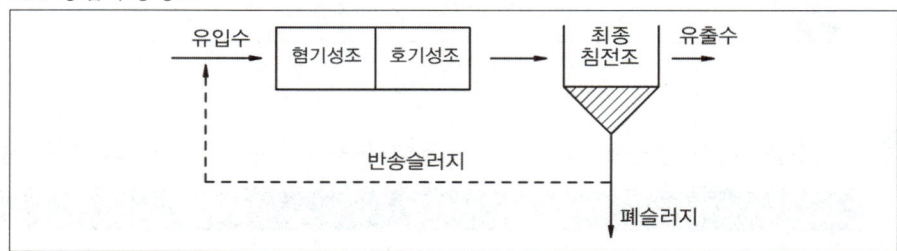

② A₂/O 공법의 공정도

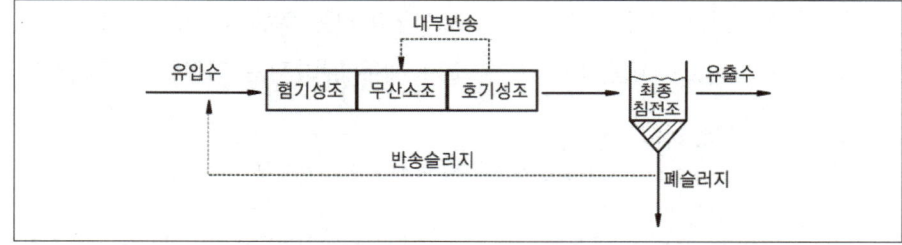

16 다음은 Fenton 산화법에 대한 설명이다. 물음에 답하시오.
(1) Fenton 산화법에 사용되는 시약을 쓰시오.
(2) Fenton 시약에서 발생되는 강한 산화력을 가진 물질을 쓰시오.

(1) Fenton 시약 : 과산화수소(H_2O_2), 촉매 : 철염(황산제1철)
(2) OH 라디칼

17 수질환경관계법규상 점오염원과 비점오염원의 정의를 쓰시오.

① 점오염원 : 폐수배출시설, 하수발생시설, 축사 등으로서 관거·수로 등을 통하여 일정한 지점으로 수질오염물질을 배출하는 배출원을 말한다.
② 비점오염원 : 도시, 도로, 농지, 산지, 공사장 등으로서 불특정장소에서 불특정하게 수질오염물질을 배출하는 배출원을 말한다.

> **Tip** 기타수질오염원 : 점오염원 및 비점오염원으로 관리되지 아니하는 수질오염물질을 배출하는 시설 또는 장소로서 환경부령으로 정하는 것을 말한다.

※ 알림
최근기출문제는 수강생들의 도움으로 복원된 문제이므로 실제문제와 다소 차이가 있을 수 있음을 알려 드립니다.
실기시험을 친 수험생은 실기문제를 복원하여 메일로 보내 주시면 됩니다.
메일로 보내실 경우 ☞ kwe7002@hanmail.net
수험생 여러분들이 원하시는 수험서를 만들도록 항상 최선의 노력을 다하겠습니다.

03회 2021년 수질환경산업기사 최근 기출문제

2021년 10월 시행

01 Ca^{2+}가 40mg/L, Mg^{2+}가 20mg/L 포함된 물의 경도(mg/L as $CaCO_3$)를 계산하시오. (단, Ca의 원자량 : 40, Mg의 원자량 : 24)

$$\frac{경도(mg/L)}{50g} = \frac{Ca^{2+} mg/L}{20g} + \frac{Mg^{2+} mg/L}{12g}$$
$$= \frac{40mg/L}{20g} + \frac{20mg/L}{12g}$$
∴ 경도 = 183.33mg/L as $CaCO_3$

Tip
경도
물의 세기정도를 말하며 2가 양이온 금속성 물질(Ca^{2+}, Mg^{2+}, Mn^{2+}, Fe^{2+}, Sr^{2+})의 함량을 탄산칼슘($CaCO_3$)의 농도로 환산한 값(ppm = mg/L) 이다.

02 글리신 100g이 호기성분해 하였을 때 ThOD(g)를 계산하시오. (단, 최종산물은 CO_2, H_2O, HNO_3이다.)

$C_2H_5O_2N + 3.5O_2 \rightarrow 2CO_2 + 2H_2O + HNO_3$
 75g : 3.5 × 32g
 100g : ThOD
∴ ThOD = $\frac{100g \times 3.5 \times 32g}{75g}$ = 149.33g

Tip
① 글리신 = $C_2H_5O_2N$ = $CH_2(NH_2)COOH$
② 이론적산소요구량 = ThOD
③ $C_2H_5O_2N$의 분자량 = (2×12)+(5×1)+(2×16)+14 = 75g

03 직경(D)이 450mm인 하수용 원심력 철근콘크리트관이 구배 10‰로 매설되어 있다. 만수된 상태로 송수된다고 할 때 Manning 공식을 이용하여 유량(m^3/sec)을 계산하시오. (단, 조도계수 (n)은 0.0150이다.)

① 유속(v) = $\dfrac{1}{n} \times R^{\frac{2}{3}} \times I^{\frac{1}{2}}$ (m/sec)

$= \dfrac{1}{0.015} \times \left(\dfrac{0.45m}{4}\right)^{\frac{2}{3}} \times \left(\dfrac{10}{1,000}\right)^{\frac{1}{2}} = 1.5536\,m/sec$

② 유량(Q) = 면적(A) × 유속(v) = $\dfrac{\pi}{4} \times (0.45m)^2 \times 1.5536\,m/sec = 0.25\,m^3/sec$

Tip

① Manning 공식에 의한 유속(v) = $\dfrac{1}{n} \times R^{\frac{2}{3}} \times I^{\frac{1}{2}}$ (m/sec)

여기서 n : 조도계수

R : 경심 (R = $\dfrac{D}{4}$)

I : 구배(기울기)

② 직경(D) = 450mm = $450 \times 10^{-3}\,m = 0.45\,m$

③ 기울기 (I) = 10‰ = $\dfrac{10}{1,000}$ = 0.01

④ 경심(R) = $\dfrac{면적(A)}{윤변의 길이(S)} = \dfrac{\frac{\pi D^2}{4}}{\pi \cdot D} = \dfrac{D}{4}$ (m)

⑤ 면적(A) = $\dfrac{\pi D^2}{4}$ (m^2)

04 유기물을 혐기성으로 처리할 때 메탄(CH_4)의 최대수율은 제거되는 COD 1kg당 CH_4 0.35m^3이다. 유량이 685m^3/day, COD의 농도가 2,500mg/L인 폐수의 COD 제거효율이 85%일 때 메탄(CH_4)의 발생량(m^3/day)을 계산하시오.

CH_4 발생량(m^3/day) = $\dfrac{685\,m^3}{day} \times \dfrac{2.5\,kg}{m^3} \times \dfrac{0.35\,m^3}{kg} \times 0.85 = 509.47\,m^3/day$

Tip

$CH_4 + 2O_2 \rightarrow CO_2 + 2H_2O$

$22.4\,m^3$: $2 \times 32\,kg$

$X(m^3)$: $1\,kg$

∴ X = 0.35 ($m^3 \cdot CH_4/1\,kg \cdot COD$)

05 18mg/L의 NH_4^+ 이온을 함유하는 폐수 4,000m³을 이온교환수지로 처리하고자 한다. 이온교환 용량이 100,000g $CaCO_3$/m³인 양이온 교환수지를 사용한다면 이론상 요구되는 수지의 양(m³)을 계산하시오. (단, Ca : 40, O : 16)

풀이

① $2NH_4^+ + CaCO_3 \rightarrow (NH_4)_2CO_3 + Ca^{2+}$

$2 \times 18g : 100g$

$18g/m^3 \times 4,000m^3 : X$

$\therefore X = \dfrac{100g \times 18g/m^3 \times 4,000m^3}{2 \times 18g} = 200,000g$

② 이론상 요구되는 수지의 양(m^3) = $\dfrac{200,000g}{100,000g/m^3} = 2m^3$

06 종합폐수의 희석배율은 통상 유입 Cl^- 농도와 방류수의 희석된 Cl^- 농도로써 산출될 수 있다. 종합폐수의 유입수 BOD가 21,500ppm, 염소이온농도가 5,500ppm, 방류수의 염소이온농도가 200ppm이라면, 방류수의 BOD농도(ppm)는 얼마인가? (단, BOD 제거율은 95%이다.)

풀이

① 희석배수치(p) = $\dfrac{\text{유입수의 } Cl^-}{\text{방류수의 } Cl^-} = \dfrac{5,500ppm}{200ppm} = 27.5$

② BOD 제거율(%) = $\left\{1 - \dfrac{\text{방류수 BOD} \times \text{희석배수치(P)}}{\text{유입수 BOD}}\right\} \times 100$

$95\% = \left\{1 - \dfrac{BOD_o \times 27.5}{21,500ppm}\right\} \times 100$

따라서 방류수의 BOD = $\dfrac{(1 - 0.95) \times 21,500ppm}{27.5} = 39.09ppm$

07 수심이 4m인 수조에 지름이 10cm인 사이펀이 설치되어 있다. 역사이펀의 최하단은 수조의 바닥과 동일한 높이이며, 유출구로부터 사이펀 최상단까지의 높이는 6m이다. 이때 사이펀을 흐르는 유량(m³/sec)을 계산하시오.

풀이

유량(Q) = 면적(A) × 유속(v)

$= \dfrac{\pi \times D^2}{4}(m^2) \times \sqrt{2 \times g \times h}\ (m/sec)$

$= \dfrac{\pi \times (0.1m)^2}{4} \times \sqrt{2 \times 9.8m/sec^2 \times 4m}$

$= 0.07\ m^3/sec$

08 폭이 5m, 깊이가 2m, 길이가 20m인 침전지가 있다. 침전지의 효율을 증가시키기 위해서 침전지에 경사판을 설치하여 유효 분리면적을 증가시키고자 한다. 경사판을 설치 후 면적이 경사판 설치 전 면적보다 몇 배가 증가했는지 계산하시오. (단, 경사판은 2매, 설치각도는 45°이다.)

 ① 경사판의 유효 분리면적
= n × a × cos경사각
= 2 × (2√2 × 20)m² × cos45° = 80m²

② $\dfrac{설치\ 후\ 면적}{설치\ 전\ 면적} = \dfrac{(5m \times 20m) + 80m^2}{(5m \times 20m)} = 1.8$

따라서 경사판을 설치 후 면적이 설치 전 면적보다 1.8배 늘어난다.

Tip
① 경사판의 유효 분리면적 = n × a × cos경사각
여기서 n : 경사판의 수   a : 경사판의 면적
② 침전지의 면적 = 폭 × 길이
③ 2√2 = 빗변의 길이

09 물리 · 화학적 방법으로 질소화합물을 처리하는 방법 3가지를 쓰시오.

 ① 이온교환법
② 공기탈기법
③ 파과점 염소주입법

Tip
물리 · 화학적 방법으로 질소화합물을 처리하는 방법
① 이온교환법 : 처리하고자 하는 폐수중에 포함되어 있는 NH_4^+ 이온을 선택적으로 치환할 수 있는 천연제올라이트를 충진한 이온교환층을 통과시켜 암모니아를 처리하는 방법이다.
② 공기탈기법 : 처리하고자 하는 폐수에 석회 등을 이용하여 pH를 10 이상으로 조절한 후 공기를 불어 넣어 수중에 존재하는 암모니아성 질소를 암모니아가스로 탈기하는 방법이다.
③ 파과점 염소주입법 : 처리하고자 하는 폐수에 염소(Cl_2)를 주입하여 암모늄염을 질소가스(N_2)로 처리하는 방법이다.

10 생물학적 원리를 이용하여 질소, 인을 제거하는 공정인 A_2/O 공법에 대해 다음 물음에 답하시오.

(1) A_2/O 공법의 계통도를 도식하시오.
(2) A_2/O 공법에서 반응조의 역할을 쓰시오. (단, 침전조 제외)

(1) A_2/O 공법의 공정도

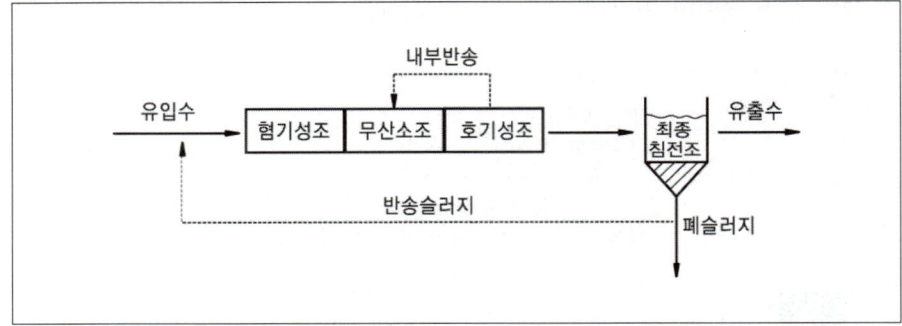

(2) 반응조의 역할
① 혐기성조 : 인(P)의 방출 및 유기물 제거
② 무산소조 : 탈질화(질소제거)
③ 호기성조 : 인(P)의 과잉흡수 및 질산화

> **Tip** 내부반송 이유 : 호기성조(포기조)에서 질산화를 통해 생성된 질산성질소를 무산소조로 내부반송하여 질소를 제거한다.

11 BOD 측정시 희석수를 넣는 이유를 3가지 쓰시오.

① 영양물질 공급을 위해
② 완충작용을 위해
③ 독성물질을 희석하기 위해

12 포스트립(Phostrip) 공정과 4단계 바덴포 공정의 처리물질과 처리원리를 서술하시오.

(1) 처리물질
① 포스트립 공정 : 인(P)
② 4단계 바덴포 공정 : 질소(N)
(2) 처리원리
① 포스트립 공정 : 활성슬러지공법으로 침전된 슬러지를 혐기성조(탈인조)로 보내 인을 방출시켜 상징수를 응집조(침전조)로 보낸다. 이 응집조(침전조)에서는 석회(Lime)를 주입하여 화학적으로 인을 침전제거한다.
② 4단계 바덴포 공정 : 1단계 무산소조에서 탈질작용, 1단계 호기성조에서 질산화 반응, 내부반송을 통해 질산화된 잔류질소 제거, 2단계 무산소조에서 잔류질소 제거가 이루어진다. 따라서 생물학적 방법으로 질소처리가 주목적인 공법이다.

13 다음 공정도를 보고 물음에 답하시오.

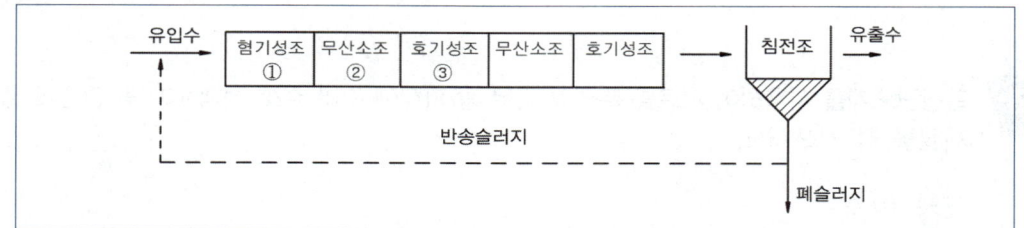

(1) 공법의 이름
(2) ②번 무산소조에서 일어나는 질소관련 반응
(3) ① ② ③번조 중 미생물이 인을 섭취하여 제거하는 조의 번호

(1) 5단계 바덴포
(2) 탈질화반응(탈질산화반응)
(3) ③

14 BTEX 물질을 나열하시오.

 벤젠(Benzene), 톨루엔(Toluene), 에틸벤젠(Ethylbenzene), 자일렌(Xylene)

15 아래의 조건을 이용하여 BOD용적부하, HRT, SRT, F/M비, 슬러지일령, 슬러지 반송율(%)의 공식을 쓰시오.

- S_o : 유입수의 BOD농도
- X_o : 유입수의 슬러지농도
- X_r : 반송슬러지농도
- V : 포기조의 용적
- Q_e : 유출수의 유량
- Q : 유입수의 유량
- X : 슬러지(미생물)농도
- Q_w : 폐슬러지의 유량
- X_e : 유출수의 슬러지농도

① BOD용적부하 $= \dfrac{Q \times S_o}{V}$

② HRT $= \dfrac{V}{Q}$

③ SRT $= \dfrac{V \times X}{Q_w \times X_w + Q_e \times X_e}$

④ F/M비 $= \dfrac{S_o \times Q}{X \times V}$

⑤ 슬러지일령 $= \dfrac{X \times V}{Q \times X_o}$

⑥ 슬러지 반송율(%) = $\dfrac{X - X_o}{X_r - X} \times 100$

 흡광광도계를 사용하여 시료를 분석할 경우 광 파장에 따라 주로 선택해야 할 광원과 흡수셀의 재질을 각각 쓰시오.

(1) 광원
  ① 가시부 : 텅스텐램프
  ② 근적외부 : 텅스텐램프
  ③ 자외부 : 중수소방전관
(2) 흡수셀의 재질
  ① 가시부 : 유리제
  ② 근적외부 : 유리제, 플라스틱제
  ③ 자외부 : 석영제

 배수관망 중 격자식(망목식)의 장점 3가지를 쓰시오.

① 수압유지에 유리하다.
② 단수구역이 좁다.
③ 물이 정체되지 않는다.
④ 화재 발생시 수량을 증가시키기에 용이하다.

> **Tip**
> 수지식의 특징
> ① 수압유지가 어렵다.
> ② 단수구역이 넓다.
> ③ 물이 정체된다.
> ④ 시공이 용이하다.
> ⑤ 건설비용이 적게 소요된다.
> ⑥ 화재 발생시 수량을 증가시키기에 용이하지 못하다.

※ **알림**
최근기출문제는 수강생들의 도움으로 복원된 문제이므로 실제문제와 다소 차이가 있을 수 있음을 알려 드립니다.
실기시험을 친 수험생은 실기문제를 복원하여 메일로 보내 주시면 됩니다.
메일로 보내실 경우 ☞ kwe7002@hanmail.net
수험생 여러분들이 원하시는 수험서를 만들도록 항상 최선의 노력을 다하겠습니다.

01회 2022년 수질환경산업기사 최근 기출문제

2022년 5월 시행

01 탈기법을 이용하여 폐수 중의 암모니아성 질소를 제거하기 위하여 폐수의 pH를 조절하고자 한다. 수중의 암모니아를 NH_3(기체분자의 형태) 99%로 하기 위한 pH를 계산하시오.
(단, 암모니아성 질소의 수중에서의 평형은 다음과 같다.)

$$NH_3 + H_2O \rightleftarrows NH_4^+ + OH^-, \text{ 평형상수}(k) = 1.8 \times 10^{-5}$$

① $NH_3(\%) = \dfrac{[NH_3]}{[NH_3]+[NH_4^+]} \times 100$ (분자, 분모를 $[NH_3]$로 나누면)

$= \dfrac{1}{1+\dfrac{[NH_4^+]}{[NH_3]}} \times 100$ 이므로

$99\% = \dfrac{1}{1+\dfrac{[NH_4^+]}{[NH_3]}} \times 100$ 에서 식을 정리하면

$0.99 + 0.99 \dfrac{[NH_4^+]}{[NH_3]} = 1$ 에서 $\dfrac{[NH_4^+]}{[NH_3]} = \dfrac{1-0.99}{0.99} = 0.01$

② 평형상수$(k) = \dfrac{[NH_4^+][OH^-]}{[NH_3]}$ 에서

$1.8 \times 10^{-5} = \dfrac{[NH_4^+]}{[NH_3]} \times [OH^-]$ 이므로 $\dfrac{[NH_4^+]}{[NH_3]} = 0.01$을 대입한다.

$1.8 \times 10^{-5} = 0.01 \times [OH^-]$ 따라서 $[OH^-] = 1.8 \times 10^{-3} \text{ mol/L}$

③ $pH = 14 + \log[OH^-] = 14 + \log[1.8 \times 10^{-3} \text{ mol/L}] = 11.26$

> **Tip**
> ① 산성물질에서 $pH = -\log[H^+]$
> ② 알칼리성물질에서 $pH = 14 + \log[OH^-]$

02 유량이 50,000m³/day인 공장폐수를 응집제를 이용하여 응집처리하기 위해 황산알루미늄 $[Al_2(SO_4)_3]$ 또는 황산제일철$[FeSO_4]$을 사용하고자 한다. 시료 1,000mL(시료+응집제)에 대한 Jar-Test 시험결과 황산알루미늄$[Al_2(SO_4)_3]$ 주입량이 200mg/L와 철 40mgFe^{2+}/L인 경우에 각각 최적의 처리결과가 나타났다. 다음 물음에 답하시오.

- 100% 순도의 황산알루미늄 $[Al_2(SO_4)_3]$의 가격은 150원/kg
- 100% 순도의 황산제일철 $[FeSO_4]$의 가격은 120원/kg
- Fe의 원자량은 56
- S의 원자량은 32

(1) 최적의 수질을 얻기 위해 필요한 황산알루미늄$[Al_2(SO_4)_3]$의 소요되는 비용(원/day)을 계산하시오.

(2) 최적의 수질을 얻기 위해 필요한 황산제일철$[FeSO_4]$의 소요되는 비용(원/day)을 계산하시오.

 (1) 황산알루미늄 $[Al_2(SO_4)_3]$의 소요되는 비용(원/day)

$$= \frac{0.2\,kg}{m^3} \times \frac{50,000\,m^3}{day} \times \frac{150원}{kg} = 1,500,000원/day$$

(2) 황산제일철 $[FeSO_4]$의 소요되는 비용(원/day)

① 주입된 철이온을 황산제일철 $[FeSO_4]$로 환산한다.

$FeSO_4$: Fe^{2+}
152g : 56g
X : 40mg/L

∴ X = 108.57 mg/L

② 황산제일철 $[FeSO_4]$의 소요되는 비용(원/day)

$$= \frac{0.10857\,kg}{m^3} \times \frac{50,000\,m^3}{day} \times \frac{120원}{kg} = 651,420원/day$$

 Tip
① ppm = mg/L = g/m^3
② $mg/L \xrightarrow{\times 10^{-3}} kg/m^3$
③ $FeSO_4$의 분자량 = 56+32+16×4 = 152

03 글리신 100g이 호기성분해 하였을 때 ThOD(g)를 계산하시오. (단, 최종산물은 CO_2, H_2O, HNO_3 이다.)

 $C_2H_5O_2N + 3.5O_2 \rightarrow 2CO_2 + 2H_2O + HNO_3$
75g : 3.5×32g
100g : ThOD

$$\therefore ThOD = \frac{100g \times 3.5 \times 32g}{75g} = 149.33g$$

Tip	① 글리신 $= C_2H_5O_2N = CH_2(NH_2)COOH$
	② 이론적산소요구량 $=$ ThOD
	③ $C_2H_5O_2N$의 분자량 $= (2\times 12)+(5\times 1)+(2\times 16)+14 = 75g$

04 BOD 300mg/L를 함유한 공장폐수 400m³/day를 처리하여 하천에 방류하고자 한다. 유량이 20,000m³/day이고 BOD 2mg/L인 하천에 방류한 후 곧 완전 혼합된 때의 BOD 농도를 3mg/L 이하로 규정하고 있다면 이 공장폐수의 BOD 제거율(%)을 계산하시오. (단, 하천의 다른 오염물질 유입은 없다고 가정하시오.)

 ① 혼합공식을 이용해 C_2($=$ 유출수의 BOD농도)를 계산한다.

$$C_m = \frac{Q_1C_1 + Q_2C_2}{Q_1 + Q_2}$$

$$3mg/L = \frac{20,000\,m^3/day \times 2mg/L + 400\,m^3/day \times C_2}{(20,000+400)\,m^3/day}$$

$20,000\,m^3/day \times 2mg/L + 400\,m^3/day \times C_2 = 3mg/L \times (20,000+400)\,m^3/day$

$\therefore\ C_2 = 53\,mg/L$

② BOD 제거율(%) $= \left\{1 - \dfrac{\text{유출수 BOD}}{\text{유입수 BOD}}\right\} \times 100$

$= \left\{1 - \dfrac{53\,mg/L}{300\,mg/L}\right\} \times 100 = 82.33\%$

05 포기조 내 혼합액 1L를 30분간 정치했을 때 슬러지용량이 300mL이다. 유입수중의 슬러지와 포기조에서 생성슬러지를 무시한다면 슬러지의 반송유량(m³/day)을 계산하시오. (단, 유입유량은 40,000m³/day이다.)

 ① $SV(\%) = (300mL/L \times 10^{-3}L/mL) \times 100 = 30\%$

② 반송비 $= \dfrac{SV(\%)}{100-SV(\%)} = \dfrac{30\%}{100-30\%} = 0.4286$

③ 반송유량(m³/day) $=$ 유입유량 $\times$ 반송비
$= 40,000\,m^3/day \times 0.4286 = 17,144\,m^3/day$

06 CFSTR에서 물질을 분해하여 95%의 효율로 처리하고자 한다. 이 물질은 1차 반응으로 분해되며 속도상수는 0.05/hr이다. 유입 유량은 300L/hr이고, 유입 농도는 150mg/L로 일정할 때 필요한 CFSTR의 부피(m³)를 계산하시오. (단, 반응은 정상상태이다.)

$Q \times (C_o - C_t) = k \times V \times C_t^1$

① C_o(초기농도) $= 150\,mg/L$

② C_t(t시간 후의 농도) $= C_o \times (1-\eta) = 150\,mg/L \times (1-0.95) = 7.5\,mg/L$

③ $300\,L/hr \times (150-7.5)mg/L = 0.05/hr \times V \times 7.5\,mg/L$

$\therefore V = \dfrac{300\,L/hr \times (150-7.5)mg/L}{0.05/hr \times 7.5\,mg/L} = 114,000\,L = 114\,m^3$

07 0.1mg/L의 염소로 소독을 하여 박테리아의 80%가 2분만에 제거되었다. 1차 반응일 때 90%의 박테리아가 제거되는데 소요되는 시간(min)을 계산하시오.

풀이

① $\ln\dfrac{N_t}{N_o} = -k \times t$

$\ln\dfrac{20\%}{100\%} = -k \times 2\,min$

$\therefore k = 0.8047/min$

② $\ln\dfrac{10\%}{100\%} = -0.8047/min \times t$

$\therefore t = 2.86\,min$

Tip
① 80% 제거시 $N_t = 100-80\% = 20\%$
② 90% 제거시 $N_t = 100-90\% = 10\%$

08 폐수 3,000m³/day에서 생성되는 1차 슬러지부피(m³/day)를 계산하시오. (단, 1차 침전탱크 체류시간 2hr, 현탁고형물 제거효율 60%, 폐수 중 현탁고형물 함유량 220mg/L, 발생슬러지 비중 1.03, 슬러지 함수율 94%, 1차 침전탱크에서 제거된 현탁고형물 전량이 슬러지로 발생되는 것으로 가정)

풀이

슬러지량(m³/day) $= \dfrac{SS농도(kg/m^3) \times Q(m^3/day) \times \eta(제거율)}{비중량(kg/m^3)} \times \dfrac{100}{100-P}$

$= \dfrac{0.22\,kg/m^3 \times 3,000\,m^3/day \times 0.60}{1,030\,kg/m^3} \times \dfrac{100}{100-94}$

$= 6.41\,m^3/day$

Tip
① 슬러지의 비중이 1.03이면 비중량은 1,030 kg/m³ 이다.
② 100 − P(함수율)는 TS(고형물 함량)와 동일하므로 함수율이 주어지면 $\dfrac{100}{100-P}$, 고형물이 주어지면 $\dfrac{100}{TS}$를 대입하면 된다.
③ 비중 $\xrightarrow{\times 10^3}$ 비중량(kg/m³)
④ mg/L $\xrightarrow{\times 10^{-3}}$ kg/m³

09 직경 100mm관에 0.1m/sec의 유속으로 유체가 흐르고 있다. 관의 직경을 80mm로 바꾸었을 때의 유속(m/sec)을 계산하시오.

$Q = A \times v = \dfrac{\pi D^2}{4} \times v$

따라서 $\dfrac{\pi \times (0.1\text{m})^2}{4} \times 0.1\text{m/sec} = \dfrac{\pi \times (0.08\text{m})^2}{4} \times v$

$\therefore v = \dfrac{\dfrac{\pi \times (0.1\text{m})^2}{4} \times 0.1\text{m/sec}}{\dfrac{\pi \times (0.08\text{m})^2}{4}} = 0.16\,\text{m/sec}$

> **Tip**
> $Q = A \times v = \dfrac{\pi D^2}{4} \times v$
> 여기서 Q : 유량(m^3/sec), A : 면적(m^2), v : 유속(m/sec), D : 직경(m)

10 아래의 조건을 이용하여 물음에 답하시오.

- 도시인구 : 200,000인
- 1인1일 BOD 부하량 : 80 gBOD/인·일
- 산업폐수의 BOD 농도 : 500 mg/L
- 1인1일 오수량 : 450 L/인·일
- 산업폐수량 : 100,000 m^3/일

(1) 산업폐수의 BOD 부하량(kg/일)을 계산하시오.

(2) 도시하수와 산업폐수를 공동처리할 때 처리장의 BOD 기준 대상인구수를 계산하시오.

(1) 산업폐수의 BOD 부하량(kg/일)
  = 산업폐수의 BOD 농도(kg/m^3) × 산업폐수량(m^3/일)
  = $0.5\,\text{kg}/m^3 \times 100,000\,m^3/일$ = 50,000 kg/일

(2) 대상인구수 = 도시인구 + 산업폐수의 인구당량

  ① 산업폐수의 인구당량(인) = $\dfrac{50,000\,\text{kg}}{일} \times \dfrac{인 \cdot 일}{80\,\text{g}} \times \dfrac{10^3\,\text{g}}{1\,\text{kg}}$ = 625,000인

  ② 대상인구수 = 200,000인 + 625,000인 = 825,000인

> **Tip**
> mg/L $\xrightarrow{\times 10^{-3}}$ kg/m^3 이므로 500mg/L × 10^{-3} = 0.5kg/m^3

11 다음에 주어진 막공법의 추진력을 서술하시오.

〈보기〉
(1) 투석   (2) 전기투석   (3) 역삼투

(1) 투석 : 농도차
(2) 전기투석 : 전위차
(3) 역삼투 : 정수압차

Tip	막공법의 추진력 ① 한외여과 - 정수압차 ② 나노여과 - 정수압차 ③ 정밀여과 - 정수압차

12 회전원판법의 장점 4가지를 쓰시오. (활성슬러지법과 비교하여)

① 슬러지반송이 필요없다.
② 소요동력이 적게 소요된다.
③ 부하변동에 강하다.
④ 단회로 현상의 제어가 쉽다.

13 콜로이드 입자는 응집제를 가하면 서로 응집하여 floc이 형성된다. 다음은 응집제를 첨가함으로써 응집이 일어나는 메커니즘에 대한 설명이다. ( ) 안에 알맞은 말을 쓰시오.

(1) 콜로이드 입자는 수중에서 (①), (②), (③)에 의한 3가지 힘에 의해 매우 안정된 상태로 존재한다.
(2) 응집제는 투입과 교반에 의하여 콜로이드 입자들이 응집할 수 있을 만큼 (④)을 감소시킨다.

(1) ① 중력 ② 반데르발스힘(Vander Waals) ③ 제타포텐셜(Zeta potential)
(2) ④ 반발력

14 상수를 염소로 소독할 때 생성되는 클로라민의 종류 3가지와 생성반응식을 쓰시오.

(1) 클로라민의 종류
① 모노클로라민(NH_2Cl)
② 디클로라민($NHCl_2$)

③ 트리클로라민 (NCl_3)

(2) 생성반응식

① $HOCl + NH_3 \xrightarrow{pH 8.5 \text{이상}} NH_2Cl(\text{모노클로라민}) + H_2O$

② $HOCl + NH_2Cl \xrightarrow{pH 4.5 \sim 8.5} NHCl_2(\text{디클로라민}) + H_2O$

③ $HOCl + NHCl_2 \xrightarrow{pH 4.4 \text{이하}} NCl_3(\text{트리클로라민}) + H_2O$

15 상수원의 취수지점을 선정할 때 고려해야 할 사항을 5가지만 쓰시오.

① 수질이 양호할 것
② 수량이 풍부할 것
③ 상수원 주변에 오염인자가 없을 것
④ 자연유하방식으로 송수와 배수가 가능할 것
⑤ 소비지와 가까이 위치할 것

16 배수시설 중 배수지의 유효용량 결정 시 고려사항을 3가지 쓰시오.

① 유효용량은 급수구역의 계획1일 최대급수량의 12시간 분 이상을 표준으로 한다.
② 2개이상의 배수계통으로 된 경우에는 각 계통마다 배수지의 유효용량을 결정해야 한다.
③ 상수도 시설의 안정성을 고려한다.

17 관내 관수로의 흐름에서 공정수의 유량 측정방법 3가지를 쓰시오.

(예시) 피토우관

① 유량측정용노즐
② 오리피스
③ 자기식유량측정기

| Tip | 공정수의 유량을 측정하는 방법에는 유량측정용노즐, 오리피스, 자기식유량측정기, 피토우관이 있다. |

시안을 함유하는 폐수를 알칼리염소법으로 처리하고자 할 때 다음 물음에 답하시오.

- 1차반응 : NaCN + NaOCl → NaCNO + NaCl
- 2차반응 : 2NaCNO + 3NaClO + H_2O → $2CO_2$ + N_2 + 2NaOH + 3NaCl

(1) 1차반응과 2차반응 시 적정 pH와 ORP 그리고 반응시간을 쓰시오.
(2) 쉽게 산화 분해되는 금속착염 2가지를 쓰시오.
(3) 산화 분해가 어려운 시안착염을 형성하는 금속 2가지를 쓰시오.

 (1) ① (1차반응) 적정 pH : 10 ~ 11, ORP : 300 ~ 350mV, 반응시간 : 5 ~ 15분
　　② (2차반응) 적정 pH : 8 ~ 8.5, ORP : 600 ~ 650mV, 반응시간 : 30 ~ 40분
(2) 아연(Zn), 카드뮴(Cd)
(3) 철(Fe), 니켈(Ni)

※ **알림**
최근기출문제는 수강생들의 도움으로 복원된 문제이므로 실제문제와 다소 차이가 있을 수 있음을 알려 드립니다.
실기시험을 친 수험생은 실기문제를 복원하여 메일로 보내 주시면 됩니다.
메일로 보내실 경우 ☞ kwe7002@hanmail.net
수험생 여러분들이 원하시는 수험서를 만들도록 항상 최선의 노력을 다하겠습니다.

02회 2022년 수질환경산업기사 최근 기출문제

2022년 7월 시행

01 포도당($C_6H_{12}O_6$) 100kg인 용액이 있다. 혐기성 분해시 생성되는 이론적인 CH_4의 양(m^3)을 계산하시오.

 풀이

$C_6H_{12}O_6 \rightarrow 3CO_2 + 3CH_4$

180kg : $3 \times 22.4 m^3$
100kg : X

∴ X = 37.33 m^3

Tip
① 질량(kg) = 계수 × 분자량(kg)
② 체적(Sm^3) = 계수 × 22.4(Sm^3)
③ $C_6H_{12}O_6$ = 포도당 = 글루코스
④ $C_6H_{12}O_6$ 의 분자량 = $12 \times 6 + 1 \times 12 + 16 \times 6 = 180$

02 Jar Test에서 폐수 500mL에 대하여 0.1%의 황산알루미늄 용액 15mL를 첨가하였더니 최적결과가 나왔다. 폐수 1m^3당 Alum의 최적 주입농도(g)를 계산하시오.

풀이

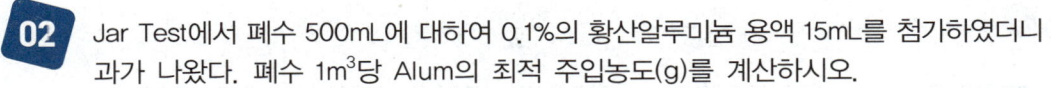

Alum의 최적 주입농도 = $0.1 \times 10^4 mg/L \times 15 \times 10^{-3} L \times \dfrac{1}{0.5L} = 30 mg/L$

따라서 30mg/L = 30g/m^3이므로 최적 주입농도는 30g이다.

Tip
① ppm = mg/L = g/m^3
② % $\xrightarrow{\times 10^4}$ ppm

03 다음에 주어진 물질들의 pH를 계산하시오.

(1) H_2SO_4 $6 \times 10^{-9} M$
(2) NaOH $3 \times 10^{-5} M$
(3) pH 5보다 산도가 3배 큰 용액

풀이

(1) $H_2SO_4 \rightarrow 2H^+ + SO_4^{2-}$
$\quad$ xM $\quad$ 2xM $\quad$ xM

$pH = -\log[H^+]$
$\quad = -\log[2 \times 6 \times 10^{-9}M] = 7.92$

(2) $NaOH \rightarrow Na^+ + OH^-$
$\quad$ xM $\quad$ xM $\quad$ xM

$pH = 14 + \log[OH^-]$
$\quad = 14 + \log[3 \times 10^{-5}M] = 9.48$

(3) $pH\,5 \Rightarrow [H^+] = 10^{-pH}\,mol/L = 10^{-5}\,mol/L$

$pH = -\log[H^+]$
$\quad = -\log[3 \times 10^{-5}M] = 4.52$

Tip
① 산성 물질의 $pH = -\log[H^+]$
② 알칼리성 물질의 $pH = 14 + \log[OH^-]$
③ 단위는 M 농도 = mol/L

04 유기물을 혐기성으로 처리할 때 메탄(CH_4)의 최대수율은 제거되는 COD 1kg당 CH_4 0.35m³이다. 유량이 685m³/day, COD의 농도가 2,500mg/L인 폐수의 COD 제거효율이 85%일 때 메탄(CH_4)의 발생량(m³/day)을 계산하시오.

풀이

CH_4 발생량$(m^3/day) = \dfrac{685\,m^3}{day} \times \dfrac{2.5\,kg}{m^3} \times \dfrac{0.35\,m^3}{kg} \times 0.85 = 509.47\,m^3/day$

Tip
$CH_4 + 2O_2 \rightarrow CO_2 + 2H_2O$
$22.4\,m^3 : 2 \times 32\,kg$
$X(m^3) : 1\,kg$
$\therefore X = 0.35(m^3 \cdot CH_4/kg \cdot COD)$

05 다음 물음에 답하시오.

(1) 유량이 100L/sec이고 직경이 400mm인 경우 경심(R)을 계산하시오.
(2) Manning 공식을 이용하여 동수경사(I)를 계산하시오. (단, n = 0.012, 길이 = 100m)

풀이

(1) 경심$(R) = \dfrac{D}{4} = \dfrac{0.4\,m}{4} = 0.1\,m$

(2) Manning 공식에 의한 유속$(v) = \dfrac{1}{n} \times R^{\frac{2}{3}} \times I^{\frac{1}{2}}$ (m/sec)

유속$(v) = \dfrac{0.1\,m^3/sec}{\dfrac{\pi}{4} \times (0.4\,m)^2} = 0.7958\,m/sec$

따라서 $0.7958 \text{m/sec} = \dfrac{1}{0.012} \times (0.1\text{m})^{2/3} \times I^{1/2}$

$\therefore I = 1.96 \times 10^{-3}$

Tip
① 유속(v) $= \dfrac{\text{유량(Q)}}{\text{단면적(A)}} = \dfrac{Q}{\dfrac{\pi}{4} \times D^2}$

② 경심(R) $= \dfrac{\text{단면적(A)}}{\text{윤변의 길이(S)}} = \dfrac{\dfrac{\pi \times D^2}{4}}{\pi \times D} = \dfrac{D}{4}$ (m)

06 0.02N $KMnO_4$ 수용액 500mL를 조제하려면 $KMnO_4$ 몇 g이 필요한지 계산하시오. (단, $KMnO_4$의 분자량은 158이다.)

풀이
$N = \dfrac{W(g)}{V(L)} \times \dfrac{1\text{eq}}{1\text{당량 g}}$

$0.02N = \dfrac{W(g)}{0.5L} \times \dfrac{1\text{eq}}{158\text{g}/5}$

$\therefore W = 0.32\text{g}$

Tip
① N농도 = 노르말농도 = eq/L
② $1\text{eq} = \dfrac{\text{분자량(g)}}{\text{당량수}} = \dfrac{158\text{g}}{5}$
③ 과망간산칼륨($KMnO_4$)은 5당량 물질이다.

07 CFSTR에서 물질을 분해하여 95%의 효율로 처리하고자 한다. 이 물질은 1차 반응으로 분해되며 속도상수는 0.05/hr이다. 유입유량은 300L/hr이고, 유입농도는 150mg/L로 일정할 때 필요한 CFSTR의 부피(m^3)를 계산하시오. (단, 반응은 정상상태이다.)

$Q \times (C_o - C_t) = k \times V \times C_t^1$
① C_o(초기농도) $= 150\text{mg/L}$
② C_t(t시간후의 농도) $= C_o \times (1-\eta) = 150\text{mg/L} \times (1-0.95) = 7.5\text{mg/L}$
③ $300\text{L/hr} \times (150-7.5)\text{mg/L} = 0.05/\text{hr} \times V \times 7.5\text{mg/L}$

$\therefore V = \dfrac{300\text{L/hr} \times (150-7.5)\text{mg/L}}{0.05/\text{hr} \times 7.5\text{mg/L}} = 114{,}000\text{L} = 114\text{m}^3$

08 A 도시의 현재 인구가 75,000명이며, 매년 5%씩 증가하고 있다. (1) 등비급수법을 이용하여 10년 후 인구수를 계산하고, (2) 유량이 500L/인·day이고, 침전지 높이는 2.5m, 체류시간 4시간일 경우 침전지의 면적(m^2)을 계산하시오.

풀이 (1) $P_n = 75{,}000명 \times (1+0.05)^{10년} = 122{,}167명$

(2) 침전지의 면적(m^2) $= \dfrac{0.5m^3}{인 \cdot day} \times 122{,}167인 \times \dfrac{1일}{24hr} \times 4hr \times \dfrac{1}{2.5m}$
$= 4{,}072.23 m^2$

Tip
등비급수법에 의한 인구수 계산
$P_n = P_o \times (1+r)^n$
여기서 P_n : 현재부터 n년 후 추정인구
P_o : 현재인구
n : 설계기간(년)
r : 연간 인구 증가율

09 직경 1.8m, BOD 면적부하량 33.30g/m^2·day인 회전원판 반응조가 있다. BOD 200mg/L, 유량 250m^3/day인 폐수를 회전원판법으로 처리하고자 할 때 다음 물음에 답하시오.

(1) 수리학적 부하율(m^3/m^2·day)을 계산하시오.

(2) 회전판의 매수를 계산하시오. (단, 원판은 양면 기준)

풀이 (1) 수리학적 부하율($m^3/m^2 \cdot day$)
$= BOD면적부하(g/m^2 \cdot day) \times \dfrac{1}{BOD농도(g/m^3)}$
$= 33.30 g/m^2 \cdot day \times \dfrac{1}{200 g/m^3} = 0.17 m^3/m^2 \cdot day$

(2) 회전판의 매수 계산
$BOD\ 면적부하(g/m^2 \cdot day) = \dfrac{BOD(g/m^3) \times Q(m^3/day)}{A(m^2)}$
$= \dfrac{BOD(g/m^3) \times Q(m^3/day)}{\dfrac{\pi D^2}{4}(m^2) \times 2 \times N(매수)}$

따라서 $33.30 g/m^2 \cdot day = \dfrac{200 g/m^3 \times 250 m^3/day}{\dfrac{\pi}{4} \times (1.8m)^2 \times 2 \times N}$

∴ N = 295매

Tip
① ppm = mg/L = g/m^3
② BOD 200mg/L = 200g/m^3

10 직경이 0.2mm, 비중 1.01인 입자가 모두 침강하는 침전조에 직경이 0.1mm, 비중 1.03인 입자가 존재할 경우 침전율(%)을 계산하시오. (단, 물의 온도, 점성도 등 조건은 같고, Stokes 법칙을 따르며, 물의 비중은 1.0이다.)

> **풀이** 침전속도 = 수면부하율 × 효율(η)
> $$\frac{d^2 \times (\rho_s - \rho_w) \times g}{18 \times \mu} = \frac{Q}{A} \times \eta$$
> 따라서 $\{d^2 \times (\rho_s - \rho_w)\} \propto \eta$의 관계식을 이용한다.
> $\{(0.2\text{mm})^2 \times (1.01 - 1.0)\} : 100\% = \{(0.1\text{mm})^2 \times (1.03 - 1.0)\} : \eta(\%)$
> 따라서 $\eta = 75\%$

> **Tip** 직경이 0.2mm, 비중 1.01인 입자는 모두 침강한다는 조건이 주어져 있으므로 효율(η)은 100%이다.

11 유속이 2m/sec, 내경이 0.4m인 송수관의 동수경사(‰)를 계산하시오. (단, Chezy 공식 $V = C \times \sqrt{R \times I}$ 이고, 유속계수(C)는 25이다.)

> **풀이** 경심(R) = $\frac{D(m)}{4} = \frac{0.4m}{4} = 0.1m$
> $V = C \times \sqrt{R \times I}$
> $2\text{m/sec} = 25 \times \sqrt{0.1\text{m} \times I}$
> $\therefore I = \frac{\left(\frac{2\text{m/sec}}{25}\right)^2}{0.1\text{m}} = 0.064 = 64‰$

> **Tip** $V = C \times \sqrt{R \times I}$ 여기서 $I = \frac{\left(\frac{V}{C}\right)^2}{R}$

12 50,000m³/day의 유량을 살균하기 위해서 염소 50kg/day를 주입하였다. 이때 15분 후 잔류염소의 농도는 0.5mg/L이었다. 다음 물음에 답하시오.

(1) 염소의 주입농도(mg/L)를 계산하시오.

(2) 염소의 요구량(mg/L)을 계산하시오.

> **풀이** (1) 염소의 주입농도(mg/L) = $\frac{염소의 주입량(\text{kg/day})}{유량(\text{m}^3/\text{day})} = \frac{50\text{kg/day}}{50,000\text{m}^3/\text{day}}$
> $= 0.001\text{kg/m}^3 = 1.0\text{mg/L}$
> (2) 염소의 요구량(mg/L) = 염소의 주입량 - 염소의 잔류량

= 1.0mg/L - 0.5mg/L = 0.5mg/L

13 슬러지 벌킹(Sludge Bulking)현상의 정의와 방지대책을 4가지 쓰시오.

풀이 (1) 정의 : 폭기조에서 유기물, 용존산소, pH, 영양염류 등의 불균형으로 사상성 미생물인 곰팡이(fungi)가 과다번식하여 플록의 침전이 잘 되지 않는 상태를 말한다.
(2) 방지대책
① 염소를 희석수에 살수한다.
② 폭기조의 용존산소가 충분하게 공급한다.
③ SVI(슬러지용적지수)를 200 이하로 조절한다.
④ 영양물질을 균형있게 조절한다.

14 정수장에서 사용하는 염소 살균법에 대한 내용이다. 물음에 답하시오.
(1) pH와 온도에 따른 소독력(산화력)의 차이를 설명하시오.
(2) HOCl, OCl⁻, 클로라민 산화력의 순서를 큰 것부터 작은 순으로 기호로 나타내시오.

풀이 (1) pH가 낮을수록, 온도가 높을수록 소독력은 증가한다.
(2) HOCl > OCl⁻ > 클로라민

15 대장균군(Coliform Group)이 수질오염의 생물학적 지표로 많이 사용되는 이유 3가지를 쓰시오.

풀이 ① 병원성 세균의 존재 가능성을 추정할 수 있다.
② 분변오염의 지표로 사용된다.
③ 검출방법이 간편하고 정확하며, 실험이 간단하다.

16 아래의 보기를 보고 상수도 계통을 순서대로 번호를 쓰시오.

〈 보기 〉 ① 급수 ② 수원 ③ 송수 ④ 도수 ⑤ 배수 ⑥ 취수 ⑦ 정수

풀이 ② → ⑥ → ④ → ⑦ → ③ → ⑤ → ①

Tip 암기법 : 상치도 청송에 배급한다.
상 : 상수도, 치 : 취수, 도 : 도수, 청 : 정수, 송 : 송수, 배 : 배수, 급 : 급수

17 오존 소독의 장·단점을 2가지씩 쓰시오.

 (1) 장점
　　① 유기화합물의 생분해성을 높이며, 바이러스의 불활성화 효과가 크다.
　　② 슬러지가 발생하지 않는다.
　　③ 탈취, 탈색효과가 크다.
(2) 단점
　　① 잔류성이 없다.
　　② 가격이 고가이다.
　　③ 오존은 저장할 수가 없어 현장에서 생산해야 한다.

> **Tip** 문제의 요구조건에 알맞게 2가지만 서술하시면 됩니다.

18 부영양화가 발생하는 수계의 pH는 9.5 이상이다. 그 이유가 무엇인지 쓰시오.

조류의 과잉 증식으로 광합성작용을 많이 함으로써 물속에 존재하는 CO_2가 많이 소모되기 때문이다.

> **Tip** 일반적인 수계에서는 오염물질이 유입됨에 따라 오염물질이 호기성 분해되면서 CO_2가 발생하여 pH가 6 정도까지 낮아질 수 있다. 반면에 광합성작용을 한다면 pH는 8 정도까지 상승한다.

※ **알림**
최근기출문제는 수강생들의 도움으로 복원된 문제이므로 실제문제와 다소 차이가 있을 수 있음을 알려 드립니다.
실기시험을 친 수험생은 실기문제를 복원하여 메일로 보내 주시면 됩니다.
메일로 보내실 경우 ☞ kwe7002@hanmail.net
수험생 여러분들이 원하시는 수험서를 만들도록 항상 최선의 노력을 다하겠습니다.

03회 2022년 수질환경산업기사 최근 기출문제

2022년 10월 시행

01 어느 폐수처리시설에서 직경 0.01cm, 비중 2.5인 입자를 중력 침강시켜 제거하고자 한다. 수온 4℃에서 물의 비중은 1.0, 점성계수는 1.31×10^{-2} g/cm·sec일 때, 입자의 침강속도(m/sec)를 계산하시오. (단, 입자의 침강속도는 Stokes식에 따른다.)

$$V_S = \frac{(0.01\,cm)^2 \times (2.5 - 1.0)\,g/cm^3 \times 980\,cm/sec^2}{18 \times 1.31 \times 10^{-2}\,g/cm \cdot sec}$$
$$= 0.62\,cm/sec = 0.01\,m/sec$$

Tip

$$V_S = \frac{d^2 \times (\rho_s - \rho_w) \times g}{18 \times \mu}$$

여기서 V_S : 침강속도(cm/sec)　　　d : 직경(cm)
ρ_s : 입자의 비중　　　ρ_w : 물의 비중
g : 중력가속도($980\,cm/sec^2$)　　μ : 점성도(g/cm·sec)

02 유입시간 6분, 관내유속이 1m/sec인 경우 관의 길이가 600m인 하수관이 있다. 유달시간(min)을 계산하시오.

유하시간 $= \dfrac{관의\ 길이(m)}{관내유속(m/min)} = \dfrac{600\,m}{1\,m/sec \times 60\,sec/min} = 10\,min$

따라서 유달시간 = 유입시간 + 유하시간 = 6min + 10min = 16min

03 1일 2,270m³을 차지하는 1차 처리시설에서 생슬러지를 분석한 결과 다음과 같은 자료를 얻었다. 이 슬러지의 비중을 계산하시오. (단, 소수점 넷째자리에서 반올림하시오.)

- 수분 : 98%
- 휘발성 고형물 : 70%
- 휘발성 고형물 비중 1.1
- 총고형물 중 무기성 고형물 : 30%
- 무기성 고형물 비중 2.2

$\dfrac{1}{\rho_{SL}} = \dfrac{0.02 \times 0.7}{1.1} + \dfrac{0.02 \times 0.3}{2.2} + \dfrac{0.98}{1.0}$

∴ ρ_{SL}(슬러지 비중) = 1.005

> **Tip**
> ① 슬러지 = 수분(P) + 고형물(TS)
> ② TS = 100 − P(%) = 100 − 98% = 2%
> ③ 고형물(TS) = 휘발성 고형물(VS) + 잔류성 고형물(FS)
> ④ 휘발성 고형물이 70%이면 잔류성 고형물 = 100 − 70% = 30%
> ⑤ $\dfrac{100}{\rho_{SL}} = \dfrac{W_{VS}}{\rho_{VS}} + \dfrac{W_{FS}}{\rho_{FS}} + \dfrac{W_P}{\rho_P}$
> 여기서 ρ_{SL} : 슬러지 비중 ρ_{VS} : 휘발성 고형물(유기물) 비중
> ρ_P : 수분의 비중(1.0) ρ_{FS} : 잔류성 고형물(무기물) 비중
> W_P : 수분의 함량(%) W_{VS} : 휘발성 고형물(유기물) 함량(%)
> W_{FS} : 잔류성 고형물(무기물) 함량(%)

04 페놀(C_6H_5OH) 150mg/L의 COD(mg/L)와 TOC(mg/L)를 계산하시오.

 $C_6H_5OH + 7O_2 \rightarrow 6CO_2 + 3H_2O$ 에서
(1) C_6H_5OH : $7O_2$
    94g : 7 × 32g
    150mg/L : COD   ∴ COD = 357.45 mg/L
(2) C_6H_5OH : 6C
    94g : 6 × 12g
    150 mg/L : TOC   ∴ TOC = 114.89 mg/L

> **Tip** 페놀(C_6H_5OH)의 분자량 = 12 × 6 + 1 × 5 + 16 + 1 = 94

05 100mL 시료의 산도를 측정하기 위해 0.02N NaOH 용액으로 적정한 결과, 처음 pH는 3.0이였고 메틸오렌지의 변색점인 pH 4.5가 되기까지 12mL가 소비되었다. 그리고 페놀프탈레인의 변색점이 pH 8.3이 되기까지는 3mL가 더 소요되었다. 메틸오렌지 산도와 총산도를 $CaCO_3$로 나타낼 때 mg/L로 계산하시오.

① 메틸오렌지-산도 = $\dfrac{12\text{mL} \times 0.02\text{N} \times 50{,}000\text{mg}}{100\text{mL}}$ = 120 mg/L
② 총-산도 = $\dfrac{(12 + 3)\text{mL} \times 0.02\text{N} \times 50{,}000\text{mg}}{100\text{mL}}$ = 150 mg/L

> **Tip**
> ① 산도(mg/L) = $\dfrac{A \times N \times 50{,}000}{V}$
>
> 여기서 A : 적정에 사용된 적정용액의 부피(mL)
> N : 적정에 사용된 적정용액의 N 농도
> V : 시료의 부피(mL)
> 50,000 : $CaCO_3$의 1당량(mg)
> ② 메틸오렌지-산도 = M-산도
> ③ 페놀프탈레인-산도(P-산도) = 총-산도(T-산도)

06 처리수량이 60,000m³/sec이고 여과속도가 15m/sec일 때 여과지의 면적(m²)을 계산하시오. (단, 여과지는 4개이다.)

[풀이] 여과지의 면적(m²) = $\dfrac{처리수량(m^3/day)}{여과속도(m/day)} \times \dfrac{1}{여과지의 갯수}$

= $\dfrac{60{,}000\,m^3/sec}{15\,m/sec} \times \dfrac{1}{4지}$ = $1{,}000\,m^2$

07 지름이 균등하게 0.1mm일 때, 비중이 0.4인 기름방울은 비중이 0.9인 기름방울보다 수중에서의 부상속도가 몇 배인지 계산하시오. (단, 물의 비중은 1.0이고 기타 조건은 같다고 가정한다.)

[풀이] 부상속도(Vf) = $\dfrac{d^2 \times (\rho_w - \rho_s) \times g}{18 \times \mu}$

여기서 부상속도(Vf)는 $(\rho_w - \rho_s)$에 비례관계이므로

∴ $\dfrac{V_{fA}}{V_{fB}} = \dfrac{(1.0 - 0.4)}{(1.0 - 0.9)}$ = 6배

08 1차 처리된 분뇨의 2차 처리를 위해 폭기조, 2차 침전지로 구성된 표준 활성슬러지를 운영하고 있다. 운영 조건이 다음과 같을 때 고형물 체류시간(day)을 계산하시오.

〈조건〉

- 유입유량 1,000 m³/day
- MLSS 농도 3,000mg/L
- 잉여슬러지 SS농도 1%
- 폭기조 수리학적 체류시간 6시간
- 잉여슬러지 배출량 30 m³/day
- 2차 침전지 유출수 SS 농도 5mg/L

[풀이] SRT = $\dfrac{MLSS \times V}{Q_w SS_w + Q_o SS_o}$

$$= \frac{3{,}000\,\text{mg/L} \times 1{,}000\,\text{m}^3/\text{day} \times \left(\frac{6\,\text{hr}}{24}\right)\text{day}}{30\,\text{m}^3/\text{day} \times 10{,}000\,\text{mg/L} + (1{,}000-30)\,\text{m}^3/\text{day} \times 5\,\text{mg/L}}$$
$$= 2.46\,\text{day}$$

Tip

① $V(\text{m}^3) = Q(\text{m}^3/\text{day}) \times t(\text{day}) = 1{,}000\,\text{m}^3/\text{day} \times \left(\frac{6\,\text{hr}}{24}\right)\text{day}$

② $Q_o = Q_i - Q_w = (1{,}000 - 30)\,\text{m}^3/\text{day}$

③ $\% \xrightarrow{\times 10^4} \text{ppm}(\text{mg/L})$

④ $1\% = 10^4\,\text{mg/L} = 10{,}000\,\text{mg/L}$

09

원수의 수질에 포함되어 있는 이온과 농도가 아래의 표와 같고, 총경도 제거를 위해 연수화 시설을 운영한 결과 총경도가 10mg/L as CaCO₃로 감소되었다. 연수화 시설의 경도 제거효율(%)을 계산하시오.

	Ca^{2+}	Mg^{2+}	Na^+	PO_4^{3-}
농도(mg/L)	40	20	25	10

① $\dfrac{\text{총경도(mg/L)}}{50} = \dfrac{Ca^{2+}\,\text{mg/L}}{20} + \dfrac{Mg^{2+}\,\text{mg/L}}{12}$

$\dfrac{\text{총경도(mg/L)}}{50} = \dfrac{40\,\text{mg/L}}{20} + \dfrac{20\,\text{mg/L}}{12}$

따라서 총경도 = 183.33 mg/L as CaCO₃

② 경도 제거효율(%) = $\left(1 - \dfrac{\text{연수화시설 가동 후 총경도}}{\text{연수화시설 가동 전 총경도}}\right) \times 100$

$= \left(1 - \dfrac{10\,\text{mg/L}}{183.33\,\text{mg/L}}\right) \times 100 = 94.55\%$

10

0.05M KMnO₄ 용액을 용액층의 두께가 1cm가 되도록 용기에 넣고 빛을 통과시켰을 때 40%의 빛이 투과되었다. 동일한 조건하에서 70%의 빛을 흡수하는 KMnO₄ 용액의 농도(M)를 계산하시오.

① $\log\dfrac{1}{0.40} = \epsilon \times 0.05\,\text{M} \times 1\,\text{cm}$

$\therefore \epsilon = 7.9588/\text{M}\cdot\text{cm}$

② $\log\dfrac{1}{0.30} = 7.9588/\text{M}\cdot\text{cm} \times C \times 1\,\text{cm}$

$\therefore C = 0.07\,\text{M}$

> **Tip**
> ① $\log \dfrac{1}{t} = \epsilon \times C \times L$
> ② 투과율(%) + 흡수율(%) = 100%
> ③ 투과율(%) = 100 - 흡수율(%) = 100 - 70% = 30%

11 상수를 염소로 소독할 때 생성되는 클로라민의 종류 3가지를 쓰시오. (분자식 포함)

① 모노클로라민(NH_2Cl)
② 디클로라민($NHCl_2$)
③ 트리클로라민(NCl_3)

> **Tip**
> 클로라민의 생성 반응식
> ① $HOCl + NH_3 \xrightarrow{pH\,8.5\,이상} NH_2Cl(모노클로라민) + H_2O$
> ② $HOCl + NH_2Cl \xrightarrow{pH\,4.5\sim8.5} NHCl_2(디클로라민) + H_2O$
> ③ $HOCl + NHCl_2 \xrightarrow{pH\,4.4\,이하} NCl_3(트리클로라민) + H_2O$

12 펌프 공동현상(Cavitation)의 정의와 방지법을 쓰시오.

(1) 정의 : 물이 관속을 유동하고 있을 때 유동하는 물속의 어느 부분의 정압이 그때의 증기압보다 낮아지면 부분적으로 기화하여 관내부에 증기부, 즉 공동이 발생되는데 이와 같은 현상을 공동현상이라 한다.
(2) 방지법
① 펌프의 설치위치를 가능한 낮추어 가용유효흡입 수두를 크게 한다.
② 펌프의 회전속도를 낮게 선정하여 필요유효흡입 수두를 작게 한다.
③ 흡입관의 손실을 가능한 한 작게하여 가용유효흡입 수두를 크게 한다.
④ 흡입측 밸브를 완전히 개방하고 펌프를 운전한다.

13 관내에서 압력이 존재하는 관수로의 흐름에서 유량측정방법을 4가지만 쓰시오.

① 벤튜리미터
② 유량 측정용 노즐
③ 오리피스
④ 피토우관
⑤ 자기식유량측정기

> **Tip** 문제의 요구조건에 알맞게 4가지만 서술하시면 됩니다.

14 농업용수의 수질평가시 사용되는 SAR(Sodium Adsorption Ratio)에 대해서 설명하시오. (반드시 공식을 기술하시오.)

(1) $SAR = \dfrac{Na^+}{\sqrt{\dfrac{Ca^{2+} + Mg^{2+}}{2}}}$

(2) SAR에 적용되는 이온의 단위는 mN을 사용한다.
(3) SAR은 농업용수의 수질평가시 기준으로 사용하며, 농업용수 중의 Na^+ 의 함유도가 증가하면 알칼리성이 되고, Ca^{2+}, Mg^{2+} 등과 치환되어 투수성이 감소되며 따라서 배수가 잘 되지 않고 통기성도 불량해 진다.
(4) 판정
　① SAR이 0~10 : 영향이 적음
　② SAR이 10~18 : 중간정도 영향
　③ SAR이 18~26 : 큰 영향
　④ SAR이 26 이상 : 아주 큰 영향

15 Whipple의 하천정화지대 중 분해성 유기물을 함유하는 생하수의 유입에 따른 하천 내의 용존산소(DO)의 변화 중 아질산염과 질산염의 농도가 증가하는 지대를 쓰시오.

 회복지대

> **Tip** Whipple의 하천정화지대
> ① 분해지대 : 곰팡이류가 주로 나타나며, 용존산소량이 줄어들고 탄산가스 증가
> ② 활발한 분해지대 : 박테리아가 주로 나타나며, $NH_3 - N$의 농도 증가
> ③ 회복지대 : 조류가 주로 나타나며, 아질산염이나 질산염의 농도 증가
> ④ 정수지대 : DO와 BOD가 오염이전으로 회복되고, 질산염이 증가

16 아래의 반응식에서 주어진 ( )안을 알맞게 채우시오.

(1) 알칼리 첨가 시 : $FeSO_4 \cdot 7H_2O + Ca(HCO_3)_2 \rightarrow$ (①) + (②) + $7H_2O$
(2) 석회 첨가 시 : (③) + $2Ca(OH)_2 \rightarrow$ (④) + $2CaCO_3 + 2H_2O$
(3) 수중의 산소와 반응 시 : 4(⑤) + $O_2 + 2H_2O \rightarrow$ 4(⑥)

 ① $Fe(HCO_3)_2$　② $CaSO_4$　③ $Fe(HCO_3)_2$　④ $Fe(OH)_2$　⑤ $Fe(OH)_2$　⑥ $Fe(OH)_3$

17 다음은 박테리아와 조류의 공생관계를 이용하여 하수 및 폐수를 처리하는 산화지법에 대한 설명이다. ( )안에 들어갈 알맞은 말을 쓰시오.

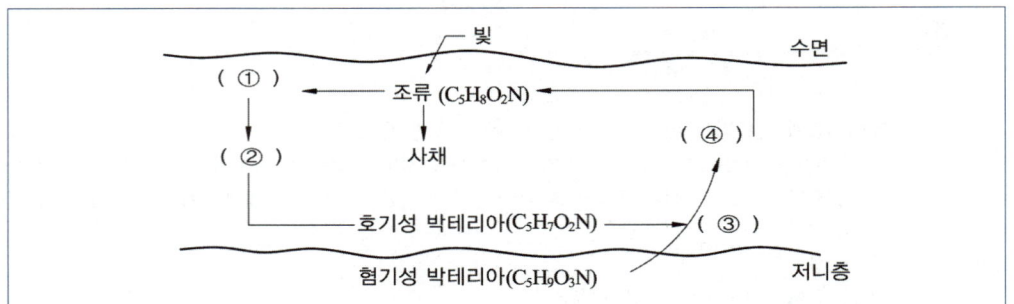

풀이
① 새로운 조류
② 용존산소(DO)
③ 새로운 박테리아
④ CO_2, NH_4^+, PO_4^{3-}

※ **알림**
최근기출문제는 수강생들의 도움으로 복원된 문제이므로 실제문제와 다소 차이가 있을 수 있음을 알려 드립니다.
실기시험을 친 수험생은 실기문제를 복원하여 메일로 보내 주시면 됩니다.
메일로 보내실 경우 ☞ kwe7002@hanmail.net
수험생 여러분들이 원하시는 수험서를 만들도록 항상 최선의 노력을 다하겠습니다.

01회 2023년 수질환경산업기사 최근 기출문제

2023년 4월 시행

01 도시하수의 최종 BOD가 100mg/L이고, 탈산소계수가 0.1/day(상용대수 기준)일 때, BOD_2 및 BOD_5의 농도(mg/L)를 계산하시오.

[풀이]
(1) $BOD_2 = BOD_u \times (1 - 10^{-k_1 \times t})$
  $= 100\,mg/L \times (1 - 10^{-0.1/day \times 2day})$
  $= 36.90\,mg/L$

(2) $BOD_5 = BOD_u \times (1 - 10^{-k_1 \times t})$
  $= 100\,mg/L \times (1 - 10^{-0.1/day \times 5day})$
  $= 68.38\,mg/L$

02 직경 100mm관에 0.1m/sec의 유속으로 유체가 흐르고 있다. 관의 직경을 80mm로 바꾸었을 때의 유속(m/sec)을 계산하시오.

[풀이]
$Q = A \times v = \dfrac{\pi D^2}{4} \times v$

여기서 Q : 유량(m^3/sec)   A : 면적(m^2)
   v : 유속(m/sec)   D : 직경(m)

따라서 $\dfrac{\pi \times (0.1m)^2}{4} \times 0.1m/sec = \dfrac{\pi \times (0.08m)^2}{4} \times v$

$\therefore v = \dfrac{\dfrac{\pi \times (0.1m)^2}{4} \times 0.1m/sec}{\dfrac{\pi \times (0.08m)^2}{4}} = 0.16\,m/sec$

03 어느 하수의 수질을 분석한 결과 아래의 조건과 같을 때 총알칼리도(mg/L as $CaCO_3$)를 계산하시오.

<조건>
- pH : 10.0
- CO_3^{2-} : 32.0 mg/L
- HCO_3^- : 56.0 mg/L

풀이

$$\frac{\text{총알칼리도}(mg/L)}{50g} = \frac{OH^-(mg/L)}{17g} + \frac{CO_3^{2-}(mg/L)}{30g} + \frac{HCO_3^-(mg/L)}{61g}$$

$pH = 10.0 \Rightarrow pOH = 14 - pH = 14 - 10.0 = 4$

$\therefore [OH^-] = 10^{-4} mol/L$

따라서 $OH^-(mg/L) = \dfrac{10^{-4} mol}{L} \times \dfrac{17g}{1mol} \times \dfrac{10^3 mg}{1g} = 1.7 mg/L$

$$\frac{\text{총알칼리도}(mg/L)}{50g} = \frac{1.7 mg/L}{17g} + \frac{32.0 mg/L}{30g} + \frac{56.0 mg/L}{61g}$$

$\therefore$ 총알칼리도 $= 104.24 mg/L$

Tip
① $pH + pOH = 14 \Rightarrow pOH = 14 - pH$
② $pOH = -\log[OH^-] \Rightarrow [OH^-] = 10^{-pOH} mol/L$
③ $CaCO_3$는 2당량이므로 1당량 $= \dfrac{100g}{2} = 50g$

04 어떤 산성 폐수를 중화하기 위해 이 폐수 소량을 NaOH로 적정 실험한 결과 다음과 같은 중화적정 곡선을 얻었다. 이 폐수 $500 m^3/d$를 pH 6으로 조정하기 위해 소요되는 NaOH량 (kg/d)을 계산하시오.

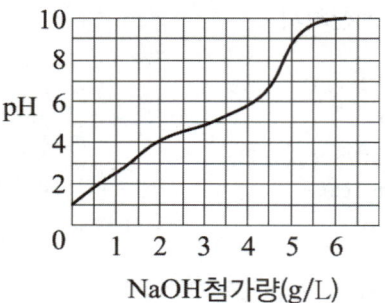

풀이
pH를 6으로 조정할 때 소요되는 NaOH량은 4g/L이며 $4g/L = 4kg/m^3$
따라서 $4kg/m^3 \times 500 m^3/day = 2,000 kg/day$

Tip
① $g/L = kg/m^3$
② $4g/L = 4kg/m^3$

05 응집침전처리에 속도경사(G)가 $200\,\text{sec}^{-1}$, 혼합조 용적이 $200\,\text{m}^3$, 물의 점성계수가 $1.3\times 10^{-2}\,\text{g/cm}\cdot\text{sec}$, 효율이 90%일 때 동력(kW)을 계산하시오.

풀이

$G=\sqrt{\dfrac{P}{\mu\cdot V}}\Rightarrow P=G^2\times\mu\times V$

여기서 P : 동력(Watt)　　　　　G : 속도경사(/sec)
　　　μ : 점성계수$(\text{kg/m}\cdot\text{sec})$　　V : 용적(m^3)

① $\mu=1.3\times 10^{-2}\,\text{g/cm}\cdot\text{sec}\times 10^{-1}=1.3\times 10^{-3}\,\text{kg/m}\cdot\text{sec}$

② $P=(200/\text{sec})^2\times 1.3\times 10^{-3}\,\text{kg/m}\cdot\text{sec}\times 200\,\text{m}^3\times\dfrac{100}{90\%}$

　　$=11,555.56\,\text{Watt}=11.56\,\text{kW}$

06 연수화공정을 거쳐 처리될 물에 대해 필요한 석회의 양과 pH를 높이기 위한 잉여 석회양을 합한 총 석회요구량은 8.54meq/L이다. 물 $500\,\text{m}^3$당 요구되는 석회(CaO)양(kg)을 계산하시오. (단, 석회(CaO) 순도는 85%, Ca 원자량 40)

풀이

$8.54\,\text{meq/L}=\dfrac{\text{CaO(kg)}}{500\,\text{m}^3}\times\dfrac{1\,\text{m}^3}{10^3\,\text{L}}\times\dfrac{10^6\,\text{mg}}{1\,\text{kg}}\times\dfrac{1\,\text{meq}}{\dfrac{56\,\text{mg}}{2}}$

$\therefore\ \text{CaO}=119.56\,\text{kg}$

따라서 $\text{CaO(kg)}=W\,\text{kg}\times\dfrac{100}{\text{순도}(\%)}$

$=119.56\,\text{kg}\times\dfrac{100}{85\%}=140.66\,\text{kg}$

07 펌프효율이 80%이며, 전양정(H) 16m인 조건하에서 양수율(Q) 12 L/sec로 펌프를 회전시킨다면 모터의 축동력(HP)을 계산하시오. (단, 물의 밀도는 $1,000\,\text{kg/m}^3$, 여유율은 20%이다.)

풀이

$HP=\dfrac{r\times Q\times H}{75\times\eta}\times\alpha$

$=\dfrac{1,000\,\text{kg/m}^3\times 12\times 10^{-3}\,\text{m}^3/\text{sec}\times 16\,\text{m}}{75\times 0.80}\times 1.2$

$=3.84\,\text{HP}$

Tip
① 만약에 kw를 계산할 경우 공식의 75 → 102
② 여유율이 20%이면 120%이므로 $\alpha=1.2$
③ $Q=12\,\text{L/sec}=12\times 10^{-3}\,\text{m}^3/\text{sec}$

응집교반시험(Jar – Test)으로 최적 Alum의 주입량을 구하고자 한다. 유입수의 SS농도가 120ppm, 유입유량이 3,000 m³/day인 폐수의 SS농도를 10ppm 이하로 유출시키고자 한다. 아래의 표를 보고 물음에 답하시오.

Alum의 주입농도(ppm)	유출수의 SS농도(ppm)
5	15.3
15	12.5
25	9.5
35	9.2

(1) Alum의 소요량(kg/day)을 계산하시오.
(2) SS의 제거효율(%)을 계산하시오.

 (1) 처리수의 조건이 SS농도 10ppm 이하이므로 조건을 만족시키는 Alum의 주입농도는 25ppm과 35ppm이다. 하지만 Alum을 최소로 사용해야 하므로 25ppm이 최적조건이다.
따라서 Alum의 소요량(kg/day) = Alum의 농도(kg/m³) × 유량(m³/day)
$= 25 \times 10^{-3} \text{kg/m}^3 \times 3{,}000 \text{m}^3/\text{day}$
$= 75 \text{kg/day}$

(2) SS의 처리효율(%) $= \left(1 - \dfrac{\text{유출수의 SS}}{\text{유입수의 SS}}\right) \times 100(\%)$
$= \left(1 - \dfrac{9.5 \text{ppm}}{120 \text{ppm}}\right) \times 100 = 92.08\%$

> **Tip**
> ① ppm = mg/L = g/m³
> ② mg/L $\xrightarrow{\times 10^{-3}}$ kg/m³
> ③ Alum의 주입농도 25ppm = 25×10^{-3} kg/m³ = 0.025kg/m³
> ④ 유출수의 SS농도는 Alum의 최적주입농도 25ppm일 때의 SS농도이므로 9.5ppm이 된다.

09 Langmuir 등온공식 흡착식은 다음과 같다. $\dfrac{X}{M} = \dfrac{abCe}{1+bCe}$ 이 식에서 실험상수인 a와 b를 그래프상에서 구하기 위하여 다음과 같은 식으로 변형하였다.

$\dfrac{Ce}{X/M} = (①) + (②) \times Ce$ ①과 ②에 들어갈 알맞은 식을 쓰시오. (단, 위 식의 변형된 과정도 표기하시오.)

(1) 변형된 과정
$$\dfrac{Ce}{X/M} = \dfrac{1+b \times Ce}{a \times b \times Ce} \times Ce$$
$$= \dfrac{1}{a \times b} + \dfrac{1}{a} \times Ce$$
(2) ① $\dfrac{1}{a \times b}$ ② $\dfrac{1}{a}$

10 Jar Test(응집교반시험)의 목적을 5가지만 쓰시오.

① 적당한 응집제 선정
② 최적의 응집제 주입량 결정
③ 최적의 pH 파악
④ 처리효율을 파악
⑤ 후처리 사용 여부 결정

11 침전지를 설치하고자 하는데 설치부지가 부족하다. 이 경우 대체할 수 있는 방법을 4가지 쓰시오.

① 경사판을 설치한다.
② 침전조의 깊이를 얕게 한다.
③ 침전지내 밀도류 및 소용돌이현상을 방지한다.
④ 체류시간을 길게 한다.

12 펌프에서 발생하는 공동현상(Cavitation)의 정의와 공동현상(Cavitation)이 펌프에 미치는 영향을 3가지만 쓰시오.

(1) 정의 : 물이 관속을 유동하고 있을 때 유동하는 물속의 어느 부분의 정압이 그때의 증기압보다 낮아지면 부분적으로 기화하여 관내부에 증기부, 즉 공동이 발생되는데 이와 같은 현상을 공동현상이라 한다.
(2) 영향
① 소음과 진동을 유발한다.
② 펌프의 성능이 저하된다.

③ 임펠러의 손상이 발생한다.

13 상수도용 배관의 부식방지방법 3가지만 서술하시오.

① 관을 피복한다.
② 내식성이 강한 재질을 사용한다.
③ 콘크리트의 수밀성을 증가시킨다.

> **Tip**
> 전식의 위험이 있는 경우 철도 가까이에 금속관을 매설하는 경우, 금속관을 매설하는 측의 대책(전식방지방법)의 종류
> ① 이음부의 절연화
> ② 강제배류법
> ③ 외부전원법
> ④ 유전양극법(또는 희생양극법)

14 활성슬러지공정에서 폭기조나 침전지 표면에 갈색거품을 유발시키는 방선균의 일종인 nocardia의 과도한 성장을 유발하는 원인과 방지대책을 각각 3가지씩 쓰시오.

(1) 원인
  ① SRT(미생물의 체류시간)이 너무 길 때
  ② F/M비가 작을 때
  ③ 슬러지 인발의 부족으로 MLSS가 증가할 때
(2) 방지대책
  ① SRT(미생물의 체류시간)을 작게 한다.
  ② F/M비를 크게 한다.
  ③ 슬러지의 인발을 증가시킨다.

> **Tip**
> nocardia(노카르디아)는 방선균목 악티노미세스과 노카르디아속에 속하는 분열균으로 노카르디아증(症)의 병원체 균종(菌種)이다. 토양 중에 존재하고 있으며, 피부손상 부위로 침입하면 족균종(足菌腫)이 생기고 흡입에 의해 폐감염이 된다.

15 살수여상법의 단점을 5가지만 서술하시오. (단, 활성슬러지법과 비교해서)

① 효율이 낮다.   ② 동절기에 결빙이 발생
③ 악취발생   ④ 연못화 현상발생
⑤ 파리번식

16 부영양화에 가장 많이 기여하는 인을 제거하기 위해 기존의 활성슬러지공법을 크게 변경시키지 않는 대신 황산알루미늄[$Al_2(SO_4)_3$]의 응집제를 주입하여 처리하려고 할 때, (1) 최적 주입지점을 ①과 ② 중 선택하고, (2) 최적 주입지점이 아닌 곳에 주입 시 발생되는 문제점 2가지를 쓰시오.

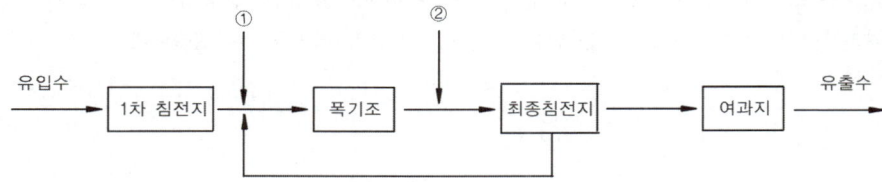

풀이 (1) 최적 주입지점 : ②
(2) 문제점
　㉠ 알칼리도와 pH의 저하
　㉡ 응집제 주입에 의한 슬러지량 증가

17 다음은 회전원판법(RBC)의 종류를 나타낸 공정도이다. 각각 공법의 이름을 쓰시오.

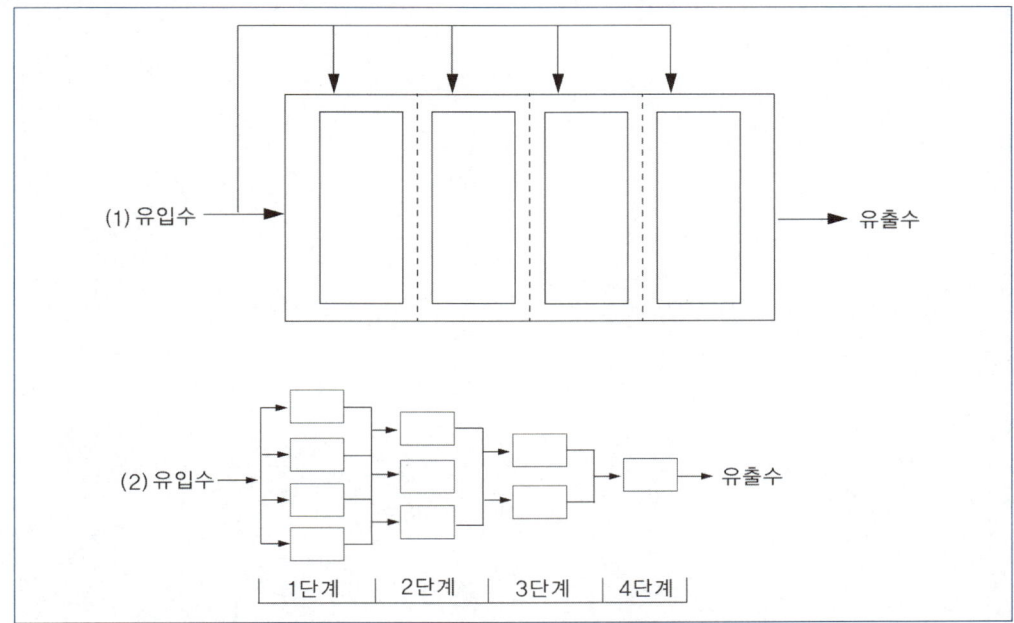

풀이 (1) 단계식 주입방법
(2) 축에 평형한 점감식 주입방법

※ 알림

최근기출문제는 수강생들의 도움으로 복원된 문제이므로 실제문제와 다소 차이가 있을 수 있음을 알려 드립니다.

실기시험을 친 수험생은 실기문제를 복원하여 메일(kwe7002@hanmail.net)로 보내 주시면 됩니다.

수험생 여러분들이 원하시는 수험서를 만들도록 항상 최선의 노력을 다하겠습니다.

02회 2023년 수질환경산업기사 최근 기출문제

2023년 7월 시행

01 Jar Test에서 폐수 500mL에 대하여 0.1%의 황산알루미늄 용액 15mL를 첨가하였더니 최적결과가 나왔다. 폐수 $1m^3$당 Alum의 최적 주입농도(g)를 계산하시오.

풀이

Alum의 최적 주입농도 $= 0.1 \times 10^4 mg/L \times 15 \times 10^{-3} L \times \dfrac{1}{0.5 L} = 30\,mg/L$

따라서 $30\,mg/L = 30\,g/m^3$이므로 최적 주입농도는 $1m^3$당 30g이다.

Tip
① $ppm = mg/L = g/m^3$
② % $\xrightarrow{\times 10^4}$ ppm

02 어느 하수의 수질을 분석한 결과 다음과 같다면 총알칼리도(mg/L as $CaCO_3$)를 계산하시오.

<조건>
- pH : 10.0
- CO_3^{2-} : 32.0 mg/L
- HCO_3^- : 56.0 mg/L

$\dfrac{\text{총알칼리도}(mg/L)}{50g} = \dfrac{OH^-(mg/L)}{17g} + \dfrac{CO_3^{2-}(mg/L)}{30g} + \dfrac{HCO_3^-(mg/L)}{61g}$

$pH = 10.0 \Rightarrow pOH = 14 - pH = 14 - 10.0 = 4$

∴ $[OH^-] = 10^{-4}\,mol/L$

따라서 $OH^-(mg/L) = \dfrac{10^{-4}\,mol}{L} \times \dfrac{17g}{1\,mol} \times \dfrac{10^3\,mg}{1g} = 1.7\,mg/L$

$\dfrac{\text{총알칼리도}(mg/L)}{50g} = \dfrac{1.7\,mg/L}{17g} + \dfrac{32.0\,mg/L}{30g} + \dfrac{56.0\,mg/L}{61g}$

∴ 총알칼리도 $= 104.24\,mg/L$

Tip
① $pH + pOH = 14 \Rightarrow pOH = 14 - pH$
② $pOH = -\log[OH^-] \Rightarrow [OH^-] = 10^{-pOH}\,mol/L$
③ $CaCO_3$는 2당량이므로 1당량 $= \dfrac{100g}{2} = 50g$

03 다음 그림은 원형 일차침전지이다. 원추형 바닥을 가진 원형의 일차침전지의 직경이 40m, 측벽의 깊이가 3m, 원추형 바닥의 깊이가 1m, 침전지의 처리유량은 9,100m³/day이다. 다음 물음에 답하시오.

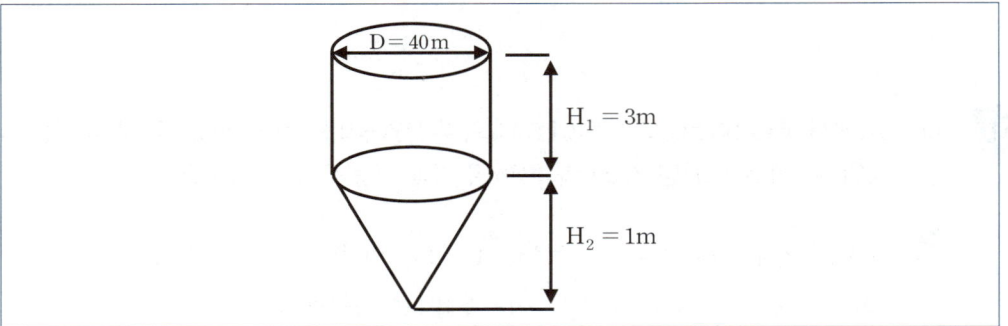

(1) 수리학적 체류시간(hr)을 계산하시오.

(2) 표면적부하($m^3/m^2 \cdot day$)를 계산하시오.

(3) 월류부하($m^3/m \cdot day$)를 계산하시오. (단, 위어의 월류길이는 원주의 $\frac{1}{2}$ 이다.)

풀이

(1) ① 체적(V) $= V_1 + V_2 = \left(\frac{\pi D^2}{4} \times H_1\right) + \left(\frac{\pi D^2}{4} \times H_2 \times \frac{1}{3}\right)$

$= \left\{\frac{\pi \times (40m)^2}{4} \times 3m\right\} + \left\{\frac{\pi \times (40m)^2}{4} \times 1m \times \frac{1}{3}\right\}$

$= 4,188.8 \, m^3$

② 체류시간(t) $= \frac{V(m^3)}{Q(m^3/hr)} = \frac{4,188.8 \, m^3}{9,100 \, m^3/day \times 1day/24hr} = 11.05 \, hr$

(2) 표면적부하($m^3/m^2 \cdot day$) $= \frac{Q(m^3/day)}{A(m^2)} = \frac{Q(m^3/day)}{\frac{\pi D^2}{4}(m^2)}$

$= \frac{9,100 \, m^3/day}{\frac{\pi \times (40m)^2}{4}} = 7.24 \, m^3/m^2 \cdot day$

(3) 월류부하($m^3/m \cdot day$) $= \frac{Q(m^3/day)}{\pi \times D \times \frac{1}{2}} = \frac{9,100 \, m^3/day}{\pi \times 40m \times \frac{1}{2}} = 144.83 \, m^3/m \cdot day$

Tip 원의 둘레 = 원주 길이 = $\pi \cdot D$

04 도시하수의 최종 BOD가 500mg/L이고, BOD_2의 농도가 150mg/L일 때, 탈산소계수(/day)와 BOD_4의 농도(mg/L)를 계산하시오. (단, 밑수는 상용대수 기준임.)

풀이
(1) $BOD_2 = BOD_u \times (1 - 10^{-k_1 \times t})$

$150\,mg/L = 500\,mg/L \times (1 - 10^{-k_1 \times 2\,day})$

$\therefore k_1 = \dfrac{\log\left(1 - \dfrac{150\,mg/L}{500\,mg/L}\right)}{-2\,day} = 0.07745/day \doteq 0.08\,day$

(2) $BOD_4 = BOD_u \times (1 - 10^{-k_1 \times t})$
$= 500\,mg/L \times (1 - 10^{-0.07745/day \times 4\,day})$
$= 255.0\,mg/L$

05 20℃의 산성 용매중에 포함되어 있는 카드뮴(Cd^{2+}) 0.005mg/L를 응결하기 위한 pH를 계산하시오. (단, $Cd^{2+} + 2OH^- \rightleftharpoons Cd(OH)_2$, $Ksp = 3.5 \times 10^{-14}$(20℃), Cd의 원자량 = 112.4, 수산화침전법 적용)

풀이
① $[Cd^{2+}]$의 $mol/L = \dfrac{0.005\,mg}{L} \times \dfrac{1g}{10^3\,mg} \times \dfrac{1\,mol}{112.4\,g}$
$= 4.448 \times 10^{-8}\,mol/L$

② $Ksp = [Cd^{2+}][OH^-]^2$
$[OH^-] = \sqrt{\dfrac{Ksp}{[Cd^{2+}]}} = \sqrt{\dfrac{3.5 \times 10^{-14}}{4.448 \times 10^{-8}\,mol/L}} = 8.87 \times 10^{-4}\,mol/L$

③ $pH = 14 + \log[OH^-] = 14 + \log[8.87 \times 10^{-4}\,mol/L] = 10.95$

따라서 응결을 위한 pH는 10.95 이상이다.

06 침전속도가 3.5mm/min이고 유량이 $18\,m^3/day$일 때 표면적(m^2)을 계산하시오.

풀이
표면적(m^2) $= \dfrac{유량(m^3/min)}{침전속도(m/min)}$

$= \dfrac{18\,m^3/day \times 1\,day/24\,hr \times 1\,hr/60\,min}{3.5 \times 10^{-3}\,m/min} = 3.57\,m^2$

07 폐수를 250 m³/day 배출되는 도금공장이 있다. 이 폐수 중에는 CN^- 이 150mg/L 함유되어 있기 때문에 알칼리염소법으로 처리하고자 한다. 이때 필요한 NaOCl의 양 (kg/day)을 계산하시오. (단, $2NaCN + 5NaOCl + H_2O \rightarrow N_2 + 5NaCl + 2NaHCO_3$)

풀이

$2CN^-$: $5NaOCl$
$2 \times 26g$: $5 \times 74.5g$
$0.15 kg/m^3 \times 250 m^3/day$: X

$$\therefore X = \frac{0.15 kg/m^3 \times 250 m^3/day \times 5 \times 74.5 g}{2 \times 26 g}$$

$= 268.63 kg/day$

Tip

① $mg/L \xrightarrow{\times 10^{-3}} kg/m^3$

② $150 mg/L \xrightarrow{\times 10^{-3}} 150 \times 10^{-3} kg/m^3 = 0.15 kg/m^3$

③ CN^-의 분자량 = 12 + 14 = 26
④ NaOCl의 분자량 = 23 + 16 + 35.5 = 74.5

08 유분을 제거하기 위해 부상조를 설계하고자 할 때 아래의 조건을 이용하여 부상속도 (m/hr)와 부상조의 최소 수면적(m^2)을 계산하시오.

- 유분의 직경 : 0.2mm
- 물의 밀도 : 1.0g/cm³
- 유입유량 : 1,000 m³/day
- 유분의 밀도 : 0.90 g/cm³
- 물의 점성도 : 1cp

① $V_f = \dfrac{d^2 \times (\rho_w - \rho_s) \times g}{18 \times \mu}$

여기서 V_f : 부상속도(cm/sec)   d : 유분의 직경(cm)
ρ_w : 물의 밀도(g/cm³) ρ_s : 유분의 밀도(g/cm³)
g : 중력가속도(980 cm/sec²) μ : 물의 점성도(g/cm·sec)

$V_f = \dfrac{d^2 \times (\rho_w - \rho_s) \times g}{18 \times \mu}$

$= \dfrac{(0.2 \times 10^{-1} cm)^2 \times (1.0 - 0.90) g/cm^3 \times 980 cm/sec^2}{18 \times 1 \times 10^{-2} g/cm \cdot sec} = 0.2178 cm/sec$

따라서 $\dfrac{0.2178 cm}{sec} \times \dfrac{1m}{10^2 cm} \times \dfrac{3,600 sec}{1 hr} = 7.84 m/hr$

② 부상조의 최소 수면적(m^2) = $\dfrac{유입유량(m^3/hr)}{부상속도(m/hr)}$

$$= \frac{\dfrac{1{,}000\,\mathrm{m}^3}{\mathrm{day}}}{\dfrac{7.84\,\mathrm{m}}{\mathrm{hr}} \times \dfrac{24\,\mathrm{hr}}{1\,\mathrm{day}}} = 5.32\,\mathrm{m}^2$$

Tip
① cp $\xrightarrow{\times 10^{-2}}$ poise
② 포이즈 = p = poise = g/cm · sec

09 A 도시의 현재 인구가 75,000명이며, 1인 1일 350L의 생활용수를 사용하는 도시의 인구는 매년 5%씩 증가하고 있다. 등비급수법을 이용하여 30년 후 생활용수 총사용량은 몇 배가 증가하는지 계산하시오. (단, 30년 후의 1인 1일 생활용수는 450L를 사용한다.)

풀이
① 현재 사용하는 생활용수(Q_1)

$Q_1 = 350\,\mathrm{L/인 \cdot 일} \times 75{,}000\,\mathrm{인} \times \dfrac{1\,\mathrm{m}^3}{10^3\,\mathrm{L}}$

$= 26{,}250\,\mathrm{m}^3/\mathrm{일}$

② 등비급수법에 의한 30년 후의 인구수 계산
$P_n = P_o \times (1+r)^n$
여기서 P_n : 현재부터 n년 후 추정인구 P_o : 현재인구
        n : 설계기간(년)   r : 연간 인구 증가율
따라서 $P_n = 75{,}000\,\mathrm{명} \times (1+0.05)^{30년} = 324{,}145.68\,\mathrm{명}$

③ 30년 후 사용하는 생활용수(Q_2)

$Q_2 = 450\,\mathrm{L/인 \cdot 일} \times 324{,}145.68\,\mathrm{인} \times \dfrac{1\,\mathrm{m}^3}{10^3\,\mathrm{L}}$

$= 145{,}865.56\,\mathrm{m}^3/\mathrm{일}$

④ 생활용수 총사용량 배수 $= \dfrac{145{,}865.56\,\mathrm{m}^3/\mathrm{일}}{26{,}250\,\mathrm{m}^3/\mathrm{일}} = 5.56$ 배

10 박테리아($C_5H_7O_2N$) 5kg을 완전 산화시키는데 필요한 이론적인 산소요구량(kg)을 계산하시오. (단, 생성물질은 CO_2, H_2O, NH_3이다.)

풀이
$C_5H_7O_2N + 5O_2 \rightarrow 5CO_2 + 2H_2O + NH_3$
113g   : 5×32g
5kg   : X(ThOD)

$\therefore\ X(\mathrm{ThOD}) = \dfrac{5 \times 32\,\mathrm{g} \times 5\,\mathrm{kg}}{113\,\mathrm{g}} = 7.08\,\mathrm{kg}$

Tip	① $C_5H_7O_2N$ 의 분자량 $= (5 \times 12) + (7 \times 1) + (2 \times 16) + 14 = 113g$
	② 이론적인 산소요구량 $=$ ThOD

 어떤 하수의 BOD를 분석한 결과 20℃에서 2일 BOD가 120mg/L, 4일 BOD가 160mg/L이다. 다음 물음에 답하시오.

(1) 탈산소계수(/day)를 계산하시오.
    (단, 상용대수기준, $k_1 \neq 0$, 소수점 셋째자리까지 계산할 것)
(2) 5일 BOD(mg/L)를 계산하시오.

 (1) 탈산소계수 k_1을 계산한다.

$$BOD_t = BOD_u \times (1 - 10^{-k_1 \times t})$$

$$\div \begin{vmatrix} 120mg/L = BOD_u \times (1 - 10^{-k_1 \times 2day}) \\ 160mg/L = BOD_u \times (1 - 10^{-k_1 \times 4day}) \end{vmatrix}$$

$$\frac{120mg/L}{160mg/L} = \frac{(1-10^{-2k_1})}{(1-10^{-4k_1})} = \frac{(1-10^{-2k_1})}{(1-10^{-2k_1})(1+10^{-2k_1})} = \frac{1}{(1+10^{-2k_1})}$$

$$0.75 = \frac{1}{(1+10^{-2k_1})}$$

$$0.75 \times (1+10^{-2k_1}) = 1$$

$$10^{-2k_1} = \frac{1}{0.75} - 1$$

$$-2k_1 = \log(\frac{1}{0.75} - 1)$$

$$\therefore k_1 = \frac{\log(\frac{1}{0.75} - 1)}{-2} = 0.239 \, / \, day$$

(2) 5일 BOD를 계산한다.
  ① BOD_u를 계산한다.

  $$160mg/L = BOD_u \times (1 - 10^{-0.239/day \times 4day})$$

  $$\therefore BOD_u = \frac{160mg/L}{(1-10^{-0.239/day \times 4day})} = 179.91 \, mg/L$$

  ② $BOD_5 = BOD_u \times (1 - 10^{-k_1 \times t})$
  $$= 179.91mg/L \times (1 - 10^{-0.239/day \times 5day})$$
  $$= 168.43 \, mg/L$$

12 수질오염물질을 처리하는 방법 중 침전분리법과 부상분리법에 대해서 설명하시오.

 (1) 침전분리법 : 입자의 비중이 물보다 큰 물질을 처리하는 방법으로 입자의 비중과 물의 비중차이에 의해서 침강처리하는 방법이다.
(2) 부상분리법 : 입자의 비중이 물보다 작은 물질을 처리하는 방법으로 물의 비중과 입자의 비중차이에 의해 부상분리시켜 처리하는 방법이다.

13 수질오염물질인 크롬의 환원침전법과 시안의 알칼리염소법에 대해서 설명하고, 카드뮴화합물을 처리하는 방법을 4가지 쓰시오

 (1) 크롬의 환원침전법 : 독성이 있는 6가 크롬을 독성이 없는 3가 크롬으로 pH 2~4에서 환원시키고, 3가 크롬을 pH 8.0~8.5 범위에서 침전시켜 처리하는 방법이다.
(2) 시안의 알칼리염소법 : 강알칼리성 상태에서 1단계 염소를 주입하여 시안화합물을 시안산화물로 변환시킨 후 중화하고 2단계 염소를 재주입하여 질소(N_2)와 이산화탄소(CO_2)로 분해시켜 처리하는 방법이다.
(3) 카드뮴화합물의 처리방법 : 부상법, 여과법, 수산화물 침전법, 황화물 침전법, 탄산염 침전법, 이온교환법, 흡착법

14 펌프에서 발생하는 공동현상(Cavitation)의 정의와 공동현상(Cavitation)의 방지법을 4가지만 쓰시오.

 (1) 정의 : 물이 관속을 유동하고 있을 때 유동하는 물속의 어느 부분의 정압이 그때의 증기압보다 낮아지면 부분적으로 기화하여 관내부에 증기부, 즉 공동이 발생되는데 이와 같은 현상을 공동현상이라 한다.
(2) 방지법
① 펌프의 설치위치를 가능한 낮추어 가용유효흡입 수두를 크게 한다.
② 펌프의 회전속도를 낮게 선정하여 필요유효흡입 수두를 작게 한다.
③ 흡입관의 손실을 가능한 한 작게하여 가용유효흡입 수두를 크게 한다.
④ 흡입측 밸브를 완전히 개방하고 펌프를 운전한다.

15 활성탄을 이용한 수처리에서 Freundlich 등온흡착식을 가장 많이 이용한다. Freundlich의 등온흡착식을 쓰고 변수를 각각 설명하시오.

 Freundlich 등온흡착식 : $\dfrac{X}{M} = K \cdot C^{\frac{1}{n}}$

여기서 X : 흡착제에 흡착된 피흡착제의 농도(mg/L)
M : 활성탄의 주입농도(mg/L)
C : 유출수의 농도(mg/L)
K, n : 경험적 상수

16 Cr^{6+}이 함유된 도금폐수를 다음 반응식과 같이 환원시켜 침전처리 하고자 할 때 다음 물음에 답하시오.

> ㉮ $SO_2 + H_2O \rightarrow H_2SO_3$
> ㉯ $3H_2SO_3 + 2H_2CrO_4 \rightarrow Cr_2(SO_4)_3 + 5H_2O$
> ㉰ $Cr_2(SO_4)_3 + 3Ca(OH)_2 \rightarrow 2Cr(OH)_3 + 3CaSO_4$

(1) ㉯ 반응식이 30분 이내에 이루어질 수 있는 최적의 pH 범위를 기술하시오.

(2) 하나의 반응식으로 나타내시오.

(3) Cr^{6+} 농도가 250mg/L인 경우 폐수 $1m^3$을 제거시키기 위해 소요되는 SO_2의 양(kg)을 계산하시오. (단, Cr의 원자량은 52)

(4) 과잉의 SO_2를 주입하면 폐수 속의 용존산소가 고갈되는데 그 이유를 반응식으로 나타내고 설명하시오.

 (1) 최적의 pH는 2~4 범위이다.

(2)
$$+ \begin{vmatrix} 3SO_2 + 3H_2O \rightarrow 3H_2SO_3 \\ 3H_2SO_3 + 2H_2CrO_4 \rightarrow Cr_2(SO_4)_3 + 5H_2O \\ Cr_2(SO_4)_3 + 3Ca(OH)_2 \rightarrow 2Cr(OH)_3 + 3CaSO_4 \end{vmatrix}$$

$3SO_2 + 2H_2CrO_4 + 3Ca(OH)_2 \rightarrow 2Cr(OH)_3 + 3CaSO_4 + 2H_2O$

(3) $2Cr^{6+}$: $3SO_2$
   $2 \times 52g$: $3 \times 64g$
   $0.25 kg/m^3 \times 1m^3$: X
   ∴ X = 0.46kg

(4) ① 반응식 : $SO_2 + H_2O + 0.5O_2 \rightarrow H_2SO_4$
   ② 이유 : 주입된 과잉의 SO_2가 H_2SO_4가 되면서 용존산소를 소비하기 때문에 용존산소가 고갈된다.

17 다음 조건의 ( )안에 알맞은 말을 쓰시오.

> 호기성 박테리아의 경험적인 화학식은 (①)이며, 수분이 80%, 고형물이 20%로 구성되어 있다. 그리고 박테리아 중 질소성분이 차지하는 양은 (②)%이다. 반면에 곰팡이는 용존산소가 (③) 경우에도 박테리아보다 잘 자라며, 많이 발생하면 (④)현상이 발생한다.

① $C_5H_7O_2N$ ② 12.39 ③ 부족한 ④ 슬러지벌킹(슬러지팽화)

> **Tip**
>
> $C_5H_7O_2N$ 구성성분의 차지하는 함량
> ① $C_5H_7O_2N$ 의 분자량 = $12 \times 5 + 1 \times 7 + 16 \times 2 + 14 \times 1 = 113g$
> ② 탄소(C) = $\dfrac{12g \times 5}{113g} \times 100 = 53.10\%$
> ③ 수소(H) = $\dfrac{1g \times 7}{113g} \times 100 = 6.20\%$
> ④ 산소(O) = $\dfrac{16g \times 2}{113g} \times 100 = 28.32\%$
> ⑤ 질소(N) = $\dfrac{14g \times 1}{113g} \times 100 = 12.39\%$

18 다음은 생물학적 질소화합물을 제거하는 공정도이다. 다음 물음에 답하시오.

〈공정도〉 유입수 → 탈질반응조 → 질산화반응조 → 침전지 → 유출수

(1) 탈질반응에서 (　)으로는 주로 메탄올(CH_3OH)을 사용한다.

(2) 탈질반응에서 증가하는 (　)는 질산화반응조에서 pH의 저하를 막기 위한 용도로 사용되기도 한다.

(3) BOD의 산화과정에서는 용존산소(DO)가 주로 소모하며, 용존산소(DO)가 감소하게 되면 미생물은 주로 (　)중의 산소를 이용한다.

(4) 질산균의 증식속도는 매우 느려 (　)시간을 최대로 길게 해야 한다.

(1) 유기탄소원 (2) 알칼리도 (3) 질산염 (4) 체류

※ **알림**
최근기출문제는 수강생들의 도움으로 복원된 문제이므로 실제문제와 다소 차이가 있을 수 있음을 알려 드립니다.
실기시험을 친 수험생은 실기문제를 복원하여 메일(kwe7002@hanmail.net)로 보내 주시면 됩니다.
수험생 여러분들이 원하시는 수험서를 만들도록 항상 최선의 노력을 다하겠습니다.

03회 2023년 수질환경산업기사 최근 기출문제

2023년 10월 시행

01 어느 폐수처리시설에서 직경 0.01cm, 비중 2.5인 입자를 중력 침강시켜 제거하고자 한다. 수온 4.0℃에서 물의 비중은 1.0, 점성계수는 1.31×10^{-2} g/cm·sec 일 때, 입자의 침강속도(m/hr)를 계산하시오. (단, 입자의 침강속도는 Stokes식에 따른다.)

풀이

$$V_S = \frac{d^2(\rho_s - \rho_w)g}{18\mu}$$

여기서 V_S : 침강속도(cm/sec)   d : 직경(cm)
ρ_s : 입자의 비중 ρ_w : 물의 비중
g : 중력가속도(980cm/sec²) μ : 점성도(g/cm·sec)

침강속도(V_S) = $\dfrac{(0.01\,\text{cm})^2 \times (2.5 - 1.0)\,\text{g/cm}^3 \times 980\,\text{cm/sec}^2}{18 \times 1.31 \times 10^{-2}\,\text{g/cm·sec}}$

= 0.6234 cm/sec

따라서 0.6234 cm/sec × $\dfrac{1\,\text{m}}{10^2\,\text{cm}}$ × $\dfrac{3,600\,\text{sec}}{1\,\text{hr}}$ = 22.44 m/hr

02 페놀(C_6H_5OH)만 함유된 폐수 2,000 m³/day 의 COD를 측정한 결과 175mg/L이였다. 이 측정 기준으로 하루동안 발생하는 폐수 중의 페놀의 양(kg/day)을 계산하시오.

풀이

C_6H_5OH : 7O_2 → 6CO_2 + 3H_2O
94g : 7 × 32g
X : 0.175 kg/m³ × 2,000 m³/day

∴ X = 146.88 kg/day

Tip
① 총량(kg/day) = 폐수량(m³/day) × 농도(kg/m³)
② mg/L $\xrightarrow{\times\,10^{-3}}$ kg/m³
③ 문제에서 COD는 산소량을 의미한다.
④ 페놀(C_6H_5OH)의 분자량 = 12 × 6 + 1 × 5 + 16 + 1 = 94

03 초기의 DO농도가 9 mg/L이고 5일 배양 후 DO의 농도가 5 mg/L이었다. 식종이 없을 때 BOD 농도(mg/L)를 계산하시오. (단, 희석 배수치는 80배이다.)

풀이
$$BOD = (DO_1 - DO_2) \times P$$
$$= (9-5) \, mg/L \times 80 = 320 \, mg/L$$

04 50,000 m³/day의 유량을 살균하기 위해서 염소 50 kg/day를 주입하였다. 이때 15분 후 잔류염소의 농도는 0.5 mg/L이었다. 다음 물음에 답하시오.
(1) 염소의 주입농도(mg/L)를 계산하시오.
(2) 염소의 요구량(mg/L)을 계산하시오.

풀이
(1) 염소의 주입농도(mg/L) = $\dfrac{\text{염소의 주입량(kg/day)}}{\text{유량(m}^3\text{/day)}}$ = $\dfrac{50 \, kg/day}{50,000 \, m^3/day}$
$$= 0.001 \, kg/m^3 = 1.0 \, mg/L$$
(2) 염소의 요구량(mg/L) = 염소 주입량 − 염소 잔류량
$$= 1.0 \, mg/L - 0.5 \, mg/L = 0.5 \, mg/L$$

Tip
① ppm = mg/L = g/m³
② kg/m³ $\xrightarrow{\times 10^3}$ mg/L이므로 0.001kg/m³ × 10³ = 1.0mg/L

05 H 강의 유량이 2.8 m³/sec이고 BOD 농도가 4.0mg/L이고, J 하천과 C 하천이 만나서 혼합된 후의 유량이 560 m³/day이고 BOD 농도가 50mg/L인 혼합하천이 다시 H강과 합류하여 흘러간다. H강과 합류된 지점의 BOD 농도(mg/L)를 계산하시오.

풀이
합류된 지점의 농도(C_m) = $\dfrac{Q_1 C_1 + Q_2 C_2}{Q_1 + Q_2}$

$$= \dfrac{2.8 \, m^3/sec \times 4.0 \, mg/L + 560 \, m^3/day \times \dfrac{1 \, day}{24 \, hr} \times \dfrac{1 \, hr}{3,600 \, sec} \times 50 \, mg/L}{2.8 \, m^3/sec + 560 \, m^3/day \times \dfrac{1 \, day}{24 \, hr} \times \dfrac{1 \, hr}{3,600 \, sec}}$$

$$= 4.11 \, mg/L$$

06 Ca^{2+}가 40mg/L, Mg^{2+}가 20mg/L 포함된 물의 총경도(mg/L as $CaCO_3$)를 계산하시오. (단, Ca의 원자량 : 40, Mg의 원자량 : 24)

풀이
$$\frac{총경도(mg/L)}{50g} = \frac{Ca^{2+}mg/L}{20g} + \frac{Mg^{2+}mg/L}{12g}$$
$$= \frac{40mg/L}{20g} + \frac{20mg/L}{12g}$$
∴ 총경도 = 183.33 mg/L as $CaCO_3$

Tip 총경도는 물의 세기정도를 말하며 2가 양이온 금속성 물질(Ca^{2+}, Mg^{2+}, Mn^{2+}, Fe^{2+}, Sr^{2+})의 함량을 탄산칼슘($CaCO_3$)의 농도로 환산한 값(ppm = mg/L)이다.

07 직경(D)이 450mm인 하수용 원심력 철근콘크리트관이 구배 10‰로 매설되어 있다. 만수된 상태로 송수된다고 할 때 Manning 공식을 이용하여 유량(m^3/sec)을 계산하시오. (단, 조도계수(n)은 0.015이다.)

풀이
Manning 공식에 의한 유속(v) = $\frac{1}{n} \times R^{\frac{2}{3}} \times I^{\frac{1}{2}}$ (m/sec)

여기서 n : 조도계수   R : 경심($R = \frac{D}{4}$)
    I : 구배(기울기)

① 유속(v) = $\frac{1}{n} \times R^{\frac{2}{3}} \times I^{\frac{1}{2}}$ (m/sec)
$$= \frac{1}{0.015} \times \left(\frac{0.45m}{4}\right)^{\frac{2}{3}} \times \left(\frac{10}{1,000}\right)^{\frac{1}{2}} = 1.5536 m/sec$$

② 유량(Q) = 면적(A) × 유속(v)
$$= \frac{\pi}{4} \times (0.45m)^2 \times 1.5536 m/sec = 0.25 m^3/sec$$

Tip
① 직경(D) = 450mm = 450×10^{-3} m = 0.45 m
② 기울기(I) = 10‰ = $\frac{10}{1,000}$ = 0.01
③ 경심(R) = $\frac{면적(A)}{윤변의 길이(S)} = \frac{\frac{\pi D^2}{4}}{\pi \cdot D} = \frac{D}{4}$ (m)
④ 면적(A) = $\frac{\pi D^2}{4}$ (m^2)

08 CFSTR에서 물질을 분해하여 95%의 효율로 처리하고자 한다. 이 물질은 1차반응으로 분해되며 속도상수는 0.05/hr이다. 유입유량은 300L/hr이고, 유입농도는 150mg/L로 일정할 때 필요한 CFSTR의 부피(m^3)를 계산하시오. (단, 반응은 정상상태이다.)

$Q \times (C_o - C_t) = k \times V \times C_t^1$
① C_o(초기농도) = $150\,mg/L$
② C_t(t시간 후의 농도) = $C_o \times (1-\eta) = 150\,mg/L \times (1-0.95) = 7.5\,mg/L$
③ $300\,L/hr \times (150-7.5)mg/L = 0.05/hr \times V \times 7.5\,mg/L$
∴ $V = \dfrac{300\,L/hr \times (150-7.5)mg/L}{0.05/hr \times 7.5\,mg/L} = 114{,}000\,L = 114\,m^3$

09 MLSS 농도가 3,000mg/L이고 30분 정치 후의 슬러지용적이 30%이다. 다음 물음에 답하시오.
(1) SVI를 계산하시오.
(2) 슬러지의 침강성을 판단하시오.

(1) 슬러지 용적지수(SVI) = $\dfrac{SV(\%)}{MLSS(mg/L)} \times 10^4$
$= \dfrac{30\%}{3{,}000\,mg/L} \times 10^4 = 100$
(2) SVI가 100이므로 정상 침강이다.

Tip	(1) 슬러지용적지수(SVI) 공식 ① $SVI = \dfrac{SV(mL/L)}{MLSS(mg/L)} \times 10^3$ ② $SVI = \dfrac{SV(\%)}{MLSS(mg/L)} \times 10^4$ (2) 침강성 판단 근거 ① SVI가 50~150 : 정상 침강 ② SVI가 200 이상 : 슬러지팽화(벌킹)

10 조류($C_5H_8O_2N$) 65mg/L를 완전산화시키는데 필요한 이론적 산소요구량(mg/L)을 계산하시오. (단, 질소는 질산성 질소로 분해됨)

$C_5H_8O_2N \;+\; 7.25\,O_2 \;\rightarrow\; 5\,CO_2 + 3.5\,H_2O + HNO_3$
114g : 7.25×32g
65mg/L : ThOD
∴ ThOD = $\dfrac{7.25 \times 32\,g \times 65\,mg/L}{114\,g} = 132.28\,mg/L$

Tip	① 조류($C_5H_8O_2N$) = $12 \times 5 + 1 \times 8 + 16 \times 2 + 14 \times 1 = 114$
	② 문제를 풀이할 때에는 단서에 따라 질소는 질산성 질소로 분해됨에 주의

11 고형물의 농도가 $18 \, kg/m^3$인 슬러지 $200 \, m^3$을 탈수하여 함수율 85%로 하고자 한다. 고형물의 회수율이 98%일 때 발생되는 탈수슬러지의 양(m^3)을 계산하시오. (단, 슬러지의 비중은 1.03이다.)

풀이

$$\text{탈수슬러지의 양}(m^3) = \frac{\text{탈수 슬러지량}(kg)}{\text{비중량}(kg/m^3)} \times \frac{100}{100 - \text{함수율}(\%)}$$

$$= \frac{18 \, kg/m^3 \times 200 \, m^3 \times 0.98}{1,030 \, kg/m^3} \times \frac{100}{100 - 85}$$

$$= 22.84 \, m^3$$

12 COD가 15mg/L가 함유되어 있는 폐수 $100 \, m^3/day$가 있다. 흡착제인 활성탄을 이용하여 COD 1mg/L까지 제거하고자 할 때 필요한 활성탄의 양(kg/day)을 계산하시오. (단, Freundlich의 등온흡착식을 이용하고 k= 0.5, n = 1이다.)

풀이

① Freundlich의 등온흡착식은 $\frac{X}{M} = k \cdot C^{\frac{1}{n}}$ 이다.

여기서 X : 농도차[유입농도(C_i) − 유출농도(C_o)](mg/L)
M : 활성탄의 주입농도(mg/L)
C : 유출농도(mg/L)
k, n : 상수

따라서 $\frac{(15-1) \, mg/L}{M} = 0.5 \times (1 \, mg/L)^{\frac{1}{1}}$

∴ $M = \frac{(15-1) \, mg/L}{0.5 \times (1 \, mg/L)^{\frac{1}{1}}} = 28 \, mg/L$

② 필요한 활성탄의 양(kg/day)=활성탄의 주입농도(kg/m^3)× 폐수량(m^3/day)
$= 28 \times 10^{-3} \, kg/m^3 \times 100 \, m^3/day$
$= 2.8 \, kg/day$

Tip	ppm = mg/L = g/m^3이므로 mg/L $\xrightarrow{\times 10^{-3}}$ kg/m^3

13 유량이 $9,100\,\text{m}^3/\text{day}$인 공장의 원형 1차 침전지의 직경이 40m, 측벽의 깊이 3m, 원추형바닥의 깊이가 1m인 경우 표면부하율($\text{m}^3/\text{m}^2\cdot\text{day}$)을 계산하시오.

풀이
$$\text{표면부하율}(\text{m}^3/\text{m}^2\cdot\text{day}) = \frac{Q(\text{m}^3/\text{day})}{A(\text{m}^2)} = \frac{Q(\text{m}^3/\text{day})}{\frac{\pi \times D^2}{4}(\text{m}^2)}$$

$$= \frac{9,100\,\text{m}^3/\text{day}}{\frac{\pi \times (40\,\text{m})^2}{4}} = 7.24\,\text{m}^3/\text{m}^2\cdot\text{day}$$

14 BOD의 농도가 250mg/L인 폐수를 폭기조에서 처리하고자 한다. 폭기시간은 8시간, F/M비는 0.2인 경우, 폭기조내의 MLSS의 농도(mg/L)를 계산하시오.

풀이
$$\text{F/M}\text{비}(/\text{day}) = \frac{\text{BOD} \times Q}{\text{MLSS} \times V} = \frac{\text{BOD}}{\text{MLSS}} \times \frac{Q}{V} = \frac{\text{BOD}}{\text{MLSS}} \times \frac{1}{t}$$

$$0.2/\text{day} = \frac{250\,\text{mg/L}}{\text{MLSS}} \times \frac{1}{\left(\frac{8\,\text{hr}}{24}\right)\text{day}}$$

$$\therefore \text{MLSS} = 3,750\,\text{mg/L}$$

15 유입유량이 $4,500\,\text{m}^3/\text{day}$, BOD의 농도가 300mg/L, 살수여상의 깊이는 2.5m, BOD의 용적부하가 $0.5\,\text{kg BOD}/\text{m}^3\cdot\text{day}$의 조건으로 살수여상을 만들려고 할 때, 살수여상의 최소지름(m)을 계산하시오.

풀이
$$\text{BOD의 용적부하}(\text{kg BOD}/\text{m}^3\cdot\text{day}) = \frac{\text{BOD}(\text{kg/m}^3) \times Q(\text{m}^3/\text{day})}{V(\text{m}^3)}$$

$$= \frac{\text{BOD}(\text{kg/m}^3) \times Q(\text{m}^3/\text{day})}{A(\text{m}^2) \times H(\text{m})}$$

$$\therefore A = \frac{\text{BOD}(\text{kg/m}^3) \times Q(\text{m}^3/\text{day})}{\text{BOD의 용적부하}(\text{kg/m}^3\cdot\text{day}) \times H(\text{m})}$$

$$= \frac{0.3\,\text{kg/m}^3 \times 4,500\,\text{m}^3/\text{day}}{0.5\,\text{kg/m}^3\cdot\text{day} \times 2.5\,\text{m}} = 1,080\,\text{m}^2$$

$$A = \frac{\pi \times D^2}{4} = 1,080\,\text{m}^2$$

$$\therefore D = \sqrt{\frac{4 \times 1,080\,\text{m}^2}{\pi}} = 37.08\,\text{m}$$

500mg/L의 Cr^{6+}의 농도가 함유된 550 m^3/day의 공장폐수가 있다. 이 폐수를 아황산수소나트륨($NaHSO_3$)을 이용하여 Cr^{6+}을 Cr^{3+}으로 환원시킨 다음 수산화크롬으로 침전시켜 처리하고자 한다. 다음 물음에 답하시오. (단, 원자량은 Cr : 52, Na : 23, S : 32, Ca : 40이다.)

$$4H_2CrO_4 + 6NaHSO_3 + 3H_2SO_4 \rightarrow 2Cr_2(SO_4)_3 + 3Na_2SO_3 + 10H_2O$$
$$Cr_2(SO_4)_3 + 3Ca(OH)_2 \rightarrow 2Cr(OH)_3 \downarrow + 3CaSO_4 \downarrow$$

(1) 아황산수소나트륨($NaHSO_3$)의 필요량(kg/day)을 계산하시오.

(2) 발생되는 총 슬러지량(kg/day)을 계산하시오.

풀이 (1) $4H_2CrO_4$: $6NaHSO_3$
  $4 \times 52g$: $6 \times 104g$
  $0.5 kg/m^3 \times 550 m^3/day$: X_1
  ∴ $X_1 = 825 kg/day$

(2) $Cr_2(SO_4)_3$: $2Cr(OH)_3 + 3CaSO_4$
  $2 \times 52g$: $(2 \times 103 + 3 \times 136)g$
  $0.5 kg/m^3 \times 550 m^3/day$: X_2
  ∴ $X_2 = 1,623.5577 kg/day$
  따라서 총 슬러지량 = $X_1 + X_2$
  $= 825 kg/day + 1,623.5577 kg/day$
  $= 2,448.56 kg/day$

Tip
① $4H_2CrO_4$에서 $4Cr^{6+}$
② $Cr_2(SO_4)_3$에서 $2Cr^{6+}$
③ $NaHSO_3$의 분자량 = 23 + 1 + 32 + 16 × 3 = 104
④ $Cr(OH)_3$의 분자량 = 52 + 16 × 3 + 1 × 3 = 103
⑤ $CaSO_4$의 분자량 = 40 + 32 + 16 × 4 = 136

17 토마스 도해법을 이용하여 탈산소계수(k_1)과 최종 BOD를 구하기 위해 경과시간에 대한 BOD를 측정하여 낸 그래프를 보고 다음 물음에 답하시오. (단, 기울기(B) = $\dfrac{(2.3k_1)^{\frac{2}{3}}}{6 \times L_o^{\frac{1}{3}}}$, 절편(A) = $\dfrac{1}{(2.3k_1 \times L_o)^{\frac{1}{3}}}$ 이며, 밑수는 10을 기준으로 한다.)

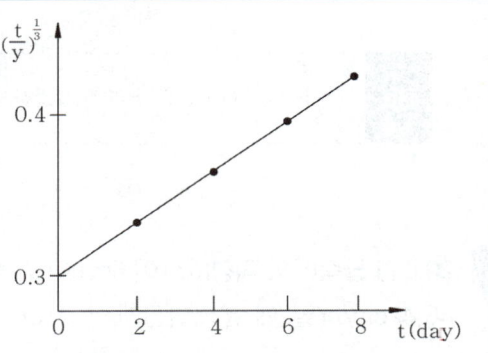

(1) 탈산소계수(k_1)과 최종 BOD(mg/L)를 계산하시오.
(2) 시료의 BOD 농도가 50% 감소하는데 소요되는 시간(day)을 계산하시오.

풀이 (1) 탈산소계수(k_1)과 최종 BOD(mg/L)를 계산
① 표를 작성한다.

시간(t)	BOD농도(y)	$\dfrac{t}{y}$	$\left(\dfrac{t}{y}\right)^{\frac{1}{3}}$
0	0	0	0
1	34	0.02941	0.308
2	58	0.03448	0.325
4	85	0.04705	0.361
6	108	0.05555	0.381
8	113	0.07079	0.413

② 그래프상에서 절편이 0.3이므로 기울기(B) = $\dfrac{0.413 - 0.3}{8 - 0}$ = 0.0141 이다.

기울기(B) = $\dfrac{(2.3k_1)^{\frac{2}{3}}}{6 \times L_o^{\frac{1}{3}}}$ 식에서 절편(A) = $\dfrac{1}{(2.3k_1 \times L_o)^{\frac{1}{3}}}$ 식을 나누면

$\dfrac{B}{A}$ = $\dfrac{2.3k_1}{6}$ 이 되며, 여기서 k_1 = $\dfrac{6B}{2.3A}$ = $\dfrac{6 \times 0.0141}{2.3 \times 0.3}$ = 0.12/day

③ 절편(A) = $\dfrac{1}{(2.3k_1 \times L_o)^{\frac{1}{3}}}$ 에서 최종 BOD(L_o)를 구한다.

$$L_o = \dfrac{1}{2.3 \times k_1 \times A^3} = \dfrac{1}{2.3 \times 0.12/day \times (0.3)^3} = 134.19\,mg/L$$

(2) $BOD(y) = BOD_u(L_o) \times (1 - 10^{-k_1 \times t})$

$$\therefore t = \dfrac{\log\left(1 - \dfrac{y}{L_o}\right)}{-k_1} = \dfrac{\log\left(1 - \dfrac{0.5}{1}\right)}{-0.12/day} = 2.51\,day$$

Tip 시료의 BOD 농도가 50% 감소하므로 L_o = 100%이고, y(BOD)는 50%이다.

18 20℃인 물속에서 직경(d_B)이 6mm이고, 상승속도(V_r)가 3.0 cm/s, 기포의 산소이전계수(k)가 46.42cm/hr일 때 분자확산계수(D ; cm^2/hr)를 계산하시오.

(단, 산소이전계수(k) = $2 \times \sqrt{\dfrac{D \times V_r}{\pi \times d_B}}$ 이다.)

풀이 산소이전계수(k) = $2 \times \sqrt{\dfrac{D \times V_r}{\pi \times d_B}}$ 에서

$$분자확산계수(D) = \dfrac{\pi \times d_B \times \left(\dfrac{k}{2}\right)^2}{V_r}$$

$$= \dfrac{\pi \times 6 \times 10^{-1}\,cm \times \left(\dfrac{46.42\,cm/hr}{2}\right)^2}{3.0\,cm/sec \times \dfrac{3{,}600\,sec}{1hr}}$$

$$= 0.09\,cm^2/hr$$

19 수질 모델링의 절차는 모형의 개발 또는 선정, 보정, 검증, 감응도분석, 수질예측과 평가 등의 과정이 있다. 이 과정 중 보정방법에 대해서 설명하시오.

풀이 각종 매개변수값을 조정하여 모델에 의한 예측치가 실측치를 제대로 반영할 수 있도록 하는 과정이다. 이 과정에서 해당 수체에 대한 수리학적 입력계수, 수질관련 반응계수 등의 매개변수 값의 자료가 없으면 해당 문헌에서 제시하는 범위에서 그 값을 선정할 수 밖에 없다. 수질관련 반응계수의 추정방법으로는 영향계수법, 경험에 의한 시행착오법 등이 있으며, 대부분 예측치와 실측치의 차이가 실측치의 10~20%를 넘지 않도록 보정한다.

 20 폐수속 입자와 물질의 농도에 따라 일어나는 침전과정 4가지를 쓰고, 간단히 설명하시오.

풀이
① Ⅰ형침전(독립침전) : 고형물의 농도가 낮은 현탁액 속의 입자가 등가속도 영역에서 중력에 의해 침전하는 것을 말한다.
② Ⅱ형침전(응결침전, 응집침전) : 비교적 농도가 낮은 현탁액에서 침전 중 입자들끼리 결합하고 응집하는 것을 말한다.
③ Ⅲ형침전(지역침전, 간섭침전, 방해침전) : 침전하는 입자들이 너무 가까이 있어서 입자 간의 힘이 이웃입자의 침전을 방해하게 되고 동일한 속도로 침전하며 활성슬러지 공법의 최종침전조 중간 깊이에서 일어나는 침전을 말한다.
④ Ⅳ형침전(압축침전, 압밀침전) : 입자들은 농도가 너무 커서 입자들끼리 구조물을 형성하여 더 이상의 침전은 압밀에 의해서만 생기는 고농도의 부유액에서 일어나는 침전이다.

※ 알림
최근기출문제는 수강생들의 도움으로 복원된 문제이므로 실제문제와 다소 차이가 있을 수 있음을 알려 드립니다.
실기시험을 친 수험생은 실기문제를 복원하여 메일(kwe7002@hanmail.net)로 보내 주시면 됩니다.
수험생 여러분들이 원하시는 수험서를 만들도록 항상 최선의 노력을 다하겠습니다.

01회 2024년 수질환경산업기사 최근 기출문제

2024년 4월 시행

01 유량 50,000 m³/day을 살균하기 위해서 염소 50 kg/day를 주입하였다. 이때 15분 후 염소의 잔류농도는 0.2 mg/L일 때 염소의 요구농도(mg/L)를 계산하시오.

풀이 ① 염소의 주입농도(mg/L) = $\dfrac{\text{염소의 주입량(kg/day)}}{\text{유량(m}^3\text{/day)}}$ = $\dfrac{50\,\text{kg/day}}{50,000\,\text{m}^3/\text{day}}$
= 0.001 kg/m³ = 1.0 mg/L
② 염소의 요구농도(mg/L) = 염소의 주입농도 − 염소의 잔류농도
= 1.0 mg/L − 0.2 mg/L = 0.8 mg/L

Tip
① ppm = mg/L = g/m³
② kg/m³ $\xrightarrow{\times 10^3}$ mg/L 이므로 0.001 kg/m³ × 10³ = 1.0 mg/L

02 다음 물음에 답하시오.
(1) 0.1008 g/L의 수소이온농도를 포함하는 시료의 pH를 계산하시오.
(2) 1.008 g/L의 수소이온농도를 포함하는 시료의 pH를 계산하시오.

풀이 (1) [H⁺] = $\dfrac{0.1008\,\text{g}}{\text{L}} \times \dfrac{1\,\text{mol}}{1.00797\,\text{g}}$ = 0.10 mol/L
pH = −log[H⁺] = −log[0.10 mol/L] = 1.0
(2) [H⁺] = $\dfrac{1.008\,\text{g}}{\text{L}} \times \dfrac{1\,\text{mol}}{1.00797\,\text{g}}$ = 1.00 mol/L
pH = −log[H⁺] = −log[1.00 mol/L] = 0

Tip
① 산성 물질의 pH = −log[H⁺]
② M 농도의 단위는 mol/L이다.
③ 수소이온[H⁺]의 원자량은 1.00797 g이다.

03 ABS를 제거하기 위해 활성탄을 사용한다. 원수의 ABS가 56mg/L일 때 활성탄을 20mg/L 주입시켰더니 16mg/L의 ABS가 검출되었다. 52mg/L의 활성탄을 주입하였더니 유출수의 ABS 가 4mg/L로 되었다. 유출수의 ABS를 9mg/L로 만들기 위해서 주입되는 활성탄의 양(mg/L)을 계산하시오.

풀이 등온흡착식 : $\dfrac{X}{M} = K \cdot C^{\frac{1}{n}}$

① $\dfrac{(56-16)\,\text{mg/L}}{20\,\text{mg/L}} = K \times (16\,\text{mg/L})^{\frac{1}{n}}$

② $\dfrac{(56-4)\,\text{mg/L}}{52\,\text{mg/L}} = K \times (4\,\text{mg/L})^{\frac{1}{n}}$

③ $\dfrac{(56-9)\,\text{mg/L}}{M} = K \times (9\,\text{mg/L})^{\frac{1}{n}}$

$\div \begin{vmatrix} ① \ 2 = K \times 16^{\frac{1}{n}} \\ ② \ 1 = K \times 4^{\frac{1}{n}} \end{vmatrix}$

$2 = 4^{\frac{1}{n}}$

양변에 ln을 취하면 $\ln 2 = \dfrac{1}{n}\ln 4$

∴ $n = \dfrac{\ln 4}{\ln 2} = 2$ ∴ $K = 0.5$

따라서 $\dfrac{(56-9)\,\text{mg/L}}{M} = 0.5 \times (9\,\text{mg/L})^{\frac{1}{2}}$

∴ $M = \dfrac{(56-9)\,\text{mg/L}}{0.5 \times (9\,\text{mg/L})^{\frac{1}{2}}} = 31.33\,\text{mg/L}$

 04 BOD농도가 150mg/L, 유량 2,000 m³/day 의 폐수를 활성슬러지법으로 처리할 때 BOD슬러지 부하 0.3kgBOD/kg MLVSS · day, 폭기시간 6시간인 경우 MLVSS의 농도(mg/L)를 계산하시오.

풀이 $F/M\text{비} = \dfrac{BOD \times Q}{MLVSS \times V} = \dfrac{BOD}{MLVSS} \times \dfrac{1}{t}$

$0.3/\text{day} = \dfrac{150\,\text{mg/L}}{MLVSS\,(\text{mg/L})} \times \dfrac{1}{(6\,\text{hr}/24)\,\text{day}}$

∴ $MLVSS = \dfrac{150\,\text{mg/L}}{0.3/\text{day} \times (6\,\text{hr}/24)\,\text{day}} = 2,000\,\text{mg/L}$

05 역삼투 장치로 하루에 500 m³의 3차 처리된 유출수를 탈염시키고자 한다. 요구되는 막면적 (m²)을 계산하시오.

- 25℃에서 물질전달계수 : 0.2068 L/(day · m²)(kPa)
- 유입수와 유출수 사이의 압력차 : 2,400kPa
- 유입수와 유출수의 삼투압차 : 310kPa
- 최저 운전온도 : 10℃
- $A_{10℃} = 1.28 A_{25℃}$, A : 막면적

풀이 ① $Q_F = k \times (\Delta P - \Delta \pi)$
　　　$= 0.2068 L/day \cdot m^2 \cdot kPa \times (2,400 - 310)kPa$
　　　$= 432.212 L/day \cdot m^2$

② 25℃ 막의 면적($A_{25℃}$) $= \dfrac{Q(유량)}{Q_F(유출수량)}$

　　　$= \dfrac{500 \times 10^3 L/day}{432.212 L/day \cdot m^2} = 1,156.8397 m^2$

③ 10℃ 막의 면적 ($A_{10℃}$) $= 1.28 \times A_{25℃}$
　　　$= 1.28 \times 1,156.8397 m^2 = 1,480.76 m^2$

Tip $Q_F = k \times (\Delta P - \Delta \pi)$
여기서 Q_F : 유출수량(L/m²·day)　k : 물질전달계수(L/day·m²·kPa)
　　　ΔP : 압력차(kPa)　　　$\Delta \pi$: 삼투압차(kPa)

06 NH_4^+ 이온 18mg/L를 함유하는 폐수 4,000 m³을 이온교환수지로 처리하고자 한다. 이온교환 용량이 100,000g $CaCO_3/m^3$인 양이온 교환수지를 사용한다면 이론상 요구되는 양이온 교환 수지의 양(m³)을 계산하시오. (단, Ca : 40, O : 16)

풀이 ① $2NH_4^+ + CaCO_3 \rightarrow (NH_4)_2CO_3 + Ca^{2+}$
　　　$2 \times 18g : 100g$
　　　$18g/m^3 \times 4,000 m^3 : X$
　　　$\therefore X = \dfrac{100g \times 18g/m^3 \times 4,000 m^3}{2 \times 18g} = 200,000 g$

② 이론상 요구되는 수지의 양(m³) $= \dfrac{200,000 g}{100,000 g/m^3} = 2 m^3$

07 1,000명의 인구세대를 가진 지역에서 폐수량이 800 m³/day이며, BOD의 발생량은 50 mg/cap·L이며, BOD의 제거효율은 85%, 반응조 체류시간은 6시간인 경우 제거되는 BOD량(kg/day)과 반응조의 부피(m³)를 계산하시오.

풀이

(1) 제거되는 BOD량

$$= \text{BOD농도}(kg/m^3) \times \text{폐수량}(m^3/day) \times \frac{\text{제거효율}(\%)}{100}$$

$$= (50\,mg/cap·L \times 1,000\text{인} \times 10^{-3})\,kg/m^3 \times 800\,m^3/day \times \frac{85\%}{100}$$

$$= 34,000\,kg/day$$

(2) 반응조의 부피 $= \text{유량}(m^3/day) \times \text{체류시간}(day)$

$$= 800\,m^3/day \times \left(\frac{6\,hr}{24}\right)day$$

$$= 200\,m^3$$

Tip mg/cap·L = mg/인·L

---

08 직경(D)이 450mm인 하수용 원심력 철근콘크리트관이 구배 10‰로 매설되어 있다. 만수된 상태로 송수된다고 할 때 Manning 공식을 이용하여 유속(m/sec)을 계산하시오. (단, 조도계수(n)은 0.015이다.)

풀이

$$\text{유속}(v) = \frac{1}{n} \times R^{\frac{2}{3}} \times I^{\frac{1}{2}}\,(m/sec)$$

$$= \frac{1}{0.015} \times \left(\frac{0.45\,m}{4}\right)^{\frac{2}{3}} \times \left(\frac{10}{1,000}\right)^{\frac{1}{2}} = 1.55\,m/sec$$

Tip

① Manning 공식에 의한 유속$(v) = \frac{1}{n} \times R^{\frac{2}{3}} \times I^{\frac{1}{2}}\,(m/sec)$

여기서 n : 조도계수, R : 경심$(R = \frac{D}{4})$, I : 구배(기울기)

② 직경(D) = 450 mm = 450×10^{-3} m = 0.45 m

③ 기울기 (I) = 10‰ = $\frac{10}{1,000}$ = 0.01

④ 경심(R) = $\frac{\text{면적}(A)}{\text{윤변의 길이}(S)} = \frac{\frac{\pi D^2}{4}}{\pi \cdot D} = \frac{D}{4}\,(m)$

⑤ 면적(A) = $\frac{\pi D^2}{4}\,(m^2)$

09 $NH_3 - N$ 표준원액(0.1mg N/mL)을 조제하고자 한다. 1L에 주입해야 할 NH_4Cl의 양(mg)을 계산하시오. (단, NH_4Cl의 MW = 53.5이다.)

> 풀이
> NH_4Cl : N
> 53.5g : 14g
> X : $0.1\,mg/mL \times 1\,L \times 10^3\,mL/L$
> $\therefore X = \dfrac{53.5g \times 0.1\,mg/mL \times 1\,L \times 10^3\,mL/L}{14g} = 382.14\,mg$

10 수분함량이 95%의 슬러지에 응집제를 가하니 [상등액 : 침전슬러지] 용적비가 1 : 2로 되었다. 이때 침전슬러지의 수분함량(%)을 계산하시오.

> 풀이
> $V_1 \times (100 - P_1) = V_2 \times (100 - P_2)$
> $3 \times (100 - 95\%) = 2 \times (100 - P_2)$
> $\therefore P_2 = 100 - \left\{ \dfrac{3 \times (100 - 95\%)}{2} \right\} = 92.5\%$

11 Ca^{2+}의 농도가 80mg/L, Mg^{2+}의 농도가 73mg/L이고, 나트륨 흡착률(SAR)이 2.23일 때 나트륨(Na^+)의 농도(mg/L)를 계산하시오.

> 풀이
> ① $Ca^{2+}(mN) = 80\,mg/L \div 20 = 4\,mN$
> $Mg^{2+}(mN) = 73\,mg/L \div 12 = 6.08\,mN$
> SAR(나트륨 흡착률) = $\dfrac{Na^+}{\sqrt{\dfrac{Ca^{2+} + Mg^{2+}}{2}}}$
> $2.23 = \dfrac{Na^+}{\sqrt{\dfrac{(4+6.08)\,mN}{2}}}$
> $\therefore Na^+ = 2.23 \times \sqrt{\dfrac{(4+6.08)\,mN}{2}} = 5.0063\,mN$
> ② $Na^+(mg/L) = mN \times 1\,mg\ 당량$
> $= 5.0063\,mN \times 23 = 115.15\,mg/L$

> **Tip**
> ① SAR(나트륨 흡착률) = $\dfrac{Na^+}{\sqrt{\dfrac{Ca^{2+} + Mg^{2+}}{2}}}$
> ② 단위 : meq/L = me/L = mN
> ③ mN = mg/L ÷ 1mg 당량

12 유출수 중의 잔류하는 E.coli를 박테리아 반응조를 이용하여 처리하려고 한다. 유량은 $250 m^3/day$, E.coli 함량은 $10^7/100 mL$, E.coli 분해상수(k)는 2/day인 경우, 99.8%의 E.coli를 제거하기 위해서 필요한 반응조의 총부피(m^3)를 계산하시오. (반응조는 직렬로 2개가 연결되어 있으며, 부피는 동일하며, E.coli의 분해식은 $\dfrac{N_t}{N_o} = \dfrac{1}{(1+k \times t)^{1.7}}$이며, 여기서 t는 단일용기의 체류시간, N_t는 최종 배출되는 E.coli의 함량, N_o는 초기 E.coli의 함량이다.)

풀이

$\dfrac{N_t}{N_o} = \dfrac{1}{(1+k \times t)^{1.7}}$ 에서 $t = \dfrac{V}{Q}$ 이므로

$\dfrac{N_t}{N_o} = \dfrac{1}{\left(1+k \times \dfrac{V}{Q}\right)^{1.7}}$

$\dfrac{N_o}{N_t} = \left(1 + k \times \dfrac{V}{Q}\right)^{1.7}$

$\left(\dfrac{N_o}{N_t}\right)^{\frac{1}{1.7}} - 1 = \dfrac{k}{Q} \times V$

$\therefore V = \dfrac{Q}{k} \times \left\{\left(\dfrac{N_o}{N_t}\right)^{\frac{1}{1.7}} - 1\right\}$

$= \dfrac{250 m^3/day}{2/day} \times \left\{\left(\dfrac{100\%}{0.2\%}\right)^{\frac{1}{1.7}} - 1\right\}$

$= 4,711.5917 m^3$

따라서 반응조의 총부피 $= 4,711.5917 m^3 \times 2 = 9,423.18 m^3$

13 발생되는 폐수 $5,500 m^3/day$ 중에 탁도가 55mg/L 함유되어 있다. 이 폐수를 Alum $(Al_2(SO_4)_3 \cdot 14 H_2O)$ 35mg/L를 주입하여 응집처리하고자 한다.
(단, 반응식은 $Al_2(SO_4)_3 \cdot 14 H_2O + 3Ca(HCO_3)_2 \rightarrow 2Al(OH)_3 \downarrow + 3CaSO_4 + 14 H_2O + 6 CO_2$ 이며, Al의 원자량 : 27, Ca의 원자량 : 40)

(1) 폐수 $5,500 m^3/day$을 처리할 때 소요되는 Alum의 양(kg/day)을 계산하시오.

(2) Alum과 반응에 소요되는 알칼리제(HCO_3^-)의 비(알칼리제(HCO_3^-)의 소요량(g) / Alum의 양(g))을 계산하시오.

(3) 발생되는 슬러지($Al(OH)_3$)량(m^3/day)을 계산하시오. (단, 슬러지 중 고형물의 농도는 1.5%이며, 비중은 1.30이다.)

풀이 (1) Alum의 양(kg/day) $= 35 \times 10^{-3} kg/m^3 \times 5,500 m^3/day$
$= 192.5 kg/day$

(2) $Al_2(SO_4)_3 \cdot 14H_2O$: $6HCO_3^-$
594 g : 6×61 g
1 g : X

∴ X = 0.62 g이므로 비는 0.62 g/g이다.

(3) ① $Al(OH)_3$의 양(kg/day)을 계산한다.
$Al_2(SO_4)_3 \cdot 14H_2O$: $2Al(OH)_3$
594 g : 2×78 g
192.5 kg/day : X

∴ X = 50.5556 kg/day

② $Al(OH)_3$의 양(m^3/day)을 계산한다.

$$Al(OH)_3 \text{의 양}(m^3/day) = \frac{Al(OH)_3 \text{량}(kg/day)}{\text{비중량}(kg/m^3)} \times \frac{100}{\text{고형물의 농도}(\%)}$$

$$= \frac{50.5556 \, kg/day}{1,300 \, kg/m^3} \times \frac{100}{1.5\%}$$

$$= 2.59 \, m^3/day$$

> **Tip**
> ① mg/L $\xrightarrow{\times 10^{-3}}$ kg/m^3
> ② 비중 $\xrightarrow{\times 10^3}$ 비중량(kg/m^3)
> ③ $Al_2(SO_4)_3 \cdot 14H_2O$의 분자량 = $27 \times 2 + 32 \times 3 + 16 \times 4 \times 3 + 14 \times 18 = 594$
> ④ $Al(OH)_3$의 분자량 = $27 + 16 \times 3 + 1 \times 3 = 78$
> ⑤ HCO_3^-의 분자량 = $1 + 12 + 16 \times 3 = 61$

14 정수압차를 추진력으로 사용하는 막공법의 종류를 3가지만 쓰시오.

① 역삼투
② 한외여과
③ 나노여과
④ 정밀여과

> **Tip**
> ① 문제의 요구조건에 알맞게 3가지만 서술하시면 됩니다.
> ② 전기투석의 추진력 : 전위차
> ③ 투석의 추진력 : 농도차

15 생물화학적산소요구량(BOD)을 분석할 때 전처리 방법에 대한 설명이다. ( )를 알맞게 채우시오.

> 잔류염소를 함유한 시료는 시료 100mL에 (①) 0.1g과 (②) 1g을 넣고 흔들어 섞은 다음 염산을 넣어 산성으로 한다. 유리된 요오드를 전분 지시약을 사용하여 아황산나트륨용액(0.025N)으로 액의 색이 (③)색에서 (④)색으로 변할 때까지 적정하여 얻은 아황산나트륨용액(0.025N)의 소비된 부피(mL)를 남아있는 시료의 양에 대응하여 넣어준다. 일반적으로 잔류염소가 함유된 시료는 BOD용 (⑤)로 희석하여 사용한다.

풀이 ① 아자이드화나트륨 ② 요오드화칼륨 ③ 청 ④ 무 ⑤ 식종희석수

16 침전효율(E) = $\dfrac{V_s}{\dfrac{Q}{A}}$ 에서 침전효율을 높이는 방법을 3가지 쓰시오.

풀이
① 체류시간을 증가시킨다.
② 수면적부하율($\dfrac{Q}{A}$)을 작게 한다.
③ 침전지의 수면적을 증가시킨다.
④ 침전지에 경사판을 삽입하여 침전지의 분리면적을 증가시킨다.

Tip 문제의 요구조건에 알맞게 3가지만 서술하시면 됩니다.

17 다음은 오염물질을 처리하는 단위공정이다. 다음 물음에 답하시오.
(1) 유입 – 스크린 – (①) – (②) – (③) – 유출에서 ①, ②, ③에 들어갈 알맞은 공정명을 쓰시오.
(2) ①, ②, ③ 공정이 동일장소에서 이루어지도록 개발된 장치의 이름을 쓰시오.

풀이 (1) ① 혐기성조
② 호기성조(폭기조)
③ 무산소조
(2) SBR 공법

Tip 연속회분식 반응조(SBR ; Sequencing Batch Reactor)

※ **알림**

최근기출문제는 수강생들의 도움으로 복원된 문제이므로 실제문제와 다소 차이가 있을 수 있음을 알려 드립니다.

실기시험을 친 수험생은 실기문제를 복원하여 메일(kwe7002@hanmail.net)로 보내 주시면 됩니다. 수험생 여러분들이 원하시는 수험서를 만들도록 항상 최선의 노력을 다하겠습니다.

02회 2024년 수질환경산업기사 최근 기출문제

2024년 7월 시행

01 응집침전처리에 속도경사(G)가 $200\,\text{sec}^{-1}$, 혼합조 용적이 $200\,\text{m}^3$, 물의 점성계수가 $1.3\times 10^{-2}\,\text{g/cm}\cdot\text{sec}$, 효율이 90%일 때 동력(kW)을 계산하시오.

풀이
$$P = G^2 \times \mu \times V$$
$$= (200/\text{sec})^2 \times 1.3\times 10^{-3}\,\text{kg/m}\cdot\text{sec} \times 200\,\text{m}^3 \times \frac{100}{90\%}$$
$$= 11,555.56\,\text{Watt} = 11.56\,\text{kW}$$

Tip
① $G = \sqrt{\dfrac{P}{\mu\cdot V}} \Rightarrow P = G^2 \times \mu \times V$

여기서 P : 동력(Watt)　　　G : 속도경사(/sec)
　　　μ : 점성계수(kg/m·sec)　V : 용적(m^3)

② $\mu = 1.3\times 10^{-2}\,\text{g/cm}\cdot\text{sec} \xrightarrow{\times 10^{-1}} 1.3\times 10^{-3}\,\text{kg/m}\cdot\text{sec}$

02 어느 공단 내의 공장에서 BOD의 농도가 500mg/L이고, 유량이 $2,000\,\text{m}^3/\text{day}$인 유기성폐수를 표준활성슬러지법을 이용하여 처리하고자 용적이 $150\,\text{m}^3$인 포기조를 설치하였으나 처리용량에 비해서 포기조의 용적이 부족하였다. 포기조의 용적을 만족시키기 위해서 증가시켜야 할 포기조의 용적(m^3)을 계산하시오. (단, BOD 용적부하는 $2.0\,\text{kg/m}^3\cdot\text{day}$이다.)

풀이
① BOD 용적부하($\text{kg/m}^3\cdot\text{day}$) $= \dfrac{\text{BOD}(\text{kg/m}^3)\times Q(\text{m}^3/\text{day})}{V(\text{m}^3)}$

$2.0\,\text{kg/m}^3\cdot\text{day} = \dfrac{0.5\text{kg/m}^3 \times 2,000\text{m}^3/\text{day}}{V(\text{m}^3)} \therefore V = 500\,\text{m}^3$

② 증가시켜야 할 포기조의 용적 = $500\text{m}^3 - 150\text{m}^3 = 350\,\text{m}^3$

Tip
① ppm = mg/L = g/m^3
② mg/L $\xrightarrow{\times 10^{-3}}$ kg/m^3

03 폐수량은 2,100m³/day이고 BOD 농도가 250mg/L인 폐수를 폭기조에서 처리하고자 한다. MLSS의 농도는 2,500mg/L이고 폭기조의 용적은 600m³이다. F/M비(/day)를 계산하시오.

풀이
$$F/M비(/day) = \frac{BOD(mg/L) \times Q(m^3/day)}{MLSS(mg/L) \times V(m^3)}$$
$$= \frac{250\,mg/L \times 2,100\,m^3/day}{2,500\,mg/L \times 600\,m^3} = 0.35/day$$

04 ABS를 제거하기 위해 활성탄을 사용한다. 원수의 ABS가 56mg/L일 때 활성탄을 20mg/L 주입시켰더니 16mg/L의 ABS가 검출되었다. 52mg/L의 활성탄을 주입하였더니 유출수의 ABS가 4mg/L로 되었다. 유출수의 ABS를 9mg/L로 만들기 위해서 주입되는 활성탄의 양(mg/L)을 계산하시오.

풀이
등온흡착식 : $\dfrac{X}{M} = K \times C^{\frac{1}{n}} \Rightarrow \dfrac{(C_i - C_o)}{M} = K \times C_o^{\frac{1}{n}}$

① $\dfrac{(56-16)mg/L}{20\,mg/L} = K \times (16\,mg/L)^{\frac{1}{n}}$

② $\dfrac{(56-4)mg/L}{52\,mg/L} = K \times (4\,mg/L)^{\frac{1}{n}}$

③ $\dfrac{(56-9)mg/L}{M} = K \times (9\,mg/L)^{\frac{1}{n}}$

÷ $\begin{cases} ① \; 2 = K \times 16^{\frac{1}{n}} \\ ② \; 1 = K \times 4^{\frac{1}{n}} \end{cases}$

$2 = 4^{\frac{1}{n}}$

양변에 ln을 취하면 $\ln 2 = \dfrac{1}{n}\ln 4$

∴ $n = \dfrac{\ln 4}{\ln 2} = 2$ ∴ $K = 0.5$

따라서 $\dfrac{(56-9)mg/L}{M} = 0.5 \times (9\,mg/L)^{\frac{1}{2}}$

∴ $M = \dfrac{(56-9)\,mg/L}{0.5 \times (9\,mg/L)^{\frac{1}{2}}} = 31.33\,mg/L$

05 수중의 암모늄이온은 암모니아와 평형을 이루고 있다. 이 평형은 pH와 온도에 크게 영향을 받으며 수중에서 다음과 같은 평형을 이룬다. $[NH_3 + H_2O \rightleftarrows NH_4^+ + OH^-]$ 수온이 25℃이고, 25℃에서 NH_3 해리상수 $K_b = 1.81 \times 10^{-5}$, pH는 8.3이라면 NH_3의 형태로 몇 %가 존재하는지 계산하시오. (단, $K_w = 1 \times 10^{-14}$)

풀이

$$K_b = \frac{[NH_4^+][OH^-]}{[NH_3]} = \frac{[NH_4^+]}{[NH_3]} \times [OH^-]$$

$pH + pOH = 14 \Rightarrow pOH = 14 - pH = 14 - 8.3 = 5.7$

$[OH^-] = 10^{-pOH} \text{mol/L} = 10^{-5.7} \text{mol/L} = 1.995 \times 10^{-6} \text{mol/L}$

$1.81 \times 10^{-5} = \frac{[NH_4^+]}{[NH_3]} \times (1.995 \times 10^{-6} \text{mol/L})$

$\therefore \frac{[NH_4^+]}{[NH_3]} = \frac{1.81 \times 10^{-5}}{1.995 \times 10^{-6} \text{mol/L}} = 9.0727$

$NH_3(\%) = \frac{[NH_3]}{[NH_3] + [NH_4^+]} \times 100 = \frac{1}{1 + \frac{[NH_4^+]}{[NH_3]}} \times 100$

$= \frac{1}{1 + 9.0727} \times 100 = 9.93\%$

Tip

① $NH_3(\%) = \frac{[NH_3]}{[NH_3] + [NH_4^+]} \times 100$ 에서

분자와 분모를 $[NH_3]$로 나누면

$NH_3(\%) = \frac{[NH_3]/[NH_3]}{[NH_3]/[NH_3] + [NH_4^+]/[NH_3]} \times 100$

$= \frac{1}{1 + \frac{[NH_4^+]}{[NH_3]}} \times 100$

② $pH = -\log[H^+] \Rightarrow [H^+] = 10^{-pH} \text{mol/L}$

③ $pOH = -\log[OH^-] \Rightarrow [OH^-] = 10^{-pOH} \text{mol/L}$

06 20℃에서 1차 반응속도상수(k)= 0.2/day, 30℃에서 속도상수(k)= 0.28/day 이다. 이때 온도 보정계수(θ)를 계산하시오. (단, Arrhenius식을 이용하고, 소수점 셋째자리까지 계산하시오.)

풀이

$k_{(T)} = k(20℃) \times \theta^{(T-20)}$

$0.28/day = 0.2/day \times \theta^{(30-20)}$

$\theta^{(30-20)} = \dfrac{0.28/day}{0.2/day}$

$\therefore \theta = \left(\dfrac{0.28/day}{0.2/day}\right)^{\frac{1}{30-20}} = 1.034$

07 가로 4.5m, 세로 9.5m의 가압여과기를 사용하여 하루 2,500 m³을 여과하고, 매일 12 L/m²·sec로 15분씩 역세척을 한다. 처리수를 기준으로 할 때 역세척수량은 몇 %인지 계산하시오.

풀이

① 역세척수량(m³/day) = 면적(m²) × 역세척속도(m/day)
 = 4.5m × 9.5m × 12 × 10⁻³ m³/m²·sec × 60sec/1min × 15min/1day
 = 461.70 m³/day

② 역세척율(%) = $\dfrac{역세척수량}{처리수} \times 100$

 = $\dfrac{461.70 \, m^3/day}{2,500 \, m^3/day} \times 100 = 18.47\%$

08 우유를 생산하는 공장에서 하루 2,000개의 우유팩을 생산하고 있다. 하루 폐수량은 100 m³이며, 폐수의 BOD는 2,000mg/L이다. BOD를 기준으로 하는 이 공장의 인구당량수(인)를 계산하시오. (단, 1인 1일 BOD 오탁부하량은 50g이다)

풀이

인구당량수(인) = $\dfrac{BOD농도(mg/L) \times 폐수량(m^3/day)}{BOD오탁부하량(g/인 \cdot day)}$

 = $\dfrac{2,000 \, mg/L \times 100 \, m^3/day}{50 \, g/인 \cdot day}$ = 4,000인

Tip
① ppm = mg/L = g/m³
② 2,000 mg/L = 2,000 g/m³

폭기조에서 t = 0일 때의 용존산소농도가 8.5mg/L이고 15분 후의 용존산소농도가 2.5mg/L가 되었을 때, 다음 물음에 답하시오.

(1) 산소의 소비속도(mg/L · hr)를 계산하시오.

(2) MLSS가 2,500mg/L일 때 활성슬러지의 호흡율(mgO_2/hr · g MLSS)를 계산하시오.

 (1) 산소의 소비속도(mg/L · hr) = $\dfrac{(8.5-2.5)\,mg/L}{15\,min \times \dfrac{1\,hr}{60\,min}}$ = 24mg/L · hr

(2) 활성슬러지의 호흡율(mgO_2/hr · g MLSS) = $\dfrac{24\,mg/L \cdot hr}{2,5000\,mg/L \times \dfrac{1\,g}{10^3\,mg}}$

= 9.6mgO_2/hr · g MLSS

 A 도시의 현재 인구가 75,000명이며, 매년 5%씩 증가하고 있다. 다음 물음에 답하시오.

(1) 등비급수법을 이용하여 10년 후 인구수를 계산하시오.

(2) 유량이 500 L/인·day이고, 침전지 높이는 2.5m, 체류시간 4시간일 경우 10년 후 침전지의 면적(m^2)을 계산하시오.

 (1) $P_n = P_o \times (1+r)^n$

= 75,000명 × $(1+0.05)^{10년}$ = 122,167명

(2) 침전지의 면적(m^2) = $\dfrac{0.5\,m^3}{인 \cdot day} \times 122,167\,인 \times \dfrac{1\,day}{24\,hr} \times 4\,hr \times \dfrac{1}{2.5\,m}$

= 4,072.23 m^2

Tip	등비급수법에 의한 인구수 계산공식 $P_n = P_o \times (1+r)^n$ 여기서 P_n : 현재부터 n년 후 추정인구 P_o : 현재인구 　　　　n : 설계기간(년)　　　　　　　r : 연간 인구 증가율

11 Ca(OH)$_2$ 용액 80 mL를 중화시키는데 0.02 N의 HCl용액 25 mL가 소요되었다. 다음 물음에 답하시오.

(1) Ca(OH)$_2$의 농도(meq/L)를 계산하시오.

(2) 경도(mg/L CaCO$_3$)를 계산하시오.

풀이 (1) 중화적정공식 : $N_1 \times V_1 = N_2 \times V_2$

$N_1 \times 80\,mL = 0.02\,N \times 25\,mL$

$\therefore N_1 = \dfrac{0.02\,N \times 25\,mL}{80\,mL} = 6.25 \times 10^{-3}\,N$

따라서 $meq/L = 6.25 \times 10^{-3}\,eq/L \times \dfrac{10^3\,meq}{1\,eq} = 6.25\,meq/L$

(2) 경도(mg/L CaCO$_3$) $= 6.25\,meq/L \times \dfrac{50\,mg}{1\,meq}$

$= 312.5\,mg/L\,CaCO_3$

Tip
① N 농도의 단위가 eq/L이므로 N = eq/L이다.
② 경도의 기준물질은 탄산칼슘(CaCO$_3$)이며, 2당량 물질이다.
③ CaCO$_3$의 $1eq = \dfrac{100\,g}{2} = 50\,g$이므로 $1meq = \dfrac{100\,mg}{2} = 50\,mg$이다.

12 처리수 중 암모니아성 질소 50mg/L, 아질산성 질소 15mg/L가 포함되어 있다. 수중의 암모니아성 질소와 아질산성 질소를 질산화 시키는데 소요되는 총산소요구량(mg/L)을 계산하시오.

풀이 ① $NH_3-N\ +\ 2O_2\ \to\ NO_3^--N + H^+ + H_2O$

14g : 2 × 32g
50mg/L : X_1

$\therefore X_1 = \dfrac{50\,mg/L \times 2 \times 32g}{14g} = 228.5714\,mg/L$

② $NO_2^--N\ +\ 0.5O_2\ \to\ NO_3^--N$

14g : 0.5 × 32g
15mg/L : X_2

$\therefore X_2 = \dfrac{15\,mg/L \times 0.5 \times 32g}{14g} = 17.1429\,mg/L$

따라서 총산소요구량 $= X_1 + X_2$

$= 228.5714\,mg/L + 17.1429\,mg/L = 245.71\,mg/L$

13 적조현상이 발생하는 조건 3가지를 쓰시오.

풀이
① 물의 이동이 적은 정체수역
② 염분농도의 감소
③ 수온의 상승
④ 영양염류의 증가
⑤ 햇빛이 강할 때

Tip   문제의 요구조건에 알맞게 3가지만 서술하시면 됩니다.

14 다음 공정을 보고 물음에 답하시오.

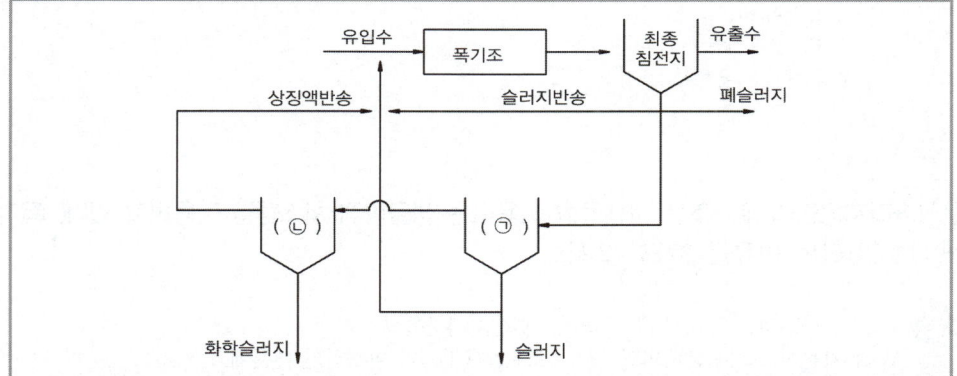

(1) 위 공정명을 쓰시오.
(2) ㉠조의 명칭과 역할을 쓰시오.
(3) ㉡조의 명칭과 역할을 쓰시오.

풀이
(1) 포스트립(phostrip)공법
(2) 명칭 : 혐기성조(탈인조)
    역할 : P(인)의 방출
(3) 명칭 : 침전조(응집조)
    역할 : P(인)을 석회를 사용하여 응집침전

15 다음 설명은 최적응집조건을 알아보기 위한 응집교반시험(Jar-Test)의 실험방법에 대한 설명이다. 물음에 답하시오.

> 분석하고자 하는 폐수를 6개의 비커에 500mL씩 동일하게 넣고, 응집제를 차등적으로 각각의 비커에 주입한 후, 교반기로 (①)rpm의 속도로 (②)분동안 (③)혼합을 한 다음, floc이 형성되도록 (④)rpm의 속도로 (⑤)분동안 (⑥)혼합을 한 다음 정치하여 상등수를 분석한다.

(1) 위의 ( )안에 들어갈 알맞은 말을 채우시오.
(2) 응집교반시험(Jar-Test)의 목적을 5가지 쓰시오.

(1) ① 120~140 ② 1~2 ③ 급속 ④ 20~70 ⑤ 10~30 ⑥ 완속
(2) 응집교반시험(Jar-Test)의 목적
　　① 최적의 응집제 주입량 결정
　　② 응집제의 종류 결정
　　③ 최적의 pH 파악
　　④ 처리효율 파악
　　⑤ 후처리 사용여부 결정

16 활성슬러지공법의 폭기조는 미생물을 이용하는 생물학적 시스템을 적용하고 있다. 폭기조에서 pH가 하강하는 이유를 2가지 쓰시오.

① 질산화과정을 통해서 [H^+]가 발생하기 때문에
② 유기물이 호기성분해되면서 이산화탄소(CO_2)가 발생하기 때문에

17 다음 주어진 보기의 값이 큰값에서 작은값 순으로 번호를 쓰시오.

[보기] ① BOD_u ② BOD_5 ③ TOD ④ ThOD ⑤ COD

④ → ③ → ⑤ → ① → ②

> ※ **알림**
> 최근기출문제는 수강생들의 도움으로 복원된 문제이므로 실제문제와 다소 차이가 있을 수 있음을 알려 드립니다.
> 실기시험을 친 수험생은 실기문제를 복원하여 메일(kwe7002@hanmail.net)로 보내 주시면 됩니다.
> 수험생 여러분들이 원하시는 수험서를 만들도록 항상 최선의 노력을 다하겠습니다.

03회 2024년 수질환경산업기사 최근 기출문제

2024년 10월 시행

 50,000 m³/day의 유량을 살균하기 위해서 염소 50 kg/day를 주입하였다. 이 때 15분 후 잔류염소의 농도는 0.5 mg/L 이었다. 염소의 요구량(mg/L)을 계산하시오.

풀이
① 염소의 주입농도(mg/L) = $\dfrac{\text{염소의 주입량(kg/day)}}{\text{유량(m}^3\text{/day)}}$ = $\dfrac{50\,\text{kg/day}}{50,000\,\text{m}^3/\text{day}}$
  = $0.001\,\text{kg/m}^3 = 1.0\,\text{mg/L}$
② 염소의 요구량(mg/L) = 염소 주입량 − 염소 잔류량
  = $1.0\,\text{mg/L} - 0.5\,\text{mg/L} = 0.5\,\text{mg/L}$

Tip
① ppm = mg/L = g/m³
② kg/m³ $\xrightarrow{\times 10^3}$ mg/L 이므로 $0.001\,\text{kg/m}^3 \times 10^3 = 1.0\,\text{mg/L}$

 폐수를 250 m³/day로 배출하는 도금공장이 있다. 이 폐수 중에는 CN⁻이 150mg/L 함유되어 있기 때문에 알칼리염소법으로 처리하고자 한다. 이 때 필요한 NaOCl의 양(kg/day)을 계산하시오. (단, $2\,\text{NaCN} + 5\,\text{NaOCl} + \text{H}_2\text{O} \rightarrow \text{N}_2 + 5\,\text{NaCl} + 2\,\text{NaHCO}_3$)

풀이
$2\,\text{CN}^-$: $5\,\text{NaOCl}$
$2 \times 26\,\text{g}$: $5 \times 74.5\,\text{g}$
$0.15\,\text{kg/m}^3 \times 250\,\text{m}^3/\text{day}$: X
∴ X = $\dfrac{0.15\,\text{kg/m}^3 \times 250\,\text{m}^3/\text{day} \times 5 \times 74.5\,\text{g}}{2 \times 26\,\text{g}}$ = $268.63\,\text{kg/day}$

Tip
① mg/L $\xrightarrow{\times 10^{-3}}$ kg/m³
② 150mg/L $\xrightarrow{\times 10^{-3}}$ $150 \times 10^{-3}\,\text{kg/m}^3 = 0.15\,\text{kg/m}^3$
③ CN⁻의 분자량 = 12 + 14 = 26
④ NaOCl의 분자량 = 23 + 16 + 35.5 = 74.5

03 BOD_5 농도가 300mg/L이고 20℃에서 탈산소계수(k)값이 0.1/day일 때 다음 물음에 답하시오. (단, 온도보정계수 θ는 1.047이며, 상용대수 기준이다.)

(1) 최종 BOD(mg/L)를 계산하시오.

(2) 2일 BOD(mg/L)를 계산하시오.

(3) 3일 후 남아있는 BOD(mg/L)를 계산하시오.

(4) 20℃에서 30℃로 증가할 때 BOD_5(mg/L)를 계산하시오.

풀이

(1) $BOD_5 = BOD_u \times (1 - 10^{-k \times t})$

$300\,mg/L = BOD_u \times (1 - 10^{-0.1/day \times 5day})$

$\therefore BOD_u = \dfrac{300\,mg/L}{(1 - 10^{-0.1/day \times 5day})} = 438.74\,mg/L$

(2) $BOD_2 = BOD_u \times (1 - 10^{-k \times t})$

$= 438.74\,mg/L \times (1 - 10^{-0.1/day \times 2day}) = 161.91\,mg/L$

(3) $BOD_3 = BOD_u \times 10^{-k \times t}$

$= 438.74\,mg/L \times 10^{-0.1/day \times 3day} = 219.89\,mg/L$

(4) ① 20℃의 k를 30℃의 k로 전환한다.

$k(30℃) = k(20℃) \times 1.047^{(T-20)}$

$= 0.1/day \times 1.047^{(30-20)} = 0.1583/day$

② $BOD_5 = BOD_u \times (1 - 10^{-k \times t})$

$= 438.74\,mg/L \times (1 - 10^{-0.1583/day \times 5day}) = 367.83\,mg/L$

04 수심 4m, 폭이 8m인 장방형 개수로에 바닥의 기울기가 $\dfrac{1}{1,100}$일 때, 유량(m^3/sec)을 계산하시오. (단, 유속은 Chezy식을 이용하고, 유속계수(C)는 25이다.)

풀이

① 면적(A) = 폭 × 수심 = $8m \times 4m = 32\,m^2$

② 경심(R) = $\dfrac{b \times h}{b + 2h} = \dfrac{8m \times 4m}{8m + 2 \times 4m} = 2m$

Chezy식에서 유속 = $C \times \sqrt{R \times I}$

$= 25 \times \sqrt{2m \times \dfrac{1}{1,100}} = 1.066\,m/sec$

③ 유량 = 면적 × 유속

$= 32\,m^2 \times 1.066\,m/sec = 34.11\,m^3/sec$

05 처리수 중 암모니아성 질소 50mg/L가 포함되어 있다. 수중의 암모니아성 질소를 질산화시키는 데 소요되는 산소요구량(mg/L)을 계산하시오.

풀이
$$NH_3-N \;+\; 2O_2 \;\rightarrow\; NO_3^- - N + H^+ + H_2O$$
$$14g \;:\; 2 \times 32g$$
$$50mg/L \;:\; X$$
$$\therefore X = \frac{50\,mg/L \times 2 \times 32g}{14\,g} = 228.57\,mg/L$$

06 평균유량 $7,570\,m^3/d$인 도시하수처리장의 1차 침전지의 최대월류율이 $89.6\,m^3/d \cdot m^2$이고 최대유량/평균유량 = 2.75일 때, 침전지의 직경(m)과 깊이(m)를 계산하시오. (단, 원형침전지 기준이며, 침전시간은 6시간이다.)

풀이
(1) 침전지의 직경 계산
 ① 최대유량 = 평균유량 $\times 2.75$ = $7,570\,m^3/d \times 2.75 = 20,817.5\,m^3/d$
 ② 면적(A) 계산

$$\text{최대월류율}(m^3/d \cdot m^2) = \frac{\text{최대유량}(m^3/d)}{\text{면적}(m^2)}$$

$$89.6\,m^3/d \cdot m^2 = \frac{20,817.5\,m^3/d}{\text{면적}(A)}$$

$$\therefore A = \frac{20,817.5\,m^3/d}{89.6\,m^3/d \cdot m^2} = 232.3382\,m^2$$

 ③ 직경(D) 계산

$$A(m^2) = \frac{\pi D^2}{4}$$

$$232.3382\,m^2 = \frac{\pi D^2}{4}$$

$$\therefore D = \sqrt{\frac{4 \times 232.3382\,m^2}{\pi}} = 17.20\,m$$

(2) 침전지의 깊이 계산
 최대유량 $\times$ 침전시간 = 면적 $\times$ 깊이
 $20,817.5\,m^3/day \times \left(\frac{6\,hr}{24}\right)day = 232.3382\,m^2 \times H$

$$\therefore H = \frac{20,817.5\,m^3/day \times \left(\frac{6\,hr}{24}\right)day}{232.3382\,m^2} = 22.40\,m$$

07 CFSTR에서 물질을 분해하여 95%의 효율로 처리하고자 한다. 이 물질은 2차반응으로 분해되며 속도상수는 0.05/hr이다. 유입유량은 300L/hr이고, 유입농도는 150mg/L로 일정할 때 필요한 CFSTR의 부피(m^3)를 계산하시오. (단, 반응은 정상상태이다.)

풀이
$Q \times (C_o - C_t) = k \times V \times C_t^2$
① C_o(초기농도) $= 150\,mg/L$
② C_t(t시간 후의 농도) $= C_o \times (1-\eta) = 150\,mg/L \times (1-0.95) = 7.5\,mg/L$
③ $300\,L/hr \times (150-7.5)mg/L = 0.05/hr \times V \times (7.5\,mg/L)^2$

$$\therefore V = \frac{300\,L/hr \times (150-7.5)mg/L}{0.05/hr \times (7.5\,mg/L)^2} = 15{,}200\,L = 15.20\,m^3$$

08 유기물을 혐기성으로 처리할 때 메탄(CH_4)의 최대수율은 제거되는 COD 1kg당 CH_4 $0.35\,m^3$이다. 유량이 $685\,m^3/day$, COD의 농도가 2,500mg/L인 폐수의 COD 제거효율이 85%일 때 메탄(CH_4)의 발생량(m^3/day)을 계산하시오.

풀이
$$CH_4\ 발생량(m^3/day) = \frac{685\,m^3}{day} \times \frac{2.5\,kg}{m^3} \times \frac{0.35\,m^3}{kg} \times 0.85 = 509.47\,m^3/day$$

Tip
① $C_6H_{12}O_6 + 6O_2 \rightarrow 6CO_2 + 6H_2O$
180 kg : 6×32 kg
X_1 : 1kg ∴ $X_1 = 0.9375\,kg$
② $C_6H_{12}O_6 \rightarrow 3CH_4 + 3CO_2$
180 kg : $3 \times 22.4\,m^3$
0.9375 kg : X_2 ∴ $X_2 = 0.35\,m^3$

09 슬러지를 진공회전드럼을 이용하여 여과할 때, 회전드럼이 2rpm인 경우 $1\,m^2$당 456L의 슬러지를 여과한다. 1회전수로 180L의 슬러지를 여과할 때 소요되는 여과지의 면적(m^2)을 계산하시오. (단, 총여과면적의 1/5이 적셔진다.)

풀이
2rpm인 경우 $1\,m^2$당 456L의 슬러지를 여과하므로
1rpm인 경우 $1\,m^2$당 여과량은 $\frac{456\,L}{2} = 228\,L$이다.

따라서 소요되는 여과지의 면적(m^2) $= \frac{180\,L}{1회전수} \times \frac{1\,m^2}{228\,L} \times 5 = 3.95\,m^2$

10 BOD농도가 1.2mg/L, 유량이 400,000 m³/day 인 하천에 인구가 20만명인 도시로부터 하수가 50,000 m³/day 유입된다. 유입 후 하천의 BOD농도를 3.0mg/L 이하로 유지하기 위해 하수처리장을 건설하려고 할 때 하수처리장의 BOD 제거효율(%)을 얼마 이상으로 유지해야 하는지 계산하시오. (단, 1인당 BOD 배출 원단위는 50g/day이다.)

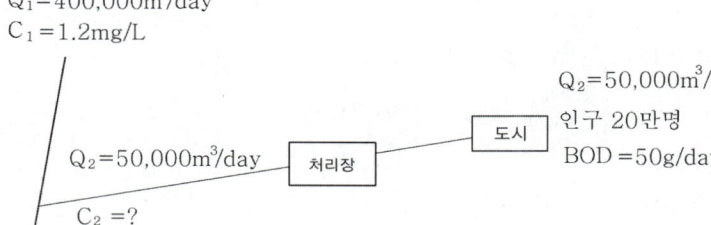

① 혼합공식을 이용해 C_2(처리장에서 유출된 BOD 농도= BOD_o)를 계산한다.

$$C_m = \frac{Q_1C_1 + Q_2C_2}{Q_1 + Q_2}$$

$$3.0\,mg/L = \frac{400,000\,m^3/day \times 1.2\,mg/L + 50,000\,m^3/day \times C_2}{400,000\,m^3/day + 50,000\,m^3/day}$$

∴ $C_2 = 17.4\,mg/L$

② 처리장으로 유입되는 BOD 농도(BOD_i)

$= 50\,g/day \cdot 인 \times 200,000인 \times \dfrac{1}{50,000\,m^3/day} = 200\,g/m^3 = 200\,mg/L$

③ BOD 제거효율 $= \left(1 - \dfrac{BOD_o}{BOD_i}\right) \times 100 = \left(1 - \dfrac{17.4\,mg/L}{200\,mg/L}\right) \times 100 = 91.3\%$

11 표준활성슬러지법을 이용하여 폐수를 처리하고 있다. 원수의 BOD_3 농도가 250mg/L, $k_1 = 0.15/day$ (밑수는 상용대수 기준), NH_3-N은 3mg/L로 나타났다. 이 공장의 폐수를 이상적으로 처리하기 위해서 공급해 주어야 하는 질소(N)와 인(P)의 양(mg/L)을 계산하시오. (단, $BOD_5 : N : P = 100 : 5 : 1$)

풀이

① BOD_u 계산
$$BOD_3 = BOD_u \times (1-10^{-k_1 \times t})$$
$$250mg/L = BOD_u \times (1-10^{-0.15/day \times 3day})$$
$$\therefore BOD_u = \frac{250mg/L}{(1-10^{-0.15/day \times 3day})} = 387.4848mg/L$$

② BOD_5 계산
$$BOD_5 = BOD_u \times (1-10^{-k_1 \times t})$$
$$= 387.4848mg/L \times (1-10^{-0.15/day \times 5day}) = 318.5792mg/L$$

③ 공급해야 할 질소(N)의 양(mg/L) 계산
BOD_5 : N
100 : 5
318.5792mg/L : N $\therefore N = 15.929mg/L$
따라서 공급해야 할 질소는 $15.929mg/L - 3mg/L = 12.93mg/L$

④ 공급해야 할 인(P)의 양(mg/L) 계산
BOD_5 : P
100 : 1
318.5792mg/L : P $\therefore P = 3.1858mg/L$
따라서 공급해야 할 인(P)의 양은 3.19mg/L이다.

12 아래의 반응식은 $Al_2(SO_4)_3 \cdot 14H_2O$를 이용하여 폐수를 응집처리하는 반응식이다. 반응식을 완성하시오.

(①) $Al_2(SO_4)_3 \cdot 14H_2O$ + (②) $Ca(HCO_3)_2$
→ (③) $CaSO_4$ + (④) $Al(OH)_3$ + (⑤) CO_2 + (⑥) H_2O

 ① 1 ② 3 ③ 3 ④ 2 ⑤ 6 ⑥ 14

13 적조현상이 발생하는 조건 3가지를 쓰시오.

① 물의 이동이 적은 정체수역
② 염분농도의 감소
③ 수온의 상승
④ 영양염류의 증가
⑤ 햇빛이 강할 때

Tip 문제의 요구조건인 3가지만 서술하시면 됩니다.

14 Cr^{6+}의 침전방법과 환원제 2가지를 쓰시오.

(1) 침전방법 : 독성이 있는 6가 크롬을 독성이 없는 3가 크롬으로 pH 2~4에서 환원시키고 3가 크롬을 pH 8~8.5 범위에서 침전시켜 처리한다.
(2) 환원제 : SO_2, Na_2SO_3, $FeSO_4$, $NaHSO_3$

Tip (2) 환원제는 문제의 요구조건인 2가지만 서술하시면 됩니다.

15 모래여과지를 이용하여 정수처리 시 여과저항은 주요 설계인자 중 하나이다. 여과저항에 따른 수두손실에 영향을 주는 인자 3가지를 쓰시오.

① 물의 점성계수
② 여과지의 깊이
③ 여과재의 공극률
④ 여과속도
⑤ 여과재의 크기

Tip 문제의 조건에 따라 3가지만 서술하면 됩니다.

대장균군(Coliform Group)이 수질오염의 생물학적 지표로 많이 사용되는 이유 3가지를 쓰시오.

 ① 병원성 세균의 존재 가능성을 추정할 수 있다.
② 분변오염의 지표로 사용된다.
③ 검출방법이 간편하고 정확하며, 실험이 간단하다.

 호수 및 하천을 준설할 경우 발생되는 장점 2가지를 쓰시오.

 ① 유기성 퇴적물이 제거되어 용존산소를 증가시킬 수 있는 환경조성
② 인(P)등의 영양물질이 제거되어 부영양화 방지

Tip	준설 시 단점 ① 멸종위기종의 서식처 소멸 ② 생태계 교란

18 상수의 송수관로에서 손실수두 및 유속을 결정하는데 사용되는 공식을 3가지만 쓰시오.

 ① 맨닝(Manning) 유속공식
② 케이지(Chezy) 유속공식
③ 하젠-윌리엄스(Hazen-Williams) 유속공식

Tip	유속공식 ① 맨닝(Manning) 유속공식 : $v = \dfrac{1}{n} \times R^{2/3} \times I^{1/2}$ ② 케이지(Chezy) 유속공식 : $v = C \times \sqrt{R \times I}$ ③ 하젠-윌리엄스(Hazen-Williams) 유속공식 : $v = 0.84935 \times C \times R^{0.63} \times I^{0.54}$

※ 알림
최근기출문제는 수강생들의 도움으로 복원된 문제이므로 실제문제와 다소 차이가 있을 수 있음을 알려 드립니다.
실기시험을 친 수험생은 실기문제를 복원하여 메일(kwe7002@hanmail.net)로 보내 주시면 됩니다.
수험생 여러분들이 원하시는 수험서를 만들도록 항상 최선의 노력을 다하겠습니다.

수질환경산업기사 실기

초판 인쇄 | 2023년 2월 1일
초판 발행 | 2023년 2월 10일
개정1판 발행 | 2024년 1월 15일
개정2판 발행 | 2025년 1월 20일

지은이 | 전화택
발행인 | 조규백
발행처 | 도서출판 구민사
　　　　 (07293) 서울특별시 영등포구 문래북로 116, 604호(문래동3가 46, 트리플렉스)
전화 (02) 701-7421
팩스 (02) 3273-9642
홈페이지 www.kuhminsa.co.kr

신고번호 | 제2012-000055호 (1980년 2월 4일)
ISBN | 979-11-6875-480-5　　　13500

값 30,000원

※ 낙장 및 파본은 구입하신 서점에서 바꿔드립니다.
※ 본서를 허락없이 부분 또는 전부를 무단복제, 게재행위는 저작권법에 저촉됩니다.